高等学校规划教材 | 畜牧兽医类

兽医寄生虫学

SHOUYI JISHENGCHONGXUE

主编 ● 周荣琼

西南师范大学出版社
国家一级出版社 全国百佳图书出版单位

图书在版编目(CIP)数据

兽医寄生虫学 / 周荣琼主编. — 重庆 : 西南师范大学出版社, 2017.11(2018.11重印)
ISBN 978-7-5621-9044-8

Ⅰ. ①兽… Ⅱ. ①周… Ⅲ. ①兽医学－寄生虫学－教材 Ⅳ. ①S852.7

中国版本图书馆CIP数据核字(2017)第261226号

兽医寄生虫学

主编　周荣琼

责任编辑:杜珍辉
封面设计:魏显锋　熊艳红
出版发行:西南师范大学出版社
地址 重庆市北碚区天生路2号
印　刷:重庆共创印务有限公司
幅面尺寸:185mm×260mm
印　张:19.5
字　数:500千字
版　次:2018年1月　第1版
印　次:2018年11月 第2次印刷
书　号:ISBN 978-7-5621-9044-8

定　价:58.00元

高等学校规划教材·畜牧兽医类

总编委会 / ZONG BIAN WEI HUI

编委会 / BIAN WEI HUI

主　编：周荣琼

副主编：闫文朝　徐前明　肖淑敏　邹丰才

参　编：古小彬（四川农业大学）

黄翠琴（福建龙岩学院）

闫文朝（河南科技大学）

韩利方（河南科技大学）

袁子国（华南农业大学）

徐前明（安徽农业大学）

邹丰才（云南农业大学）

杨建发（云南农业大学）

肖淑敏（天津城建大学）

张瑞强（青海大学）

邓　艳（广州机场出入境检验检疫局）

王芝英（西南大学）

周作勇（西南大学）

赵光伟（西南大学）

周荣琼（西南大学）

前　言

《兽医寄生虫学》(案例版)全书内容包括总论、兽医蠕虫病、兽医昆虫病和兽医原虫病,共四篇十五章。本教材在不改变现有教学体制的前提下,增加了典型的临床真实案例或标准化案例,旨在让学生带着问题进行学习,启发学生学习的主动性和创新思维。教材既注重寄生虫学的基础知识,又适当反映国内外学科发展的最新内容,具有很强的实用性和可操作性。书中每章有学习目标、本章小结和思考题等。

参加本教材编写的既有高校的专任教师,也有工作在生产第一线的技术人员。本教材编写工作由周荣琼编写第一章、第二章、第五章、第六章;闫文朝和韩利方编写第九章(第二节和第三节)和第十五章(第一节和第二节);徐前明编写第九章(第四节、第五节、第六节和第七节)和第十一章;肖淑敏编写第七章和第十五章(第七节);邹丰才和杨建发编写第八章(第一节、第二节和第三节);古小彬编写第十章(第三节)和第十四章;黄翠琴编写第十二章和十三章;袁子国编写第八章(第四节)和第十五章(第三节和第四节);张瑞强编写第十章(第四节和第五节);邓艳编写第十五章(第五节和第六节);赵光伟编写第三章和第四章;周作勇编写第十章(第一节、第二节和第六节);王芝英编写第八章(第五节)和第九章(第一节)。

本教材除作为高等农业院校兽医专业的教材外,还可以供作兽医寄生虫学的科研人员、教师和兽医实际工作者的参考用书。但由于编者的知识水平有限,编写经验不足,书中难免存在缺点和疏漏之处,恳请同行及读者批评指正。

编者

2017.12.21

目 录

第一篇 总论

第三篇　兽医昆虫病

第四篇　兽医原虫病

第一篇 总论

第一章 兽医寄生虫学的概念、内容和范围

【学习目标】

1.掌握寄生虫学的定义；

2.了解寄生虫病对动物和人类的危害。

第一节 兽医寄生虫学概念

兽医寄生虫学(Veterinary Parasitology)是研究寄生于家畜、家禽、伴侣动物(犬、猫)和其他动物机体的各种寄生虫及其引起的疾病的学科。这门学科的内容包含生物学和兽医学的内容，是一门综合性的学科。一方面研究寄生于畜禽等动物机体的各种寄生虫的形态学、分类学、生活史、生理学、生物化学和生态学的问题；另一方面研究由寄生虫感染所引起的疾病，即研究侵袭动物机体的各种寄生虫的致病作用、由其引起的疾病的流行病学、临床症状、病理变化、免疫学、诊断方法、治疗和防治措施等。

寄生虫学是生物学的一个分支，更确切地说是专门研究寄生虫(parasite)和宿主(host)相互关系的一门科学。寄生虫学是研究寄生虫病的基础，必须对寄生虫学的这个基础部分有较全面的了解，特别是掌握寄生虫的生活史、流行病学的规律，才有可能正确地研究寄生虫病，从而拟定出切实有效的综合性防治措施。

第二节 兽医寄生虫学的内容和范围

寄生虫是特定的一类寄生动物，它的寄生可引起动物、植物以及其他生物发生疾病。寄生虫病严重地危害畜禽、鱼类的健康，阻碍着养殖业生产的发展，使养殖业遭受巨大的经济损失。因此，为适应养殖业生产快速发展的需要，加强对动物寄生虫病的防治工作已成为养殖业生产中的重要任务。

兽医寄生虫学是动物医学专业必须学习的一门学科，这门学科和下列学科有着密切的联系。首先是动物学，这是寄生虫学的基础学科，有关寄生虫的解剖形态学、分类学、生物学和生态学的知识都是学习兽医寄生虫学所必需的；其次，关于寄生虫的解剖形态学和分类的研究，是鉴定寄生虫病病原体、确定诊断的根据；最后，要了解疾病的流行病学并拟定正确的防治措施，又必须以寄生虫的生物学与生态学的研究为基础。

研究家养动物的寄生虫病，与病理学、诊断学、药理学和免疫学等学科都有着密切的联系。对寄生虫病进行类症鉴别诊断与实施预防措施时，与传染病有着特别密切的联系。人畜共患寄生虫病在公共卫生上具有重要意义，与医学有着密切联系，兽医应加强对畜产品有关寄生虫方面的卫生监督与检验，以保护人类健康。

由于寄生虫学涉及面很广，根据其研究对象和内容的不同分成了许多分支，如按寄生宿主对象分类，寄生虫学可分为人体寄生虫学（医学）、畜禽寄生虫学（兽医学）、鱼类寄生虫学及植物线虫学；根据寄生虫的分类又可分为兽医蠕虫学（Veterinary Helminthology）、兽医昆虫学（Veterinary Entomology）和兽医原虫学（Veterinary Protozoology）。

【本章小结】

1.寄生虫学是专门研究寄生虫和宿主相互关系的一门科学；

2.寄生虫是特定的一类寄生动物，它的寄生可引起动物、植物以及其他生物发生疾病。

【思考题】

1.学习兽医寄生虫学的意义是什么？

2.思考寄生虫的起源。

第二章 寄生虫与宿主

【学习目标】

1.掌握寄生现象的含义与内容;

2.掌握寄生虫与宿主的概念、类型及相互影响。

第一节 寄生现象

在自然界中,两种生物在一起生活的现象十分普遍。它是生物在长期进化过程中形成的一种相互依存的生态关系,即共生(symbiosis)。根据共生双方的相互关系不同,可以将共生生活区分为三种类型:

(一)偏利共生(commensalism)

两种生物共同生活在一起,其中一方得益,另一方既不受益,也不受害,这种共生类型称为偏利共生,又称为共栖。如人与在其口腔生活的齿龈内阿米巴原虫,就是这种偏利共生关系。人在吃食物过程中,残留在口腔中的食物残渣为齿龈内阿米巴原虫提供了营养来源,齿龈内阿米巴原虫可吞食这些食物颗粒,但并不侵入人的口腔组织。对人来说,齿龈内阿米巴原虫的存在与否都没有影响。

(二)互利共生(mutualism)

共生生活中的两种生物在营养上相互依赖,彼此得益。如果两者分开,彼此都会受到营养上的损失,甚至死亡。例如寄居于反刍动物瘤胃中的纤毛虫,反刍动物为纤毛虫提供了适宜的瘤胃生存环境和植物纤维来源,纤毛虫以反刍动物吃进去的植物纤维为食,供给自己营养;同时,纤毛虫对植物纤维的分解,又有利于反刍动物的消化;另外,纤毛虫本身的迅速繁殖和死亡,还可为反刍动物提供蛋白质来源。

(三)寄生(parasitism)

共生生活双方中的一方受益,另一方则受害,这种生活现象称为寄生。在寄生生活过程中,营寄生生活的生物称为寄生物,被寄生的动物称为宿主。寄生虫暂时或永久地寄生在宿主的体内或体表,由于寄生物已经失去了一部分分解与合成营养物质的能力,所以,它所需要的营养物质依靠夺取宿主的物质，即以宿主机体的组织液、血液、组织细胞或胃肠内容物等为营养，并在宿主体内或体表进行生长、发育和繁殖，使宿主遭受其生理活动及新陈代谢产物等所造成的危害，引起宿主机体发生不同程度的免疫或病理过程，甚至死亡。

广义的寄生物包括植物性寄生物和动物性寄生物，植物性寄生物有细菌、真菌、病毒、螺旋体、立克次氏体等，习惯上称之为微生物，由它们所引起的疾病称为传染病。原虫、吸虫、绦虫、棘头虫等为动物性寄生物，通常被称为寄生虫，由它们所引起的疾病称为寄生虫病或侵袭病。

第二节　寄生虫与宿主的类型

一、寄生虫的概念与类型

(一)寄生虫的概念

寄生虫是暂时或永久地在宿主体内或体表营寄生生活的动物。

(二)寄生虫的类型

1.内寄生虫与外寄生虫

从寄生部位来分：凡是寄生在宿主体外或体表的寄生虫称为外寄生虫(ectoparasite)，如虱和螨都属于外寄生虫；凡是寄生在宿主体内的寄生虫称为内寄生虫(endoparasite)，如吸虫、绦虫和线虫等。

2.暂时性寄生虫与永久性寄生虫

从寄生时间来分：暂时性寄生虫(temporary parasite)是指寄生虫只在采食时才与宿主接触，如吸血昆虫；永久性寄生虫(permanent parasite)是指寄生虫的某一生活阶段不能离开宿主，否则难以存活的寄生虫，如寄生在各种动物小肠的蛔虫。

3.单宿主寄生虫与多宿主寄生虫

从寄生虫寄生的宿主范围来分：有些寄生虫寄生于一种特定的宿主机体，对宿主有严格的选择性，这种寄生虫称为单宿主寄生虫(stenoxenous parasite)，例如鸡球虫只寄生于鸡等；能寄生于许多种宿主的寄生虫称为多宿主寄生虫(polyxenous parasite)，如肝片吸虫可以寄生于绵羊、山羊、牛和许多其他反刍兽，还有猪、兔、海狸鼠、象、马、犬、猫、袋鼠和人等。

4.专性寄生虫与兼性寄生虫

从寄生适应程度来分：专性寄生虫(obiligate parasite)指必须完全依赖于寄生生活，离开宿主便不能生存的寄生虫，如绦虫、吸虫和大多数寄生线虫；兼性寄生虫(facultative parasite)指既可寄生也可营自生生活的寄生虫种类，如类圆线虫。

5.土源性寄生虫与生物源性寄生虫

根据寄生虫在发育过程中是否需要中间宿主来分：土源性寄生虫(soil-borne parasite)指寄生虫在发育史中不需中间宿主，在环境土壤或粪便中即可发育至感染性阶段，完成由一个宿主到另一个宿主——由一个世代到下一个世代的传播、发育过程，这类寄生虫又叫直接发育型寄生虫，如蛔虫\艾美耳球虫等；生物源性寄生虫(biological parasite)指寄生虫在发育史中需要中间宿主才能完成由一个世代到下一个世代的传播发育过程，这类寄生虫又叫间接发育型寄生虫，如寄生于猪肺的后圆线虫需另一种生物蚯蚓才能完成其整个发育过程。

6.机会致病寄生虫

有些寄生虫在宿主体内通常处于隐性感染状态，但当宿主免疫功能受损时，虫体出现大量的繁殖和强致病力，称为机会致病寄生虫(opportunistic pathogenic parasite)，如隐孢子虫。

二、宿主的概念与类型

(一)宿主的概念

凡是被寄生虫暂时或永久地寄生的动物均称为宿主。

(二)宿主的类型

1.终末宿主

寄生虫成虫或原虫有性繁殖阶段寄生的宿主称之为终末宿主(final host or definitive host)。所谓成虫，一般是指性成熟阶段的虫体，也就是能产生幼虫或虫卵的虫体。如猪带绦虫的成虫寄生于人的小肠，人即为猪带绦虫的终末宿主；弓形虫的有性繁殖阶段(配子生殖)寄生于猫，猫即为弓形虫的终末宿主。

2.中间宿主

寄生虫幼虫或原虫无性繁殖阶段寄生的宿主称之为中间宿主(intermediate host)。如肝片吸虫的幼虫寄生于椎实螺，椎实螺即为肝片吸虫的中间宿主；弓形虫的无性繁殖阶段(裂殖生殖)寄生于人、猪、鼠等，人、猪、鼠等即为弓形虫的中间宿主。

3.第二中间宿主

某些寄生虫在幼虫期的发育过程中需要两个中间宿主，其前期幼虫所需宿主称之为第一中间宿主，后期幼虫所需宿主称为补充宿主(complementary host)或第二中间宿主(second intermediate host)。如矛形双腔吸虫的成虫寄生在牛、羊胆管胆囊内，牛、羊是其终末宿主，其前期幼虫，从毛蚴到尾蚴，寄生在陆地螺体内，陆地螺是其第一中间宿主，后期幼虫囊蚴寄生在蚂蚁体内，蚂蚁则是其补充宿主。

4.保虫宿主

在多宿主寄生虫所寄生的动物中，某些惯常寄生于某种宿主的寄生虫，有时也可以寄生于其他一些宿主，但寄生不普遍，无明显危害，通常把这种不惯常被寄生的宿主，称为保虫宿主(reservoir host)。如肝片吸虫可寄生于多种家畜和野生动物体内，这些野生动物就是肝片吸虫的保虫宿主。

5.贮藏宿主

贮藏宿主(storage host)又称为转运宿主(transport host)或转续宿主(paratenic host)。即宿主体内有寄生虫虫卵或幼虫，虽不发育繁殖，但保持着对易感动物的感染力，这种宿主称为贮藏宿主。例如气管比翼线虫的感染性虫卵，既可以直接感染鸟类，也可以被某些昆虫或软动物吞食，暂时地寄居在它们体内，以后随同昆虫或软体动物被鸟类啄食而感染。这些昆虫或软体动物称为气管比翼线虫的贮藏宿主。

6.带虫宿主

宿主被寄生虫感染后，随着机体抵抗力的增强或药物治疗，处于隐性感染状态，体内仍保留有一定数量的虫体，这种宿主即为带虫宿主(parasite carrier)，又称为带虫者(carrier)。如犊牛感染双芽巴贝斯虫后，仅出现极轻微的症状既而自行康复，却成为带虫者，并成为传染源(infective agent)，当蜱吸此牛血液后，再吸健牛血时，即可将此病传给健牛。

7.媒介生物

通常是指在脊椎动物宿主之间传播寄生虫病的一类低等动物，更常指的是传播血液原虫的吸血节肢动物。根据其传播疾病的方式不同，可分为生物性传播和机械性传播，前者是指虫体需要在媒介体内发育，如蜱在牛之间传播双芽巴贝斯虫，库蠓在鸡之间传播卡氏住白细胞虫等；后者是指虫体不在昆虫体内发育，媒介昆虫仅起搬运作用，如虻、螯蝇传播伊氏锥虫等。此外，某些吸虫的发育需要借助水生植物形成囊蚴，这种水生植物即称为媒介物。

第三节　寄生虫与宿主的相互影响

寄生虫侵入宿主体内之后，对宿主产生不同程度的危害，如机械性损伤、毒素作用和免疫损伤、夺取营养、带入其他病原引起继发感染等。宿主机体为了抵抗寄生虫的侵袭，产生一系列复杂的防御反应，最主要的是免疫应答。寄生虫与宿主之间的相互影响贯穿于寄生生活的全过程。

一、寄生虫对宿主的影响

寄生虫侵入宿主机体之后，有的直接到达寄生部位进行发育，有的则要经过一段或长或短、或简单或复杂的移行过程，最终才能到达其特定的寄生部位发育成熟。寄生虫在移行阶段或寄生期间，对宿主产生各种各样的危害，致使宿主发生寄生虫病。

(一)机械性损伤

蠕虫寄生时，以其吸盘、口囊、吻突等特殊器官附着在宿主的胃肠等脏器的黏膜上，造成局部损伤。幼虫移行时，穿透宿主的各脏器组织造成“虫道”，引起出血、炎症；成虫在宿主的肠管、胆管、支气管、血管内繁殖引起堵塞和其他病变，如肠梗阻、肠破裂等。某些寄生虫，如棘球蚴、多头蚴在宿主脏器内形成逐渐增大的包囊，刺激、压迫被寄生的脏器及其周围组织和神经，引起各种病变。肠道原虫破坏宿主的肠黏膜上皮细胞，引起腹泻，血液原虫破坏大量红细胞，引起血尿。

(二)毒素作用和免疫损伤

虫体寄生期间本身的分泌物和代谢产物以及虫体死亡崩解时释放出的体液都对宿主产生毒害作用，引起局部或全身反应。如蜱的唾腺能分泌毒素，可对家畜产生不同程度的危害，轻者出现厌食、体重减轻或代谢障碍，重者可引起“蜱瘫痪”。锥虫在宿主的血液中寄生，迅速增殖，产生大量有毒代谢产物；由于抗体的作用，锥虫又常大量死亡，释放出毒素，游离于血液和组织液中，使宿主的中枢神经系统受损，引起体温升高和运动障碍；锥虫侵害造血器官——网状内皮系统和骨髓,使红细胞溶解,导致红细胞数减少,出现贫血。棘球蚴囊泡破裂时释放出的毒素,可使宿主产生严重的过敏反应,导致突然死亡。血吸虫虫卵分泌的可溶性抗原与宿主抗体结合,形成抗原—抗体复合物,引起宿主肾小球基底膜损伤。

(三)夺取营养

寄生虫在生长发育过程中,所需的各种营养物质都要从宿主体内获取。消化道寄生虫以宿主消化和未消化的食物为营养,有的直接吸食宿主的血液,如犬钩虫将小肠黏膜纳入口囊中,然后借助于食道的收缩和舒张,连续吸血。此外,一些体外寄生虫如吸血虱、雌虻、蜱、雌蠓、蚋等都是从宿主的皮肤吸食血液,还有许多寄生虫以宿主的组织液以及被它们所破坏的组织或细胞为食物,从而使宿主产生贫血、消瘦和营养不良等症状。

(四)继发感染

某些寄生虫侵入宿主体内时,可以把其他一些病原微生物,如细菌、病毒等一同携带入内。在宿主体内移行的幼虫,更容易将病原微生物带进宿主被损伤的组织内。经皮肤或黏膜感染的寄生虫,常在宿主的皮肤或黏膜等处造成损伤,为其他病原的侵入创造条件。还有一些寄生虫,其本身就是另一些微生物或寄生虫的固定的或生物学的传播者。如某些蜱传播牛梨形虫病,鸡异刺线虫传播火鸡组织滴虫,蚊传播乙型脑炎病毒等。

以上所述是寄生虫对宿主影响的一些主要方面。但应注意,寄生虫对宿主的影响常常是综合性的,表现为多种多样,由于寄生虫的种类、数量和致病作用的差别,各种寄生虫对宿主的影响也各不相同。

二、宿主对寄生虫的影响

宿主受到寄生虫感染后,可表现出不同程度的病变和不同的症状,或无症状,或幼畜表现为生长发育受阻等,但寄生虫及其产物也能诱发宿主产生免疫应答,使宿主力图抑制或消灭侵入的虫体。另外,还有其他一些因素如宿主的自然屏障、营养状况、年龄、种属等也会对寄生虫产生不同程度的影响。

(一)遗传因素的影响

一些动物表现出对某些寄生虫种类的先天不感受性。如马一般不感染脑包虫;牛、羊不感染猪肾虫。

(二)机体组织屏障的影响

宿主机体的皮肤黏膜、血脑屏障以及胎盘等,可有效阻止一些寄生虫的侵入。如弓形虫就不能通过完好无损的皮肤感染宿主。

(三)年龄因素的影响

表现为不同年龄的个体对寄生虫的易感性有差异。多数寄生虫在幼龄动物体内发育迅速,而在成年动物体内发育较慢,有些寄生虫在成年动物体内不能发育。因为随年龄增长,宿主机体免疫力也有所提高，因而幼畜对很多寄生虫病易感。

（四）宿主体质的影响

饲喂全价饲料的动物，在很大程度上能抵抗寄生虫的侵害。如饲料中缺乏维生素A的仔猪，受到蛔虫损伤的情况严重，如果饲喂全价饲料，就不容易感染蛔虫病。此外，饲料中含有足量的维生素A和维生素D时，可增加鸡对蛔虫的抵抗力，当维生素缺乏时，则有利于虫体寄生。

（五）宿主免疫作用的影响

寄生虫本身以及它的分泌物、排泄物都具有抗原性质，可刺激宿主机体产生特异性免疫反应，使宿主产生体液免疫和细胞免疫。它们所产生的免疫力有时能抑制虫体的生长，降低其繁殖力，或缩短其寿命；或阻止虫体对组织的附着，使之排出体外；或能沉淀或中和寄生虫产物，甚至可以杀灭寄生虫。宿主对寄生虫的免疫力常常是不完全免疫，当宿主与寄生虫的关系处于某种平衡状态时，寄生虫保持着一定数量，而宿主亦不呈现可以用一般实验和临床方法测知的症状时，即称为带虫免疫。带虫免疫是寄生虫感染中极为普遍的现象。

【本章小结】

1.共生现象是两类生物的一种相互依存的生态关系，根据双方的利益关系及生理上的联系，有共栖、寄生、互利共生现象等；

2.寄生虫与宿主的类型，是以生物的某一方面来描述的，每一内容具有片面性，所以针对同一内容可从多个方面去认识。

【思考题】

1.寄生虫的致病机制是什么？

2.如何理解寄生虫与宿主的类型？

第三章 寄生虫病的流行病学

【学习目标】

1.掌握寄生虫病流行病学的概念及发生规律;

2.掌握寄生虫病的流行因素。

第一节 流行病学的概念

寄生虫病流行病学(epidemiology)是研究动物群体中某种寄生虫病的发病原因和条件、传播途径、流行过程及其转归的客观规律。其研究范围是动物群体中的一切寄生虫病;研究对象是动物群体,主要是畜、禽、鱼类,但也涉及人群和野生动物群体;主要方法是对群体中的寄生虫病进行调查研究,收集、分析和解释资料,并作生物学推理;任务是确定病因与传播途径,阐明发生发展规律,制订防治对策并评价其效果,以达到预防、控制和消灭动物寄生虫病的目的。

流行病学调查包括定性调查和定量调查两个内容。定性调查是对病因假设进行定性检验,定量调查涉及动物种群中疾病的数量以及数量资料的表达和分析。最广泛应用的流行病学统计是感染的测算,包括感染率和感染强度的测算。

感染率 (prevalence of infection) 是用来表明在宿主种群中感染某一种寄生虫的宿主比例或百分率,可以用两种方法测算:通过宿主体内或体外寄生虫的直接观察,如血液涂片检查血液原虫、粪便涂片检查蠕虫卵、肉眼观察蜱和昆虫;另一种测算是根据血清学检查结果,如旋毛虫感染的检测,免疫学检查结果以血清阳性率表示。

宿主显示的疾病症状严重程度常与感染的寄生虫数量有关,这种感染的虫数称为感染强度(intensity of infection)。感染强度的测算可用直接计数来估计(如蜱、虱等外寄生虫),也可以以宿主组织或体液标本来估计(如以血液涂片计数锥虫),或通过驱虫剂驱除宿主肠道蠕虫(如蛔虫)至粪便来估计。感染率和感染强度经常以动物群体中不同年龄级别来表示,以便查明哪些年龄组别感染的危险性最大,这种资料常可绘制成年龄感染率或年龄感染强度曲线。此外,还可以做更细的分组,诸如性别、品种等是某些寄生虫病感染的重要因素。

第二节　寄生虫病的流行规律

一、流行过程的基本环节

(一)感染来源

寄生虫病的感染来源是指体内外有寄生虫寄生的宿主(包括病畜、带虫宿主、保虫宿主与贮藏宿主)以及有寄生虫分布的外界环境,包括土壤、水、中间宿主或昆虫媒介等。病原体(虫卵或幼虫)通过宿主的粪、尿、血液等不断排出体外污染环境,在自然环境中或转入中间宿主体内发育到感染期,然后经一定途径转移给易感宿主。因此,饲料、饮水、牧场、其他无脊椎动物或脊椎动物就成为寄生虫传播的主要来源。

(二)感染途径

感染途径是指病原从感染源传给易感动物所需的方式。家畜感染寄生虫的途径,因寄生虫的种类、传播来源而有所不同,主要有以下几种:

1.经口感染　寄生虫通过易感动物的采食、饮水,经口腔进入宿主体内的方式。多数寄生虫属于这种感染方式。例如,寄生蠕虫的虫卵或幼虫随粪便排出体外,污染牧场、饲料和饮水。有时还要通过中间宿主发育,当家畜采食(或饮用)含感染性虫卵或幼虫(或它们的中间宿主)的饲料和饮水时,即可感染某种寄生虫病。另外,许多作为中间宿主或补充宿主的动物,是终末宿主的食物,这些感染性幼虫随其中间宿主经口进入终末宿主体内引起感染,如旋毛虫病、多种绦虫病等。

2.经皮肤感染　有些寄生虫的感染性幼虫自动钻入宿主的皮肤而引起感染。例如,日本血吸虫的尾蚴以及类圆线虫的感染性幼虫都有很强的感染力,当家畜进入有上述幼虫分布的沼泽、潮湿地带,它们即可穿透皮肤而感染宿主。

3.接触感染　通过宿主相互间皮肤或黏膜的直接接触,或通过褥草、挽具、饲槽等的间接接触而感染。如寄生在家畜体表的螨既可由患畜与健畜的直接接触引起感染,也可由污染螨的用具的间接接触而感染。

4.经节肢动物感染　寄生虫通过节肢动物的叮咬、吸血,传给易感动物的方式。这类寄生虫主要是一些血液原虫和丝虫目的线虫。

5.胎盘感染　某些蠕虫的移行期幼虫或血液内寄生虫可通过胎盘由母体将寄生虫传给胎儿。如弓形虫、犊牛弓首蛔虫、日本血吸虫等寄生虫可有这种感染途径。

6.自体感染　指某些寄生虫产出的虫卵或幼虫无须排出宿主体外,即可使原宿主本身再次遭受感染,这种感染方式就是自体感染。如猪带绦虫患者呕吐时,可使孕卵节片或虫卵从宿主小肠逆行入胃,而再次使原患者遭受感染。

(三)易感动物

易感动物是指对某种寄生虫缺乏免疫力或免疫力低下的动物。当有感染机会时,易于感染

该种寄生虫。通常某种动物只对特定种类的寄生虫有易感性，例如猪只感染猪蛔虫，而不感染其他蛔虫；另一种情况是多种动物对同一种寄生虫都有易感性，例如牛、羊等多种动物都能感染肝片吸虫。据统计有200种动物可感染弓形虫，数十种动物可感染伊氏锥虫。此外，动物对寄生虫的易感性常受年龄、品种、体质等因素的影响。

综上所述，一种寄生虫病的流行必须同时具备三个条件，即感染源、传播途径和易感动物，缺一不可。

二、流行特点

（一）地区性

寄生虫病的传播流行常呈明显的区域性或地方性。在某一地区，动物的感染率虽可有季节性变化，但一般较为稳定，具有地方性流行的特点。例如肝片吸虫病多发生于低洼和潮湿地带的放牧地区。寄生虫病分布的地区性是由许多因素所决定的。首先与中间宿主的分布有关，例如我国血吸虫病的流行区与钉螺的地理分布是一致的；其次与人们的生活习惯和生活条件有关，在有吃生鱼习惯的地区，如广东省，华支睾吸虫病经常流行；第三是气候条件，温暖潮湿的气候有利于寄生虫虫卵或幼虫在外界的发育。因此，有些寄生虫病在南方的流行更为猖獗，如球虫病。

（二）季节性

寄生虫病的发生往往具有明显的季节性。生活史中需要中间宿主或媒介昆虫的寄生虫，其流行季节常与中间宿主或昆虫出现的季节相一致。例如卡氏住白细胞虫病的流行与库蠓出现的季节相一致；华支睾吸虫病的流行与纹沼螺活动的季节一致。其次是养殖业的生产活动形成感染的季节性，例如牛感染日本血吸虫主要是在水田耕作时节，而感染肝片吸虫主要是在放牧季节。

（三）散发性

动物寄生虫病大多是呈散发性的，不像传染病的病原体具有迅速繁殖、传播地区广并引起急性病程等特点。散发性的寄生虫病多呈慢性经过，致使动物消瘦、贫血、生产性能降低，影响畜产品的质量和数量，从而带来巨大的经济损失。

（四）自然疫源性

在动物感染的寄生虫中，有些虫种可寄生于家养动物以外的其他脊椎动物体内，在流行病学上，这些动物是保虫宿主。有些保虫宿主分布在未开发的原始森林或荒漠地区，其体内寄生虫在野生动物之间互相传播，家畜只要进入这种地区就有可能获得感染，这种地区常称为原发性自然疫源地。有些保虫宿主分布在家畜的生活区内，其体内寄生虫除在野生动物之间传播以外，还可在家养动物与野生动物之间互相传播，这种地区称为次发性自然疫源地。例如在某些地区，特别是灌木丛生的河滩、草垛为蜱类滋生地带，往往成为梨形虫病的疫源地。寄生虫病的这种自然疫源性不仅反映了寄生虫在自然界的进化过程，同时也说明某些寄生虫病在流行病学和防治方面的复杂性。

三、影响寄生虫病流行过程的因素

寄生虫病的流行与生物因素、自然因素和社会因素密切相关。而且不同的寄生虫病与这些因素关系的密切程度不同，各有侧重。生物因素、自然因素和社会因素都会对寄生虫病的流行产生重要影响。

(一)生物因素

生物因素主要与寄生虫和宿主等有关，其中包括从寄生虫虫卵或幼虫感染宿主到它们成熟排卵所需时间。该数据对于推测最初的感染时间及其移行过程的长短，对确定驱虫时间及制订防治措施极为有用，特别是对于那些有季节性的蠕虫病非常重要。

了解寄生虫在宿主体内寿命的长短。长寿的寄生虫会长期地向外界散布病原体，使更多的易感动物感染发病。如牛带绦虫的寿命可超过 5 年，会持续地造成对宿主的感染。

掌握寄生虫以何种方式或在什么发育阶段排出宿主体外；它们在外界如何生存和发育；在一般条件下和某些特殊条件下发育到感染性阶段所需的时间及条件怎么样；在自然界保持存活、发育和感染能力的期限等。如猪蛔虫虫卵在外界可保持活力达 5 年之久，因此对于污染严重、卫生状况不良的猪场，蛔虫病具有难以消除的特点。了解上述情况，有利于我们采取相应的防治手段。如从粪便中排卵的寄生虫需加强粪便管理，吸血昆虫传播的寄生虫需控制蚊蝇等。

调查研究中间宿主的情况，即它们的分布、密度、习性、栖息场所、出没时间、越冬地点和有无自然天敌等。许多寄生虫需要中间宿主，因此，中间宿主的生物学特性对于寄生虫病的流行也有很大的作用。如吸虫以螺蛳为中间宿主，因此螺蛳对吸虫病的流行有很大影响。同时注意寄生虫的贮藏宿主、保虫宿主、带虫宿主等其他宿主相关资料，弄清它们和有关易感动物接触的可能性及感染寄生虫的有关情况。

外来动物，尤其引进的品种，进入流行区后也会成为易感动物。掌握易感动物的品种、性别、年龄、营养状况、饲养管理水平等，这些均可影响寄生虫病的流行。

(二)自然因素

自然因素包括气候、地理、生物种群等。纬度不同，海拔高低，无疑对光照和土壤会产生重要影响，随之将影响寄生虫的分布和流行。植被的不同，动物区系的不同，就意味着宿主、中间宿主和媒介的不同。所以，寄生虫病的流行表现为有季节性和地方性。寄生虫病的流行常有明显的地方性，这种特点与当地的气候条件、中间宿主或媒介——节肢动物的地理分布、人群的生活习惯和生产方式有关，如棘球蚴病、锥虫病等。

季节性是由于温度、湿度、雨量、光照等气候条件对寄生虫及其中间宿主和媒介——节肢动物种群数量的消长产生影响的结果。例如，螨病主要发生在冬春季节，就是因为冬春时，阳光照射不足，被毛较密，在圈舍潮湿、卫生不良条件下，最适合螨的发育繁殖。而夏季皮肤表面常受阳光照射，经常处于干燥状态，一般不会发生。

温度和湿度等条件除直接或间接地影响寄生虫的地理分布之外，也可使那些遍布世界各地的某些寄生虫虫种，在不同地区出现不同的流行情况。如犬钩虫的幼虫会随着土壤水的升降而增多或减少。因此，湿度对于钩虫幼虫感染宿主非常重要，在干燥、缺雨地区就较少有钩虫幼虫的出现，甚至没有。温度对球虫卵囊的影响也很大，因为卵囊孢子化的最适温度是27 ℃左右，偏低或偏高均影响其孢子化率。在同一地区，随着雨量的不同和温度的变化，有些寄生虫病的流行情况可能有很大的区别。如有些地区平素干旱，肝片吸虫病并不多见，但遇多雨之年，椎实螺数量剧增，伴随着会出现肝片吸虫病的暴发流行。在这种情况下，平时的带虫者起了重要的散播作用。一年之内的季节更迭也使多种寄生虫有季节性消长变化，即所谓的季节动态，一般来说夏季多为感染高峰期。弄清季节动态，对防治工作有重要的意义。

气候的不同必将影响到植被和动物区系的不同，后者的不同又将更为直接地影响到寄生虫的分布。那些有中间宿主的虫种，必定依赖于中间宿主的分布；那些没有中间宿主的寄生虫，也常和家畜以外的其他动物保持着各式各样的关系。如蜱的分布常和植被的状况密切相关，由于蜱种的分布不同，造成梨形虫病之分布差异。山林中的野兽常成为许多家畜寄生虫的感染来源，如牛、羊和多种野生反刍兽有着共同的寄生虫。所以，一个地方的动物区系必将影响到家畜寄生虫及寄生虫病的暴发和流行。

(三)社会因素

社会因素包括社会经济状况、文化教育和科学技术水平、法律法规的制定和执行、人们的生活方式、风俗习惯、饲养管理条件以及防疫措施等。在某些寄生虫病的流行中，社会因素起着非常重要的作用。例如，在不少农村地区，卫生条件差、生活习惯不良，人无厕所猪无圈，再加上当地人喜食生肉，往往导致猪囊虫病的发生和流行。因此宣传科普知识，提倡讲究卫生，改变不良卫生习惯和风俗习惯，改善饲养管理条件，是预防寄生虫病流行的重要一环。实践证明，随着我国社会经济的向前发展和人民生活水平的不断提高，加上法制化的管理和综合性的防治工作，许多危害严重的寄生虫病正在逐步得到控制。

生物因素、自然因素和社会因素常常相互作用，共同影响寄生虫病的流行。由于生物因素和自然因素一般是相对稳定的，而社会因素往往是可变的，因此社会稳定、经济发展、科学进步和法制法规的健全对控制寄生虫病的流行有关键作用。在诊断群体寄生虫病和制订防治计划时，调查分析有关流行病学资料是十分必要的，它有助于对寄生虫病的正确诊断，有助于有的放矢地采取措施，最终达到控制寄生虫病的目的。

【本章小结】

1.寄生虫的传播途径主要有经口感染、经皮肤感染、经节肢动物感染、胎盘感染和自体感染等；

2.寄生虫病表现为地方性和季节性流行，寄生虫病的流行受生物因素、自然因素和社会因素的影响。

【思考题】

1.寄生虫病流行病学调查的意义是什么？

2.寄生虫病流行的特点是什么？

第四章　寄生虫感染的免疫

【学习目标】

1.掌握寄生虫免疫的基本规律和特点；

2.了解寄生虫免疫的应用。

第一节　寄生虫抗原特性

大多数寄生虫是多细胞生物，结构复杂，即使是单细胞的原虫，其抗原也因其存在不同的发育阶段而变化，而且寄生虫的生活史复杂，某些寄生虫为适应环境变化甚至产生变异，因此寄生虫的抗原十分复杂。

一、寄生虫抗原种类

(一)根据抗原的来源分类

1.结构抗原　由寄生虫虫体结构成分组成的抗原称为结构抗原或体抗原，也称内抗原。结构抗原作为一种潜在的抗原能引起宿主产生大量的抗体。这些抗体与补体或淋巴细胞的共同作用，可破坏虫体，从而减少自然感染的发生。结构抗原的特异性不强，常被不同种和不同属的寄生虫所共享。例如猪蛔虫和犬弓首蛔虫就有许多共同的结构抗原。

2. 代谢抗原　寄生虫生理活动所产生的分泌排泄产物称为代谢抗原，也称外抗原。如寄生虫在入侵宿主组织和移行过程中产生的物质，与蜕皮有关的物质，在吸血过程中以及和寄生虫其他生命活动有关的物质。这类抗原大多数是酶，常有生物学特征，由它产生的相应抗体有很高的特异性，可以区别同一虫种中的不同株，甚至同一寄生虫的不同发育阶段。如捻转血矛线虫分泌排泄抗原具有双重的免疫学功能，一方面它是灵敏度高、特异性强的检测抗原，将分泌排泄抗原用于ELISA(酶联免疫吸附测定，Enzyme-linked immunosorbent assay)检测羊的捻转血矛线虫感染，实验表明它具有很强的敏感性和特异性，可测出自然感染1条以上的捻转血矛线虫抗体；另一方面，它还是制备免疫原的理想材料，捻转血矛线虫的分泌排泄抗原与宿主免疫系统直接接触，刺激机体产生免疫反应。它不但可以产生体液免疫，也可激发宿主的细胞免疫。分泌排泄抗原对虫体寄生过程和虫体的生存起重要作用，机体对其产生的免疫反应往往能有效地阻碍虫体寄生过程。

3. 可溶性抗原 指存在于宿主组织或体液中游离的抗原物质。它们可能是寄生虫的代谢产物,或死亡虫体释放的体内物质,或由于寄生生活所改变的宿主物质。可溶性抗原在抗寄生虫方面、感染病理学方面以及寄生虫的免疫逃避上起重要作用。

(二)根据抗原的功能分类

1.非功能性抗原 不能刺激机体产生保护性免疫反应的抗原称为非功能性抗原。一些非功能性抗原产生的抗体在寄生虫的检测和疾病诊断中具有重要价值。

2.功能性抗原 能刺激机体产生保护性免疫反应的抗原叫功能性抗原,也叫保护性抗原。功能性抗原大多数是代谢产物,直接针对寄生虫酶的抗体且能中和它们,并改变寄生虫的生理学特性,从而杀伤寄生虫。功能性抗原一般在寄生虫寄生过程的某一阶段出现。如鸡球虫的功能性抗原产生于发育的第 2 代裂殖生殖阶段;猪蛔虫的功能性抗原产生于第 2 期幼虫向第 3 期幼虫蜕化的时期;在已发现的疟原虫的 100 多种抗原物质中只有少数具有保护性作用。此外,寄生虫抗原按照化学成分可分为蛋白抗原、多糖抗原、糖蛋白抗原、糖脂抗原等。

二、寄生虫抗原的特点

(一)复杂性和多源性

大多数寄生虫为多细胞生物,生活史复杂,因此寄生虫抗原比较复杂,种类繁多。其来源可以是体抗原、分泌排泄抗原或可溶性抗原,其成分可以是蛋白质或多肽、糖蛋白、糖脂或多糖等。不同来源和成分的抗原诱导宿主产生免疫应答的机制和效果也不同。

(二)具有属、种、株、期的特异性

寄生虫生活史中不同发育阶段既具有共同抗原,又具有发育阶段的特异性抗原。共同抗原还可见于不同属、种、株、期的寄生虫之间。特异性抗原在寄生虫病的诊断及疫苗的研制方面具有重要意义。

(三)免疫原性弱

寄生虫抗原可诱导宿主产生免疫应答,宿主产生针对其抗原的特异性抗体,但与细菌、病毒抗原相比,其免疫原性一般较弱。

由于寄生虫抗原比较复杂,又表现有属、种、株、期的特异性,因此筛选和分析其抗原组成十分重要。近年来的研究表明,宿主保护性抗原的决定簇分为 B 淋巴细胞决定簇和 T 淋巴细胞决定簇,尤其是能刺激机体产生 CD_4^+ (cluster of differentiation 4)和 CD_8^+ (cluster of differentiation 8)细胞的抗原,对宿主的保护性免疫应答是十分重要的。而只有 B 淋巴细胞决定簇的抗原是不完全的,也不能诱导宿主产生持久的保护性免疫。

第二节 抗寄生虫免疫

一、抗寄生虫免疫的特点

(一)免疫复杂性(Immune complexity)

这主要是由于大多数寄生虫是多细胞动物，构造复杂；另外生活史常分为不同的发育阶段；而且寄生虫比细菌和病毒要大得多，因而含有的抗原种类较多、数量也较大。

(二)不完全免疫(Incomplete immunity)

即宿主尽管对寄生虫感染能起一定的免疫作用，但不能将虫体完全清除，以致寄生虫可以在宿主体内生存和繁殖。

(三)带虫免疫(Premunition)

即寄生虫在宿主体内保持一定数量时，宿主对同种寄生虫的再感染具有一定的免疫力；一旦宿主体内虫体完全消失，这种免疫力也随之结束。

(四)自愈现象(Self-cure)

即动物受到某一种寄生虫感染后，当再次受到同种寄生虫感染时，有时会出现原有的寄生虫和新感染的寄生虫被全部排出的现象，称之为自愈现象。

二、抗寄生虫免疫的反应类型

近代科学的发展，使人们认识到免疫如同一个良好的屏障，时刻防止外界对机体的各种伤害，通过免疫防御、免疫稳定和免疫监视三大功能实现这种屏障作用。所谓免疫防御功能，是指当机体受到病原侵袭时，体内的白细胞就会对此种外来致病物质加以识别，并产生一种特殊的抵抗力，从而更有效地清除病原，维护机体的健康。免疫稳定功能，指的是及时清除机体组织的正常碎片和代谢物，防止其积存体内，误作异物而产生自身抗体，导致一些自身免疫性疾病。在正常机体内经常会出现少量的“突变”细胞，它们可被免疫系统及时识别，并加以清除，因为任其发展和分裂下去，即可成为肿瘤，这种发现和消灭体内出现“突变”细胞的本领，被称为免疫监视功能。与其他免疫一样，抗寄生虫免疫包括非特异性免疫和特异性免疫。

(一)非特异性免疫

动物的非特异性免疫是机体在长期进化过程中逐渐建立的，具有相对稳定性，是能遗传给下一代的防御能力，也称先天性免疫。它对各种寄生虫的感染均有一定程度的抵抗力，但没有特异性，一般也不十分强烈。这种免疫常包括屏障结构、吞噬细胞、抗病原物质以及嗜酸性粒细胞的作用。

1.皮肤、黏膜和胎盘的屏障作用　动物机体的屏障结构和表面分泌物可有效地抵抗部分寄生虫的侵入。皮肤的角质层是良好的天然屏障。呼吸道黏膜表面的纤毛、胃肠和鼻腔黏膜的分泌物能排出虫体。血脑屏障，可阻挡部分虫体进入脑脊液和脑组织，对中枢神经有保护作用。血胎屏障，可阻止部分虫体从母体通过胎盘而感染胎儿，对胎儿有保护作用。

2.吞噬细胞的吞噬作用　血液中的粒细胞，肝、脾、肺、结缔组织、神经组织以及淋巴结中的巨噬细胞，它们构成机体免疫的第二道防线，对机体起保护作用。这些细胞的作用，既表现为对寄生虫的吞噬、消化、杀伤作用，又可在处理寄生虫的抗原过程中参与特异性的免疫感应阶段；其本身既受基因的调控，又受各种非特异性因素和特异性因素的影响，从而构成完整免疫作用中的一个重要组成部分。例如，有研究者在进行猴子疟原虫感染试验时，发现正常宿主的巨噬细胞有吞噬受感染的红细胞现象，初期这种现象比较微弱，当病程达到严重期或给予补充抗体后，细胞的吞噬效应立即增强。有一种鼠在切除脾脏后，更容易用实验方法使之感染利什曼原虫。

3.抗病原物质的杀伤作用　正常体液中，特别是血清中含有多种抗病原物质，如补体、溶菌酶和干扰素等。补体系由20余种理化性质不同的血清蛋白所组成。补体系统在正常情况下，以非活性状态的前体分子存在于血清中。当某种因素被激活后，或经过经典途径，或通过替代途径发生一系列连锁反应参与机体的防御功能，也可作为一种介质引起病理损害。曾发现某些动物的血清对布氏锥虫有毒性作用，后来发现这种作用与血清内高密度脂蛋白（High density lipoprotein，HDL）有关，当从血清中清除HDL后，对锥虫的毒性作用即消失。现已查明，血清内脂质成分的改变影响到淋巴细胞膜的结构和功能，从而抑制了机体的免疫力，致使寄生虫感染加重。实验资料显示，实验动物随年龄增长，其体内的脂质成分发生相应变化，对寄生虫感染的抵抗能力也逐渐降低。

4.嗜酸性粒细胞的抗感染作用　多数寄生虫感染伴有外周血及局部组织内嗜酸性粒细胞增多现象，其中以组织内寄生的血吸虫、肺吸虫、丝虫、旋毛虫、猪囊虫和包虫以及内脏幼虫移行症较为明显。嗜酸性粒细胞的吞噬作用比中性粒细胞弱。嗜酸性粒细胞表面膜受到干扰就会脱颗粒，其活性能被α-肿瘤坏死因子（tumor necrosis factor-α，TNF-α）和粒细胞巨噬细胞集落刺激因子（granulocyte-macrophage colony-stimulating factor，GM-CSF）等细胞因子增强。但它们的多数活性受控于抗原特异性机制。因而，它们体外结合覆盖有IgE（immunoglobin，免疫球蛋白）和IgG的幼虫（例如曼氏血吸虫和旋毛虫）时，增加释放其颗粒内容物至虫体表面。嗜酸性粒细胞结晶核心的主要碱性蛋白（major basic protein，MBP）能造成对童虫的损害。肥大细胞（mast cell）产物能促进嗜酸性粒细胞杀伤曼氏血吸虫幼虫。体外实验发现，血吸虫病患者的嗜酸性粒细胞比正常人的更有效。释放的抗原引起肥大细胞局部依赖IgE脱颗粒和介质的释放。这些选择性地吸引嗜酸性粒细胞至局部并进一步增强其活性。嗜酸性粒细胞的其他产物随后封闭肥大细胞反应。在猴体内实验证明存在这些效应机制，血吸虫的杀伤伴随有嗜酸性粒细胞的聚集。

(二)特异性免疫

1.免疫应答的过程　动物机体在抗原物质的刺激下，免疫应答的形式和反应过程一般可分为三个阶段，即致敏阶段、反应阶段和效应阶段。

(1)致敏阶段　抗原进入体内后从识别到活化的过程。进入机体内的抗原除少数可溶性抗原物质可以直接作用于淋巴细胞外，大多数抗原经巨噬细胞吞噬处理，并传递抗原信息给免疫活性细胞，启动免疫应答，B细胞和T细胞分别被激活。

(2)反应阶段　淋巴细胞被激活后,转化为母细胞,进行分化增殖。B细胞经增殖后形成浆细胞,并产生大量特异性抗体,表现为体液免疫反应。T细胞增殖后形成致敏淋巴细胞,产生淋巴因子。由于T细胞功能的多样性,T细胞反应远较B细胞复杂。除产生淋巴因子外,一部分形成辅助性T细胞(helper T cell,Th)和抑制性T细胞(suppressor T cell,Ts),调节体液免疫,还有一部分能直接杀伤靶细胞,从而表现为细胞免疫反应。在淋巴细胞分化过程中,无论B细胞或T细胞均有一部分形成记忆细胞。

(3)效应阶段　抗体、淋巴因子和各种免疫细胞共同"战斗"清除抗原的阶段。浆细胞合成并分泌的抗体,进入淋巴液、血液、组织液或黏膜表面,中和毒素,或在巨噬细胞及补体等物质的协同作用下,杀灭或破坏抗原物质。抗原使T细胞致敏后,可直接杀伤再次进入的抗原或带有抗原的靶细胞;也可通过抗原和致敏T细胞接触后释放的淋巴细胞因子杀伤或破坏靶细胞。在抗原被清除的同时,致敏的和被选择的大量增殖的淋巴细胞,由于再次接触抗原而表现再次免疫应答,从而又一次增强了免疫效应。

当抗原从体内消失后,在一定时间内,体内还存在特异性抗体和致敏淋巴细胞,在这一时期内,如果再次接触同种抗原物质,就能更快地组织免疫应答,更迅速有效地清除抗原,这就是获得性免疫的再次应答。虽然抗体和致敏淋巴细胞在体内消失,由于记忆细胞的存在,机体也能迅速地表现免疫应答,称为回忆免疫(recall immunity)。这就是获得性免疫长期存在的原因。

2.细胞免疫应答　细胞免疫是指T细胞受寄生虫抗原或有丝分裂原刺激后,分化、增殖、转化为致敏淋巴细胞所表现出来的免疫应答。这种免疫应答不能通过血清传递,只能通过致敏淋巴细胞传递,所以称细胞免疫。

(1)巨噬细胞对抗原的处理　巨噬细胞具有捕捉抗原、处理抗原、储存抗原并将抗原传递给淋巴细胞,使其活化等作用。巨噬细胞以吞噬、吞饮、被动吸附等方式捕捉抗原,巨噬细胞的表面相关抗体可特异性结合抗原,抗原被巨噬细胞摄取后,大部分(90%以上)被迅速分解,并失去免疫原性,小部分抗原残留在巨噬细胞表面而具有免疫原性;也有的被吞入细胞,贮存于巨噬细胞的特殊部位而免于被破坏,其后逐渐被释放出来。

(2)巨噬细胞传递抗原　巨噬细胞把抗原传递给T细胞,在多数情况下是通过细胞表面直接接触来完成的。T细胞将巨噬细胞处理获得的抗原信息作为活化的第一信号,将巨噬细胞所产生的淋巴细胞活化因子(lymphocyte activation factor,LAF)作为活化的第二信号。T细胞接受上述两种信号之后,被激活转化为淋巴母细胞。

(3)T细胞活化与细胞因子的产生　淋巴细胞受抗原作用后成为致敏淋巴细胞,继而母细胞化,成为淋巴母细胞,最后转化为效应淋巴细胞。T细胞的各个亚群在识别了细胞上的抗原后,各自被选择性激活,它们有的成为调节体液免疫的Th和Ts,有的产生淋巴因子,也有的表现为直接杀伤靶细胞,即细胞毒作用,此类细胞称为杀伤性或细胞毒性T细胞。细胞因子是一类免疫细胞产生的、具有广泛生物学活性的小分子肽,包括淋巴因子、单核因子和白细胞介素,在免疫细胞中的分化、免疫应答过程中具有重要的调节作用。除了免疫细胞,其他细胞如小胶质细胞、成纤维细胞、内皮细胞、肿瘤细胞等也可以产生细胞因子。细胞因子可分为白细胞介素(interleukin,IL)、集落刺激因子(colony stimulating factor,CSF)、干扰素(interferon,INF)、肿瘤坏死因子(tumor necrosis factor,TNF)、生长因子(growth factor,GF)、趋化因子家族(chemokine family)等。它们通过结合细胞表面的相应受体发挥以下生物学作用:抗细菌作用,抗病毒作用,调节特异性的免疫反应,刺激造血,促进血管的生成等。

(4)细胞免疫效应 在细胞免疫反应中,抗原特异性T细胞可直接发挥效应功能,如细胞毒性T细胞(cytolytic T lymphocyte,CTL)可直接裂解靶细胞。此外,抗原活化的T细胞可通过分泌细胞因子进一步作用于其他细胞群体,如肿瘤坏死因子TNF-γ活化NK细胞;通过细胞因子,可吸收和激活特异性效应细胞的功能和活性,从而将这些细胞转化为特异性免疫因素。细胞免疫对清除生活在抗原递呈细胞(antigen-presenting cell,APC)内的寄生虫有重要作用。在蠕虫感染时,抗原活化CD_4^+ Th2细胞,分泌细胞因子,活化肥大细胞,富集和活化嗜碱性粒细胞和嗜酸性粒细胞。

宿主对细胞内寄生的弓形虫速殖子的免疫应答为细胞免疫反应。其免疫应答过程是:致敏的T细胞抗原受体与弓形虫抗原(核糖核蛋白)起反应,导致T细胞分裂和分化,即分化为淋巴因子生存细胞、细胞毒性效应细胞与记忆细胞;淋巴因子生存细胞释放淋巴因子,作用于巨噬细胞,使它们首先能抵抗弓形虫的致死作用,然后通过解除对溶酶体和吞噬体融合的阻碍而使溶酶体发挥作用,杀伤细胞内的虫体;细胞毒性T细胞还能破坏速殖子和受弓形虫感染的细胞的作用;干扰素能激活巨噬细胞和刺激细胞毒性T细胞,使之能有效地抵抗弓形虫。

3.体液免疫应答 抗原激发B细胞产生抗体,以及体液性抗体与相应抗原接触后引起一系列的抗原抗体反应,统称为体液免疫。

(1)抗原的处理与递呈 寄生虫抗原可以多种形式结合于巨噬细胞、树突状细胞、B细胞等多种抗原递呈细胞(APC)的表面。如通过抗体的Fc受体、补体C3b受体及B细胞表面的膜免疫球蛋白等。通过APC的吞噬作用被摄取到细胞内,可溶性抗原可通过液相胞饮过程摄入。寄生虫蛋白抗原在APC内经过加工后的肽段与主要组织相容性复合物(major histocompatibility complex,MHC)分子连接形成多肽-MHC复合物,在APC表面表达。T细胞识别这种经加工处理的寄生虫抗原即多肽-MHC复合物的过程称为抗原递呈。寄生虫非蛋白类抗原,如多糖、糖脂和核酸等,不能形成抗原肽-MHC复合物被递呈,但有些可诱导B细胞表面上的细胞膜Ig的最大程度的交联,引起不需T细胞辅助的B细胞活化,直接产生体液免疫效应。由于许多寄生虫抗原为多糖性质,因此体液免疫在抵御外源性寄生虫感染中起重要作用。

(2)抗原与抗体的结合 抗原分子中决定抗原特异性的特殊化学基团,称为抗原决定簇或抗原表位。寄生虫的抗原较大,故常含有多个抗原决定簇,每个均可与1个抗体分子结合。对于核酸或蛋白质而言,抗原决定簇是由抗原分子折叠形成的,通常由5~15个氨基酸残基或5~7个多糖残基或核苷酸组成。能与抗体分子结合的抗原表位的总数称为抗原结合价。蛋白、核酸及其复杂碳水化合物分子中可含有一些重复结构,每个复杂分子可出现多个相同的抗原决定簇,这种情况被称为多价。寄生虫的磷脂或多糖类抗原、抗原决定簇经非共价键与抗体结合。抗体也常被称为免疫球蛋白,基于理化特性和与抗原结合的方式不同,免疫球蛋白可分为IgG、IgA、IgM、IgD和IgE五类。

(3)特异性抗体的效应机制 许多寄生虫感染激发非特异性高丙种球蛋白血症,其中多数可能使寄生虫释放了具有B细胞丝裂原作用的物质。如锥虫病和疟疾中的IgM、疟疾和内脏利什曼原虫病的IgG水平增加。控制寄生虫感染的特异性抗体的效应机制包括:①抗体自身或激活补体系统直接破坏寄生虫。如疟原虫子孢子与免疫血清共同孵育后,引起子孢子外膜损伤,孢子内液体流失。②抗体通过封闭其与新宿主细胞直接中和寄生虫,例如疟原虫裂殖子经特异受体进入红细胞,而特异抗体能抑制其进入。③抗体能促进巨噬细胞的吞噬作用。补体参与后能再增强吞噬作用。这些效应由巨噬细胞上的Fc和C3受体介导,当巨噬细胞活化后,这些受体可增多。④抗体亦参与抗体依赖细胞介导细胞毒性(antibody-dependent cell-mediated cytotoxicity,ADCC)作用,例如枯氏锥虫、旋毛形线虫、曼氏血吸虫和丝虫,巨噬细胞、中性粒细胞和嗜酸性粒细胞等细胞毒性细胞通过Fc和C3受体黏附至抗体来覆盖虫体,并通过胞吐作用将虫体杀死。

4.体液免疫和细胞免疫协同作用　细胞免疫和体液免疫是相互联系和密切相关的,而且在许多情况下两者是协同的。一般认为,以嗜酸性粒细胞为主要效应细胞的ADCC在杀伤蠕虫中起重要作用。ADCC对寄生虫的作用需要特异性抗体如IgG和IgE结合于虫体,然后巨噬细胞和嗜酸性粒细胞等效应细胞通过Fc受体附着于抗体,通过两者的协同作用对虫体进行杀灭作用。

总之,寄生虫感染的免疫产生较慢,并伴有活虫或死虫的持续存在,在抗原的刺激下虽能产生某种程度的抵抗力,但所产生的免疫力不十分强,也不能持续很久(尤其是节肢动物和蠕虫)。这与许多细菌性、病毒性疾病所获得的免疫有所不同。

第三节　免疫逃避

虽然宿主的免疫系统能抵抗寄生虫的寄生,但绝大多数寄生虫能在宿主有充分免疫力的情况下生活和繁殖。寄生虫与宿主的关系是长期进化的结果。在进化过程中,如果寄生虫毒力太强,就会消灭宿主,但在无宿主的情况下,也就不会有寄生虫的存在。反过来同样如此,如果宿主防御反应过于强大,以至于能完全防止寄生虫感染,这样也会导致寄生虫的灭绝。在长期的进化过程中,只有能与宿主保持动态平衡的寄生虫才会存活下来。

寄生虫可以侵入免疫功能正常的宿主体内,并能逃避宿主的免疫效应而在宿主体内发育、繁殖和生存,这种现象称为免疫逃避。其机制可大致归纳为:组织学隔离、寄生虫抗原性的改变、抑制宿主的免疫应答、释放可溶性抗原和代谢抑制。

一、组织学隔离

1.免疫局限位点寄生虫　胎儿、眼组织、小脑组织、胸腺等有特殊的生理结构,与免疫系统相对隔离,不存在免疫反应,被称为免疫局限位点。寄生在这些部位的寄生虫通常不受免疫作用的影响。例如寄生在小鼠脑部的弓首蛔虫的幼虫,寄生在人眼中的丝虫,寄生在胎儿中的弓形虫等。

2.细胞内寄生虫　由于宿主的免疫系统不能直接作用于细胞内的寄生虫,如果寄生虫的抗原不被呈递到感染细胞的外表面,免疫系统则不能识别感染细胞,因而细胞内的寄生虫往往能有效逃避宿主的免疫反应。如寄生在宿主细胞内的刚第弓形虫、枯氏锥虫、利什曼原虫、巴贝斯虫等。

3. 被宿主包囊膜包裹的寄生虫　如旋毛虫、囊尾蚴、棘球蚴，尽管它们的囊液有很强的抗原性，但由于有厚的囊壁包裹，机体的免疫系统无法作用于包囊内，所以囊内的寄生虫可以存活。

二、寄生虫抗原性的改变

虫体抗原性的改变被认为是一些寄生虫最重要的免疫逃避机制。例如锥虫、巴贝斯虫、疟原虫等寄生原虫在宿主产生有效的免疫反应之前，就已经改变了其表面的抗原性，从而使宿主的免疫应答系统对其失去作用。寄生虫改变自身抗原性的机制主要有：

1. 寄生虫抗原的阶段性变化　寄生虫发育的一个重要特征是存在发育期的阶段性改变，甚至存在宿主的改变。不同发育阶段，有不同的特异性抗原；即使在同一发育阶段，有些虫种抗原亦可产生变化。例如巴贝斯虫、泰勒虫在发育过程中有裂殖生殖、配子生殖和孢子生殖时期，其间还经历哺乳动物宿主和昆虫宿主体内的繁殖阶段，在不同发育阶段虫体本身的抗原性均发生不同的变化。对于宿主来说，每一个发育时期的虫体都是一种新的抗原。而蠕虫的生活史更为复杂，如猪蛔虫，从虫卵发育到成虫要经过多个发育时期，而且要在不同的组织中移行，因此各个时期虫体的抗原成分各不相同。虫体发育的连续变化，无疑干扰了宿主免疫系统的有效应答。

2. 抗原变异　某些寄生虫的表面抗原经常发生变异，不断形成新的变异体，使得机体已经存在的抗体无法对其识别。例如伊氏锥虫虫体表面的可变糖蛋白分子不断更新，新变异体不断产生，总是与宿主特异性抗体的合成形成时间差。巴贝斯虫和疟原虫的抗原变异虽然没有锥虫那样快，但也干扰宿主对这两种虫体的免疫清除；这两种血液原虫的抗原变异主要表现在改变虫体表膜或其所寄生的红细胞膜上的抗原性，而不是整个虫体表膜的抗原性全部改变。

抗原变异的机理：由于编码变异体的基因发生了改变，不同变异体有各自的编码基因，在一段时间内一条虫体内只有一个变异体的编码基因活化，其他基因都处于静止状态，当另一个基因活化时原来表达的基因便沉默了，这时虫体表面原有的变异体脱落，换上了新的变异体。基因需要在一定的活化位点才能活化，锥虫的这类活化位点在染色体端粒处，锥虫有一种核酸剪切因子，它可以使不同的变异体基因移位到表达位点。而疟原虫和巴贝斯虫的基因内部都有一些基因重排位点，这些位点所转录的 mRNA 分子各不相同，因而所翻译的蛋白质的抗原性也不相同。另外，寄生虫虫株间的杂交与融合也会形成不同的抗原，锥虫、疟原虫、巴贝斯虫在宿主体内都可进行遗传物质的交换，当两个抗原性不同的虫体杂交融合后，其子代虫体的抗原性就会与母代的抗原性不同。

3. 分子模拟与伪装　有些寄生虫体表能表达与宿主组织抗原相似的成分，称为分子模拟。有些寄生虫能将宿主的抗原分子镶嵌在虫体体表，或用宿主抗原包被，称为抗原伪装。如分体吸虫可吸收许多宿主抗原，所以宿主免疫系统不能把虫体作为侵入者识别出来。如果把成虫从小鼠体内移出，用外科手术的方法植入猴子体内，分体吸虫可暂时停止排卵，但产卵很快恢复正常。然而，如果猴子在植入虫体前用小鼠红细胞免疫过，虫体植入后很快被破坏。曼氏血吸虫在皮肤内的早期童虫表面不含有宿主抗原，但肺期童虫表面被宿主血型抗原（A、B、H）和主要组织相容性复合物包被，抗体不能与之结合。有趣的是，几种抗血吸虫药物可调节蠕虫免疫逃避的有效性。例如，吡喹酮在低得足以使血吸虫直接死亡的浓度时，启动免疫破坏。药物明显改变皮层表面的结构，暴露出正常情况下隐匿在宿主抗原之下的抗原决定簇，使免疫系统容易识别。

4. 表膜的脱落与更新　多数原虫和蠕虫有脱落和更新表面抗原的能力，以逃避宿主的特异性免疫应答。实际上，抗原的脱落与抗原的变异是相互结合的。例如，锥虫的可变表面糖蛋白是处在一种不断脱落和变异的过程中，脱落下来的抗原中和了特异性抗体对虫体的作用。当血吸虫成虫受到特异性抗体作用时迅速脱去部分表皮，然后修复；皮肤中的童虫也能脱去表面抗原而保持其形态完整；尾蚴在钻入皮肤时能脱去其表皮的多糖蛋白质。除此之外，很多线虫的幼虫，在宿主体内的移行过程中都要经过正常的蜕皮过程后才能发育为成虫，每次蜕皮后的虫体抗原性均有所变化，这也是寄生虫逃避免疫攻击的一种方式。

三、抑制宿主的免疫应答

寄生虫能释放某些因子直接抑制宿主的免疫应答，这是寄生虫感染过程中的一种普遍特征，原虫、线虫甚至昆虫感染均有免疫抑制，而且是一种主动的免疫抑制。表现为：

1. 特异性 B 细胞克隆的耗竭　一些寄生虫感染往往诱发宿主产生高 Ig 血症，提示多克隆 B 细胞的激活，产生大量抗体，却无明显的保护作用。B 细胞的许多亚型受刺激而分裂，产生特异性的 IgG 和自身抗体，白细胞介素(interleukin-2，IL-2)的分泌和受体表达受到抑制，T 细胞对正常信号耐受，使免疫系统耗竭，不能产生针对侵入者的有效反应。因此，至感染晚期，虽有抗原刺激，B 细胞亦不能分泌抗体，说明多克隆 B 细胞的激活导致了能与抗原反应的特异性 B 细胞的耗竭，抑制了宿主的免疫应答，甚至出现继发性免疫缺陷。如锥虫分泌的某种物质能明显抑制宿主抗体和细胞介导的免疫反应。

2. 抑制性 T 细胞的激活　T 细胞激活可抑制免疫活性细胞的分化和增殖。动物实验证实，感染利什曼原虫、锥虫和血吸虫小鼠有特异性 T 细胞的激活，产生免疫抑制。内脏型利什曼原虫病表现出由于免疫反应方向错误而出现的一种免疫抑制。病原体开始时侵入感染部位附近的巨噬细胞，然后侵入全身的网状内皮系统细胞，免疫反应的细胞介导免疫是控制虫体繁殖必备的，利什曼原虫抗原迟发型超敏反应(delayed-type hypersensitivity，DTH)阳性的机体可成功抵御感染。

3. 虫源性淋巴细胞毒性因子　有些寄生虫的分泌排泄物中某种成分具有直接的淋巴细胞毒性作用，可抑制淋巴细胞激活。如感染旋毛虫幼虫小鼠的血清、肝片吸虫的排泄分泌物(excretion secretion，ES)，均可使淋巴细胞凝集而杀伤；枯氏锥虫 ES 中分离出相对分子质量为 30 000 和 100 000 的蛋白质，可抑制宿主外周血淋巴细胞增殖和 IL-2 的表达；曼氏血吸虫存在相对分子质量为 100～500 的热稳定糖蛋白，不需通过 T 细胞激活，直接抑制 ADCC 杀虫效应；枯氏锥虫分泌的蛋白酶可直接分解附着于虫体表面的抗体，使结晶的片段脱落，从而无法激活补体；寄生虫释放的这些淋巴细胞毒性因子也是产生免疫逃避重要机制中的重要成分。

4. 封闭抗体的产生　有些寄生虫抗原诱导的抗体可结合在虫体表面，不仅对宿主不产生保护作用，反而阻断保护性抗体与之结合，这类抗体称为封闭抗体。已证实布氏锥虫、疟原虫、曼氏血吸虫感染宿主中均存在封闭抗体。

四、释放可溶性抗原

研究发现循环系统中或非寄生性组织中寄生虫可溶性抗原的存在，有利于寄生虫数量的增加。过量可溶性寄生虫抗原的释放，可通过一种称为免疫分散的过程而损害宿主应答。恶性疟原虫的可溶性抗原与循环抗体结合犹如一种“烟幕”，将抗体引离虫体。许多共有的表面抗原是“GPI 锚”(glyco-phosphatidylinositol anchors)嵌入寄生虫膜中的可溶性分子，如利什曼原虫的脂磷酸聚糖(lipophosphoglycan，LPG)、布氏锥虫的可变表面糖蛋白都是经磷脂酰肌醇尾结合至虫体表面。这些可溶性抗原会阻碍宿主免疫系统对寄生虫的杀灭作用，使寄生虫逃避宿主的免疫反应。

五、代谢抑制

有些寄生虫在其生活史的潜在期能保持静息状态，此时寄生虫代谢水平降低，减少刺激宿主免疫系统功能抗原的产生，降低宿主对寄生虫的免疫反应，从而逃避宿主免疫系统对寄生虫的损伤。如寄生在细胞内的刚第弓形虫、枯氏锥虫、人肝细胞内疟原虫的虫体、许多线虫的受阻幼虫、蝇蛆病的第 3 期幼虫都存在代谢抑制现象。这些处于代谢抑制阶段的寄生虫在适宜条件下能大量繁殖，重新感染宿主。

第四节 寄生虫感染的超敏反应

宿主对寄生虫感染所产生的免疫，一方面可抵抗重复感染，有利于宿主；另一方面可发生超敏反应。超敏反应(hypersensitivity)是免疫系统对再次进入的抗原做出的因过于强烈或不适当的反应而导致组织器官损伤的一类免疫病理性反应。如果反应严重，则出现临床症状，甚至发生死亡，这种疾病成为超敏反应性疾病。根据其发生机理不同，可将超敏反应分为四型。

一、速发型(又称过敏型，I 型)

过敏原进入机体后，诱导 B 细胞产生 IgE 抗体。IgE 与靶细胞有高度的亲和力，牢固地吸附在肥大细胞、嗜碱性粒细胞表面。当相同的抗原再次进入致敏的机体，与 IgE 抗体结合，就会引发细胞膜的一系列生物化学反应，启动两个平行发生的过程：脱颗粒与合成新的介质。①肥大细胞与嗜碱性粒细胞产生脱颗粒变化，从颗粒中释放出许多活性介质，如组胺、蛋白水解酶、肝素、趋化因子等。②同时细胞膜磷脂降解，释放出花生四烯酸。它以两条途径代谢，分别合成前列腺素、血栓素 A2 和白细胞三烯(leucotriene，LT)、血小板活化因子(platelet-activating factor，PAF)。各种介质随血流散布至全身，作用于皮肤、黏膜、呼吸道等效应器官，引起小血管及毛细血管扩张，毛细血管通透性增加，平滑肌收缩，腺体分泌增加，嗜酸性粒细胞增多、浸润；可引起皮肤黏膜过敏症(荨麻疹、湿疹、血管神经性水肿)，呼吸道过敏反应(过敏性鼻炎、支气管哮喘、喉头水肿)，消化道过敏症(食物过敏性胃肠炎)，全身过敏症(过敏性休克)。此型多见于蠕虫感染。例如，血吸虫尾蚴引起的尾蚴性皮炎属于局部过敏反应；包虫囊壁破裂，囊液吸收入血而产生过敏性休克属于全身过敏性反应。其他如热带肺嗜酸性粒细胞增多症、痉挛性支气管炎、哮喘等。

属于Ⅰ型超敏反应的寄生虫病还有幼虫移行症时引起的哮喘、荨麻疹，虫螯性过敏，寄生虫侵入皮肤引起的荨麻疹，以及肠道线虫感染所致的哮喘样反应、荨麻疹等。在寄生虫病中，过敏反应以荨麻疹最为常见。

二、细胞毒型(Ⅱ型)

抗体(多数为 IgG、少数为 IgM、IgA)首先同细胞本身抗原成分或膜表面成分相结合，然后通过四种不同的途径杀伤靶细胞。

1.抗体和补体介导的细胞溶解　IgG/IgM 类抗体同靶细胞上的抗原特异性结合后，经过经典途径激活补体系统，最后形成膜攻击复合物，引起膜损伤，从而使靶细胞溶解死亡。

2.炎症细胞的募集和活化　补体活化产生的过敏毒素 C3a、C5a 对中性粒细胞和单核细胞具有趋化作用。这两类细胞的表面有 IgG Fc 受体，故 IgG 与之结合并激活它们；活化的中性粒细胞和单核细胞产生水解酶和细胞因子等，从而引起细胞或组织损伤。

3.免疫调理作用　与靶细胞表面抗原结合的 IgG 抗体 Fc 片段同巨噬细胞表面的 Fc 受体结合，促进巨噬细胞对靶细胞的吞噬作用。

4.抗体依赖细胞介导的细胞毒作用　靶细胞表面所结合的抗体的 Fc 片段与 NK 细胞、中性粒细胞、单核—巨噬细胞上的 Fc 受体结合，使它们活化，发挥细胞外非吞噬杀伤作用，使靶细胞破坏。与寄生虫感染有关的Ⅱ型超敏反应常见于黑热病、疟疾患者；寄生虫抗原吸附于红细胞表面，特异性抗体(IgG/IgM)与之结合，激活补体，导致红细胞溶解，出现贫血。这是黑热病或疟疾贫血的原因之一。而且在黑热病人的红细胞上，已证明有补体存在。锥虫病、血吸虫病等贫血机制也都与此型过敏反应有关。部分免疫机体对从皮肤侵入的日本血吸虫童虫的杀伤作用是通过 ADCC 的作用而实现的。

三、免疫复合物型(Ⅲ型)

在免疫应答过程中，抗原抗体复合物的形成是一种常见现象，但大多数可被机体的免疫系统清除。如果因为某些因素造成大量复合物沉积在组织中，则引起组织损伤和出现相关的免疫复合物病。影响免疫复合物沉积的因素有如下几个方面：

1.循环免疫复合物的大小　这是一个主要因素，一般来讲分子量为约 1000 ku、沉降系数为 8.5～19 S的中等大小的可溶性免疫复合物易沉积在组织中。

2.机体清除免疫复合物的能力　它同免疫复合物在组织中的沉积程度呈反比。

3.抗原和抗体的理化性质　复合物中的抗原如带正电荷，那么这种复合物就很容易与肾小球基底膜上带负电荷的成分相结合，因而沉积在基底膜上。

4.解剖和血流动力学因素　决定复合物的沉积位置是重要的。肾小球和滑膜中的毛细血管是在高流体静压下通过毛细血管壁而过滤的，因此它们成为复合物最常沉积的部位之一。

5.炎症介质的作用　活性介质使血管通透性增加，增加了复合物在血管壁的沉积。

6.抗原抗体的相对比例　抗体过剩或轻度抗原过剩的复合物迅速沉积在抗原进入的局部。

常见的Ⅲ型超敏反应疾病有：Arthus 反应、一次血清病、链球菌感染后肾小球肾炎等。在寄生虫方面，主要是患疟疾时侵犯肾脏，抗原抗体复合物沉积在肾小球基底膜和肾小球血管系膜区，引起血红蛋白尿、肾功能失常。在疟疾患者肾基底膜损伤的情况下已查到IgM，急性疟疾出现的蛋白尿在抗疟疾治疗后便可消失。慢性疟疾可出现严重的肾小球肾炎和肾病综合征。肾病综合征多见于三日疟。血吸虫病患者也常出现肾小球肾炎，是由于免疫复合物在肾小球内沉积所致。在非洲锥虫感染小鼠的肌肉及疟原虫感染小鼠的脉络膜中，均可见结合于组织的免疫球蛋白。

四、迟发型(Ⅳ型)

与上述由特异性抗体介导的Ⅲ型超敏反应不同，Ⅳ型是由特异性致敏效应T细胞介导的。此型反应局部炎症变化出现缓慢，接触抗原24～48 h后才出现高峰反应，故称迟发型超敏反应。机体初次接触抗原后，T细胞转化为致敏淋巴细胞，使机体处于过敏状态。当相同抗原再次进入时，致敏T细胞识别抗原，出现分化、增殖，并释放出许多淋巴因子，吸引、聚集并形成以单核细胞浸润为主的炎症反应，甚至引起组织坏死。常见的Ⅳ型超敏反应有：接触性皮炎、移植排斥反应，多种细菌(如结核杆菌)、病毒(如麻疹病毒)感染过程中出现的Ⅳ型超敏反应等。在寄生虫方面，利什曼原虫引起的皮肤结节有明显的细胞反应和肉芽肿形成。血吸虫排出的虫卵随血液流入肝脏，毛蚴成熟分泌可溶性抗原，经卵壳微孔释出，使淋巴细胞致敏。当再次接触抗原时，致敏的T淋巴细胞释放出淋巴毒素(lymphotoxin，LT)、巨噬细胞移动抑制因子(macrophage migration inhibitory factor，MIF)、嗜酸性粒细胞趋化因子，因此在虫卵周围出现以淋巴细胞、巨噬细胞、嗜酸性粒细胞浸润为主的肉芽肿。

有的寄生虫病可同时存在多型超敏反应，病理后果是多种免疫病理机制的复合效应，甚为复杂多变。如前已述及，血吸虫感染时可引起尾蚴性皮炎(属Ⅰ型超敏反应)、对童虫杀伤的ADCC作用(属Ⅱ型超敏反应)、血吸虫性肾小球肾炎(属Ⅲ型超敏反应)以及血吸虫虫卵性肉芽肿(属Ⅳ型超敏反应)。又如由昆虫引起的超敏反应，主要是速发型和迟发型，部分是免疫复合物型。当昆虫叮咬时，它的分泌物、排泄物以及毒毛等(过敏原)侵入人体而诱发局部的或全身的超敏反应现象。表4-1列出了超敏反应类型与寄生虫感染之间的关系。

表4-1 超敏反应类型与寄生虫感染之间的关系

类型	免疫成分	损伤机制	寄生虫感染举例
Ⅰ	IgE	肥大细胞，嗜碱性粒细胞及其介质	血吸虫尾蚴性皮炎，包虫囊壁破裂所致的休克
Ⅱ	IgG，IgM，IgA	补体活化，白细胞趋化、活化，NK细胞作用	疟疾的贫血
Ⅲ	cAg	补体活化，白细胞趋化、活化	疟疾肾病综合征
Ⅳ	$CD8^+$ T细胞 $CD4^+$ T细胞	直接致靶细胞溶解，活化吞噬细胞、细胞因子释放导致炎症	皮肤利什曼病，血吸虫尾蚴性皮炎、肝硬化

【本章小结】

1.寄生虫免疫主要有特异性免疫和非特异性免疫，二者相辅相成；

2.寄生虫抗原与细菌、病毒抗原不同，其具有种属、阶段性、免疫保护性和多源性等特点；

3.寄生虫通过组织学隔离、寄生虫抗原性的改变、抑制宿主的免疫应答、释放可溶性抗原和代谢抑制等机制，逃避宿主免疫系统的攻击，从而寻求生存。

【思考题】

1.寄生虫免疫逃避的机制是什么?

2.为什么说筛选寄生虫的保护性抗原比较困难?

第五章 寄生虫病的诊断

【学习目标】

1.掌握寄生虫病的诊断原则；
2.掌握寄生虫病的常规诊断方法。

第一节 临床诊断

动物寄生虫病的诊断不仅是治疗病畜禽的依据，而且也是掌握当地各种寄生虫病流行情况、进行药物驱虫试验所必需的手段。寄生虫病一般可根据流行病学资料的分析、临床症状的观察或结合尸体剖检做出初步诊断，如若在剖检时发现大量的虫体则可做出确诊。

在动物体内发现寄生虫，并不一定就引起寄生虫病。当寄生虫感染数量较少时，一般不引起明显的临床症状，如鸡球虫，牛、羊消化道线虫等；有些条件性致病性寄生虫，在动物机体免疫功能正常的情况下也不致病。因此，寄生虫病的确诊，除了检查病原体外，还应结合流行病学资料、临床症状、病理解剖变化等综合考虑。

一、流行病学分析

寄生虫病在动物群体中流行，必须具备流行的三个环节。寄生虫病的发生，往往是忽略预防措施所造成的。因此，首先要了解周围环境中是否存在与寄生虫病有关的流行因素，是否有相应的中间宿主、贮藏宿主或媒介昆虫等；其次，对发病的养殖场和动物种群进行详尽的病史调查，了解该场历次发生过哪些疾病，同时详细询问发病动物的品种、年龄、来源、饲养管理方式、发病季节、发病率、死亡率、饲料转化率等。此外还要询问本次是否进行过药物治疗，药物的种类、剂量、疗程是否准确等。寄生虫病的发生与外界环境有着密切的联系，因此要了解当地的气候、水土、植被情况等。对所获资料，去伪存真，去粗取精，抓住要点，加以全面分析，从而做出初步诊断。同时需统计感染率（即检查的阳性患病畜禽与整个被检畜禽的数量之比）和感染强度（是反映宿主遭受某种寄生虫感染数量大小的一个标志，有平均感染强度、最大感染强度和最小感染强度之分），在充分统计和综合分析的基础上，得出所发生的可能寄生虫病，为进一步诊断提供依据。

二、临床症状观察

寄生虫病与其他疾病的临床表现存在一定差异，而临床症状的观察是生前诊断最直接最基本的方法。寄生虫病是一种慢性消耗性疾病，临床上多表现为消瘦、贫血、下痢、水肿等，但有些病如原虫所引起的疾病可表现具有特征性的临床症状，如反刍兽的梨形虫病可出现高热、贫血、黄疸或血红蛋白尿；鸡的卡氏住白细胞虫病可出现白冠，排绿色粪便；鸡的盲肠球虫病可出现血便；患脑多头蚴病的牛、羊出现转圈运动等神经症状。因此，在临床诊断时，应仔细观察临床症状，分析病因，寻找线索，确定大概的范围，为下一步采用其他诊断方法提供依据。

三、病理学诊断

病理学诊断是死后诊断所采取的方法，包括病理剖检及组织病理学检查。剖检时按动物寄生虫学剖检程序做系统的观察和检查，并详细记录病变特征和检获的虫体。根据剖检结果找出具有特征性的病理变化，经综合分析后做出初步诊断；如果能找到相应的虫体即可做出确诊。对于某些组织的寄生虫病来说，特别要结合组织病理学检查，发现典型病变和各发育阶段的虫体即可确诊。例如诊断旋毛虫病时，可根据在肌肉组织中发现的包囊而确诊。如果对某种寄生虫病的诊断在流行病学和临床症状已经掌握了一些线索，那么根据出诊的迹象做局部的剖检。例如，如果在临床症状和流行病学方面怀疑为肝片吸虫病时，可在肝脏胆管胆囊内找出成虫或童虫，进行确诊。

第二节　病原学诊断

病原检查是确诊的主要依据。由于蠕虫病的症状缺少特征性，因此，仅仅依靠临床症状，很难对家畜蠕虫病做出肯定的诊断。所以，在很大程度上需依赖于实验室的检查。实验室检查方法是在被检动物的粪、尿、血液、组织液、体表及皮屑等的样品中，寻找虫卵、幼虫、虫体或虫体片段，并根据所发现的虫卵或虫体特征做出正确诊断。但值得注意的是，一个正确的诊断，必须对病畜的全身状况进行全面的、综合的考虑和分析。实验室检查发现虫卵等，只能说明该受检畜体内已有某种寄生虫的寄生，但它是否是受检畜呈现疾病的主要原因，则还需要对该病的流行病学、症状、病理等各方面做综合的分析和判断。

一、粪便检查

蠕虫大部分寄生于消化道，它们的虫卵、幼虫和某些虫体或虫体片段通常和粪便一同排出，因此，粪便检查法是诊断这类蠕虫病的主要方法。此外，与消化道连接的器官（如肝、胰）中的寄生虫，其所产出的虫卵，也随粪便排出体外。呼吸道的寄生虫，其虫卵或幼虫随痰液排出，在痰液进入口腔后，多数又被咽下，因此，也可以在粪便中见其虫卵或幼虫。禽类泌尿生殖器官内的寄生虫排出的虫卵等，同样出现在粪便中。检查时，粪便要新鲜，一般应是新排出的，这样可以使虫卵保持固有的状态，有时可直接从动物直肠采粪。盛粪便的容器要干净，防止交叉污染。

(一)粪便内蠕虫虫卵检查法

根据所采取的方法不同,可将粪便内蠕虫虫卵的检查法分为直接涂片法、漂浮法和沉淀法以及锦纶筛兜淘洗法。

1.直接涂片法　它是检查虫卵的最简单方法,但如果粪便中虫卵数量少时则不易查到。

检查时,取洁净的载玻片,放少量粪便于玻片中央,滴1～3滴5%甘油生理盐水与粪便混匀,涂片的厚薄以透过涂片隐约可见书上的字迹为宜。在粪膜上加盖玻片镜检。

2.漂浮法　本法是利用相对密度比虫卵大的溶液稀释粪便,将粪便中的虫卵浮集于液体表面。线虫卵和绦虫卵,常用饱和盐水(即在1000 mL沸水中加入380 g食盐)做漂浮液来检查。此外,尚可采用其他饱和溶液如饱和硫酸镁溶液等。

检查时,取粪便5 g,加入饱和盐水50 mL,用玻璃棒搅匀,通过60目的网筛,静置0.5 h,用一直径5～10 mm的铁丝圈,与液面平行接触以蘸取表面液膜,抖落于载玻片上,加盖玻片检查;或采用试管(或青链霉素瓶)漂浮法检查。

3.沉淀法　用于检查粪便中的吸虫卵。吸虫卵一般来说密度大于水,因而可沉淀于水底。

检查时,取粪便5 g,加清水60 mL以上,用玻璃棒搅匀,通过60目的网筛过滤到另一杯中,静置0.5 h,倾去上层液,保留沉渣,再加水混匀,再沉淀;如此反复操作直到上层液体透明后,吸取沉渣检查。

有条件时可采用离心沉淀法检查,将滤去粗渣的粪液,置离心管中,以1500～2000 r/min的速度离心1～2 min,倾去上清液,注入清水,调匀,再离心沉淀,如此反复沉淀直至上清液澄清为止,倾去上清液,取沉渣检查。

4.锦纶筛兜淘洗法　取粪便5～10 g,加水搅匀,先通过40或60目网筛过滤;滤液再通过260目锦纶筛兜过滤,并在锦纶筛兜中继续加水冲洗,直到洗出液变清为止。通过以上处理,细粪渣和可溶性色素均被洗去而使虫卵集中,然后挑取兜内粪渣抹片检查。

(二)粪便内蠕虫幼虫检查法

1.幼虫分离法　反刍兽网尾线虫的虫卵在新排出的粪便中已变为幼虫;类圆线虫的虫卵随粪便排出后已孵出幼虫。对粪便中幼虫的检查最常用的方法是贝尔曼法和平皿法。

贝尔曼法操作时,取粪便15～20 g,放在漏斗内的金属筛上,漏斗下接一短橡皮管,管下再接一小试管,加入40 ℃温水至淹没粪球为止,静置1～3 h。此时大部分幼虫游于水中,并沉于试管底部。拔取底部小试管,取其沉渣镜检。

平皿法特别适用于球状粪便,其操作是:取粪球3～10个,放于培养皿内,加少量40 ℃温水,10～15 min后,移去粪球,将留下的液体在低倍镜下检查。

用上述两种方法检查时,可见到运动活泼的幼虫。如欲对幼虫进行仔细的观察,可滴加卢戈氏碘液将幼虫致死,并染成棕黄色。

2.粪便培养法　圆形线虫种类很多,其虫卵在种类上很难区别,常将粪便中的虫卵培养为幼虫,再根据幼虫形态上的差异加以鉴别。

最常用的方法是在培养皿的底部加一张滤纸,将欲培养的粪便调成硬糊状,塑成半球形,放于皿内的滤纸上,并使粪球的顶部略高出平皿边沿,保证加盖时与皿盖相接触。而后置 25 ℃温箱中培养 7 d,注意保持皿内湿度(应使底部的垫纸保持潮湿状态)。此时多数虫卵已发育为第 3 期幼虫,并集中于皿盖上的水滴中。将幼虫吸出置载玻片上,镜检。

3.毛蚴孵化法　本法专门用于诊断日本血吸虫病。当粪便中虫卵较少时,镜检不易查出,由于粪便中血吸虫虫卵内含有毛蚴,虫卵入水后毛蚴很快孵出,游于水面,便于观察。

操作方法:取新鲜牛粪 100 g,置 500 mL 容器内,用水调成糊状,通过 40～60 目网筛过滤,收集滤液。将滤液倾入 500 mL 长颈烧瓶内,加至瓶颈中央处,在该处放入脱脂棉,小心加入清水至瓶口。孵化时水温以 22～26 ℃为宜,应有一定的光线。

孵化后 1 h,3 h,5 h 各观察 1 次,检查有无毛蚴在瓶内出现。毛蚴为灰白色,折光性强的梭形小虫,多在距水面 4 cm 以内的水中做水平或略倾斜的直线运动。应在光线明亮处,衬以黑色背景用肉眼观察,必要时可借助放大镜。观察时应与水虫区别,毛蚴大小较一致,水虫则大小不一致。显微镜下观察,毛蚴呈前宽后窄的三角形,而水虫多呈鞋底状。

(三)粪便内蠕虫虫体检查法

在消化道内寄生的绦虫常以孕节排出体外,此外,有时一些蠕虫的虫体由于受驱虫药的影响或超敏反应而排出体外。粪便内的节片和虫体,其中较大型者,通过肉眼观察即可发现,然后可用镊子或挑针挑出。对较小的,应先将粪便收集于盆(桶)内,加入 5～10 倍清水,搅匀,静置沉淀,而后倾去上清液,重新加入清水,搅拌沉淀,反复操作,直到上清液清澈为止。最后将上清液倾去,取沉渣置玻璃皿内,先后在白色和黑色背景上,以肉眼或借助放大镜寻找虫体;发现虫体或孕节时,用挑针或毛笔挑出供检查。

(四)粪便内原虫检查法

1.球虫卵囊检查法　一般情况下,取新排出的粪便,采取饱和盐水漂浮法或直接涂片法检查粪便中的卵囊。当需要鉴定球虫的种类时,可将浓集后的卵囊加 2.5%的重铬酸钾溶液,在25 ℃温箱中培养,待其孢子形成后,对孢子化卵囊进行观察。

2.隐孢子虫卵囊检查法　采用饱和蔗糖溶液漂浮法收集粪便中的卵囊。因隐孢子虫卵囊很小,需用放大至 1000 倍的油镜观察。

还可采用改良抗酸染色法检查,其操作步骤是:取粪样 10～15 g,加 5 倍自来水搅匀,60 目尼龙筛过滤,将滤液涂片,自然干燥;滴加改良抗酸染色液第一液(碱性复红 4 g,95%酒精 20 mL,石炭酸 8 mL,蒸馏水 100 mL)于经固定的滤液膜上,5～10 min 后水洗;滴加第二液(98%浓硫酸 10 mL,蒸馏水 90 mL)5～10 min 后水洗;滴加第三液(孔雀绿 0.2 g,蒸馏水 100 mL)1～2 min 水洗,自然干燥后以 10×100 倍油镜观察。

3.结肠小袋纤毛虫检查法　当猪患结肠小袋纤毛虫病时,在粪便中可查到活动的虫体滋养体,但是粪便中的滋养体很快会变为包囊。检查时取新鲜的稀粪少量,放在载玻片上加 1～2 滴温热的生理盐水混匀,挑去粗大的粪渣,盖上盖玻片,低倍镜检查时即可发现活动的虫体。

二、血液检查

寄生于动物血液中的锥虫、梨形虫和住白细胞虫,一般可采血检查,采血部位:牛、羊、猪和兔均可选用耳静脉，小白鼠取尾尖，禽类取翅静脉。检查方法有以下几种：

(一)直接镜检法

将采出的血液滴在洁净的载玻片上，加等量的生理盐水与之混合，加上盖玻片，立即放于显微镜下用低倍镜检查，发现有活动的可疑虫体时，可再换高倍镜检查。此法适用于检查伊氏锥虫。

(二)涂片染色法

采血1滴，滴在载玻片的一端，按常规方法推制成血片，晾干。滴甲醇2～3滴于血膜上，使其固定，而后用姬氏(姬姆萨)或瑞氏液染色。染色后用油镜检查。本法适用于各种血液原虫。

1.瑞氏染色法　取市售的瑞氏染色粉0.2 g，置棕色小口试剂瓶中，加入无水中性甲醇100 mL，盖紧瓶塞，置室温下，每日摇4～5 min，一周后可用。如需急用，可将染色粉0.2 g置于研钵中，加中性甘油3.0 mL，充分摇匀，然后以100 mL甲醇，分次冲洗研钵，冲洗液均倒入瓶内，摇匀即成。染色时，可将染液5～8滴直接加到血膜上，静置2 min，而后加等量蒸馏水于染液上，摇匀，过3～5 min后，流水冲洗，晾干后镜检。

2.姬氏染色法　取市售姬氏染色粉0.5 g，中性纯甘油25.0 mL，无水中性甲醇25.0 mL，先将染色粉置研钵中，加少量甘油充分研磨，再加再磨，直到甘油全部加完为止。将其倒入60～100 mL的棕色小口试剂瓶中；在研钵中加少量的甲醇以冲洗甘油染液，冲洗液倾入上述瓶中。再加再洗再倾入，直至甲醇用完为止。塞紧瓶塞，充分摇匀，将瓶置65 ℃温箱中24 h或室温内3～5 d，并不断摇动，此即为原液。染色时将原液2.0 mL加到100 mL蒸馏水中，即为染液。滴加染液于血膜上染色30 min，水洗2～5 min，晾干后镜检。

3.离心集虫法　当血液中的虫体较少时，可先进行离心集虫，再行制片检查。其操作方法是：在离心管中加2%的柠檬酸生理盐水3～4 mL，再加血液6～7 mL；混匀后，以500 r/min离心5 min，使其中大部分红细胞沉降；将含有少量红细胞、白细胞和虫体的上层血浆，用吸管移入另一离心管中，补加一些生理盐水，以2500 r/min的速度离心10 min，取其沉淀制成抹片，染色检查。此法适用于检查锥虫和梨形虫，其原理是：锥虫和感染有梨形虫的红细胞的密度较小，在第1次沉淀时，正常红细胞下沉，而锥虫和感染有梨形虫的红细胞尚悬浮在血浆中。第2次离心沉淀时，则浓集于管底。

三、组织液检查

动物患弓形虫病时，生前诊断可取腹水，检查其中是否有滋养体存在。收集腹水时，猪可采取侧卧，穿刺部位在白线下侧脐的后方(公猪)或前方(母猪)1～2 cm处，穿刺时先局部消毒，将皮肤推向一侧，针头以略倾斜的方向向下刺入，深度为2～4 cm，针头刺入腹腔后会感到阻力骤减，而后有腹水流出。有时针头被网膜或肠管堵住，可用针芯消除障碍。取得的腹水可在载玻片上抹片，用瑞氏或姬氏液染色后镜检。

四、体表及皮屑的检查

螨类（疥螨、痒螨、蠕形螨等）寄生于动物体表或皮内。检查蠕形螨时，可用力挤压病变部，挤出脓液，放在载玻片上，置显微镜下检查。检查疥螨或痒螨时，应刮取皮屑，置显微镜下寻找虫体。

（一）皮屑的采集

刮皮屑时，应选择患部皮肤与健康皮肤的交界处，这里的螨较多。刮取时先剪毛，取凸刃刀，在酒精灯上消毒，用手握刀，使刀刃和皮肤表面垂直，反复刮取皮屑，直到皮肤轻微出血为止（此点对疥螨的检查尤为重要）。在野外工作时，为了避免皮屑被风吹走，可在刀刃上蘸取少量50%的甘油水溶液，这样可使皮屑黏附在刀上。将刮下的皮屑集中于培养皿或试管内带回实验室检查。

（二）检查方法

1.肉眼直接检查法　把新采集的皮屑放在平皿内，将平皿在酒精灯上轻微地加热或用热水对皿底加温，经30～40 min后移去皮屑，用肉眼观察（观察时应在皿底下衬以黑色背景），可见白色虫体在黑色背景上移动。此法适用于检查体形较大的痒螨。

2.显微镜直接检查法　将刮下的皮屑，取少许放在载玻片上，滴加煤油，再加另一张载玻片。搓压玻片使皮屑散开，而后分开载玻片，置于显微镜下检查。由于煤油对皮屑有透明作用，如有虫体时，很容易发现它。但虫体在煤油中容易死亡，如欲观察活螨，可用10%氢氧化钾溶液或50%甘油水溶液滴于皮屑上，虫体短期内不会死亡，可观察到其活动。

3.虫体浓集法　当皮屑内虫体较少时，为了提高检出率，可采用虫体浓集法。即取较多的病料，置于试管中，加入10%氢氧化钾溶液，浸泡过夜（如亟待检查可在酒精灯上煮数分钟），使皮屑溶解，虫体自皮屑中分离出来。而后待其自然沉淀或以2000 r/min离心5 min。虫体即沉于管底，弃去上层液，吸取沉淀检查；或向沉淀中加入60%硫代硫酸钠溶液，直立。待虫体上浮，再取表层液膜检查。

第三节　其他诊断方法

一、治疗性诊断

在病原检查比较困难和初步怀疑的基础上，采用针对一些寄生虫的特效药对畜禽进行驱虫试验，然后观察疾病是否好转或检查排出的粪便中有无虫体、虫卵或卵囊，进行检查鉴定，从而达到确诊目的。如梨形虫病，可注射贝尼尔作为诊断性治疗。

二、免疫学诊断

随着寄生虫免疫学的不断发展，已经有多种免疫诊断技术可用于临床疾病的诊断。如间接血凝、酶联免疫吸附测定、皮内变态反应、琼脂扩散试验、间接荧光抗体试验、单克隆诊断技术、胶体金技术等。尽管如此,在临床诊断上,免疫诊断依然只作为辅助诊断手段。免疫学诊断是根据寄生虫感染的免疫机理而建立起来的较为先进的诊断方法,如果在患病动物体内查到某种寄生虫的相应抗体或抗原时,即可做出诊断。该方法具有简单、快速、敏感、特异等优点,但有时也会出现假阳性、假阴性,运用时需加以克服。目前在人畜共患的寄生虫病方面已经相继建立了许多免疫诊断的方法,并且得到了广泛应用。

三、分子生物学诊断

随着分子生物学的飞速发展,许多分子生物学技术已应用于寄生虫病的诊断和流行病学调查。已在寄生虫学上得到应用的分子生物学技术有核型分析、DNA 限制性内切酶酶切图谱分析、限制性 DNA 片段长度多态性分析、DNA 探针技术、DNA 指纹分析、聚合酶链式反应(polymerase chain reaction,PCR)、随机扩增多态性 DNA、核酸序列分析等。这些技术具有灵敏度高、特异性强的优点,为诊断寄生虫病和探索寄生虫的系统进化过程及亚种和虫株鉴别提供了新的更可靠的手段。

【本章小结】

1.寄生虫病的诊断方法主要有流行病学分析、临床症状的观察、病理学诊断、病原学诊断、治疗性诊断、免疫学诊断和分子生物学诊断等;

2.在临床工作中,根据具体情况和要求,选择某种或几种诊断方法联合使用。

【思考题】

1.畜禽常见吸虫病采用何种实验室诊断方法?

2.毛蚴孵化法的原理及其应用分别是什么?

第六章　寄生虫病的防治

【学习目标】

1.掌握寄生虫病的防治原则；

2.掌握抗寄生虫药物的选择及正确使用方法。

寄生虫的生活史复杂，某些寄生虫病的流行与人类的卫生习惯、经济状况、畜牧业的饲养条件、牲畜屠宰的管理措施、畜产品贸易中的检疫情况等有着密切的关系，因此，寄生虫病的防治是一件极其复杂的事情，必须贯彻“预防为主，防重于治”的方针，采取综合性防治措施，并且应根据寄生虫病的种类和流行情况，采取不同侧重点的防治措施。

第一节　防治原则

寄生虫病有不同的流行特点和传播方式，防治措施也有所差异，但总的来说，它们的流行都必须具备传染源、易感动物和传播途径三个环节，所以防治的基本原则也应围绕这三个方面来制订。

一、控制感染源

控制感染源是防治寄生虫病蔓延的重要环节，一方面要及时治疗患病动物，驱除或杀灭其体内外的寄生虫，注意在治疗过程中防止扩散病原；另一方面要根据各种寄生虫的发育规律，定期有计划地进行预防性驱虫。某些蠕虫病可根据流行病学资料，选择虫体进入宿主体内尚未发育到成虫阶段时进行驱虫（成熟前驱虫）。这样既能保护动物健康，又能防止其对外界环境的污染。对某些原虫病应当查明带虫动物，采取治疗、隔离和检疫等措施，防止病原的散布。此外，对那些保虫宿主、贮藏宿主也要采取有效的防治措施。

二、切断传播途径

在了解寄生虫病是如何传播流行的基础上，因地制宜地、有针对性地阻断它的传播过程。动物感染寄生虫病多数是由于采食、相互接触或经吸血昆虫叮咬而引起的。为了防止感染，要经常保持动物圈舍的环境卫生，特别要注意粪便的无害化处理、消除蚊蝇的滋生地、保护水源、改良牧地或池塘等。对那些需要中间宿主或传播媒介的寄生虫,要设法避免终末宿主与中间宿主或传播媒介的接触,可采取物理、化学或生物防治等措施来消灭中间宿主或传播媒介及其滋生环境。对于牧地要结合当地条件进行科学管理,合理使用。

三、保护易感动物

做好日常的饲养管理,特别要注意饲料的营养及饲养卫生。要实行科学化养殖,饲料要有全价营养,使动物能获得足够的氨基酸、维生素和矿物质等;要合理放牧,减少应激因素,使动物能获得舒服而有利于健康的环境;要提高易感动物对寄生虫病的抵抗力,必要时可采取驱虫药进行预防性驱虫以保护动物的健康,或在畜体上喷杀虫剂或驱避剂来防止吸血昆虫的叮咬。对于一些免疫效果好的寄生虫虫苗,可通过人工接种进行免疫预防。对于孕畜和幼畜应给予精心的护理。

第二节 防治措施

一、药物防治

目前在生产实践中常用药物预防或治疗各种寄生虫感染,也就是通常所说的驱虫。动物的驱虫具有双重意义,其一是杀灭或驱除动物体内外的寄生虫后,使宿主得到康复;其二是杀灭寄生虫后,减少了宿主动物向自然界散布病原体的机会,从而避免其他畜禽感染。按照驱虫目的和对象的不同可分为治疗性驱虫和预防性驱虫。

(一)治疗性驱虫

采用各种寄生虫药物对潜在感染或已经发病的动物进行治疗,达到驱除或杀灭动物体内外寄生虫、恢复健康的目的。这种措施可以在一年中的任何时候采用,主要应根据畜禽发病的症状和检查结果来选用适宜的药物,最终目的是用药物治愈病畜。

(二)预防性驱虫

其指根据“预防为主”原则,采用药物针对有寄生虫寄生的动物群体进行的一种定期性的驱虫措施。这种驱虫方式并不强调动物是否已经发病,而是不论发病与否都施用抗寄生虫药物,主要目的是防止寄生虫病在畜禽中暴发和流行。

1.定期预防性驱虫

根据寄生虫的流行规律,在每年的一定时间进行一次或多次驱虫。对于大多数寄生虫,通常采用一年两次的预防性驱虫,一次在秋末冬初进行,这是最重要的一次预防性驱虫,既可保护动物安全越冬,又能减少第二年牧场的污染;另一次是在冬末春初进行。

2.长期给药预防

在饲料或饮水中加入一定量的抗寄生虫药物,让畜禽长期服用,达到预防寄生虫病的目的。如为了防止鸡球虫病的发生,可在雏鸡的饲料和饮水中加入抗球虫药让其长期服用。但是,值得注意的是长期使用某种抗寄生虫药物,很容易产生耐药性,所以,最好能在一定时间内交叉使用某两种或几种抗寄生虫药物，减少耐药性产生的概率。

3.使用抗寄生虫药物的注意事项

驱虫时，首先必须注意药物的选择，原则是要高效、低毒、广谱、价廉、使用方便。

再者就是驱虫时间的确定，这一定要依据对当地寄生虫病季节动态的研究来进行，否则会事倍功半。一般要赶在虫体成熟前驱虫，排除虫卵或幼虫对外界环境的污染。成熟前驱虫是指寄生虫在未发育到性成熟期用药物驱除之。或采取秋冬季驱虫，此时驱虫有利于保护畜禽安全过冬；另外，秋冬季外界寒冷，不利于大多数虫卵或幼虫的存活发育，可以减轻对环境的污染。

驱虫应在专门的、有隔离条件的场所进行。驱虫后排出的粪便应统一集中，用“生物热发酵法”进行无害化处理。在驱虫药的使用过程中，一定要注意正确合理用药，避免频繁地连续几年使用同一种药物，尽量争取推迟或消除寄生虫抗药性的产生。

驱虫药药效的评定主要是通过驱虫前后动物各方面情况的对比来确定，包括对比驱虫前后的发病率与死亡率；对比驱虫前后的各种营养状况比例；观察驱虫前后临床症状减轻与消失的情况；计算动物的虫卵减少率和虫卵转阴率；必要时通过剖检等方法，计算出粗计与精计驱虫率；综合以上情况进行全面的效果评定工作。为了对比出准确的驱虫效果，驱虫前后粪便检查时所用器具、粪样数量以及操作中每一步骤所用时间要完全一致；驱虫后的粪便检查时间不宜过早（一般为 10 d 左右），以避免出现误差；应在驱虫前、后各粪检 3 次。驱虫药药效的评定计算公式如下：

虫卵转阴率＝虫卵转阴动物数/试验动物数×100％

虫卵减少率＝（驱虫前 EPG－驱虫后 EPG）/驱虫前 EPG×100％　（EPG＝每克粪便中的虫卵数）

精计驱虫率＝排出虫体数/（排出虫体数＋残留虫体数）×100％

粗计驱虫率＝（对照组平均残留虫体数－实验组平均残留虫体数）/对照组平均残留虫体数×100％

驱净率＝驱净虫体的动物数/全部试验动物数×100％

对于家禽驱虫时，一般按家禽群总质量计算药量，喂前应选择出 10 只以上有代表性的个体做安全试验。喂时先将计算好的总药量拌在少量饲料内，然后再混匀于日常饲料内，在绝食 6～12 h后喂服。家禽的驱虫效果评定，要做出驱虫前后家禽的营养状况、生长速度、产蛋率等情况的对比，还要通过粪便学检查及配合剖检法计算出虫卵减少率和虫卵转阴率，以及粗计驱虫率或精计驱虫率。

二、环境措施

（一）粪便管理

圈舍和周围环境是动物生活的重要场所，只有加强管理才能更好地保持动物的良好生长。绝大多数寄生虫病是通过动物的粪便散播病原的，因此加强粪便管理非常重要。应管好人、猪、犬的粪便，提倡牛有栏、猪有圈，禁止散放，禁止在池塘边盖猪舍或厕所，防止粪便污染水源及放牧场所。在农村要根据农民积肥的习惯，加以科学引导，将畜粪集中起来，做堆肥处理。养殖场要注意清洁卫生，采取勤扫勤垫的做法，将扫起来的粪便和垃圾运到堆肥场，进行无害化处理。粪便无害化处理常用堆积发酵法，它是利用粪肥中多数微生物在分解有机物的过程中产生的“生物热”将肥料中寄生虫的虫卵和病菌杀死，同时也使堆肥进一步腐熟，为农作物的生长提供有机肥料。

(二)消灭中间宿主和传播媒介

寄生虫的生活史复杂，有些寄生虫需要中间宿主的参与才能发育成熟，有些则需要传播媒介才能感染宿主。因此，采取必要的措施控制中间宿主和传播媒介以切断其生活史，是防治寄生虫病的一个重要策略。对于那些需要中间宿主或传播媒介的寄生虫，采用物理或化学的方法消灭它们的中间宿主(淡水螺等)或传播媒介(昆虫、蜱类)，可以达到防病的目的。

灭螺可结合农田水利建设进行，采取土埋、水淹、水改旱等措施，以改变螺的滋生条件。此外，还可选用灭螺药物进行化学灭螺。如牧场面积不大，亦可饲养家鸭进行生物灭螺。

杀灭媒介昆虫如蚊、蝇等，可以采取三个方面的措施：一是清除粪便、污水和杂草或灌木丛，破坏昆虫的滋生环境；二是使用杀虫剂进行化学灭虫；三是利用昆虫的天敌进行生物灭虫。

三、加强饲养管理

家畜感染蠕虫病以及某些原虫病多是吞食了感染性阶段的虫体所致，因此加强饲养管理，防止“病从口入”极为重要。

(一)饲养卫生

要经常保持饲料的卫生，畜禽应选择在高燥处放牧；饮水最好用自来水、井水或流动的河水，并保持水源清洁，以防感染。从流行区运来的牧草须经高温或日晒处理后，才能喂养舍饲的动物。禁止猪到池塘自由采食水生植物，水生植物要经过无害化处理后喂猪。禁止以生的或半生的鱼虾、蝌蚪以及贝类饲喂动物，勿用猪、羊屠宰废弃物喂犬，家畜内脏等废弃物必须经过无害化处理后才可作饲料。另外，加强饲养管理，供给充足的全价饲料。对于人畜共患的寄生虫病，特别要注意个人卫生，做到不吃生的或半生的猪肉或牛肉等。

(二)安全放牧

寄生虫的中间宿主和媒介昆虫是很难控制的，可以利用它们的生物学特性或习性，设法回避来实现安全放牧的目标。

地螨是莫尼茨绦虫的中间宿主，由于它畏光，怕干燥，潮湿和草高而密的地带地螨数量多，黎明和日落时活跃。根据它们的这些习性，我们可以采取避螨措施来减少绦虫的感染。淡水螺是许多吸虫的中间宿主，它们一般栖息在低洼、潮湿地带，禁止牛、羊到这些地带放牧，可以防止吸虫感染。

第三节　免疫预防

采用人工接种疫苗的方法来提高机体的免疫力，这是防治动物寄生虫病的一项积极措施。寄生虫病的免疫预防尚不普遍，总体上还处于研究阶段。蠕虫病中，牛肺线虫的致弱苗使用历史较长；牛血吸虫病的致弱苗尚处于试用阶段。原虫病中，鸡球虫有强毒苗和致弱苗；兔球虫有个别虫种的早熟减毒苗；牛泰勒虫和巴贝斯虫也都有致弱苗或裂殖体胶冻细胞苗的应用；近几年，还有几种基因工程苗进行了临床应用或中试，如微小牛蜱、细粒棘球绦虫、猪囊虫、鸡球虫等的基因工程重组苗等。

【本章小结】

1.寄生虫病的治疗原则是“预防为主，防重于治”，主要从控制感染源、切断传播途径、保护易感动物三条途径出发，着重消灭中间宿主和传播媒介；

2.驱虫一般可采取治疗性驱虫和预防性驱虫两种方式；

3.寄生虫药物的选择应遵循安全、高效、广谱等原则，在治疗过程中应注意用药剂量并密切观察疗效，及时做出调整。

【思考题】

1.阐述寄生虫病对畜牧业的危害。

2.成熟前驱虫方式有哪些？其意义是什么？

第七章 寄生虫的分类与命名

【学习目标】

1.了解寄生虫的分类系统；

2.了解寄生虫的命名规则。

第一节 寄生虫的分类系统

寄生虫是一类小型的寄生动物。动物的分类系统是以动物的外形、解剖特征作为主要标准，结合生态学、免疫学、遗传学以及个体发生与种族发生等特点，将动物由低级到高级分为若干类，以反映各类群之间的亲密关系和演化过程。现行的动物分类系统有7个分类等级，即界(Kingdom)、门(Phylum)、纲(Class)、目(Order)、科(Family)、属(Genus)、种(Species)。

寄生虫分类的基本单位是种，种是指具有一定形态学特征和遗传学特性的生物类群。近缘的种归结到一起称属；近缘的属归结到一起称为科，以此类推。当这7个基本等级不够用时，则可在7个等级间加入一些中间等级，这些中间等级的构成是在原等级名称之前加词头总(超，super-)或亚(sub-)，再分别置于原等级名称的前或后。这样，原来的7个等级即成为：界、亚界、门、亚门、总(超)纲、纲、亚纲、总目、目、亚目、总科、科、亚科、属、亚属、种及亚种或变种。

按照惯例，亚科、科和总科等名称都有标准的字尾，科是-idae，总科是-oidea，亚科是-inae，将这些字尾加在模式属的学名字干之后即构成了相应的科名、总科名和亚科名。如圆线属，圆线虫亚科，圆线科，圆线虫总科。

兹将本书所讲述的各种重要寄生虫按分类学系统列出如下：

寄生性蠕虫包括在扁形动物门、线形动物门和棘头动物门中。

扁形动物门 Platyhelminthes

  吸虫纲 Trematoda

  绦虫纲 Cestoidea

线形动物门 Nemathelminthes

  无尾感器纲 Adenophorea(Aphasmidea)

  尾感器纲 Secernentea (Phasmidea)

棘头虫动物门 Acanthocephala

原棘头虫纲 Archiacanthocephala

古棘头虫纲 Palaeacanthocephala

寄生性昆虫包括在节肢动物门中。

节肢动物门 Arthropoda

昆虫纲 Insecta

蛛形纲 Arachnida

寄生性原虫包括在原生动物门中。

原生动物门 Protozoa

肉足鞭毛亚门 Sarcomastigophora

复顶亚门 Apicomplexa

纤毛虫亚门 Ciliophora

第二节 寄生虫的命名规则

人们为了认识和区分各种动物和植物，就必须给它们各自订立一个专门的名称。为了有利于对动植物的利用和各国之间的交流，国际上规定了一个统一的命名法，即双名制命名法。使每一种动物或植物都有一个举世公认的名称。用双名制命名法规定每一种动物（或植物）的学名由两个拉丁文或拉丁化的文字组成，第一个字为属名，第二个字为种名。属名为名词，第一个字母应大写；种名为形容词或名词，第一个字母小写；种名为定语。正规引用一个学名时，还应将命名者的全姓或缩写和定名年份附在后面，并在两者间置一逗号。命名年份指在正式出版物上发表的时间。如：*Pseudocryptotropa sichuanensis* Yang et Zhang，1995，中译名为四川假隐弯吸虫，*Pseudocryptotropa* 为属名，*sichuanensis* 为种名，Yang et Zhang 为定名人（两人），1995 为定名时间。

同一种虫可能同时被几个学者加以描述，并命以不同的名称，这时只有最早发表的那个名称是有效的，其余的都是同义名。

在写亚种名时，则须在种名之后加上亚种名，即三名法。如：*Dicrocoelium lanceatum platynosomum* Tang et al.，1980，中译名为：矛形双腔吸虫扁体亚种。

当一个亚属的名称与一个属名和一个种名一起使用时，被放在该两个名称之间的括号内，它不算为种的双名中或亚种的三名中的一个。

在种名不能确定时，可在属名之后附以“sp.”表示。如：*Ostertagia* sp.即表示奥斯特属的某一种。如同时混有几个未确定种时，则在属名之后附以“spp.”表示。如 *Ostertagia* spp.。

当一个种名在文章中连续出现时，第一个种名必须全写，以后的种名中的属名则可缩写；这时，其第一个字母大写，加缩写符号表示。如：*Fasciola hepatica*；缩写后为 *F. hepatica*。但如果在两个同物种的学名中间有其他学名出现时，则写第二个种名时，不能缩写。

在建立一个新属时，新属的属名不能与任何一个已用过的属名（包括动、植物）重复。在订一个新种的种名时，则可与其他属的种名重复。

一个物种的学名随着分类位置的变化属名可改变，但种名不能变。如：*Distoma sinense* Cobbold,1875,为中华双口吸虫，其后 Looss 认为属名 *Distoma*（双口）不妥当，设立一新属，即 *Clonorchis* Losss, 1907（支睾属），而将该种改为：*Clonorchis sinensis*，这时全名就成为：*Clonorchis sinensis*（Cobbold, 1875）Losss, 1907，即中华支睾吸虫（Syn. *Distoma sinensis* Cobbold,1875）。但一般书籍中，通常可以只写原始定名人的姓，即带括号的姓氏：*Clonorchis sinensis*（Cobbold,1875）。

【本章小结】

1.寄生虫分类的基本单位是种；

2.寄生虫命名采用双名制命名法，即属名在前，种名在后。

【思考题】

寄生虫的双名制命名规则具体有哪些？

第二篇　兽医蠕虫病

第八章　吸虫病

【学习目标】

1.掌握吸虫的形态特征和发育类型；
2.理解吸虫病流行的发生发展规律；
3.掌握畜禽常见吸虫病的诊断、治疗与预防。

第一节　吸虫概述

吸虫属于扁形动物门(Platyhelminthes)吸虫纲(Trematoda)，包括单殖吸虫、盾殖吸虫和复殖吸虫三大类。寄生于畜禽的吸虫以复殖吸虫为主，可寄生于肠道、肝脏、肺脏、胰脏、肠系膜静脉、输卵管及皮下等部位。

一、吸虫的形态

(一)外部形态

大多数的复殖吸虫的成虫虫体两侧对称，背腹扁平，外观呈叶状或长舌状，有的似圆形或圆柱状，只有分体科(如血吸虫等)为线状。体色一般为乳白色、淡红色或棕色。虫体随种类不同，大小在0.3～75.0 mm。吸虫成虫体表光滑或有凹窝、凸起、皱褶、体棘、感觉乳突等，其形态、数量、分布等随虫种与虫体部位而异。

虫体通常具有两个肌肉质的杯状吸盘，一个位于前端，围绕口孔的口吸盘(oral sucker)，用以固定宿主组织；另一个位于腹部的腹吸盘(ventral sucker)，位置不定，在后端则称为后吸盘(posterior sucker)，只起固定作用。个别虫体无腹吸盘。口吸盘和腹吸盘的形状、大小和位置常作为分类的依据。生殖孔的位置因种类不同而差异较大。排泄孔位于虫体的后端。

(二)体壁

复殖吸虫无表皮,体壁由皮层(tegument)和肌层(muscle layer)所组成,又称皮肌囊。无体腔,囊内含有大量的网状组织——实质(parenchyma),各系统的器官位居其中。实质细胞大,有细胞核、线粒体和少量内质网,胞质中富含葡萄糖,仅含少量油滴。实质细胞与皮层细胞紧密相连,可转送物质到虫体全身。皮层有分泌与排泄的功能,还具有吸收营养的功能,吸收的营养物质以葡萄糖为主,也可吸收氨基酸。在结构上,体壁可随虫种、环境条件、发育阶段的不同而有差别,也可出现更新。结构的差别与更新通常也有改善生理功能意义。

(三)内部构造

1.消化系统

消化系统一般包括口、前咽、咽、食道及肠管(图 8-1)。口通常在虫体的前端或亚前端。口后即为咽,前咽短小或缺。咽呈球形,肌质,咽后接食道,也有咽亦退化。食道细长,下连两条肠管,位于虫体的两侧,向后延伸到虫体后部;有的食道已退化,在虫体底部,食道的两侧常有腺体,各有小管通过虫体前端。肠管常分为左右两条盲管(称为盲肠),绝大多数吸虫的两条肠管无分支,但肝片形吸虫肠管分支;有的左右两条后端合成一条,如分体科吸虫;有的末端连接成环状,如环肠科吸虫,无肛门。有些种类的肠退化,如部分异形科的吸虫,逐渐过渡到以体表吸收营养为主。大多数吸虫的体壁也具有吸收营养的作用。经利用后的食物残渣,经口孔逆向排出。

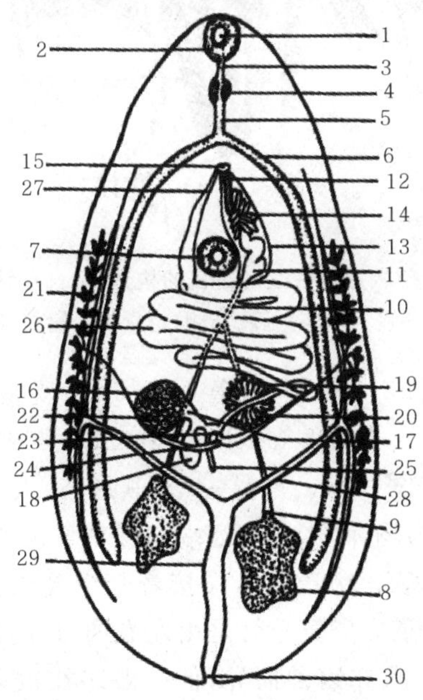

图 8-1 复殖吸虫成虫形态构造(引自陈心陶,1985)

1.口 2.口吸盘 3.前咽 4.咽 5.食道 6.盲肠 7.腹吸盘 8.睾丸 9.输出管 10.输精管 11.贮精囊 12.雄茎 13.雄茎囊 14.前列腺 15.生殖孔 16.卵巢 17.输卵管 18.受精囊 19.梅氏腺 20.卵模 21.卵黄腺 22.卵黄管 23.卵黄囊 24.卵黄总管 25.劳氏管 26.子宫 27.子宫颈 28.排泄管 29.排泄囊 30.排泄孔

2.生殖系统

吸虫生殖系统发达,代谢最旺盛,除分体吸虫外,皆雌雄同体。当然,进入虫体的有害物质,包括杀虫药,如无特殊的组织选择透过性,也同样会大部分积聚在此系统,常造成其正常生理功能被损害,表现为产卵量下降,甚至完全丧失生殖能力,最后虫体死亡。

(1)雄性生殖系统:睾丸(testis)、输出管(vas efferens)、输精管(vas deferens)、贮精囊(seminal vesicle)、前列腺(prostate gland)、射精管(ejaculatory duct)或雄茎(cirrus)、雄茎囊(cirrus pouch)和生殖孔(genital pore)等(图 8-1,图 8-2)。

雄性生殖器官比雌性生殖器官发育早。睾丸的数目、形态、大小和位置随吸虫的种类不同而不同,睾丸通常有两个,圆形、椭圆形或分叶,左右排列或前后排列在腹吸盘下方或虫体的后半部。每个睾丸有一条输出管,两条输出管合为一根输精管,输精管远端可以膨大及弯曲成为贮精囊。通常射精管末端为雄茎,向生殖孔开口。贮精囊和雄茎之间为前列腺。上述的贮精囊、射精管、前列腺和雄茎可以一起被包围在雄茎突内。贮精囊被包在雄茎囊内时,称为内贮精囊,在雄茎囊外时称为外贮精囊。交配时,雄茎可以伸出生殖孔外,与雌性生殖器官相交接。

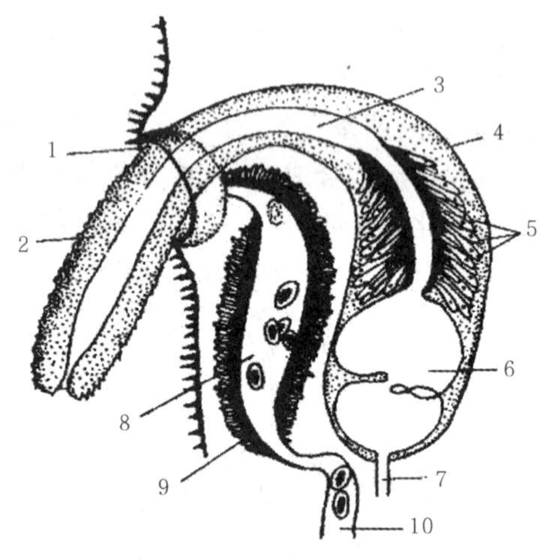

图 8-2　**复殖吸虫雄性生殖器官的构造**(引自孔繁瑶,1997)

1.生殖孔　2.雄茎　3.射精管　4.雄茎囊　5.前列腺　6.贮精囊　7.输精管　8.子宫颈　9.子宫颈腺　10.子宫

(2)雌性生殖系统:包括卵巢(ovary)、输卵管(oviduct)、受精囊(seminal receptacle)、劳氏管(Laurer's canal)、卵模(oolemma)、梅氏腺(Mehlis' gland)、卵黄腺(vitellaria)、卵黄管(vitelline duct)、子宫(uterus)及生殖孔等(图 8-3)。卵巢一个,其形态、大小及位置常因种而异,常偏于虫体的一侧。由卵巢发出的管,称为输卵管,管的远端与受精囊及卵黄总管相接。输卵管与受精囊相接的汇合处有一小管称为劳氏管。劳氏管一端接着受精囊或输卵管,另一端向背面开口。也有人认为劳氏管是一个退化的阴道。卵黄总管是由左右两条卵黄管汇合而成。汇合处可能膨大形成卵黄囊。卵黄腺的位置与形状亦因种而异,但一般多在虫体两侧。由许多卵黄滤泡组成。卵黄总管与输卵管汇合处的囊腔即卵模,其周围由一群单细胞腺——梅氏腺包围着,成熟的卵细胞由于卵巢的收缩作用而移向输卵管,与受精囊中的精子相遇受精,受精卵向前移入卵模。卵黄腺分泌的卵黄颗粒进入卵模与梅氏腺的分泌物相结合形成卵壳。子宫起始处以子宫瓣膜(uterine valve)为标志。吸虫的子宫很发达,不仅有贮存和输送虫卵的作用,因在交配时雄性生殖器的精子要通过它才能到达受精囊,因而其末端又起着阴道的作用。子宫为一条弯曲的管子,长短不一。

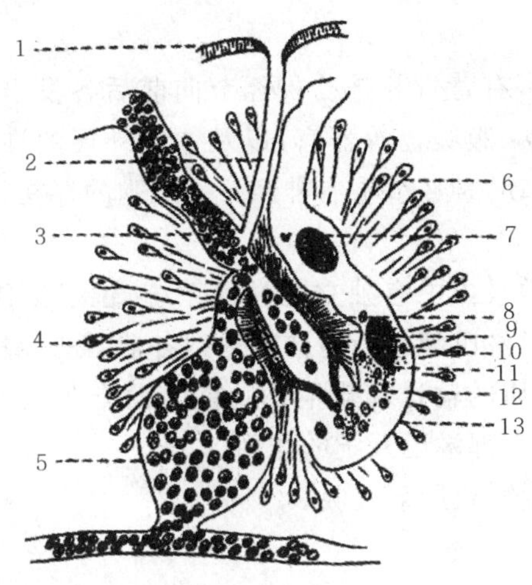

图 8-3 复殖吸虫雌性生殖器官(引自汪明,2003)

1. 外角皮 2. 劳氏管 3. 输卵管 4. 梅氏腺 5. 卵黄总管 6. 梅氏腺细胞 7. 卵巢 8. 卵模 9. 卵黄细胞 10. 卵的形成 11. 腺分泌物 12. 子宫瓣 13. 子宫

3. 排泄系统

吸虫的排泄系统由焰细胞(flame cell),毛细管,前、后集合管,排泄总管,排泄囊(excretory bladder)和排泄孔等组成(图 8-4)。焰细胞布满虫体的各部分,位于毛细管的末端,为凹形细胞,在凹处有一撮纤毛似火焰颤动(图 8-5)。焰细胞的数目与排列,在分类上具有重要意义。纤毛颤动使液体流动并形成较高的过滤压,促使含有氨、尿素、尿酸等废物的排泄物排出体外。复殖吸虫的排泄孔只有一个,位于虫体的后端。在吸虫的各幼虫期都有一对靠近虫体后端的排泄孔;尾蚴的后端有两个排泄孔,但在尾部生出后两个孔合二为一,排泄孔的括约肌负责孔的开闭。排泄囊形状不一,呈圆形、管形、"Y"形和"V"形等。

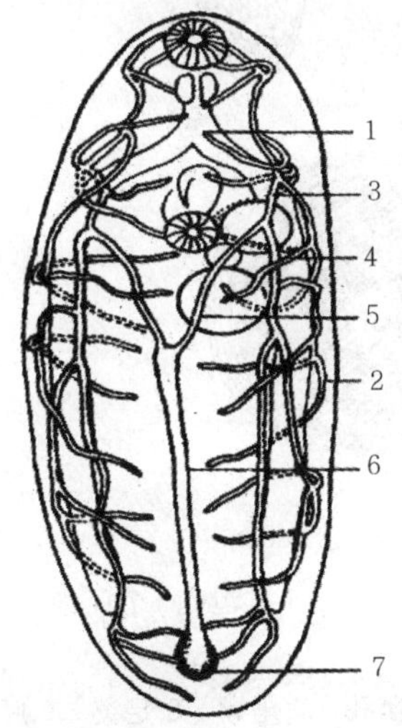

图 8-4 复殖吸虫的排泄系统(引自孔繁瑶,1997)

1. 焰细胞 2. 毛细管 3. 前集合管 4. 后集合管 5. 排泄总管 6. 排泄囊 7. 排泄孔

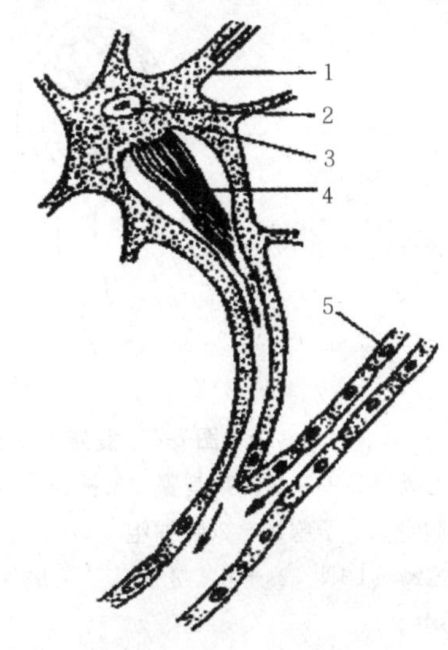

图 8-5 焰细胞的结构(引自孔繁瑶,1997)

1. 胞突 2. 胞核 3. 胞质 4. 纤毛 5. 毛细管

4.神经系统

在咽的两侧各有一神经节，有背索相连。神经节向前后各发出三条神经干。由神经干发出的神经感觉末梢到达口吸盘、咽、腹吸盘等器官，以及体壁外层的许多感觉器。神经系统有乙酰胆碱酯酶与丁酰胆碱酯酶的活动，神经节中有神经分泌细胞的存在，说明神经系统功能很活跃。

5.淋巴系统

在单盘类、对盘类和环肠类吸虫中有独立的淋巴系统，位于虫体两侧。由 2～4 对纵管及附属构造组成。由于虫体的伸缩，淋巴液不断地被输送到各器官去，管内淋巴液中有浮游的实质细胞。淋巴系统可能具有营养物质的输送和排泄的功能。没有明确淋巴系统的吸虫，实质间充满液体，到处流通，代替了部分或全部淋巴系统的作用。

吸虫无循环系统和呼吸系统，行厌氧呼吸。

二、吸虫的发育

复殖吸虫的生活史较复杂，既未丧失自生生活的某些特性，又能较广泛适应动物机体内的各种理化条件。这种广泛的适应性和迅速的应变能力，是吸虫的重要生理特征之一。

复殖吸虫的生活史虽复杂，各种吸虫也有差别，但生活史的基本类型包括卵、毛蚴、胞蚴、雷蚴、尾蚴、囊蚴和成虫(图 8-6)。

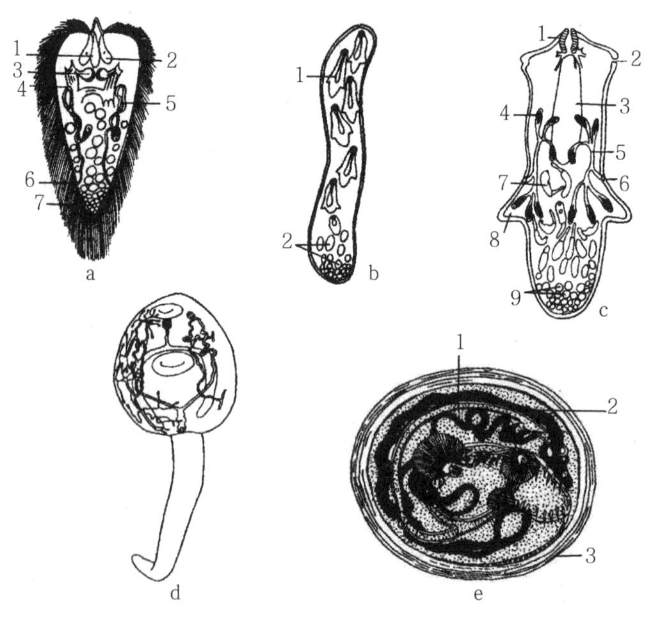

图 8-6　复殖目吸虫的各期幼虫(引自孔繁瑶，1997)

a.毛蚴　1.头腺　2.穿刺腺　3.神经元　4.神经元中枢　5.排泄管　6.排泄孔　7.胚细胞

b.胞蚴　1.子胞蚴　2.胚细胞

c.雷蚴　1.咽　2.产孔　3.肠管　4.焰细胞　5.排泄管　6.排泄孔　7.尾蚴　8.足突　9.胚细胞

d.尾蚴

e.囊蚴　1.盲肠　2.侧排泄管　3.囊壁

(一)宿主

复殖吸虫的生活史都要经历有性世代与无性世代的交替,在终末宿主体内进行有性繁殖,在中间宿主体内进行无性繁殖,在第二中间宿主体内不进行繁殖,有的还需要水生植物等传播媒介参与。复殖吸虫的终末宿主为脊椎动物,包括鱼类、两栖类、爬行类、鸟类、哺乳动物及人。需要1个中间宿主时,中间宿主为软体动物,通常为腹足类的螺蛳,主要是淡水螺和陆地螺;需要2个中间宿主时,第一中间宿主为螺蛳,第二中间宿主依虫种不同,可为鱼、蛙、昆虫和甲壳动物。

(二)生活史类型

1.虫卵(egg) 一般呈卵圆形或椭圆形,颜色为灰白、淡黄至棕色,多具卵盖,有的无卵盖(如分体科、嗜眼科吸虫),有的一端或两端具卵丝(如背孔科吸虫)。有的卵内含有一个未分裂的受精卵和许多卵黄细胞;有的卵内含有一个毛蚴;有的必须被中间宿主吞食后才孵化,但多数虫卵需在宿主体外孵化。

2.毛蚴(miracidium) 呈三角形或梨形,前部宽,后端狭小,前端中央具有一个圆锥形的顶突,顶突之后体表被有纤毛,不食但运动活泼。具有头腺,多数种类具眼点(通常为1对);排泄系统为1对,排泄孔分别位于体后部两侧。

有些吸虫,毛蚴在水中从卵内孵出,毛蚴不食,在水中纤毛颤动而活泼游泳,遇到适宜的中间宿主螺蛳时,即由螺的柔软组织钻入,脱去纤毛,移行到螺的淋巴系统或其他器官发育为胞蚴;如在水中1～2 d内遇不到适宜的螺类即死亡。有些吸虫,毛蚴不在外界孵出,而是含毛蚴的虫卵被螺类吞食后,毛蚴才从卵内孵出,再由螺的消化道移行到肝脏等处发育为胞蚴。

3.胞蚴(sporocyst) 呈包囊状,两端圆。体内含有胚细胞、胚团和焰细胞,发育成熟的胞蚴体内含有雷蚴。也有胞蚴呈分枝状,如短咽科吸虫。胞蚴多寄生于螺的肝脏,通过体表摄取营养,并进行无性繁殖,体内的胚细胞逐渐增大分裂形成胚团,再发育为雷蚴,一个胞蚴能发育形成多个雷蚴。有些吸虫具2代胞蚴,分别称为母胞蚴和子胞蚴,它们的形态同胞蚴,只是成熟母胞蚴体内含子胞蚴,成熟子胞蚴体内含雷蚴。

4.雷蚴(redia) 呈包囊状,体内有一个大的肌质咽,咽后接一条袋状的盲肠。有些吸虫的雷蚴在接近前端处有一产孔,体后部有1～2对足突。体内含有胚细胞、胚团和排泄器官。有的吸虫仅有一代雷蚴,有的吸虫则有母雷蚴和子雷蚴两期。雷蚴行无性繁殖,逐渐发育为尾蚴,尾蚴由产孔排出,无产孔的种类则由母体破裂而出。尾蚴在螺体内停留一定时间待发育成熟后逸出螺体,进入外界。

5.尾蚴(cercaria) 可由子胞蚴、雷蚴或子雷蚴产生。尾蚴由体部和尾部组成,能在水中活泼运动。体部呈圆形或梨形,具有成虫构造的雏形。体表常有小棘,有吸盘1～2个;具有由口、咽、食道和肠管(通常为2根)组成的消化系统和由焰细胞、收集管、排泄囊组成的排泄系统。尾蚴由螺体逸出后,有的可主动侵入或被动进入第二中间宿主形成囊蚴;有的则附着在水中的水草等附着物上或在水面上形成囊蚴;有的尾蚴直接侵入终末宿主发育为成虫。

6.囊蚴(metacercaria) 为大多数复殖吸虫的感染阶段,系由尾蚴脱掉尾部,并形成包囊后发育而成。体表常有小棘,有口吸盘、腹吸盘。体内有消化系统和排泄系统,生殖系统的发育程度随虫种的不同而有差异,有的为简单的生殖原基细胞,有的则具有完整的雌性、雄性器官。囊蚴随水草等附着物或第二中间宿主进入终末宿主的消化道,囊壁被消化液溶解,幼虫逸出后,循一定的路线移行至固有的寄居部位，逐渐发育为成虫。从脱囊后开始直至发育为成虫之前的虫体，通常称为童虫。

三、吸虫的分类

吸虫属扁形动物门（Platyhelminthes）吸虫纲（Trematoda），分为 3 个目：单殖目（Monogenea）、盾腹目（Aspidogastrea）和复殖目（Digenea），与兽医学有关的主要为复殖吸虫，常见的有以下 7 类：

（一）无盘类（Nonstomes）

环肠科（Cyclocoelidae）虫体大型或中型，扁平，通常无口吸盘和腹吸盘，咽发达；食道短，盲肠在后端联合。睾丸多斜列于虫体后部两肠管之间，卵巢位于睾丸之前或之后，或两睾丸之间；子宫发达，横行回旋弯曲，充满盲肠之间，可以扩展到肠支之外。虫卵含毛蚴。主要是寄生于家禽呼吸道，有环肠属（*Cyclocoelum*）和嗜气管属（*Tracheophilus*）。

（二）单盘类（Monostomes）

背孔科（Notocotylidae）小型虫体，无腹吸盘，虫体腹面有 3 行纵列的腹腺。睾丸并列于虫体后端，卵巢位于睾丸之间。虫卵两端各具一细长的卵丝。寄生于鸟类和哺乳类的肠道，常见有背孔属（*Notocotylus*）。

（三）分体类（Schistosomes）

分体科（Schistosomatidae）雌雄异体，雄虫具抱雌沟，睾丸 4 个或更多，或由许多滤泡组成，位于盲肠联合处之前或之后。雌虫较雄虫纤细，卵巢长形，有时呈螺旋状扭曲，位于肠支联合之前。卵黄腺从卵巢之后分布至体末端。子宫弯曲于卵巢之前的两肠支之间。卵无盖，具端刺或侧刺，内含毛蚴。寄生于鸟类和哺乳类的静脉血管，常见有分体属（*Schistosoma*）和东毕属（*Orientobilharzia*）。

（四）对盘类（Amphistomes）

对盘类有一个位于前端的口吸盘和一个位于后端的腹吸盘，又叫后吸盘（posterior sucker），有下面三个科。

前后盘科（Paramphistomatidae）虫体肥厚，呈圆锥形，腹吸盘位于虫体末端，睾丸 2 枚，前后或斜列于虫体中部。有前后盘属（*Paramphistomum*）。

腹袋科（Gastrothylacidae）虫体圆柱状，前端较小，后端钝圆。有腹袋。生殖孔开口于腹袋内，睾丸左右或背腹排列于虫体后端。有菲策属（*Fischoederius*），卡妙属（*Carmyerius*），腹袋属（*Gastrothylax*）。

腹盘科（Gastrodiscidae）虫体扁平，体后部宽大，腹面有许多小乳突，口吸盘后有 1 对支囊，有食道球，睾丸前后排列或斜列。有平腹属（*Homalogaster*），腹盘属（*Gastrodiscus*）。

（五）全盘类（Holostomes）

枭形科（Strigeidae）虫体分为两部分，前体扁平或呈杯状，含口、腹吸盘，有时并有黏附器；后体圆柱形,含有生殖器官。睾丸前后排列于体后部,卵巢通常在睾丸之前,缺雄茎囊。有异幻属(*Apatemon*)。

(六)棘口类(Echinostomes)

棘口科(Echinostomatidae) 虫体中、小型,长叶片形。体前端具头冠(头领),上有1~2列头棘。体表具棘或鳞片。口吸盘较小;腹吸盘发达,位于虫体前部或中部的腹面。具咽和食道,肠支伸达虫体后端。睾丸完整或分叶,前后排列,有时斜列,位于虫体中部或稍后。阴茎囊斜置于肠分叉和腹吸盘之间,生殖孔在腹吸盘之前。卵巢在睾丸之前,无受精囊,有劳氏管。卵黄腺分布于虫体两侧,通常在后体,有时扩延进入前体。子宫盘曲于卵巢或前睾丸与生殖孔之间。卵大,含未分裂的卵细胞,偶尔含毛蚴。排泄囊呈"Y"字形。寄生于爬行类、鸟类和哺乳类,少见于鱼类,主要寄生于肠道。有棘口属(*Echinostoma*),棘缘属(*Echinoparyphium*),棘隙属(*Echinochasmus*),低颈属(*Hypoderaeum*)。

(七)双盘类(Distomes)

片形科(Fasciolidae) 虫体大型,扁平,皮棘有或无,口吸盘、腹吸盘甚为接近。有咽,食道短,肠支简单或具树枝状侧支。睾丸前后排列,常呈分枝状,亦有不呈分枝状者,具雄茎及雄茎囊。生殖腔在腹吸盘前。卵巢分枝或不分枝,受精囊退化或缺乏,具劳氏管,子宫位于睾丸之前。卵黄腺极度发达,分布于虫体两侧及后端。排泄囊管状。虫卵大型。有片形属(*Fasciola*)和姜片属(*Fasciolopsis*)。

双腔科(Dicrocoeliidae) 虫体中型或小型,扁平,叶片状,皮棘有或无。口吸盘亚顶位,腹吸盘位于虫体中横线附近或前1/3处的中央。有咽和食道,肠支简单,通常不抵达虫体末端。睾丸圆形或椭圆形,并列、斜列或前后排列于腹吸盘后方。生殖孔位于口吸盘、腹吸盘之间,肠分叉处后方或前方的腹面。卵巢圆形,位于睾丸后方的中央或近中央,有受精囊和劳氏管。卵黄腺常在两肠管中部外侧。子宫很发达,由许多上、下行的子宫圈组成,几乎充满生殖腺后的大部分空隙,内含大量小型、深褐色虫卵。排泄囊呈"Y"字形。成虫寄生于脊椎动物的胆管、胆囊、肠或胰管。有双腔属(*Dicrocoelium*)和阔盘属(*Eurytrema*)。

后睾科(Opisthorchiidae) 虫体中、小型,口、腹吸盘发育较弱,相距较近。具有咽和食道,肠支简单,达到或不达到虫体后端。睾丸略斜列或纵列,偶有并列者,靠近或不靠近虫体后端,缺阴茎囊,生殖孔恰好在腹吸盘之前。卵巢通常在睾丸之前,有或无受精囊和劳氏管。卵黄腺通常分布于后体两侧,但可扩展到前体,偶尔全部位于前体。子宫盘曲于卵巢和生殖孔之间,但可以扩展进入卵巢和睾丸之间或生殖孔和肠叉之间。卵小,数量多,内含毛蚴。排泄囊呈"Y"字形。成虫寄生于脊椎动物的肝胆管、胆囊,偶见于消化道。有支睾属(*Clonorchis*),后睾属(*Opisthorchis*),对体属(*Amphimerus*),次睾属(*Metorchis*)等。

前殖科(Prosthogonimidae) 虫体小型,前端稍尖,后端钝圆,具皮棘,腹吸盘位于虫体前半部。有咽和食道,肠支简单,不伸达后端。睾丸对称,在腹吸盘之后,阴茎囊长。雌、雄生殖孔紧靠或明显分开,位于口吸盘附近。卵巢位于腹吸盘和睾丸之间。具受精囊和劳氏管。卵黄腺呈葡萄状分布在虫体两侧。子宫盘卷在体后部,虫卵小而数量多。排泄囊呈"Y"字形。寄生于鸟类的输卵管、法氏囊、泄殖腔和直肠。有前殖属(*Prosthogonimus*)。

并殖科(Paragonimidae) 虫体中型,椭圆形或长椭圆形,肥厚,具体棘,口吸盘位于前端腹面,腹吸盘在体中附近。咽发达，肠支弯曲伸达虫体后端。睾丸呈分枝状，相对或斜列，位于体后半部。无阴茎囊，生殖孔在腹吸盘后方。卵巢分叶，位于睾丸之前，与子宫相对。有受精囊和劳氏管。卵黄腺分布广泛，包括由口吸盘附近起至虫体末端的背面、腹面及侧面的绝大部分区域。子宫盘曲于睾丸之前，卵巢的对面。排泄囊较长，管状，向前伸达腹吸盘水平处，或达肠分叉后。成虫寄生于哺乳动物和人的肺。有并殖属(*Paragonimus*)。

嗜眼科(Philophthalmidae) 虫体中型，长形、纺锤形或梨形，有或无体棘，体前端有或无领状增厚，有或无棘冠。口吸盘亚顶位；腹吸盘发达，位于体前半部或中 1/3 部。咽大，食道短，肠支伸达虫体后端。睾丸前后排列、斜列或左右不对称并列于体后端；有或无外贮精囊，阴茎囊长或短，生殖孔位于肠叉处或接近肠叉。卵巢在睾丸之前的体中央，有劳氏管。卵黄腺分布于睾丸之前的虫体两侧，形成对称的"U"或"V"字形。子宫圈盘曲在睾丸与腹吸盘之间的两肠管内侧。虫卵无盖，内含具眼点的毛蚴。寄生于鸟类的结膜囊、眼窝、鼻腔、泄殖腔、法氏囊，有时见于肠道。有嗜眼属(*Philophthalmus*)。

第二节　人兽共患吸虫病

一、日本血吸虫病

【案例】 我国南方野外沟渠、湖畔放牧牛群出现食欲减退，发热，精神不振，腹泻，便血，严重贫血，黏膜苍白，严重消瘦，最后衰竭死亡。剖检见肝脏肿大，有大量虫卵结节。人若接触相同的疫水后，感染病人会出现消瘦、大便有脓血、四肢浮肿、腹大等症状。

【问题】 该病的病原最可能是什么？死后剖检，在什么部位最可能检出成虫？如何预防该病？

日本血吸虫病(Schistosomiasis japonica)是由分体科(Schistosomatidae)分体属(*Schistosoma*)的日本血吸虫(*Schistosoma japonicum*)寄生于人和牛、羊、猪、犬、啮齿类及一些野生哺乳动物的门静脉系统和肠系膜静脉的小血管内所引起的一种危害严重的人兽共患寄生虫病。本病广泛分布于我国长江流域 13 个省、自治区和市，严重影响人的健康和畜牧业生产。

(一)病原形态

日本血吸虫为雌雄异体，虫体线虫样。雄虫短粗，雌虫细长，雄虫乳白色，大小为 (10～20)mm×(0.5～0.55)mm。口吸盘位虫体前端；腹吸盘较大，具有粗而短的柄，在口吸盘后方不远处。体壁自腹吸盘后方至尾部，两侧向腹面卷起形成抱雌沟，雌虫常居雄虫的抱雌沟内，呈合抱状态，交配产卵。体被光滑，仅吸盘内和抱雌沟边缘有小刺。口吸盘内有口，缺咽，下接食道，两侧有食道腺。肠管在腹吸盘前分为两支，向后延伸，约于体后 1/3 处再合为一条单管，伸达虫体末端。睾丸有 7 枚，呈椭圆形，单行排列于前部的背侧，每个睾丸有一输出管，共同汇合为一输精管，向前扩大为贮精囊。雄性生殖孔开口于腹吸盘后抱雌沟内。雌虫较雄虫细长，大小为(15～26)mm×0.3 mm，呈暗褐色，口吸盘和腹吸盘均较雄虫小，消化器官基本与雄虫相同，卵巢 1 个，呈椭圆形，位于中部偏后方，两侧肠管之间。其后端发出一输卵管，并折向前方伸延，在卵巢前面和卵黄管合并，形成卵模。卵模周围为梅氏腺，卵模前为管状子宫，其中含卵 50～300 个，雌性生殖孔开口于腹吸盘后方。卵黄腺呈较规则的分枝状，位于虫体后 1/4 处。虫卵呈椭圆形，淡黄色，大小为 (70～100)μm×(50～65)μm，卵壳较薄，无盖，在其侧方有一小刺，卵内含毛蚴（图 8-7）。

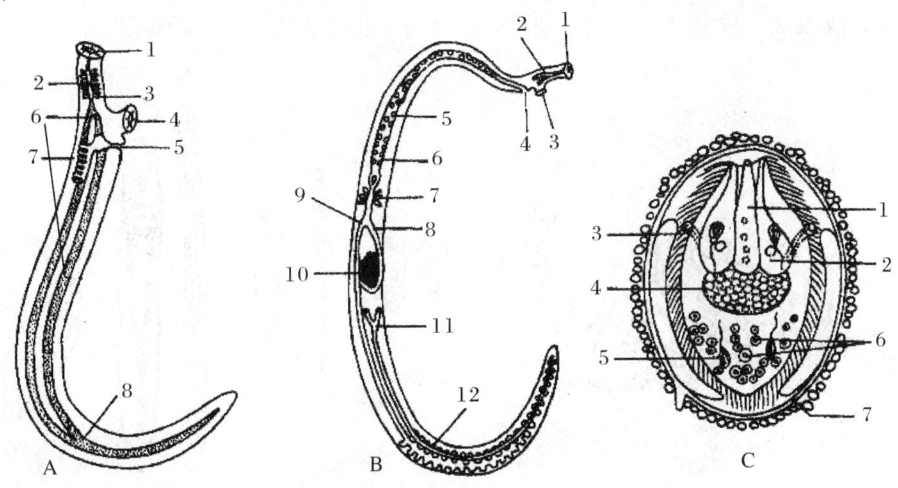

图 8-7　日本血吸虫雄、雌虫和虫卵（引自孔繁瑶，1997）

A. 雄虫　1. 口吸盘　2. 食道　3. 腺群　4. 腹吸盘　5. 生殖孔　6. 肠管　7. 睾丸　8. 合一的肠管

B. 雌虫　1. 口吸盘　2. 肠管　3. 腹吸盘　4. 生殖孔　5～6. 虫卵与子宫　7. 梅氏腺　8. 输卵管　9. 卵黄管　10. 卵巢　11. 肠管合并处　12. 卵黄腺

C. 虫卵　1. 头腺　2. 穿刺腺　3. 神经突　4. 神经元　5. 焰细胞　6. 胚细胞　7. 卵模

（二）生活史

成虫寄生在人和动物的门静脉和肠系膜静脉内，雌虫交配受精后，在血管内产卵，一条雌虫每天产卵 1 000 枚左右。产出的虫卵一部分顺血流到达肝脏，一部分逆血流沉积在肠壁形成结节。虫卵在肠壁或肝脏内逐渐发育成熟，由卵细胞变为毛蚴。由于卵内毛蚴分泌溶解细胞物质，能透过卵壳破坏血管壁，并使肠黏膜组织发炎和坏死，加之肠壁肌肉的收缩作用，使结节及坏死组织向肠腔破溃，虫卵即进入肠腔，随宿主粪便排出体外。据报道，感染日本血吸虫大陆株的小鼠，22.5%的虫卵沉积在肝脏，69.1%的虫卵沉积在肠壁，0.7%在其他组织，仅 7.7%的虫卵随粪便排出。

虫卵在水中，于适宜的条件下孵出毛蚴。如温度在 25～30 ℃，pH 7.4～7.8，经几小时即可孵出毛蚴。毛蚴呈梨形，平均大小为 90 μm×35 μm，体被有纤毛，借以在水中迅速游动，遇到中间宿主钉螺，即以头腺分泌物的溶蛋白酶作用，钻入螺体内，继续发育。如果毛蚴未遇到钉螺，一般在孵出后 1～2 d 内自行死亡。

毛蚴侵入钉螺体内进行无性繁殖。脱去纤毛，形成母胞蚴，5 周后，母胞蚴呈袋状，子胞蚴变为长条形，再经 1 周，子胞蚴开始从母胞蚴体中破裂而出，尾蚴成熟后离开子胞蚴，自钉螺体中逸出。一个毛蚴在钉螺体内，经无性繁殖后，可产生数万条尾蚴。毛蚴在钻入螺体内后发育成尾蚴所需时间与温度有密切关系，如在 25～30 ℃时，经 2～3 个月仅有少数钉螺体内有成熟尾蚴，经 3 个月后大部分在钉螺体内发育为成熟尾蚴。尾蚴存活时间也与温度有关系，在 10 ℃下最长可活 5 d，27 ℃时最长可活 48 h。只有尾蚴阶段可感染人和动物。尾蚴感染人和动物的途径主要是经皮肤感染；也有吞食含尾蚴的草或水，经口感染的；也可经胎盘感染。尾蚴通过尾部伸缩运动和头部穿刺腺分泌蛋白溶解酶，主动穿破皮肤侵入宿主体内，脱掉尾部，变为童虫，经小血管或淋巴管随血流经右心、肺，随体循环到达肠系膜静脉内寄生，发育为成虫。尾蚴从感染宿主到发育为成虫所需要的时间，因宿主的种类不同而有差异，一般乳牛为 36～38 d，黄牛为 39～42 d，水牛为 46～50 d。成虫在动物体内的寿命一般为 3～4 年，也可能达 20～30 年，或者更长。其生活史见图 8-8。

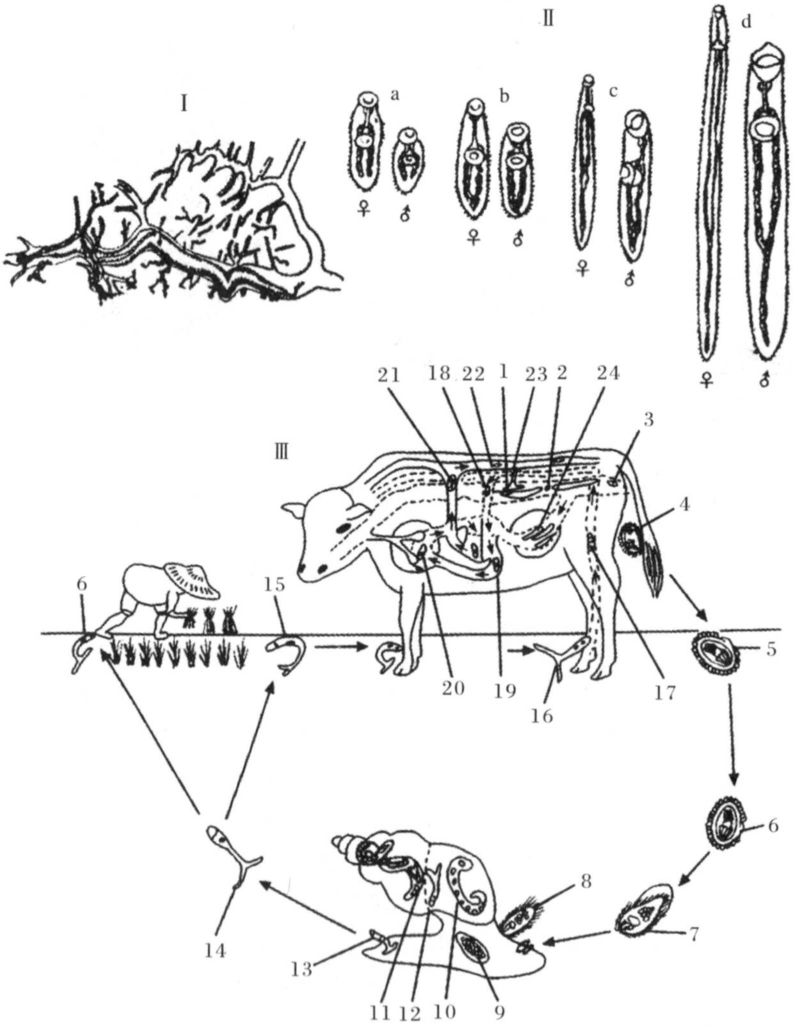

图 8-8　日本血吸虫的生活史(引自孔繁瑶，1997)

Ⅰ.寄生在肠系膜静脉内的成虫和虫卵　Ⅱ.a～e.童虫到成虫　Ⅲ.在终末宿主和中间宿主之间的循环途径：1.寄生在肠系膜静脉的成虫　2.血管内的虫卵　3.从血管到肠壁的虫卵　4.随粪便排出的虫卵　5～6.落于水中的虫卵　7.水中的毛蚴　8.毛蚴进入螺体　9.胞蚴　10.成熟母胞蚴　11.含尾蚴的子胞蚴　12.尾蚴　13.尾蚴离开螺体　14.水中的尾蚴　15.水表面的尾蚴　16.尾蚴从牛或人的皮肤进入寄主体内　17.尾蚴脱尾，经血管至心脏　18.尾蚴随血流到心脏　19.尾蚴从右心到肺　20.尾蚴经肺到左心　21.尾蚴进入循环　22.主动脉中的尾蚴　23.尾蚴经肠系膜动脉再通过毛细血管到达肠系膜静脉　24.部分寄生在门静脉的成虫

(三)流行病学

日本血吸虫分布于中国、日本、菲律宾及印度尼西亚，近年来在马来西亚亦有报道。在我国广泛分布于长江流域的13个省、自治区、市。主要危害人和牛、羊等家畜。台湾省的日本血吸虫为动物株(啮齿类动物)，不感染人。

我国现已查明，除人体外，有40余种野生哺乳动物包括褐家鼠(沟鼠)、家鼠、田鼠、松鼠、貉、狐狸、野猪、刺猬、金钱豹等，有10余种家畜包括黄牛、水牛、山羊、绵羊、骡、驴、家兔、猪及马属动物等自然感染日本血吸虫病。家畜以耕牛，野生动物以沟鼠的感染率为最高。黄牛的感染率和感染强度一般均高于水牛，黄牛年龄愈大，阳性率愈高；水牛的感染率随年龄的增长有降低的趋势；水牛还有自愈现象。但是，在长江流域，水牛不仅数量多，而且接触"疫水"频繁，故在本病的传播上可能起主要作用。

日本血吸虫的发育必须通过中间宿主钉螺，否则不能发育和传播。我国的钉螺为湖北钉螺(*Oncomelania hupensis*)。钉螺体型小，大小为1.0 cm×(0.25～0.30)cm，螺壳褐色或淡黄色，有6～8个右旋的螺层，螺旋上有直纹的叫有肋钉螺，无直纹的叫光壳钉螺。钉螺能适应水、陆两种环境的生活，多见于气候温和、土壤肥沃、阴暗潮湿、杂草丛生的地方，以腐烂的植物为食。它们在河、沟、湖的水边等处均可滋生。每年4～6月份产卵最多，一只雌螺一年可产卵100个左右。幼螺在春季孵出，生活于水中；成螺则主要在陆地上，钉螺的寿命一般不超过两年。

人和动物的感染是与它们在生产和生活过程中接触含有尾蚴的疫水有关，如耕牛下水田耕作或放牧时接触疫水而感染。感染途径主要是经皮肤感染，还可通过吞食含尾蚴的水、草经口腔黏膜感染，以及经胎盘感染。

日本血吸虫病的流行特点：一般钉螺阳性率高的地区，人、畜的感染率也高；凡有病人及阳性钉螺的地区，一定有病牛；病人、病畜的分布与当地钉螺的分布是一致的，具有明显的地区性。

(四)致病作用

侵入动物的血吸虫尾蚴，移行的童虫，进入寄生部位的成虫以及沉积于机体的虫卵，对宿主均产生机械性损伤，并引起复杂的免疫病理学反应。

尾蚴穿透皮肤时可引起皮炎。这种皮炎对曾已感染过尾蚴的动物更为显著，故为一种变态反应性炎症。

童虫在体内移行时，其分泌与代谢以及死亡崩解产物，可使经过的器官(特别是肺)引起血管炎，受损的毛细血管发生栓塞，破裂，产生局部的细胞浸润和点状出血。临床表现咳嗽、发热、肺炎病状。肝脏可引起充血和脓肿。

成虫对寄生部位仅引起轻微的机械性损伤，如静脉内膜炎及静脉周围炎。成虫死亡后被血流带到肝脏，可使血管栓塞，周围组织发生炎症反应。

虫卵沉积在宿主的肝脏及肠壁等组织，在其周围出现细胞浸润，形成虫卵肉芽肿(虫卵结节)，这是发生慢性血吸虫病肝肠病变的根本原因。故血吸虫病的肝硬化，既非成虫所引起，也非死亡虫体的分解产物所致，而是由虫卵肉芽肿所引起。而虫卵肉芽肿的形成则可能是在虫卵可溶性抗原的刺激下，宿主产生相应的抗体，然后在虫卵周围形成抗原抗体复合物的结果。

肉芽肿反应有助于破坏虫卵和清除虫卵并避免抗原复合物引起全身损害，但它破坏正常组织，并彼此联结成为瘢痕，是导致肝硬化及肠壁纤维化、增厚、硬变，消化吸收机能下降等一系列病变的原因，从而对宿主造成严重的损害。

(五)症状

日本血吸虫病以犊牛和犬的症状较重，羊和猪较轻，马几乎没有症状。一般来讲，黄牛症状较水牛明显，犊牛症状较成年牛明显。

临床上有急性和慢性之分，以慢性为常见。黄牛或水牛犊大量感染时，常呈急性经过。首先表现为食欲不振，精神沉郁。体温升高，可达 40 ℃以上。腹泻，里急后重，粪便带有黏液、血液。后期黏膜苍白，肝硬化，腹水，日渐消瘦，最后衰竭死亡。慢性型的病畜表现为消化不良，发育缓慢，往往成为侏儒牛。母畜往往出现不妊娠或流产等现象。

少量感染时，一般症状不明显，病程多系慢性经过，特别是成年水牛，虽诊断为阳性病牛，但在外观上并无明显表现而成为带虫牛。

(六)病变

本病所引起的病理变化主要是由于虫卵沉积在肝脏和肠壁形成的虫卵结节。肝脏的病变较为明显，其表面或切面上，肉眼可见粟粒大到高粱米粒大的灰白色或灰黄色的虫卵结节。感染初期，肝脏可能肿大，日久后肝萎缩、硬化。严重感染时，肠道各段均可找到虫卵的沉积，尤以直肠部分的病变最为严重。常见有小溃疡，瘢痕及肠黏膜肥厚。肠系膜淋巴结肿大，门静脉血管肥厚，在其内及肠系膜静脉内可找到虫体。此外，心、肾、胰、脾、胃等器官有时也可发现虫卵结节。

(七)诊断

在流行区，根据临床表现和流行病学资料分析可做出初步诊断，但确诊要靠病原学检查和血清学诊断。

病原学检查最常用的方法是尼龙筛兜集卵法和虫卵毛蚴孵化法。在临床上常将这两种方法结合使用。有时也可刮取动物的直肠黏膜做压片镜检，查到虫卵即可。死后在门静脉系统解剖查到虫体或虫卵结节也可确诊。

近年来已将免疫学诊断法应用于生产实践，如环卵沉淀试验、间接血凝试验和酶联免疫吸附测定等。其检出率均在 95%以上，假阳性率在 5%以下。

(八)防治

1. 治疗

目前常用的治疗日本血吸虫的药物有：

(1)吡喹酮。粉剂，黄牛或水牛均为 30 mg/kg 体重；山羊为 20 mg/kg 体重，为一次口服。注射剂黄牛或水牛均为 10～15 mg/kg 体重，肌肉注射。本品为治疗牛、羊血吸虫病的首选药。

(2)敌百虫。水牛剂量为 75 mg/kg 体重，总量，5 日分服，每日一次。粉剂用冷水配成 1%～2%的溶液灌服，现用现配。片剂可直接投服。最大用药量以 300 kg 体重为限。

(3)硝硫氰胺。黄牛、水牛的剂量为 60 mg/kg 体重,一次口服。

(4)六氯对二甲苯(血防 846)。①新血防片(含量 0.25 g)应用于急性期病牛,剂量为 100～200 mg/kg 体重,每日口服,连用 10 d 为一疗程。②血防 846 油溶液(20%)。剂量为 40 mg/kg 体重,每日注射,5 d 为一疗程,半个月后可重复治疗。发生副反应时,应及时采取对症治疗。

2.预防

血吸虫病的预防要采取综合性措施,要人、畜同步防治,除积极查治病畜、病人及控制感染源外,尚需加强粪便和用水管理,安全放牧和消灭中间宿主钉螺等。

对有钉螺的地带应根据钉螺的生态学特点,结合农田水利基本建设采用土埋、水淹和水改旱、饲养水禽等办法灭螺。更常用的办法是化学灭螺,如用五氯酚钠、氯硝柳胺、茶子饼、生石灰及溴乙酰胺等灭螺。耕牛用水必须选择无螺水源或钉螺已消灭的池塘,实行专塘用水。

加强粪便管理。人、畜粪便应进行堆积发酵,或推广用粪便生产沼气等办法,以杀灭虫卵。管好水源,防止粪便污染。

此外,我国正在加强抗日本血吸虫病虫苗的研制工作,这将为该病的预防开辟光明的前景。

二、姜片吸虫病

【案例】 某养殖户 12 头架子猪中有 4 头发病。病猪表现为食欲不振,下痢或腹泻与便秘交替发生;个别猪表现为腹胀、腹痛等症状。严重的出现贫血、消瘦,发育不良;死亡 2 头。猪舍均建在池塘边。粪便直接排到池塘内喂鱼。池塘里种植了大量的水葫芦等水生植物。据了解,畜主未对猪只进行驱虫,还经常打捞一些水葫芦生喂猪,以代替部分青绿饲料。

【问题】 该病是如何感染的?从流行病学的角度,说明水生植物在该病流行中的作用?如何进行诊断及防治?

姜片吸虫病(Fasciolopsiasis)是由片形科(Fasciolidae)姜片属(*Fasciolopsis*)的布氏姜片吸虫(*Fasciolopsis buski*)寄生于猪和人的小肠内引起的一种人兽共患吸虫病。本病主要流行于亚洲的温带和亚热带地区。在我国主要分布在长江流域以南各省,是影响儿童健康和仔猪生长发育的一种重要吸虫病。近年来,随着养殖模式的改变,直接利用新鲜的水生植物喂猪很少见,因此许多地区猪和人的感染率明显下降。

(一)病原形态

新鲜虫体为肉红色,固定后为灰白色,虫体大而肥厚,形似斜切的姜片,故称姜片吸虫。成虫大小为(20～75)mm×(8～20)mm。腹吸盘强大,在虫体的前方,与口吸盘十分靠近。两条肠管弯曲,但不呈分枝状,波浪状伸达虫体后端。睾丸 2 个,高度分枝,前后排列在虫体后部的中央。卵巢一个,分枝状,位于虫体中部稍偏前方(图 8-9)。卵模周围为梅氏腺,输卵管和卵黄总管均与卵模相通。卵黄腺分布在虫体两侧,无受精囊。子宫弯曲在虫体卵巢和腹吸盘之间,内含虫卵。

虫卵呈淡黄色，长椭圆形或卵圆形，大小为(130～145)μm×(85～97)μm。卵壳很薄，有卵盖。卵内含有一个卵细胞，卵黄细胞有30～50个，致密而互相重叠。

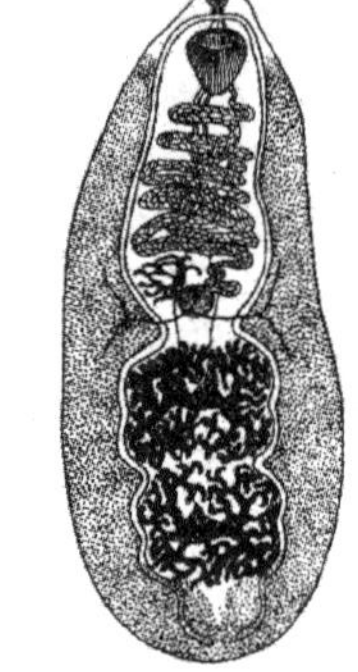

图8-9 布氏姜片吸虫成虫
(引自李国清，1999)

(二)生活史

姜片吸虫需要中间宿主——扁卷螺，并以水生植物为媒介物完成其发育史。成虫寄生在猪和人的小肠内，虫卵随粪便排出，落入水中，毛蚴逸出。毛蚴侵入螺体后，发育为胞蚴、母雷蚴、子雷蚴和尾蚴。尾蚴从扁卷螺体内逸出，很快地附在菱角、水葫芦等各种水生植物的茎和叶上，形成囊蚴(图8-10)。猪吞吃含有囊蚴的水生植物而感染。由毛蚴侵入螺体至尾蚴逸出，在水生植物上形成囊蚴，平均需要50 d。囊蚴进入猪体内发育至成虫，共需3个月。虫体在猪体内的寿命为9～13个月，在人体内的寿命可达4年以上。

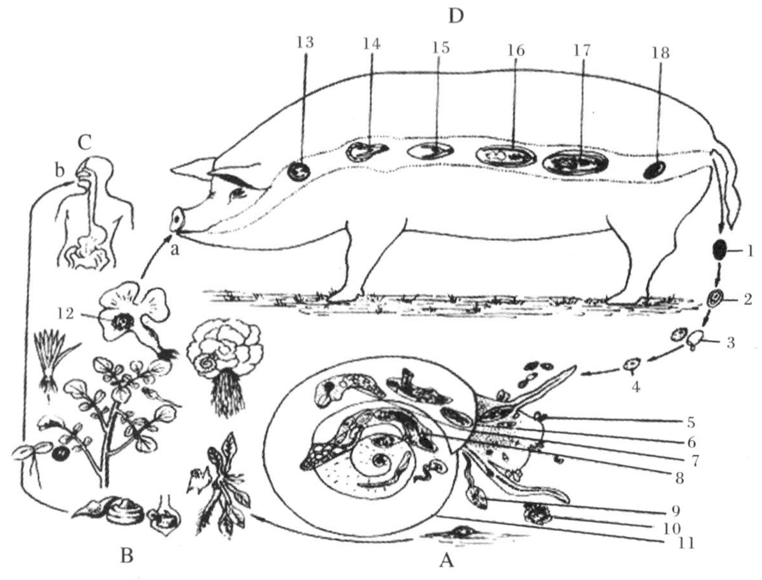

图8-10 姜片吸虫的生活史(引自孔繁瑶，1997)

A.虫卵、毛蚴和各期幼虫

1.虫卵随粪便排出　2.已发育的虫卵　3～4.毛蚴破盖而出，游于水中　5.毛蚴进入螺体　6.胞蚴　7.母雷蚴　8.子雷蚴　9.尾蚴　10.囊蚴　11.扁卷螺

B.各种水生植物　12.附着在水生植物上的囊蚴

C.a.猪吃了附着在水生植物上的囊蚴而感染　b.人吃了生菱角等而感染

D.寄生在猪小肠内的童虫和成虫　13.囊蚴进入猪体内　14～16.童虫　17.成虫　18.虫卵

(三)流行病学

姜片吸虫病是地方性流行病，主要发生于以水生饲料喂猪的地区。人常因生食菱角等水生植物而感染。该病主要发生在亚洲的热带地区，如越南、老挝、泰国、马来西亚、印度和菲律宾等

国家。在我国主要分布在安徽、福建、江苏、云南、湖北、贵州、四川、重庆和台湾等地。

中间宿主扁卷螺类广泛分布于池塘、沼泽、沟渠及水田，常栖息于植物的叶下。绝大多数水生植物都可以作为姜片吸虫囊蚴附着的媒介；而常用水生植物是猪感染的重要传播媒介。

(四)致病作用

姜片吸虫以强大的口吸盘和腹吸盘紧紧吸住肠黏膜，使吸着部位发生机械性损伤，引起肠炎，肠黏膜脱落、出血甚至发生脓肿。感染强度高时可能对肠道造成机械性阻塞，甚至引起肠破裂或肠套叠而死亡。由于虫体大，虫体吸取大量营养，使病畜呈现贫血、消瘦和营养不良现象。虫体代谢产物被动物吸收后，可使动物发生贫血和水肿。

(五)症状

姜片吸虫多侵害幼猪，导致幼猪发育不良，被毛稀疏无光泽；精神沉郁，低头，流口涎，眼黏膜苍白，呆滞；食欲减退，消化不良，但有时有饥饿感；有下痢症状，粪便稀薄，混有黏液；严重时表现为腹痛、水泄、浮肿、腹水等症状。患病母猪泌乳量减少，影响仔猪生长发育。

(六)诊断

根据临床症状和流行病学资料的分析，可做初步诊断。但确诊需对病猪作粪便检查，采用直接涂片法和反复水洗沉淀法查出虫卵便可确诊。

(七)防治

1.治疗

目前比较常用且疗效较高的治疗药物有下列五种：

(1)敌百虫。剂量为0.1 mg/kg体重，大猪每头极量不超过8 g，混在少量精料中喂服，早晨空腹喂猪，隔日一次，两次为一疗程。如有呕吐或卧地不起等副反应时，应及时皮下注射硫酸阿托品解毒。

(2)硫双二氯酚(别丁)。剂量为60～100 mg/kg体重，混在少量精料中喂服。

(3)吡喹酮。按30～50 mg/kg体重，一次口服。

(4)硝硫氰胺。按10 mg/kg体重，一次口服。

(5)硝硫氰醚。3%油剂，20～30 mg/kg体重，一次口服。

2.预防

根据姜片吸虫的生活史和本病的流行病学特点，采取综合性的防治措施：

(1)粪便处理。病猪的粪便是主要的传播来源，粪便应堆积发酵，经生物热处理后再作肥料。同样，人粪也应加强管理，以免人畜互相传播。

(2)定期驱虫。在流行区，每年应在春、秋两季进行驱虫。

(3)消灭中间宿主——扁卷螺。在每年秋末冬初比较干燥的季节，挖塘泥积肥，晒干塘泥，以杀灭扁卷螺。低洼地区，塘水不易排净时，则以化学药品灭螺，如用1∶50 000浓度的硫酸铜，0.1%生石灰，0.01%茶子饼以及硫酸氨、石灰氮等。

(4)加强猪的饲养管理。不要放猪到池塘边自由采食水生植物。流行地区的青饲料应加热杀灭囊蚴和扁卷螺，或经青贮发酵后喂猪。从外地买回的猪只应隔离检查，检查无虫或经驱虫后，再合群饲养。

三、华支睾吸虫病

【案例】 南方某地，猪舍均建在鱼塘上，粪便直接排到池塘内喂鱼；有时用生鱼虾喂猪。人和肉食动物多次食入生鱼虾发病。病人和发病动物表现为食欲不振、消化不良、腹痛等症状，严重者出现贫血、消瘦，发育不良。

【问题】 从流行病学的角度，说明生鱼虾在该病流行中的作用？如何进行诊断及防治？

华支睾吸虫病(Clonorchiasis)是由后睾科(Opisthorchiidae)支睾属(*Clonorchis*)的华支睾吸虫(*Clonorchis sinensis*)寄生于猪、犬、猫、鼬、貂等动物或人的胆管及胆囊内所引起的一种人兽共患吸虫病，也称肝吸虫病。该病流行广泛，我国除新疆、青海、宁夏、内蒙古、甘肃等少数干寒地区未见报道外，其余省市均有不同程度的流行。

(一)病原形态

虫体呈扁平叶状，或呈树叶状。前端稍尖，后端较钝，口吸盘略大于腹吸盘。两条盲肠直达虫体后端。两个分枝状的睾丸，前后排列在虫体的后 1/3 处。卵巢分叶，位于睾丸之前。受精囊发达，呈椭圆形，位于睾丸与卵巢之间。排泄囊呈 S 形弯曲，在虫体的后部(图 8-11)。卵甚小，平均为 29 μm×17 μm，形似电灯泡，棕褐色，上端有卵盖，后端有一小突起，内含毛蚴。

图 8-11　华支睾吸虫成虫
(引自孔繁瑶，1997)

(二) 生活史

华支睾吸虫的发育，需要淡水螺作为第一中间宿主，并以淡水鱼、虾作为第二中间宿主。成虫所产的虫卵随胆汁进入消化道，随粪便排出体外，落入水中，被第一中间宿主淡水螺吞食后，即可在螺的消化道内孵出毛蚴。毛蚴进入螺的淋巴系统和肝脏，发育为胞蚴、雷蚴和尾蚴。成熟的尾蚴离开螺体游于水中，如遇到适宜的第二中间宿主——某些淡水鱼和虾，即钻入其肌肉内，发育为囊蚴。人、猪、犬和猫等是由于吞食含有囊蚴的生鱼、虾或未煮熟的鱼或虾而遭受感染。囊蚴在十二指肠脱囊，童虫沿着胆汁逆向移行，经总胆管到达胆管发育为成虫。从淡水螺吞吃虫卵至尾蚴逸出，共需 100 d 左右。童虫在终末宿主体内经 1 个月后发育为成虫。

(三)流行病学

本病的流行与地理环境、自然条件、生活习惯有密切关系。有传染源存在；流行区内在鱼塘上建立厕所，或利用人畜粪便喂鱼；塘内有大量的中间宿主和补充宿主的种类；人群吃鲜鱼机会多,并喜食生鱼片或生鱼粥;猫、狗活动范围广,嗜食生鱼,这些均构成本病的流行因素。

(四)致病作用

虫体寄生于动物的胆管和胆囊内,因机械性刺激,引起胆管和胆囊发炎,管壁增厚,消化机能受到影响。虫体分泌毒素,引起贫血、消瘦和水肿。大量寄生时,虫体阻塞胆管,使胆汁分泌受到阻碍,并出现黄疸现象。长时间寄生之后,肝脏结缔组织增生,肝细胞变性、萎缩,毛细胆管栓塞形成,引起肝硬化。人华支睾吸虫病与胆管细胞型肝癌有着密切的联系。

猪和犬的主要病变在肝和胆。胆囊肿大,胆管变粗,胆汁浓稠,呈草绿色。胆管和胆囊内有许多虫体和虫卵。肝表面结缔组织增生,有时引起肝硬化或脂肪变性。

(五)症状

宿主感染华支睾吸虫后,多表现为隐性感染,临床症状不明显。严重感染时表现出消化不良、食欲减退和下痢等症状。最后出现贫血、消瘦、水肿或腹水等。病程多系慢性经过,往往并发其他疾病而死亡。

(六)诊断

若在流行区,有以生鱼虾喂猪的习惯时,如临床上出现消化不良和下痢等症状,即可怀疑为本病,如粪便中查到虫卵即可确诊。检查方法以漂浮法为佳,离心漂浮法检出率最高。近年来也有采用免疫学方法如间接血凝试验和酶联免疫吸附测定进行辅助性诊断。

(七)防治

(1)治疗　可用下列药物:

①丙酸哌嗪。按 50～60 mg/kg 体重,混入饲料喂服,每天 1 次,5 d 为一疗程。

②阿苯达唑(Albendazole)(也称丙硫咪唑)。按 30～50 mg/kg 体重,一次口服或混饲。

③吡喹酮。按 20～50 mg/kg 体重,一次口服。

(2)预防

①流行地区的猪、犬和猫均须进行定期的检查和驱虫。

②在疫区禁止以生的或未煮熟的鱼、虾喂养动物。

③加强粪便管理,防止粪便污染水塘,禁止在鱼塘边盖猪舍或厕所。

④消灭第一中间宿主淡水螺,宜采用捕捉或掩埋的方法。

第三节 牛、羊吸虫病

一、片形吸虫病

【案例】 夏季在低洼、积水的草滩放牧的羊群，放牧数天后，轻度感染的羊通常无明显症状；严重感染时，则出现食欲减退、下痢并逐渐消瘦、体温升高、可视黏膜苍白等症状；甚至可因极度衰竭而导致死亡。剖检见肝脏肿大、出血，在腹腔和肝脏中发现扁平叶状幼虫。调查发现放牧的草滩上有大量椎实螺滋生。

【问题】 该病可能是什么病？该病的危害有哪些？哪些因素影响该病的流行？

片形吸虫病(Fasciolosis)，也称肝蛭病，是由片形科(Fasciolidae)片形属(*Fasciola*)的肝片形吸虫(*Fasciola hepatica*)和大片形吸虫(*F. gigantica*)寄生于牛、羊、鹿、骆驼等反刍动物的肝脏胆管中所引起的一种地方性流行吸虫病。猪、马属动物及一些野生动物亦可寄生，但较为少见；人亦有感染的报道。肝片形吸虫存在于全国各地，尤以我国北方较为普遍；大片形吸虫在华南、华中和西南地区较常见。本虫能引起急性或慢性肝炎和胆管炎，并伴有全身性中毒现象和营养障碍，危害相当严重，尤其对幼畜和绵羊，可引起大批死亡。在其慢性病程中，使动物消瘦，发育障碍，生产力下降，给畜牧业带来巨大经济损失。

(一)病原形态

片形吸虫病的病原体主要有两种：

1. 肝片形吸虫　虫体背腹扁平，如榆树叶状(图 8-12)。新鲜虫体呈棕红色，大小为(20～30) mm×(10～13) mm，体表前端有小棘，后部光滑。虫体前部较后部宽，前端有一呈三角形的头锥，锥底突然变宽，呈双肩样突出。口吸盘位于虫体的前端，直径约 1.0 mm，腹吸盘在双肩样突出的中部，直径约 1.8 mm，与口吸盘相距很近。具有咽和短的食道，下接两条具有盲端的肠干，每条肠干又分出很多侧支。雄性生殖器官以两组位于体中部前后纵列的分枝状睾丸为特征。输精管通入雄茎囊，其末端即雄茎，开口于腹吸盘前方的生殖孔，肉眼可见。雌性生殖器官以位于腹吸盘下方右侧呈鹿角状分枝状的卵巢为特征。卵模显著，位于睾丸前方虫体中线上。卵模与腹吸盘之间为盘曲的子宫，内含虫卵。无受精囊。卵黄腺由许多点状小滤泡组成，布满虫体的两侧，卵黄管左右横向汇合于卵模下方，形成卵黄总管，即卵黄囊，然后再通向卵模。

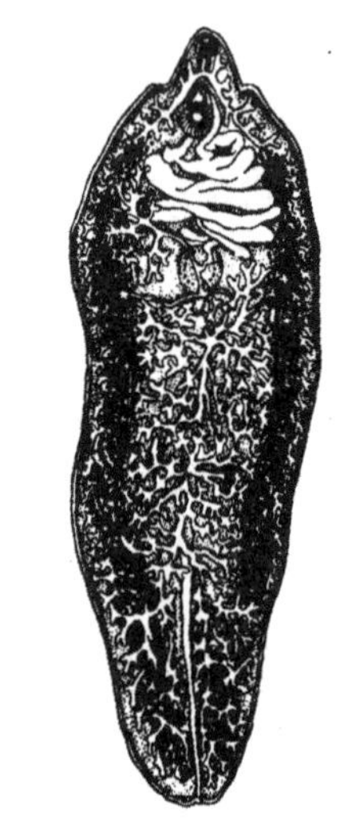

图 8-12　肝片形吸虫成虫
(引自汪明，2003)

虫卵椭圆形，黄色或黄褐色。卵壳较薄透明。大小为(120～150) μm×(70～100) μm。前端较窄，有一个不明显的卵盖，后端较钝，卵内充满卵黄细胞和一个胚细胞。

2.大片形吸虫　大片形吸虫体形较大，大小为(25～75)mm×(5～12)mm。虫体两侧缘较平行，肩部不明显，后端钝圆。虫卵较肝片形吸虫虫卵大，大小为(155～190)μm×(75～90)μm。

(二)生活史

片形吸虫的终末宿主主要为反刍动物，中间宿主为椎实螺科的淡水螺。肝片形吸虫的主要中间宿主为小土窝螺，还有斯氏萝卜螺。大片形吸虫的主要中间宿主为耳萝卜螺，不少地区证实小土窝螺也可作为其中间宿主。

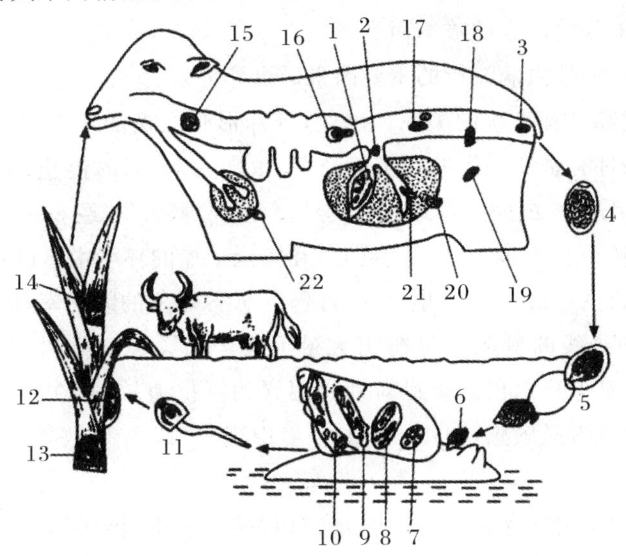

图 8-13　肝片形吸虫的生活史(引自孔繁瑶，1997)

1.成虫寄生在胆管　2.从胆管中排出虫卵　3.随粪便排出虫卵　4.虫卵随粪便进入水中　5.毛蚴孵化　6.毛蚴进入螺体　7.胞蚴　8.母胞蚴中含子胞蚴　9.母雷蚴中含子雷蚴　10.子雷蚴中含尾蚴　11.尾蚴　12.水草上的囊蚴　13.囊蚴　14.水面以上的囊蚴　15.囊蚴被宿主吞食　16.在终末宿主体内，童虫破囊而出　17.移行在肠道中的童虫　18.童虫穿过肠壁　19.童虫向肝脏移行　20.童虫进入肝实质　21.童虫从肝实质移行到胆管　22.移行到肺的童虫

成虫寄生于动物肝脏胆管内，产出的虫卵随胆汁入肠腔，经粪便排出体外。虫卵在适宜的温度(25～26 ℃)、氧气和水分及光线条件下，经 10～20 d 孵出毛蚴，毛蚴在水中游动，遇到适宜的中间宿主即钻入其体内。毛蚴在外界环境中，通常只能生存 6～36 h，如遇不到适宜的中间宿主则渐次死亡。毛蚴在螺体内，经无性繁殖发育为胞蚴、母雷蚴、子雷蚴和尾蚴，最后尾蚴逸出螺体。其发育期的长短与外界温度、湿度、营养条件有关，如温度适宜，在 22～28 ℃时需经35～50 d 从螺体逸出尾蚴。侵入螺体体内的一个毛蚴，经无性繁殖，最后可产生数百个尾蚴。尾蚴游动于水中，附着于水生植物的茎叶上或浮游于水中形成囊蚴(图 8-13)。牛、羊吞食了含囊蚴的水或草而遭受感染。囊蚴在十二指肠脱囊，一部分童虫穿过肠壁进入腹腔，由肝包膜钻入肝脏，经移行后到达胆管。另一部分童虫钻入肠黏膜，经肠系膜静脉进入肝脏。童虫也可经总胆管而进入肝脏。潜伏期需 2～3 个月。成虫在动物体内可存活 3～5 年。

(三)流行病学

肝片形吸虫系世界性分布,是我国分布较广泛、危害较严重的寄生虫之一。遍及全国31个省、自治区、直辖市,但多呈地区性流行。大片形吸虫主要分布于热带和亚热带地区,在我国多见于南方各地。

肝片形吸虫的宿主范围较广。患畜和带虫者不断地向外界排出大量虫卵,污染环境,成为本病的感染源。动物长时间地停留在狭小而潮湿的牧地放牧时最易遭受严重的感染。舍饲的动物也可因食用从低洼、潮湿的牧地割来的牧草而受感染。

温度、水和椎实螺是片形吸虫病流行的重要因素。虫卵的发育,毛蚴和尾蚴的游动以及椎实螺的存活与繁殖都与温度和水有直接的关系。因此,肝片形吸虫病的发生和流行及其季节动态是与各地区的地理气候条件有密切关系的。实验证明,虫卵在12 ℃时停止发育,13 ℃时即可发育,但需经59 d才能孵出毛蚴。虫卵发育最适宜的温度是25～30 ℃,经8～12 d即可孵出毛蚴。虫卵对高温和干燥敏感,40～50 ℃时几分钟内死亡,在完全干燥的环境中迅速死亡。虫卵对低温的抵抗力较强,在冰箱中(2～4 ℃)放置水里17个月仍有60%以上的孵化率,但结冰后很快死亡。含毛蚴的虫卵在新鲜水和光线的刺激下可孵出大量毛蚴。尾蚴在9 ℃时不能逸出螺体,27～29 ℃尾蚴大量逸出,33 ℃又停止逸出。囊蚴对外界因素的抵抗力较强,在潮湿的环境中可存活数月。但对干燥和阳光的直射最敏感,如在干燥的环境中,25～32 ℃下放置72 h,或在阳光直射下,2～3 h即失去感染力。

因此,在气候适宜和中间宿主存在(低洼地、水稻田、缓流水渠、沼泽、草地和湖滩地,均适于螺的生长繁殖)的情况下,在春末、夏、秋季节,牛、羊放牧时极易感染片形吸虫病。

(四)致病作用

早期童虫在穿过肠壁进入腹腔的过程中,不断破坏组织和摄取组织为食。童虫在肝脏实质中移行时以肝细胞为食。破坏肝组织,同时破坏微血管,引起出血,因而发生创伤性出血性肝炎及肝实质梗塞。当感染强度甚高,达数千个虫体时,往往在此时期发生急性死亡。

(五)症状

轻度感染往往不表现症状。感染数量多时(牛约250条成虫,羊约50条成虫)则表现症状,但幼畜即使轻度感染也可能表现症状。临床上一般可分为急性型和慢性型两种类型。绵羊最敏感,最常发生,死亡率也高。

急性型(童虫移行期):在短时间内吞食大量(2000个以上)囊蚴后2～6周发病。多发于夏末、秋季及初冬季节。病势猛,使患畜突然倒毙。一般病初表现体温升高,精神沉郁,食欲减退,衰弱易疲劳,离群落后,迅速发生贫血,叩诊肝区半浊音界扩大,压痛敏感,腹水,严重者在几天内死亡。

慢性型(成虫胆管寄生期):吞食中等量(200～500个)囊蚴后4～5个月时发生。多见于冬末春初季节,此类型较多见。其特点是逐渐消瘦、贫血和低蛋白血症,导致患畜高度消瘦,黏膜苍白,被毛粗乱,易脱落,眼睑、颌下及胸下水肿,腹水增多。母羊乳汁稀薄,妊娠羊往往流产,终因恶病质而死亡。有的可拖延至次年天气转暖，饲料改善后逐渐恢复。

牛：多呈慢性经过，犊牛症状明显，成年牛一般不明显。如果感染严重，营养状况欠佳，也可能引起死亡。患畜逐渐消瘦，被毛粗乱、易脱落，食欲减退，反刍异常；继而出现周期性瘤胃膨胀或前胃弛缓，下痢，贫血，水肿。母牛不孕或流产。乳牛产乳量下降，质量差，如不及时治疗，可因恶病质而死亡。

(六)病理变化

病理解剖变化主要呈现在肝脏，其变化程度与感染虫体强度及病程长短有关。急性死亡的病例中，可见到急性肝炎和大出血后的贫血现象。肝肿大，包膜有纤维素沉积，有 2～5 mm长的暗红色虫道。虫道内有凝固的血液和很小的童虫。腹腔中有血色的液体，有腹膜炎病变。

慢性病例(病程 2～3 个月及以上)，主要呈现慢性增生性肝炎，在被破坏的肝组织形成瘢痕性的淡灰白色条索，肝实质萎缩、褪色、变硬，边缘钝圆，小叶间结缔组织增生，胆管肥厚，扩张呈绳索样突出于肝表面。胆管内壁粗糙而坚实，内含大量血性黏液和虫体及黑褐色或黄褐色的块状、粒状的磷酸盐结石(即俗称的牛黄)。

轻度寄生的病例，胆管变化不显著，但多呈慢性卡他性胆管炎和间质性肝炎，胆管内有虫体寄生。

(七)诊断

根据临床症状，流行病学资料，粪便检查发现虫卵和死后剖检发现虫体等进行综合判定，不难确诊。但仅见少数虫卵而无症状出现，只能视为“带虫现象”。粪便中检出虫卵，可用水洗沉淀法，或锦纶筛集卵法，虫卵易于识别。

对羊的急性型片形吸虫病的诊断应以解剖检查为主，把肝脏切碎，在水中挤压后淘洗，找到大量童虫，可以做出诊断。

近年来使用免疫学诊断方法，如皮内变态反应、间接血凝、酶联免疫吸附测定等进行诊断，取得一定成绩。

(八)防治

1.治疗

治疗肝片形吸虫病时，不仅要进行驱虫，而且应该注意对症治疗。治疗的药物较多，各地可根据药源和具体情况加以选用。

(1)硝氯酚(Menichloropholan，Bayer 9015)。只对成虫有效。粉剂：牛剂量为 3～4 mg/kg 体重，绵羊为 4～5 mg/kg 体重，一次口服。针剂：牛剂量为 0.5～1.0 mg/kg，绵羊为 0.75～1.0 mg/kg，深部肌肉注射。

(2)阿苯达唑。牛剂量为 20～30 mg/kg 体重，绵羊为 10～15 mg/kg 体重，一次口服，对成虫有良效，但对童虫效果较差。

(3)溴酚磷(蛭得净)。牛剂量为 12 mg/kg 体重，绵羊为 16 mg/kg 体重，一次口服，对童虫和成虫均有良好的驱杀效果，因此，可用于治疗急性病例。

(4)三氯苯唑(Triclabendazole,Fasinex,肝蛭净)。牛用10%的混悬液或含900 mg的丸剂,按10 mg/kg体重,经口投服;绵羊用5%的混悬液或含250 mg的丸剂,按12 mg/kg体重,经口投服。该药对成虫、童虫和幼虫均有高效的杀灭作用。亦可用于治疗急性病例。患畜治疗后14 d肉才能食用,乳10 d后才能食用。

(5)硝碘酚腈(Nitroxynil)。牛剂量为10 mg/kg体重,绵羊为15 mg/kg体重,皮下注射;或牛剂量为20 mg/kg体重,绵羊为30 mg/kg体重,一次口服。该药对童虫和成虫均有良好的驱杀效果,但在畜体内残留时间较长,用药一个月后肉、乳才能食用。

2.预防

应根据流行病学特点,采取综合防治措施。

(1)定期驱虫。驱虫的时间和次数可根据流行区的具体情况而定。在我国北方地区,每年应进行两次驱虫:一次在冬季,另一次在春季。南方因终年放牧,每年可进行三次驱虫。急性病例可随时驱虫。在同一牧地放牧的动物最好同时驱虫。家畜的粪便,特别是驱虫后的粪便应堆积发酵杀死虫卵,尽量减少感染源。

(2)消灭中间宿主。灭螺是预防片形吸虫病的重要措施。可结合农田水利建设,草场改良,填平无用的低洼水潭等措施,以改变螺的滋生条件。此外,还可用化学药物灭螺,如施用1∶50 000的硫酸铜,2.5 mg/L的血防67及20%的氯水均可达到灭螺的效果。如牧地面积不大,亦可饲养家鸭,消灭中间宿主。

(3)加强饲养管理。选择在高燥处放牧;有条件的牧区,可实行轮牧。保持牛、羊的水源清洁,以防感染。从流行区运来的牧草须经处理后,再饲喂舍饲的动物。

二、前后盘吸虫病

【案例】 野外放牧牛、羊,发病多集中在夏秋两季,主要症状是顽固性腹泻,粪便呈糊状或水样,常有腥臭,有时体温升高。病牛逐渐消瘦,精神委顿,体弱无力,高度贫血,黏膜苍白,血液稀薄,颌下或全身水肿。到后期,病牛极度瘦弱,卧地不起,终因衰竭而死亡。在屠宰或尸体剖检时,发现寄生虫主要吸附于瘤胃与网胃交接处的黏膜,有数量不等,呈深红、粉红、或乳白色的虫体,如将其强行剥离,见附着处黏膜充血、出血或留有溃疡。

【问题】 该病可能是何种寄生虫病?该病是如何感染和流行的?如何进行诊断及防治?

前后盘吸虫病(Paramphistomosis)是由前后盘科(Paramphistomatidae)、腹袋科(Gastrothylacidae)和腹盘科(Gastrodiscidae)的各属虫体引起的吸虫病的总称。主要有前后盘属(*Paramphistomum*)、菲策属(*Fishoederius*),卡妙属 (*Carmyerius*),腹袋属(*Gastrothylax*)、平腹属(*Homalogaster*)及殖盘属(*Cotylophoron*)等。除平腹属的成虫寄生于牛、羊等反刍动物的盲肠、结肠外,其余各属成虫均寄生于瘤胃。成虫的感染强度较大,但危害一般较轻。如果大量童虫在移行过程中寄生在真胃、小肠、胆管和胆囊时，可引起家畜的严重疾病，甚至导致死亡。前后盘吸虫的分布遍及全国各地，在南方的牛只都有不同程度的感染。

（一）病原形态

前后盘吸虫的种类繁多，已发现的有 50 多种。虫体的大小、颜色、形状及内部构造均因种类不同而有差异。前后盘吸虫总的特征是虫体肥厚，呈长椭圆形或圆锥形，横断面近于圆形，口吸盘在前端，腹吸盘很发达，位于后端或其附近，好似虫体两端有口，故又名双口吸虫。生殖孔开口于腹面中央部的前方，两个睾丸位于虫体中 1/3 处，前后或对称排列，偶见单个睾丸。卵巢圆形，位于睾丸之后或两个睾丸之间。有劳氏管，卵黄腺呈滤泡状，自肠分支处开始沿体两侧分布至后吸盘的前缘。子宫盘绕，大部分在两肠之间。排泄囊在体后部，偶见在中部两个睾丸之间，囊状或管状，开口于背部。代表种为鹿前后盘吸虫（*Paramphistomum cervi*），虫体淡红色，梨形或圆锥形，口吸盘在虫体前端，缺咽，腹吸盘位于虫体后端，一般比口吸盘大 2.5～8 倍（图 8-14）。

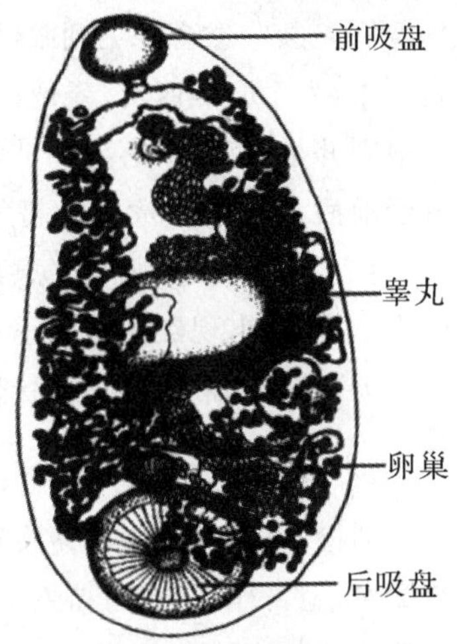

图 8-14　鹿前后盘吸虫成虫
（引自孔繁瑶，1997）

（二）生活史

前后盘吸虫的生活史，有的已被阐明，有的尚待研究。兹以鹿前后盘吸虫为例将其生活史简述如下。成虫寄生于反刍动物的瘤胃，虫卵随粪便排出体外。虫卵在适宜的条件下，约经 2 周孵出毛蚴，毛蚴在水中游动，遇到适宜的中间宿主淡水螺类，如扁卷螺，即钻入其体内，发育为胞蚴、雷蚴和尾蚴。尾蚴大约在螺感染后 43 d 开始逸出螺体，附着在水草上形成囊蚴。牛、羊等反刍动物吞食了含囊蚴的水草而感染。囊蚴在肠道脱囊，童虫在小肠、皱胃和其黏膜下组织和胆管、胆囊和腹腔等处移行，经数十天到达瘤胃，在瘤胃内需要 3 个月左右发育为成虫。潜伏期为 7～10 周。

（三）流行病学

前后盘吸虫在我国各地广泛流行，不仅感染率高，而且感染强度大，常见成千上万的虫体寄生。而且多属几个种混合感染。流行季节主要取决于当地气温和中间宿主的繁殖发育季节以及家畜放牧的情况。在南方可常年感染，在北方感染季节主要是 5～10 月。多雨年份易造成本病的流行。

（四）致病作用

前后盘吸虫的成虫以强大的吸盘附着于瘤胃黏膜上而损伤黏膜，特别是幼虫在移行时剧烈地损伤肠黏膜和其他脏器。有时病原菌通过这些损伤而引起感染。在高度感染的牛瘤胃中常可见成千上万的各种前后盘吸虫密密麻麻地覆盖在胃壁上。胃的正常功能被破坏。虫体的刺激和新陈代谢产物的作用可以引起寄生部位的肿胀、溃疡、浸润，胆汁的淤积等。

(五)症状

病初患畜精神萎靡，经过数天后发生腹泻和消瘦。眼结膜、鼻及口腔黏膜贫血，鼻镜和鼻翼上可见有较浅、不同大小的溃疡。体温基本正常，有时在患病的 7～10 d，体温上升到 40～40.5 ℃。某些患畜可见到眼结膜、口黏膜和鼻镜上有出血点，胸垂部和颌间部发生水肿。在严重病例中，发生剧烈腹泻，粪便内有时混有血液，肋部凹陷，眼睛塌陷，目光无神。许多犊牛发生前胃弛缓并呈疝痛状，磨牙和呻吟，时常躺卧又立即起立。患畜呈现渐进性消瘦和恶病质。如犊牛由于前后盘吸虫的童虫引起急性型发病，则可能在 5～30 d 内死亡；某些犊牛可以痊愈，症状消失，但通常不易恢复肥壮。患畜红细胞减少，嗜中性白细胞增多时核左移，嗜酸性粒细胞和淋巴细胞增多，并出现红细胞大小不均症和异形红细胞。由成虫引起的症状或慢性病程中，一般表现为食欲减退，经常腹泻，颌间部和胸垂部发生水肿，可视黏膜苍白，但体温一般正常。

(六)病变

剖检可见尸体消瘦，黏膜苍白，腹腔内含有淡红色液体，有时在液体中有游动的前后盘吸虫的童虫。真胃幽门部的黏膜有出血点、黏液和童虫。黏膜往往发生显著的浸润。十二指肠和小肠其他部分的黏膜有卡他性出血性炎症，在炎性浸出物中有童虫，在黏膜下层也可发现。胆汁呈淡黄色而且稀薄，往往含有童虫。肝脏有淤血，脾脏坚实而干燥，脾髓不明显。心脏扩张，心肌松软，有时心内膜有出血点。

(七)诊断

急性案例主要根据症状，有时于下痢便中检出前后盘吸虫的幼小虫体。剖检时于前胃中检出前后盘吸虫，或在十二指肠等处检出其幼小的虫体及出现相应的病理变化即可诊断。粪便中检出虫卵一般已到慢性期。粪便检查可用水洗沉淀法或尼龙筛兜集卵法。镜检虫卵时应注意和肝片吸虫卵相区别，前后盘吸虫卵为淡灰色，虫卵的一端细胞多而拥挤，而另一端细胞较稀而留有空隙，虫卵的一端两侧不对称且变尖。因前后盘吸虫广泛流行，感染率高，一般来说粪便中检出的虫卵不多，又无症状时可视为带虫现象。

(八)防治

1.治疗

可用硫双二氯酚(Bithionol)，牛剂量为 40～50 mg/kg 体重，羊 80～100 mg/kg 体重，一次口服。对寄生于瘤胃壁上的前后盘吸虫的童虫约有 87%的驱虫率，对成虫有 100%的效果。也可用氯硝柳胺(Niclosamide)，牛剂量为 50～60 mg/kg 体重，羊为 70～80 mg/kg 体重，一次口服。

2.预防

前后盘吸虫病的预防应根据当地情况来进行。主要措施为改良土壤，使沼泽地区干燥；禁止在低洼地、沼泽地放牧家畜；利用化学药物或水禽扑灭淡水螺；在舍饲期内进行预防性驱虫。

三、双腔吸虫病

【案例】 该病在全国各地均有发生，尤其是西北及东北地区放牧动物最为常见。虫体可寄生于绵羊、山羊、牛、鹿、骆驼、猪、马属动物、犬、兔、猴等，也偶见于人，但该病主要危害反刍兽。轻度感染的羊通常无明显症状；严重感染时，则表现为可视黏膜黄染，颌下水肿，消化紊乱，下痢并逐渐消瘦，甚至可因极度衰竭而死亡。

【问题】 哪些因素影响该病的流行？如何进行诊断、治疗和预防？

双腔吸虫病(Dicrocoeliasis)是由双腔科(Dicrocoeliidae)双腔属(*Dicrocoelium*)的矛形双腔吸虫(*Dicrocoelium lanceatum*)、东方双腔吸虫(*D. orientalis*)或中华双腔吸虫(*D. chinensis*)寄生于反刍动物牛、羊、骆驼和鹿的肝脏胆管和胆囊内引起的疾病。也可感染马属动物、犬、兔、猴等，偶而也见于人体。该病分布广泛，在我国的北方及西南地区较常见，能引起胆管炎、肝硬变，并导致代谢障碍和营养不良，危害严重。

(一)病原形态

常见的虫种有矛形双腔吸虫和中华双腔吸虫(图 8-15)。

1.矛形双腔吸虫　虫体狭长呈矛形，棕红色，大小为(6.67～8.34)mm×(1.61～2.14)mm，体表光滑。口吸盘后紧随有咽，下接食道和两支简单的肠管。腹吸盘大于口吸盘，位于体前端 1/5 处。睾丸 2 枚，圆形或边缘具缺刻，前后排列或斜列于腹吸盘的后方。雄茎囊位于肠分叉与腹吸盘之间，内含有扭曲的贮精囊、前列腺和雄茎。生殖孔开口于肠分叉处。卵巢圆形，位于后睾之后。具有受精囊和劳氏管。卵黄腺位于体中部两侧。子宫弯曲，充满虫体的后半部，内含大量虫卵。

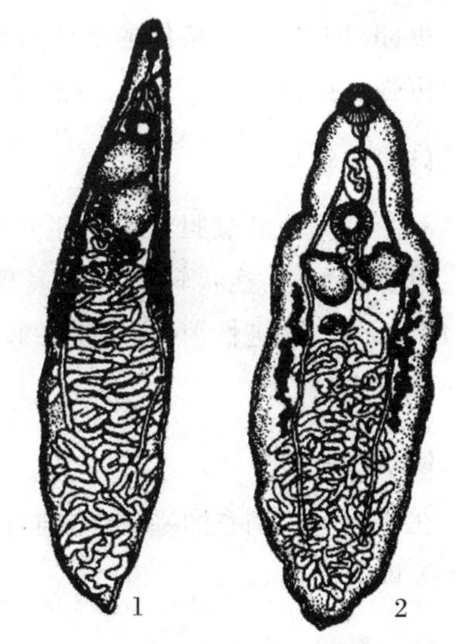

图 8-15　双腔吸虫成虫(引自汪明，2003)
1.矛形双腔吸虫　2.中华双腔吸虫

虫卵为卵圆形，褐色，具卵盖，大小为(34～44)μm×(29～33)μm，内含毛蚴。

2.中华双腔吸虫　虫体较宽扁，其前方体部呈头锥形，后两侧作肩样突；大小为(3.54～8.95)mm×(2.03～3.09)mm。睾丸 2 枚，呈圆形，边缘不整齐或稍分叶，左右并列于腹吸盘之后；卵巢位于一睾丸之后，略靠体中线。虫卵大小为(45～51)μm×(30～33)μm。

(二)生活史

双腔吸虫在其发育过程中，需要两个中间宿主；第一中间宿主为陆地螺(蜗牛)，第二中间宿主为蚂蚁。在我国报道的中间宿主种类有所不同。

虫卵随终末宿主粪便排至体外，被第一中间宿主蜗牛吞食后，在其体内孵出毛蚴，进而发育为母胞蚴、子胞蚴和尾蚴。在蜗牛体内的发育期为 82～150 d。矛形双腔吸虫的成熟子胞蚴体较小，内含尾蚴数少；中华双腔吸虫的成熟子胞蚴体大，内含尾蚴数也较多。尾蚴从子胞蚴的产孔逸出后，移行至螺的呼吸腔，在此，每数十个至数百个尾蚴集中在一起形成尾蚴群囊，外被黏性物质成为黏球，从螺的呼吸腔排出，粘在植物或其他物体上。当含尾蚴的黏性球被第二中间宿主蚂蚁吞食后，尾蚴在其体内形成囊蚴。牛、羊等吃草时吞食了含囊蚴的蚂蚁而感染。囊蚴在终末宿主的肠内脱囊，由十二指肠经总胆管到达肝脏胆管内寄生。从终末宿主吞食囊蚴到发育为成虫约需 72～85 d，成虫在宿主体内可存活 6 年以上。

（三）流行病学

本病的分布几乎遍及世界各地，多呈地方性流行。在我国主要分布于东北、华北、西北和西南各省，尤其以西北各地较为严重。宿主动物极其广泛，现已记录的哺乳动物达 70 余种，除牛、羊、骆驼、鹿、马和兔等外，许多野生的偶蹄类动物均可感染。在温暖潮湿的南方地区，第一、二中间宿主蜗牛和蚂蚁可全年活动，因此，动物几乎全年都可感染；而在寒冷干燥的北方地区，中间宿主要冬眠，动物的感染明显具有春秋两季特点，但动物发病多在冬春季节。动物随年龄的增加，其感染率和感染强度也逐渐增加，感染的虫体数可达数千条，甚至上万条，这说明动物获得性免疫力较差。

虫卵对外界环境条件的抵抗力较强，在土壤和粪便中可存活数月，仍具感染性。对低温的抵抗力更强。虫卵和在第一、二中间宿主体内的各期幼虫均可越冬，且不丧失感染性。

（四）症状与病变

双腔吸虫在肝脏胆管内寄生可引起胆管卡他性炎症，胆管壁增生、肥厚，肝肿大，肝被膜肥厚。但多数牛、羊症状轻微或不表现症状。一般表现为慢性消耗性疾病的临床特征，如精神沉郁、食欲不振、渐进性消瘦、可视黏膜黄染、贫血、颌下水肿、腹泻、行动迟缓、喜卧等。严重的病例可导致死亡。

（五）诊断

在流行病学调查的基础上，结合临床症状进行粪便虫卵检查、死后剖检，在胆管中发现大量虫体等即可确诊。

（六）防治

1.治疗

双腔吸虫病的治疗药物如下：

（1）海涛林（Hetolinum，三氯苯丙酰嗪）。羊剂量为 40～50 mg/kg 体重，牛 30～40 mg/kg 体重，配成 2%的悬浊液，经口灌服有特效。

（2）六氯对二甲苯（Hexachloroparaxylene，血防 846）。牛、羊剂量均为 200～300 mg/kg 体重，一次口服，驱虫率可达 90%以上，连用 2 次，疗效可达 100%。

（3）吡喹酮（Praziquantel）。羊剂量为 60～70 mg/kg 体重，牛 35～45 mg/kg 体重，一次口服。

(4)阿苯达唑。羊剂量为 30～40 mg/kg 体重，牛 10～15 mg/kg 体重，一次口服，疗效甚好。或用其油剂腹腔注射，疗效可达 96%～100%。

2.预防

预防比较困难，可采取定期驱虫。最好在每年的秋后和冬季驱虫，以防虫卵污染草原；在同一牧地上放牧的所有患畜都要同时驱虫，坚持 2～3 年后可达到净化草场的目的。还应采取其他措施，如改良牧地，除去杂草、灌木丛等，以消灭其中间宿主——陆地螺；也可人工捕捉或在草地养鸡灭螺。

四、阔盘吸虫病

【案例】 在我国东北、西北地区流行颇严重，长江流域、西南各省和广东、福建等省均有发生；除反刍兽外，猪和人也有被寄生的报道。放牧病畜消瘦，消化障碍，贫血，水肿，下痢，粪便带有黏液。剖检可见胰脏肿大，表面不平，颜色不匀，有小出血点；胰管增粗，管腔黏膜上有乳头状小结节并有点状出血，内含大量虫体。

【问题】 该病可能是何种寄生虫病？哪些因素影响该病的流行？如何进行诊断及防治？

阔盘吸虫病(Eurytrematosis)是由双腔科阔盘属(*Eurytrema*)的多种吸虫寄生于牛、羊等反刍兽的胰管，少见于胆管及十二指肠引起的疾病。人也可感染。主要分布于亚洲、欧洲及南美洲。在我国各地均有报道，但以东北、西北牧区流行较广，危害较大。本病以营养障碍、腹泻、消瘦、水肿和贫血为特征，严重的可引起大批死亡。

(一)病原形态

阔盘吸虫为小型吸虫。在我国主要有胰阔盘吸虫、腔阔盘吸虫、支睾阔盘吸虫三种(图 8-16)，其中以胰阔盘吸虫较为多见，分布最广。

1.腔阔盘吸虫　虫体呈短椭圆形，体后端具一明显的尾突。虫体大小为(7.48～8.05)mm×(2.73～4.76)mm。2 枚睾丸呈圆形或边缘有缺刻；卵巢大多数边缘完整，圆形，少数有缺刻或分叶。虫卵大小为(34～47)μm×(26～36)μm。

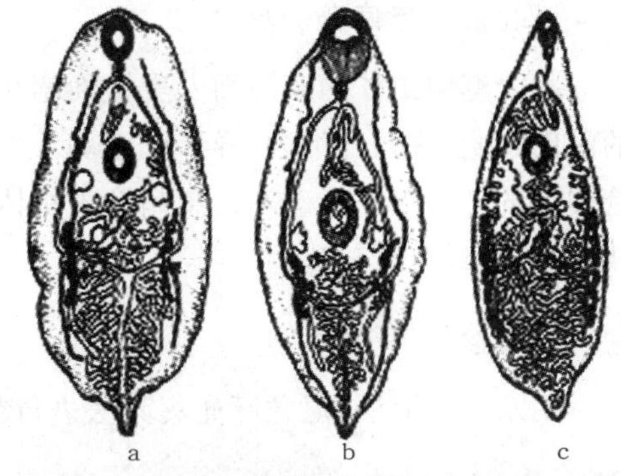

图 8-16　阔盘吸虫的成虫(引自唐仲璋，1985)

a.腔阔盘吸虫　b.胰阔盘吸虫　c.支睾阔盘吸虫

2.胰阔盘吸虫　新鲜虫体呈棕红色，固定后为灰白色。虫体扁平，较厚，呈长卵圆形。体表有小刺，但到成虫时小刺常已脱落。体长(8.0～16)mm×(5.0～5.8)mm。吸盘发达，口吸盘较腹吸盘大。咽小，食道短。睾丸 2 枚，圆形或略分叶，左右排列在腹吸盘水平线的稍后方。生殖孔开口于肠管分叉处的后方。卵巢分叶 3～6 瓣，位于睾丸之后，虫体中线附近，受精囊呈圆形，在卵巢附近。子宫弯曲，在虫体的后半部,内充满棕色的虫卵。卵黄腺呈颗粒状,位于虫体中部两侧。

虫卵呈黄棕色或深褐色,椭圆形,两侧稍不对称,一端有卵盖,大小为(42～50)μm×(26～33)μm,内含一个椭圆形的毛蚴。毛蚴体前端有一锥刺,后方有两个圆形或椭圆形的排泄囊,内含许多颗粒。

3.支睾阔盘吸虫　虫体呈前端尖、后端钝的瓜子形,大小为(4.49～7.9)mm×(2.17～3.07)mm。腹吸盘大于口吸盘。卵巢分叶5～6瓣。睾丸大而分枝。虫卵大小为(45～52)μm×(30～34)μm。

(二)生活史

阔盘吸虫的发育需要两个中间宿主,第一中间宿主为陆地螺,第二中间宿主为草螽。成虫寄生于终末宿主的胰管等处,虫卵随牛、羊的粪便排出体外,被第一中间宿主蜗牛吞食后,在其体内孵出毛蚴,进而发育成母胞蚴、子胞蚴和尾蚴。在发育形成尾蚴的过程中,子胞蚴向蜗牛的气室内移行,并从蜗牛的气孔排出,附在草上,形成圆形的囊,内含尾蚴,即子胞蚴粘团。第二中间宿主草螽吞食从蜗牛体内排出的含有大量尾蚴的子胞蚴粘团后,子胞蚴在草螽体内经23～30 d的发育,尾蚴即从子胞蚴钻出发育成为囊蚴。牛、羊等在牧地上吞食了含有囊蚴的草螽而感染。阔盘吸虫的整个发育时间较长,从含毛蚴虫卵被蜗牛吞食至成熟的子胞蚴排出,约需5～6个月,在草螽体内尚需1个月。尾蚴从进入终末宿主胰管中至发育为成虫,约需3个月。因此,其整个发育过程共需9～16个月。

(三)流行病学

此病在我国分布很广,其流行与陆地螺和草螽等的分布密切相关。在我国东北的牛、羊感染率在60%～70%,江南水牛感染率也在60%～80%。各地报道牛、羊等家畜感染囊蚴的季节多在7～10月份,发病多在冬季。动物随年龄的增加,其感染率和感染强度也逐渐增加,在严重感染的牛体内寄生的虫体可达数百至数千条,甚至上万条。许多羊群因患本病而大批死亡;有的羊群因本病而使羊毛产量显著下降,质量也降低。

(四)症状与病变

胰管壁因虫体的刺激而发生慢性增生性炎症,引起管壁肥厚,甚至闭塞,有弥漫性或局限性的淋巴细胞、嗜酸性细胞、异形巨细胞及其他细胞的丛集,有时可见坏死性病灶。胰组织被由胰管伸出的结缔组织所破坏。患病动物机体消瘦、贫血、水肿、下痢、生长发育受阻。有的出现急性胰腺炎,最终可导致死亡。

(五)诊断

用水洗沉淀法,尼龙筛兜集卵法进行粪便检查,发现虫卵,即可确诊。

(六)防治

1.治疗

应用吡喹酮治疗阔盘吸虫效果较好。羊 60～70 mg/kg 体重，牛 35～45 mg/kg 体重，一次口服。腹腔注射剂量按 30～50 mg/kg 体重计算，注射剂可用液状石蜡(灭菌)以 1∶5 配合，植物油也可。注射时应严格按要求进行，防止注入肾脂肪囊或肝脏内，引起药物潴留或羊只出血死亡。

2.预防

应根据当地的情况采取综合措施。定期驱虫、消灭病原体；消灭中间宿主，切断其生活史；有条件的地方，实施划地轮牧，以净化草场；加强饲养管理，防止牛、羊等家畜感染等。如此坚持数年，就能控制本病的发生和流行。

第四节 家禽吸虫病

一、前殖吸虫病

【案例】 某养鸭户饲养 30 日龄的番鸭 800 羽，发现番鸭的鸭群中有少量雏鸭精神不振，行走掉队，陆续出现食欲减退，消瘦，羽毛蓬乱，排白色、水样稀粪，严重的泄殖腔突出，周围的羽毛沾满污物。病鸭步态不稳，两腿叉开，行走时呈鹅式步伐，严重的病鸭经 2～3 d 或 1 星期便死亡，一共死亡 78 羽。剖检病死鸭，发现输卵管部肿胀、黏膜增厚、充血、疏松，泄殖腔外突、充血，有黄色的渗出物，腹腔内有黄色呈絮状渗出物，并有粘连，在输卵管和腔上囊可看到密密麻麻排列或呈堆状的小虫体，最多的达 380 个。该虫体长约 35 mm，宽约 2 mm，虫体呈梨形或卵圆形，棕褐色，固定后呈灰白色，较透明，内部器官清晰可见。借助放大镜可以看到口吸盘呈椭圆形，位于虫体前端，腹吸盘大于口吸盘，位于虫体前 1/3 处。从病死鸭泄殖腔取 10 g 粪便，应用水洗沉淀法检查虫卵，在低倍镜下可以看到很小的虫卵。诊断为前殖吸虫病。

【问题】 病例中诊断为前殖吸虫病的依据有哪些？该病是如何感染的？从流行病学的角度，说明淡水螺在该病流行中的作用是什么？

前殖吸虫病(Prosthogonimiasis)是由前殖科(Prosthogonimidae)前殖属(*Prosthogonimus*)的多种吸虫寄生于鸡、鸭、鹅、野禽及其他鸟类的输卵管、泄殖腔、法氏囊及直肠引起的一种吸虫病。主要危害雌性禽类，患禽产软壳蛋或无壳蛋，严重的因继发腹膜炎而死亡。本病呈世界性分布，分布很广，在我国许多地区均有报道，但以华东、华南地区多见。

(一)病原形态

前殖吸虫较常见的有下列五种：卵圆前殖吸虫(*Prosthogonimus ovatus*)，透明前殖吸虫(*P. pellucidus*)，楔形前殖吸虫(*P. cuneatus*)，鲁氏前殖吸虫(*P. rudolphi*)，家鸭前殖吸虫(*P. anatinus*)。

1.卵圆前殖吸虫　虫体扁平，呈梨形，前端狭，后端钝圆。体表有小棘。大小(3～6)mm×(1～2)mm。口吸盘小，呈椭圆形，位于虫体前端，腹吸盘较大，位于虫体前1/3处。前咽不发达，咽小。食道长0.25～0.4 mm。盲肠末端终止于虫体后1/4处。睾丸2个，呈椭圆形，不分叶，位于虫体的后半部。卵巢位于腹吸盘的背面，分叶。卵黄腺位于虫体的两侧，前起于肠管分叉部的稍后方，向后接近睾丸后缘。子宫环越出肠管，其上行支分布于腹吸盘与肠叉之间，形成腹吸盘环。子宫颈与雄茎并列，生殖孔开口于口吸盘的左侧。虫卵大小为(22～24)μm×13 μm，棕褐色，壳薄，内含卵细胞。

2.透明前殖吸虫　虫体透明扁平，呈长梨形，大小为(5.86～9)mm×(2.5～4.2)mm。体棘在体前部较为密布。两吸盘大小略相等(图8-17)。口后连肌质咽。食道向后分出两肠支，沿体两侧达虫体后部。一对卵圆形的睾丸横列于虫体的中部。雄茎囊长，稍弯曲，位于腹吸盘前方，向前伸到虫体最前端，在口吸盘的左侧，开口于生殖孔。分叶状的卵巢位于睾丸前方，在虫体的中线上，受精囊在卵巢的后方，虫体的右侧。卵黄腺簇状，分布于体的两侧，从腹吸盘后缘至睾丸后缘或越过。体的后半部充满弯曲的子宫，并超出肠支的外侧。子宫后段从腹吸盘左边经过，伸向口吸盘左侧，开口与雄性孔紧靠在一起。排泄管“Y”字形，排泄孔开口虫体末端。虫卵棕褐色，呈椭圆形，壳薄，大小为(22～24)μm×13 μm，前端有卵盖，后端有一小突起。

图 8-17　前殖吸虫成虫(引自汪明，2003)
1.卵圆前殖吸虫　2.透明前殖吸虫

3.楔形前殖吸虫　虫体呈梨形，虫体大小为(2.89～7.14)mm×(1.7～3.71)mm。体表被小棘。口吸盘略小于腹吸盘。咽呈球状，盲肠末端伸达虫体后部1/5处。睾丸呈卵圆形。贮精囊越过肠叉。卵巢有3叶以上。卵黄腺自腹吸盘向后，伸达睾丸之后，每侧7～8簇。子宫越出盲肠之外。虫卵(22～28)μm×13 μm。

4.鲁氏前殖吸虫　虫体呈椭圆形，虫体大小为(1.35～5.75)mm×(1.2～3)mm。口吸盘小于腹吸盘。睾丸位于虫体中部的两侧，贮精囊伸过肠叉；卵巢分为5叶，位于腹吸盘之后。卵黄腺前端起自腹吸盘，后端越过睾丸，伸达肠管的末端。子宫分布于两盲肠之间。虫卵大小为(24～30)μm×(12～15)μm。

5.家鸭前殖吸虫　虫体呈梨形，大小为3.8 mm×2.3 mm。口吸盘与腹吸盘的比例为1∶1.5。盲肠的末端在虫体后1/4处。睾丸大小为0.27 mm×0.21 mm。贮精囊呈窦状，伸达肠叉与腹吸盘之间。卵巢小，有5叶，位于腹吸盘与睾丸之间。卵黄腺每侧有7簇。子宫环不越出肠管。虫卵大小为23 μm×13 μm。

(二)生活史

前殖吸虫的发育需要两个中间宿主，第一中间宿主为淡水螺，第二中间宿主为各种蜻蜓的成虫及其稚虫。虫卵随宿主粪便排出，落入水中，孵出的毛蚴被第一中间宿主淡水螺吞食后，在其体内发育为胞蚴和尾蚴，无雷蚴阶段。成熟的尾蚴逸出螺体游于水中，遇第二中间宿主蜻蜓的幼虫或稚虫，在其体内形成囊蚴。稚虫羽化为成虫后，体内的囊蚴仍具感染力。终末宿主禽类吞食含有囊蚴的蜻蜓或其幼虫后被感染。囊蚴进入家鸡消化道后，囊壁被家禽的消化液溶解，于是童虫脱囊而出，经肠进入泄殖腔，再转入输卵管或法氏囊，经1～2周发育为成虫(图8-18)。

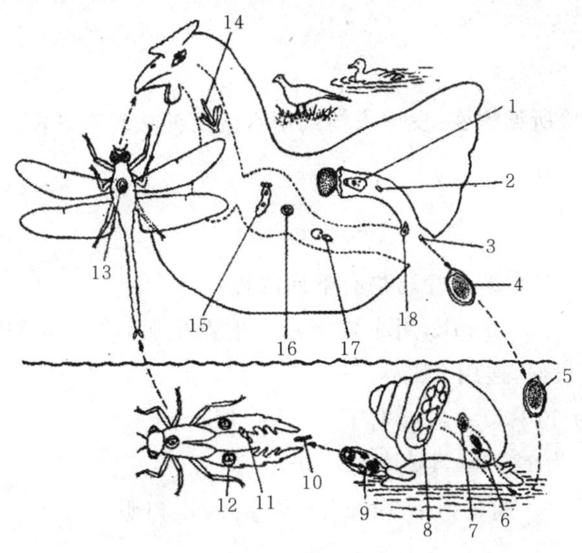

图8-18　前殖吸虫的生活史(引自孔繁瑶，1997)

1.寄生在输卵管的成虫　2.成熟虫卵　3.虫卵从泄殖腔排出　4.随粪便排出的虫卵　5.虫卵落于水中　6.第一中间宿主中毛蚴推卵盖而出　7.毛蚴钻入肠壁　8.子胞蚴内含尾蚴　9.尾蚴　10.尾蚴侵入蜻蜓稚虫内　11.尾蚴进入蜻蜓稚虫肠壁　12.体腔中的囊蚴　13.囊蚴留在蜻蜓内　14.终末宿主吞食含有囊蚴的蜻蜓　15.蜻蜓在肠道内被消化　16.终末宿主肠道内的囊蚴　17.童虫破囊而出　18.童虫移行至腔上囊发育为成虫

(三)流行病学

本病流行季节与蜻蜓出现的季节相一致。各种年龄的禽类均可感染，常呈地方性流行。江湖河流交错的地区，适宜于各种淡水螺的滋生和蜻蜓的繁殖，有利于本病的流行，我国多见于华东和华南地区。

(四)致病作用

前殖吸虫寄生于输卵管中，虫体本身的机械刺激以及代谢产物的作用，使局部黏膜充血、发炎或出血，并破坏腺体的正常功能，引起蛋白分泌增多，加剧了输卵管的炎症；严重时导致输卵管破裂，引起腹膜炎，腹腔内有大量渗出物，腹腔器官粘连。

(五)症状

前殖吸虫主要危害鸡，尤其是产蛋鸡，对鸭的致病性不明显。感染初期，鸡的食欲、产蛋正常，但蛋壳变软变薄，随之产蛋量下降，畸形蛋、软壳蛋、无壳蛋增加。病情继续发展，患鸡出现食欲减退、消瘦、精神不振、产蛋停止，有时从泄殖腔中排出石灰水样液体，并可见腹部膨大，肛门潮红突出。后期体温升高，渴欲增加，严重者可导致死亡。

(六)病变

主要病变是输卵管炎,黏膜增厚、充血,可在管壁上找到虫体。部分因炎症加剧造成输卵管破裂,并继发卵黄性腹膜炎,腹腔内含大量黄色浑浊液体。脏器被干酪样凝集物黏着在一起。浆膜呈现明显的充血和出血。

(七)诊断

根据临床症状和剖检所见病变,发现虫体或用水洗沉淀法检查粪便,发现虫卵即可确诊。

(八)防治

1. 治疗

目前比较常用而疗效较高的治疗药物有下列四种:

(1)四氯化碳。每只鸡 2～3 mL,用小胃管和注射器投服,也可与等量植物油混合后嗉囊注射,或用 4 mL 混入面团投服,连用 3 d。

(2)吡喹酮。剂量为 30～50 mg/kg 体重,一次口服。

(3)阿苯达唑。剂量为 120 mg/kg 体重,一次口服。

(4)硫双二氯酚(别丁)。剂量为 100 mg/kg 体重,一次口服。

2.预防

根据前殖吸虫的生活史和本病的流行病学特点,采取综合性的防治措施。

(1)定期驱虫。在流行地区根据发病季节进行有计划的驱虫。

(2)消灭第一中间宿主——淡水螺。对主要滋生地如沼泽和低洼地区用硫酸铜、氯硝柳胺等进行灭螺,但鱼塘应禁用氯硝柳胺。

(3)加强饲养管理。防止鸡群啄食蜻蜓及其幼虫;在蜻蜓出现的季节,禁止鸡群在清晨、傍晚以及雨后到池塘边采食。

二、棘口吸虫病

【案例】 某养殖户从原种鹅场购进 200 只鹅,饲养至 3 月龄时,鹅群开始发病,部分鹅出现腹泻、贫血等症状。陆续有 9 只鹅死亡,发病 12 d 后,该养殖户携 2 只死鹅和 3 只病鹅就诊。流行病学调查得知,该养鹅场临近河边,主要在河岸边放牧饲养。当年雨量偏多,河水偏多,各种淡水螺也多。

【问题】 该病是如何感染的?从流行病学的角度,说明淡水螺在该病流行中的作用?如何进行诊断及防治?

棘口吸虫病(Echinostomiasis)是由棘口科(Echinostomatidae)的棘口属(*Echinostoma*)、棘缘属(*Echinoparyphium*)和低颈属(*Hypoderaeum*)的各种吸虫寄生于鸡肠道中引起的吸虫病。鸭、鹅也感染,其他鸟类和猪、兔、猫和人也可感染。本病对幼龄动物危害较大。棘口科吸虫种类繁多，全世界已报道的有600多种。寄生于家禽体内的主要有卷棘口吸虫(*Echinostoma revolutum*)、宫川棘口吸虫(*E. miyagawai*)、接睾棘口吸虫(*E. paraulum*)、曲领棘缘吸虫(*Echinoparyphium recurvatum*)、似锥低颈吸虫(*H. conoideum*)等。

(一)病原形态

1.卷棘口吸虫　新鲜虫体呈淡红色、长叶状，体表具有小棘，大小为(7.6～12.6)mm×(1.26～1.6)mm。虫体前端有口领，具有头棘37枚。口吸盘小于腹吸盘。两睾丸呈椭圆形，边缘光滑，前后排列于虫体的后半部；雄茎囊位于肠管分叉处，生殖孔开口在腹吸盘的前方；卵巢位于虫体的中部；子宫甚长，内含较多虫卵；卵黄腺成颗粒状分布在两肠管的外侧，前缘自腹吸盘后方开始，延伸至体末端，两侧卵黄腺中央不汇合(图8-19)。虫卵呈椭圆形，淡黄色，大小为(114～126)μm×(64～72)μm，前端有卵盖，内含一卵细胞。

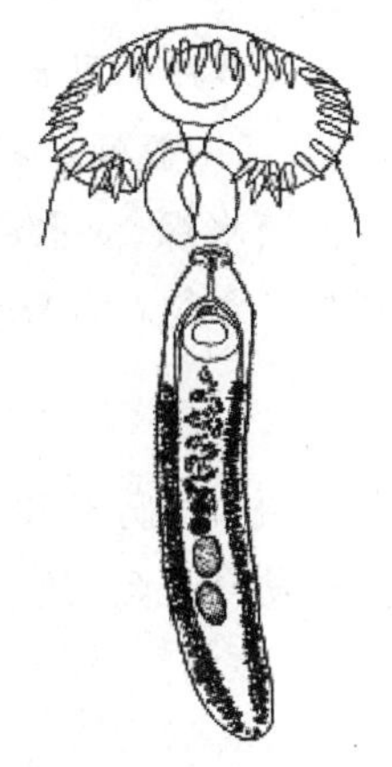
图8-19　卷棘口吸虫成虫与头冠放大
(引自孔繁瑶，1997)

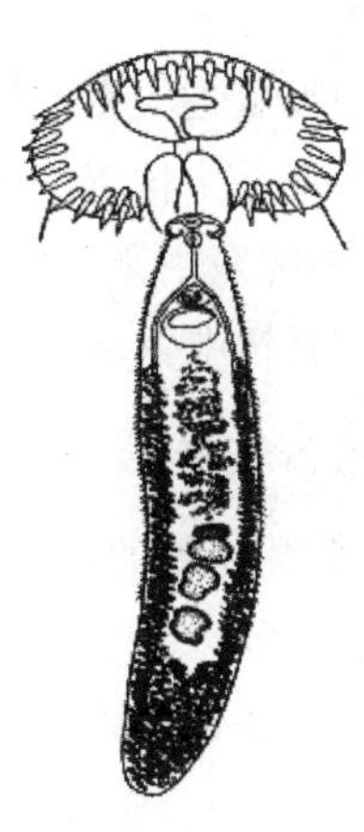
图8-20　宫川棘口吸虫成虫与头冠放大
(引自孔繁瑶，1997)

2.宫川棘口吸虫　形态与卷棘口吸虫相似，其主要区别在于睾丸分叶，卵黄腺位于后睾丸后方向体中线扩展汇合(图8-20)。

3.接睾棘口吸虫　虫体长叶状，大小为(5.5～7.5)mm×(1.86～1.92)mm。头领具有头棘37枚，两睾丸位于虫体中后部，中间凹陷呈“工”字形，前后相接排列。卵巢位于睾丸前，卵黄腺自腹吸盘后方开始，沿体侧分布至体末端，两侧卵黄腺中央不汇合。

4.曲领棘缘吸虫　虫体小，长叶状，淡黄色，大小为(2.5～5.0)mm×(0.4～0.7)mm。头领发达，有头棘45枚。睾丸长圆形，或稍分叶，前后相接排列。卵巢呈球形，位于体中央。卵黄腺在后睾丸后方中央汇合。子宫短，内含少数虫卵。

5.似锥低颈吸虫　虫体肥厚，头端钝圆，腹吸盘处最宽，腹吸盘向后逐渐狭小，形似圆锥状，大小为(7.37～11)mm×(1.1～1.58)mm。头领呈肾形，有头棘49枚。腹吸盘比口吸盘大约5倍。睾丸腊肠状，前后排列。卵巢圆形，位于睾丸前。卵黄腺始于腹吸盘后方，沿体两侧在肠管外侧向后直到体末端，不相互汇合。子宫发达，内含大量虫卵。

(二)生活史

棘口吸虫的发育一般需要两个中间宿主，第一中间宿主为椎实螺、扁卷螺；第二中间宿主有淡水螺类、蛙类、淡水鱼。

虫卵随终末宿主粪便排至外界，落于水中的虫卵在 31～32 ℃的适宜温度下，只需 7～10 d 即孵出毛蚴。毛蚴在水中游动，遇到第一中间宿主淡水螺时，即侵入其体内，在 30 ℃下，经 4 d 形成胞蚴。然后继续发育成母雷蚴、子雷蚴及尾蚴。尾蚴成熟后离开螺体，游到水中，如遇第二中间宿主，即侵入其体内，尾部脱落而形成囊蚴。但也有成熟尾蚴不离开螺体，直接形成囊蚴。终末宿主吞食含有囊蚴的螺蛳、蝌蚪、蚬等而受到感染。囊蚴进入动物的消化道后，囊壁被消化液溶解，童虫脱囊而出，吸附在终末宿主的肠壁，感染后 16～22 d 即发育为成虫。

(三)流行病学

棘口科的多种吸虫是人畜共患寄生虫，除寄生于家禽和鸟类外，多种哺乳动物如猪、犬以及人等都可以遭受感染。虫体寄生于肠道内，我国南方各省普遍发生。一般棘口科吸虫都需要两个中间宿主，第一中间宿主是椎实螺、扁卷螺，第二中间宿主是多种淡水螺、淡水鱼或蛙类。当浮萍或水草等作为饲料饲喂家禽时，含有囊蚴的螺等第二中间宿主被家禽食入而遭受感染。

(四)致病作用和病变

由于吸盘、头棘及体棘的刺激，家禽肠黏膜被破坏，易引起肠道出血、肠炎和下痢，对幼畜危害尤其严重。虫体吸收大量营养物质，会导致宿主食欲减退、消瘦、发育受阻，甚至因极度衰竭而死亡。虫体释放的一些代谢物质会对宿主产生毒素作用。

(五)症状

棘口吸虫在家禽体内少量寄生时症状不明显，严重感染时可引起食欲不振，消化机能障碍，下痢，粪便中混有黏液。患禽贫血，消瘦，生长发育受阻，严重者因极度衰弱死亡。

(六)诊断

粪便用直接涂片法或沉淀法检查其中是否有虫卵。再结合临床症状和病理剖检，发现直肠和盲肠黏膜上有大量虫体即可确诊。

(七)防治

1. 治疗

目前比较常用且疗效较高的治疗药物有下列四种：

(1)硫双二氯酚(别丁)。鸡剂量为 100～200 mg/kg 体重，一次内服。

(2)氯硝柳胺(灭绦灵)。剂量为 50～60 mg/kg 体重，一次内服。

(3)阿苯达唑。剂量为 15 mg/kg 体重，一次内服。

(4)吡喹酮。剂量为 10 mg/kg 体重，一次内服。

2.预防

在流行区域进行定期驱虫，减少病原扩散；对禽类粪便进行堆积发酵，杀灭虫卵；勿将生鱼、螺类、贝类或蝌蚪等饲喂家禽，以防感染；在本病的流行地区，应做好消灭中间宿主淡水螺的工作，可用药物消灭或改良土壤。

三、背孔吸虫病

【案例】 某鸭场从某鸭孵化坊购回北京鸭 1550 只，饲养到 16 日龄，发现有数只雏鸭精神沉郁、减食、下痢和脚软，并死亡鸭 4 只，以后逐日增加到 25～30 只。饲养者连日使用多丙环素、敌菌净、阿莫西林等药物治疗，均未见效。至 7 月 12 日共死亡 273 只，死亡率为 17.6%。

【问题】 背孔吸虫病是如何感染的？有哪些临床表现？从流行病学的角度，说明淡水螺类在该病流行中的作用？该病如何进行诊断及防治？

背孔吸虫病(Notocotyliasis)是由背孔科(Notocotylidae)背孔属(*Notocotylus*)的吸虫寄生于鸭、鹅、鸡等禽类盲肠和直肠内引起的寄生虫病。虫体种类很多，常见的为细背孔吸虫(*Notocotylus attenuatus*)，细背孔吸虫对鸭、鹅，尤其是雏鸭、雏鹅危害性较大，大量感染时常引起致病，甚至死亡。

(一)病原形态

细背孔吸虫呈淡红色，体细长，前端稍尖，两端钝圆，大小为(2～5)mm×(0.65～1.4)mm。口吸盘位于体前端，无腹吸盘。腹面有 3 行腹腺，腹腺呈圆形或椭圆形，中行有 14～15 个，两侧行各有 14～17 个。睾丸分叶，左右排列在虫体的后端；卵巢分叶，在两睾丸之间；梅氏腺位于卵巢前方。子宫左右回旋弯曲，位于虫体后半部；生殖孔开口在肠分支的下方。卵黄腺呈颗粒状，位于虫体后半部的两侧(图 8-21)。虫卵小，呈长椭圆形，淡黄到深褐色，大小为(18～21)μm×(1.0～1.2)μm，两端各有 1 条卵丝，长约0.26 mm。

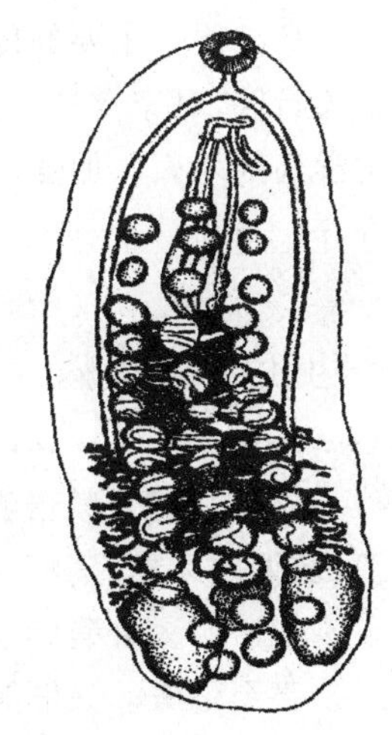

图 8-21　细背孔吸虫成虫
(引自汪明，2003)

(二)生活史

细背孔吸虫的发育需要一个中间宿主，为淡水螺类(萝卜螺、圆扁螺/扁卷螺、椎实螺等)。成虫在宿主肠腔内产虫卵，随粪便排到外界。在适宜的条件下，经 3～4 d 孵出毛蚴。遇到中间宿主后，毛蚴钻入其体内，发育为胞蚴、雷蚴和尾蚴。成熟尾蚴在同一螺体内形成囊蚴，或离开螺体附着于水生植物上形成囊蚴。禽类因啄食了含有囊蚴的螺蛳或水生植物而感染。童虫附着在盲肠或直肠壁上，约经 3 周发育为成虫。

(三)流行病学

背孔吸虫病是地方性流行病，主要发生于圆扁螺等淡水螺大量生长的地区。本病分布于欧洲、亚洲等国家，我国各省市均有分布。

(四)致病与症状

背孔吸虫引起寄生部位肠黏膜损伤、出血和炎症，呈卡他性肠炎。虫体大量感染时可见盲肠黏膜糜烂、严重出血，盲肠和直肠黏膜上有虫体。虫体分泌的毒素使患禽贫血，导致患禽生长发育迟缓。

患病雏禽精神沉郁，食欲减退，下痢，稀便中常带粉红色黏液，渐进性消瘦和贫血，运动失调，生长发育受阻，严重感染时常导致死亡。

(五)诊断

根据临床症状和流行病学资料的分析，对患禽作粪便检查，用反复水洗沉淀法查出虫卵，或者死后可对病禽或禽尸作病理剖检诊断，在其体内发现背孔吸虫即可确诊。

(六)防治

1. 治疗

治疗药物有下列两种：

(1)硫双二氯酚。剂量为 150～200 mg/kg 体重，一次口服，鸭对此药敏感，应慎用。

(2)阿苯达唑。剂量为 10 mg/kg 体重，一次口服。

2.预防

家禽粪便是主要的传播来源，粪便应堆积发酵杀灭虫卵，经生物热处理后再作肥料。在背孔吸虫流行区，对家禽进行有计划的驱虫。消灭中间宿主圆扁螺，可采用开沟排水，改良土壤或是用化学药剂杀灭。加强饲养管理，选择尽可能远离河流和沼泽地的地方饲养家禽，或采取封闭方式饲养。

四、后睾吸虫病

【案例】 某蛋鸭养殖户放养的蛋鸭出现产蛋量降低，精神不振、食欲减退、羽毛粗乱、两腿无力、消瘦、贫血、下痢、粪便呈水样；有的因衰竭而死亡。对病死鸭的解剖发现肝脏肿大并有脂肪变性及坏死性结节，胆管增生变粗，胆囊肿大、囊壁增厚、胆汁变质甚至消失。在肝胆管中有虫体寄生。

【问题】 该病是如何感染的？如何进行该病的诊断及防治？

后睾吸虫病(Opisthorchosis)是由后睾科对体属(*Amphimerus*)、次睾属(*Metorchis*)和后睾属(*Opisthorchis*)的吸虫寄生于鸭、鸡、鹅等禽类的胆管和胆囊内引起的疾病。一月龄以上的雏鸭感染率最高。

(一)病原形态

1. 鸭后睾吸虫(*Opisthorchis anatinus*) 寄生于鹅、鸭等水禽肝胆管内。虫体较长，两端较细，大小为(7～23)mm×(1～1.5)mm。口吸盘大于腹吸盘。体表平滑，缺雄茎囊。卵巢分为很多小

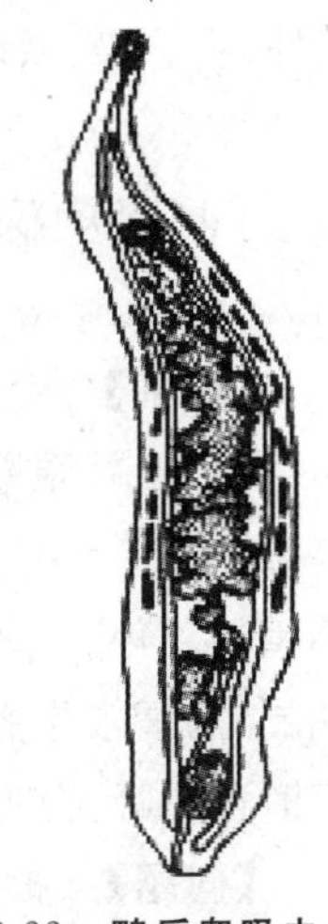
图 8-22　鸭后睾吸虫成虫
（引自李国清，2006）

叶，受精囊小，子宫发达（图 8-22）。虫卵大小为(28～29)μm×(26～18)μm。

2.鸭对体吸虫(*Amphimerus anatis*) 寄生于鸭胆管内。虫体窄长，后端尖细，背腹扁平，大小为(14～24)mm×(0.88～1.12)mm，口吸盘大于腹吸盘。两个睾丸前后排列于虫体后部。卵巢分叶，位于睾丸之前。生殖孔在腹吸盘前缘。虫卵呈卵圆形，一端有卵盖，另一端有个小突起，大小为 26 μm×16 μm。

3.台湾次睾吸虫(*Metorchis taiwanensis*) 寄生于鸭胆管和胆囊内。虫体细小狭长，前端有小刺。大小为(2.3～3.0)mm×(0.35～0.48)mm。口吸盘与腹吸盘大小相近。卵巢呈圆形或椭圆形；受精囊发达。虫卵呈椭圆形。其他与鸭对体吸虫相似。

4.东方次睾吸虫(*M. orientalis*) 寄生于鸭、鸡、野鸭胆管和胆囊内。虫体呈叶状，体表有小刺。大小为(2.35～4.64)mm×(0.53～1.2)mm。睾丸大而分叶；卵巢呈卵圆形。虫卵大小为(29～32)μm×(15～17)μm。

(二)生活史

后睾吸虫的发育需要两个中间宿主，第一中间宿主为纹沼螺，第二中间宿主为麦穗鱼及爬虎鱼。成虫在胆管和胆囊内产卵，卵随胆汁进入肠腔随粪便排出，落入水中，孵出毛蚴；毛蚴钻入第一中间宿主纹沼螺体内，发育为胞蚴、雷蚴和尾蚴；成熟尾蚴离开螺体，进入第二中间宿主麦穗鱼及爬虎鱼体内，在其肌肉或皮层内形成囊蚴；鸭、鹅等食入含囊蚴的鱼而感染。其他食鱼水禽和鸟类也可感染。

(三)致病与症状

东方次睾吸虫和台湾次睾吸虫引起鸭胆囊肿大，囊壁增厚，胆汁变质或消失。被鸭对体吸虫寄生的鸭肝，表现为不同程度的炎症和坏死，常呈橙黄色，有花斑，胆管被堵塞，胆汁分泌受影响，肝功能破坏；表现为贫血、消瘦等全身症状，严重感染时死亡率很高。后睾吸虫的致病作用与鸭对体吸虫相似。

(四)诊断

剖检病禽或做粪便检查。粪检方法以饱和盐水浮卵法或饱和硫酸镁离心浮卵法较佳。或死后剖检，在胆管、胆囊内查到虫体即可确诊。

(五)防治

1. 治疗

(1)阿苯达唑。剂量为 10～20 mg/kg 体重，一次口服。

(2)硫双二氯酚。剂量为 20～30 mg/kg 体重，一次口服。

2.预防

禽粪堆积发酵，杀灭虫卵，以免环境污染；消灭螺蛳，切断传播途径；流行区家禽避免到水边放养，以防止感染；及时治疗患禽，防止病原散播。

五、环肠吸虫病

【案例】 金华市金东区曹宅镇某养鸭户存栏蛋鸭500羽，以周边水田、池塘放养为主，早晚补喂颗粒料。鸭瘟、禽流感等正常免疫，原本鸭群健康状况良好，处于产蛋高峰。近1个月连续死亡137羽，采用抗菌、抗病毒药物治疗，未见疗效，临诊可见病鸭精神沉郁，不愿走动，喜卧，强行驱赶时行动缓慢、无力，初期轻度咳嗽、气喘，并逐日加剧；病情较重者呼吸困难，伸颈张口呼吸，并闻及呼哧声。鼻腔有较多的黏液流出，有时可见喙部肿胀，最后窒息而死。

【问题】 根据临床表现，该病最有可能为何病？该病如何感染？如何进行诊断、治疗和预防？

环肠吸虫病是由环肠科（Cyclocoelidae）嗜气管属（*Tracheophilus*）的舟形嗜气管吸虫（*Tracheophilus cymbius*）寄生于家鸭及野鸭的气管、支气管，也偶见于鼻腔引起的疾病。在我国的许多省、市均有报道。

（一）病原形态

虫体扁平、椭圆形，两端钝圆，活虫体呈暗红色或粉红色，大小为(6.0～11.5)mm×(2.5～4.5)mm。缺少口吸盘、腹吸盘，口孔位于体前端，咽圆球形，食道短，两根肠管在体后合并成“肠弧”，肠管内侧有许多盲突。虫卵呈卵圆形，具卵盖，大小为122 μm×63 μm，内含毛蚴。

（二）生活史

舟形嗜气管吸虫的发育需要一个中间宿主淡水螺。虫卵由鸭的呼吸道进入口腔，吞下后入肠道，随粪便排出体外。毛蚴于水中孵出，并钻入扁卷螺和椎实螺体内发育至尾蚴，无胞蚴阶段。尾蚴在螺体内形成囊蚴，家鸭取食含囊蚴的螺类而感染。童虫经血液循环而入肺，再由肺转入气管，发育为成虫。

（三）致病与症状

虫体阻塞禽类气管，引起禽类咳嗽、气喘。患禽因窒息而死亡。

（四）诊断

气管分泌物中检出虫体可确诊。

（五）防治

可试用丙硫咪唑和吡喹酮进行治疗。注意灭螺，勿在水边放养，以防感染。

第五节 犬、猫吸虫病

一、后睾吸虫病

【案例】 某2岁阿富汗猎犬精神萎靡，食欲下降，逐渐消瘦，一周后送诊。主诉有腹泻，粪便带血，表现为黄疸，1月前有随主人湖边垂钓，喂食生鱼经历。血常规检查表现为贫血，嗜酸性粒细胞比例上升，X射线检查发现肝硬化。按照20 mg/kg体重剂量喂服吡喹酮后，症状明显减轻。

【问题】 从流行病学的角度，该病可能是什么病？为确诊该病还需要做那些诊断？如何有效地防止该类疾病的发生？

后睾吸虫病是由后睾科后睾属的猫后睾吸虫（*Opisthorchis felineus*）寄生于犬、猫、狐等动物的肝胆管中引起的疾病。多呈地方性流行，对犬、猫危害较大。

（一）病原形态

成虫为（7～12）mm×（2～3）mm，前端狭小，后端钝圆。体表光滑，与华支睾吸虫相似。睾丸2枚，分叶，前后斜列于虫体后1/4处。睾丸之前是卵巢及较发达的受精囊。子宫位于肠支之内，卵黄腺位于肠支之外，均分布在虫体中1/3处。排泄管在睾丸之间，呈“S”状弯曲（图8-23）。虫卵呈卵圆形，淡黄色，大小为（26～30）μm×（10～15）μm，一端有卵盖，另一端有小突起，内含毛蚴。

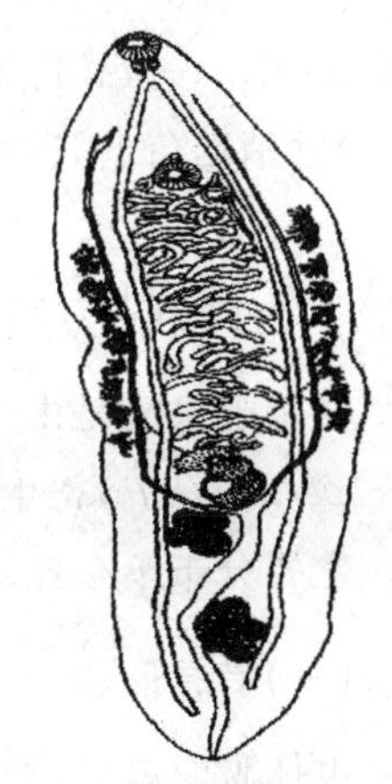

图8-23 猫后睾吸虫成虫
（引自孔繁瑶，1997）

（二）生活史

猫后睾吸虫的成虫寄生于犬、猫的胆管中，排出的虫卵随胆汁进入小肠，经粪便排出体外。虫卵被中间宿主——李氏豆螺（*Bithynia leachi*）吞食后，在其肠内孵出毛蚴。毛蚴穿过肠壁进入体腔，约经1个月发育成尾蚴并逸出，在水中游动；如遇第二中间宿主——鱼类，即钻入其体内，在皮下脂肪及肌肉等处形成囊蚴。囊蚴约经6周发育成熟，被终末宿主犬、猫吞食后，经胃肠液的作用，童虫逸出，经胆管进入肝内，3～4周后发育为成虫。从虫卵至成虫的整个过程约需4个月。

（三）流行病学

猫后睾吸虫的终末宿主非常广泛，除犬、猫外，人、狐、獾、貂、水獭、海豹、狮和猪等均可感染，成为保虫宿主。虫卵在水中存活时间较长，平均温度为19 ℃时可存活70 d以上。第一中间宿主淡水螺的分布较广泛，几乎各种池塘均可发现。作为第二中间宿主的淡水鱼有20余种。因此，本病流行广泛。有的地区猫的感染率可高达100%，犬的感染率为90%。

(四)致病与症状

轻度感染时不表现临诊症状。重度感染时,胆管内有大量虫体。胆管受到虫体和虫卵等的刺激发生肿胀,胆汁排泄出现障碍,继而表现黄疸。患病动物食欲下降,被毛逆立,有时呕吐、便秘或腹泻,逐渐消瘦。进一步可发展为肝硬化,患猫或犬腹部由于出现腹水而明显增大。剖检可见肝表面有很多不同形状和大小的结节。

(五)诊断

生前诊断可采取粪便进行虫卵检查,水洗沉淀法和硫酸锌漂浮法都可采用。死后诊断主要是剖检,在肝胆管内找到虫体即可确诊。

(六)防治

1. 治疗

(1) 吡喹酮。为首选药,剂量为 10～35 mg/kg 体重,首次口服后隔 5～7 d 再第二次服。

(2)丙硫咪唑。剂量为 25～50 mg/kg 体重,口服,每天 1 次,连服 2～3 d。

2. 预防

给犬、猫的鱼类应煮熟或经冷冻处理,使之无害化。据报道,10～16g 小鱼中的囊蚴经－12～－8 ℃冷冻 4～14 d 后可被杀死;大鱼体内的囊蚴需经 17～20 d 才能杀死。每年冬季清理塘泥一次,经常消毒鱼塘,这对灭螺和杀死尾蚴有一定效果。

二、并殖吸虫病

并殖吸虫病是由并殖科(Paragonimidae)并殖属(*Paragonimus*)的卫氏并殖吸虫(*Paragonimus westermani*)寄生于犬、猫等多种动物及人的肺组织内引起的一种重要的人畜共患寄生虫病。主要分布于东亚及东南亚诸国。在我国则主要以东北、华北、华南、西南等地为主。

(一)病原形态

虫体腹面扁平,背面隆起,红褐色,很像半粒赤豆。体表具有小棘,口吸盘、腹吸盘大小略同。腹吸盘位于体中横线之前,而盲肠支弯曲终于虫体末端。睾丸分枝状,左右并列,位于卵巢及子宫之后,约在体后部 1/3 处。卵巢位于腹吸盘的后右侧,分 5～6 叶,形如指状,每叶可再分叶。卵黄腺由许多密集的卵黄泡组成,分布在虫体两侧。子宫开始于卵模的远端,其位置与卵巢左右对称。子宫的末端为阴道,射精管和阴道同开口于生殖窦,再经小管而达腹吸盘后的生殖孔(图 8-24)。虫卵金黄色,椭圆形,大小为(75～118)μm×(48～67)μm。

(二)生活史

并殖吸虫发育过程需要两个中间宿主。第一中间宿主为淡水螺类,第二中间宿主为淡水蟹和螯虾。成虫寄生于肺脏,排出的虫卵可进入呼吸道,随痰或咽下随粪便排出,进入水中发育成毛蚴,毛蚴在水中非常活泼,当它遇到中间宿主淡水螺时即钻入其体内进行发育,3 个月内发育成为胞蚴,再由胞蚴繁殖为二代雷蚴,最后繁殖成许多棕黄色短尾的尾蚴。尾蚴离开螺体在水中游动，遇第二中间宿主溪蟹等甲壳类后侵入其体内形成囊蚴。如果犬吃了含有囊蚴的生的或半生的螃蟹或螯虾，囊蚴便在小肠里破囊而出，穿过肠壁、腹膜、膈肌与肺膜到达肺脏，然后发育为成虫。成虫主要寄生于肺组织所形成的虫囊里。虫囊与气管相通，以宿主的组织液和血液为食料，一般寿命约6～20年。

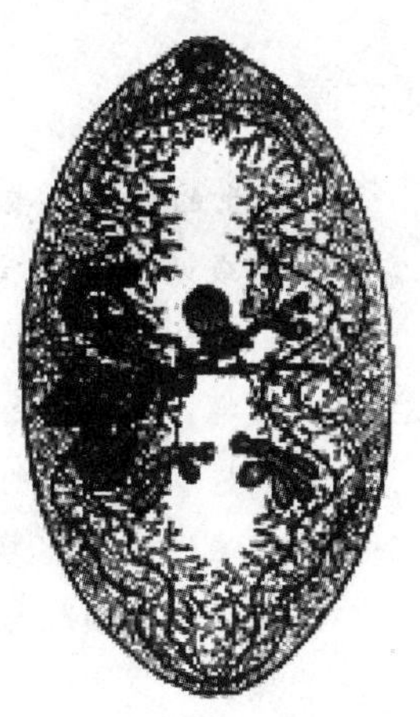

图8-24 并殖吸虫成虫
(引自汪明，2003)

(三)流行病学

并殖吸虫在我国分布很广，这主要是由于作为并殖吸虫的第一中间宿主的螺类以及作为第二中间宿主的蟹类都在我国广泛存在。

(四)症状

常见的症状是咳嗽、呼吸困难、胸膜炎，并可伴有咯血、发热、腹痛、腹泻、黑便等。血液检查时白细胞增多，核右移，嗜酸性粒细胞增加。到感染后的第4周或第8周逐渐恢复正常值。血清蛋白的变动是：球蛋白(G)、白蛋白(A)均增加，但球蛋白增加显著，因此A/G比值有所下降。肺吸虫除寄生于肺外，还寄生于肝、脾、胰、脑、腹腔等部位，有时进入循环系统的虫卵可引起心脏、脑和脾的栓塞症；在心脏冠状动脉有多数虫卵的情况下，往往导致急性死亡；进脑部的幼虫可引发抽搐、截瘫等。

(五)病理变化

虫体包囊呈暗红色或灰白色，有小指头大，突出于肺表面。在组织学上，虫囊被围在结缔组织中，并伴有白细胞浸润，其中含有血液和虫卵相混合的脓样液。肺组织中的虫卵形成结核样小结节。另外，胸膜发生纤维蛋白沉着而引起纤维素性胸膜炎。

(六)诊断

若检查病犬的唾液、痰液及粪便，检出虫卵便可确诊。此外，还可以应用皮内反应试验、间接血凝、酶联免疫吸附测定及X射线等进行辅助诊断。

(七)防治

1. 治疗

治疗本病可用下列药物：

(1)吡喹酮。按10 mg/kg体重，口服3 d。

(2)硫双二氯酚。按100 mg/kg体重，口服7 d。

(3)丙硫咪唑。按50～100 mg/kg体重，连服14 d。

2.预防

在本病流行地区，不以新鲜的生蟹类喂食犬、猫，便可防止其吞食囊蚴，避免感染。用适当的方法灭螺是有效防治本病的重要措施。

【本章小结】

1.吸虫的发育主要有虫卵—毛蚴—(胞蚴、雷蚴、尾蚴)—囊蚴—成虫等几个阶段;发育过程中需要一个或两个中间宿主;

2.日本血吸虫为雌雄异体,雌虫位于雄虫的抱雌沟里,虫体小、线状;发育需要一个中间宿主——钉螺,动物可经皮肤、经口或经胎盘感染;

3.华支睾吸虫病的传播与流行:成虫寄生于人及猪、犬、猫等动物的肝脏胆管内,发育需要两个中间宿主——淡水螺和淡水鱼、虾,经口感染;

4.吸虫病的预防与控制:采取一切可行措施消灭中间宿主,以药物为主,结合粪便处理,加强饲养管理。

【思考题】

1.日本血吸虫病的致病作用及特点是什么?

2.姜片吸虫病如何诊断与防治?

第九章 绦虫病

【学习目标】

1.掌握绦虫的形态特征和发育类型；

2.掌握重要绦虫蚴病的诊断、治疗与预防；

3.了解中间宿主在绦虫流行中的作用。

第一节 绦虫概述

绦虫隶属于扁形动物门绦虫纲(Cestoidea)的动物,其中只有多节绦虫亚纲中的圆叶目(Cyclophyllidea)和假叶目(Pseudophyllidea)对家畜及人体有感染性,常导致人畜严重的疾病。

一、绦虫的形态

(一)外部形态

绦虫是背腹扁平、左右对称、雌雄同体、体分节的带状绦虫。虫体为白色或乳白色,不透明,大小差别因种类而异,由数毫米至数米不等。一条完整的绦虫由头节(scolex)、颈节(neck)与链体(strobila)构成。

1.头节　呈球形或梭形,其上有不同形状和数目的附着器官(吸盘、吸钩、吻突、小钩等)。头节主要有两种类型：

(1)吸盘型(acetabula)。此类头节具有四个圆盘或杯状吸盘,排列在头节前端侧面,由强韧的肌肉组成。如裸头科(Anoplocephalidae)绦虫、带科(Taeniidae)绦虫、戴文科(Davaineidae)绦虫等都具有吸盘型头节。

(2)吸槽型(bothria)。此类头节背、腹面内陷形成浅沟状或沟状,数目一般为 2 个,某些种类多达 6 个。如假叶目绦虫具有吸槽型头节。

2.颈节　位于头节之后,是生长体节的部位,较头节细,不分节。颈节内具有生发细胞,链体的节片即由生发细胞生出来,逐渐成熟,并逐渐向后延伸生长发育成为整个链体。

3.链体　颈后是链体部分,由节片组成,数目可由数个至数千个不等,各节片之间一般有明显的界限。少数绦虫(如假叶目)节片间界限不明显,甚至没有。节片因发育不同可分为三类,前端靠颈的节片内部性器官尚未成熟，学界称之为未成熟节片(immature segment)或幼节；幼节逐渐发育，性器官发育成熟而成为成熟节片(mature segment)或成节；后端的节片子宫高度发育并充满虫卵，称为孕卵节片(gravid segment)或孕节。幼节、成节、孕节之间没有明显的界限，是一个连续发育的过程。最老的节片距头节最远，老孕节逐节或逐段从虫体后端脱离，新的节片不断形成，使得绦虫一般保持相对恒定的节片数。

(二)体壁

绦虫的体壁由皮层、肌肉组织和实质组织构成。皮层的外缘有大量细小的指状细胞质突起，称为微绒毛(图 9-1)。皮层内含有线粒体，它的内侧有明显的基底膜并有孔道贯通入实质。肌肉组织埋在实质结构中，外层为环肌，中间为斜肌，内层为纵肌。纵肌较强，贯穿整个链体，节片成熟后逐渐萎缩退化，越往后端退化越为显著，于是孕节最后端经常能自动从链体脱落。肌层下面是深埋入实质结构内的巨大电子致密细胞及较小的电子疏松细胞。电子致密细胞由一些连接小管和皮层相通，这些小管的管壁和线粒体间有着原生质的连接。

绦虫无消化道，靠体壁吸收营养物质，还能合成并输送蛋白质，又能防止虫体不被宿主所消化，且具有吸附作用。

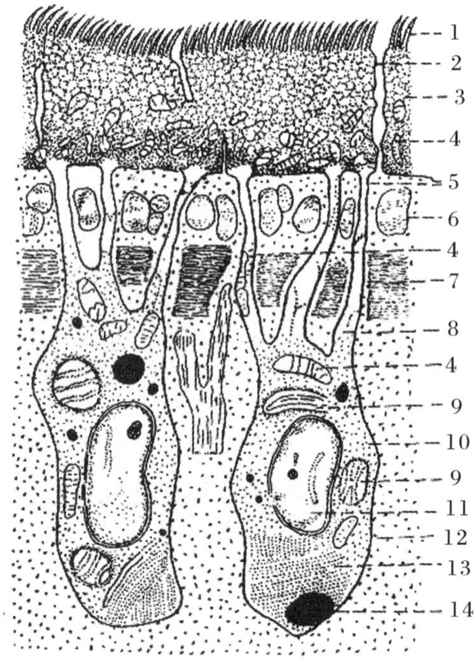

图 9-1　绦虫体壁的电镜结构(引自孔繁瑶，1997)
1.微绒毛　2.孔道　3.皮层　4.线粒体　5.基膜　6.环肌　7.纵肌　8.连接管　9.内质网　10.电子致密细胞　11.核　12.实质　13.蛋白质　14.脂肪或糖原

(三)内部构造

1.神经系统　绦虫的神经中枢在头节中，由几个神经节和神经联合构成；自中枢部分通出两条大的和几条小的纵神经干，贯穿各个体节，直达虫体后端。纵神经干之间由横向联合神经相连，形成神经环，发出细神经支配肌肉组织和生殖器官等。

2.排泄系统　链体两侧有纵排泄管，每侧有背、腹两条，位于腹侧的较大。纵排泄管在头内形成蹄系状联合；纵排泄管在每个节片的后缘处有横管相连。总排泄孔开口于首次出现的最后节片的游离边缘的中部。当此头一个节片脱落后，就失去总排泄管。有学者认为绦虫的排泄系统还有着平衡体内水分的作用。

3.生殖系统　除个别外，绦虫均为雌雄同体。其生殖器官特别发达，可以说链体就是由一连串的生殖器官构成的。每个节片中都有雄性和雌性生殖器官各一组或两组。生殖器官的发育是从紧接颈节的幼节开始的，最初的节片尚未出现任何性器官，继后逐渐发育，开始先见到节片中出现雄性生殖器官，而后当雄性生殖器官逐步发育完成后，接着出现雌性生殖器官的发育，再后形成成节。圆叶目绦虫的节片受精后，雄性生殖器官渐趋萎缩而后消失，雌性生殖器官则加快发育，至子宫扩大充满虫卵时，雌性生殖器官中的其他部分亦逐渐萎缩消失，至此即成为孕节，充满虫卵的子宫占据了整个节片。而在假叶目，由于虫卵成熟后可由子宫孔排出，子宫不如圆叶目绦虫的发达。

(1)雄性生殖器官　它包含有一至数百个睾丸，埋在近背侧的髓质区(实质)中，呈圆形和椭圆形，连接着输出管；睾丸多时，输出管互相连接而成网状，至节片中部附近汇合成输精管；输精管曲折蜿蜒向边缘推进，并有两个膨大部，一个在未进雄茎囊之前，称为外贮精囊；一个在进入雄茎囊之后，称为内贮精囊。与输精管末端相接的部分为射精管及雄茎，雄茎可自生殖腔向边缘伸出。雄茎囊多为肌肉质椭圆囊状物，贮精囊、射精管、前列腺及雄茎的大部分都包含在雄茎囊内，雄茎囊及阴道分别在上下位置向生殖腔开口，生殖腔开口处称为生殖孔。生殖孔可位于节片侧缘的不同部位，也可位于节片的腹面中央，因种属不同而异。

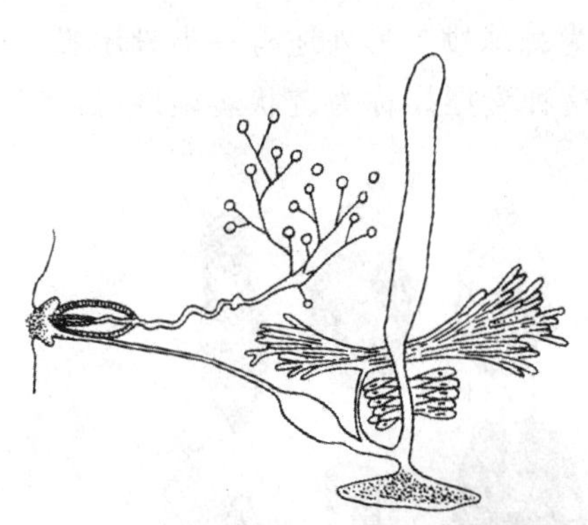

图 9-2　圆叶目绦虫生殖器官模式图
(引自孔繁瑶，1997)

图 9-3　假叶目绦虫生殖器官模式图(引自孔繁瑶，1997)
上：雌性生殖器官　下：雄性生殖器官

(2)雌性生殖器官　卵模在雌性生殖器官的中心区域，其他雌性器官如卵巢、卵黄腺、子宫、阴道等均有管道(如输卵管、卵黄管等)与之相连。卵巢位于节片的后半部，一般呈两瓣状，均由许多细胞组成，各细胞有小管。先后汇合成一条输卵管，与卵模相通，其远端通连阴道(包括受精囊，受精囊为阴道的膨大部)。阴道末端开口于生殖腔。卵黄腺分为两叶或一叶，在卵巢附近(圆叶目)(图 9-2)，或成泡状散在髓质中(假叶目)(图 9-3)，由卵黄管通往卵模。子宫的结构除因绦虫的种别不同各有特征外，还因虫卵的积聚与压力的影响而形成各种不同类型。一般单管状的子宫，由于长度不断地增加，可以变成螺旋状，以便容纳更多的卵，袋状的子宫又可有袋状分枝。有的子宫到了一定时候还会退化消失，而虫卵则散布在由实质形成的袋状腔内。假叶目绦虫的子宫有孔通向外界，虫卵成熟后可自动排出。圆叶目绦虫的子宫为盲囊状，不向外开口，虫卵不能自动排出，故必须等到孕节脱落破裂时，才能散出虫卵。

二、绦虫的发育

各种绦虫的发育都需要一个或两个中间宿主，才能完成其整个生活史。圆叶目绦虫通常需要一个中间宿主，假叶目绦虫需两个中间宿主。

(一)圆叶目绦虫的发育

圆叶目绦虫的中间宿主为某些脊椎动物和无脊椎动物。其整个生活史可分为虫卵、中绦期(metacestode)和成虫三个时期。虫卵无卵盖，有三层卵膜，最外层很薄为卵外膜，第二层为胚膜，第三层为内胚膜，实为真正的卵壳，较厚，卵内含有一个六钩蚴。圆叶目绦虫的幼虫分为两种：似囊尾蚴(cysticercoid)和囊尾蚴(cysticercus)(图 9-4)。无脊椎动物体内的绦虫蚴通常称为似囊尾蚴；脊椎动物体内的绦虫蚴通常称为囊尾蚴。囊尾蚴为半透明的囊体，但其外表往往由一层宿主细胞反应而产生的被膜所包围，囊体大小依种类不同而不同，囊内充满液体。囊壁外层为角质层，内壁为具有细胞核的生发层，生发层上含有内凹的一个或多个头节。囊壁上有多个头节的囊尾蚴称为多头蚴。有的其内除有头节外，还有子囊形成，子囊附于囊体或悬浮于囊液中，称为育囊或生发囊，育囊内生有许多头节(原头蚴)，这类囊尾蚴称为棘球蚴。另外还有一类囊尾蚴，其头节与囊尾蚴之间有一段分成许多节，但无性器官的链体，这种囊尾蚴称为链状囊尾蚴(链囊尾蚴、带形囊尾蚴)。

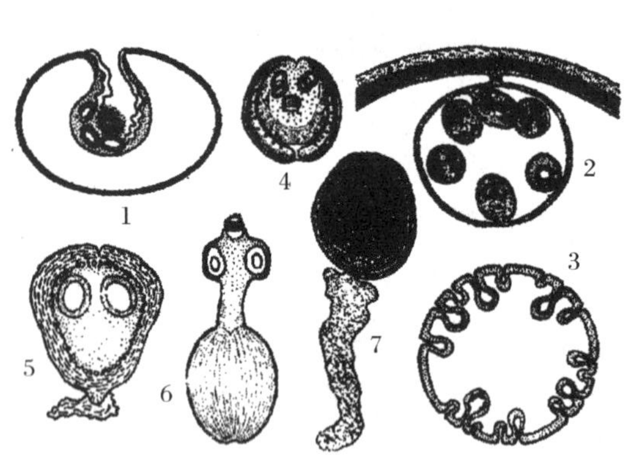

图 9-4　圆叶目绦虫的幼虫(引自李国清，1999)
1.囊尾蚴　2.棘球蚴　3.多头蚴　4—7.似囊尾蚴

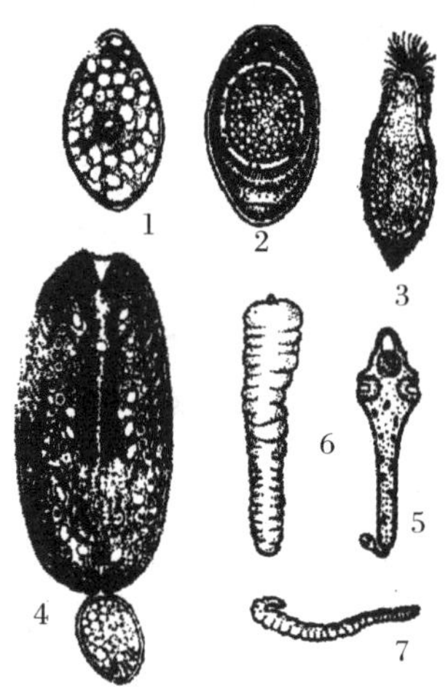

图 9-5　假叶目绦虫的幼虫(引自李国清，1999)
1,2.虫卵　3. 钩毛蚴　4,5. 原尾蚴　6,7. 裂头蚴

(二)假叶目绦虫的发育

假叶目绦虫的发育包括：虫卵、钩毛蚴(或称钩球蚴)、原尾蚴、裂头蚴(实尾蚴)、成虫这几个阶段(图 9-5)。其发育过程需两种中间宿主，第一中间宿主是甲壳纲节肢动物如剑水蚤；第二中间宿主是鱼、蛙类。假叶目绦虫有子宫孔，其虫卵可经子宫孔排出。

三、绦虫的分类

绦虫属于扁形动物门绦虫纲，圆叶目和假叶目的绦虫，与家畜和人类关系较大，以圆叶目绦虫为多见。

(一)假叶目

头节一般为双槽型，有时双槽不明显。分节明显或不明显。生殖孔位于体节中间或边缘；生殖器官每节常有一套，偶有两套者。睾丸众多，分散排列。卵黄腺为许多泡状体分散在皮质区。孕节的子宫常成弯曲管状。子宫孔位于腹面。卵通常有盖，在第一中间宿主体内发育为原尾蚴，在第二中间宿主发育为实尾蚴，成虫大多数寄生于鱼类。

双叶槽科(Diphyllobothriidae) 亦称裂头科，为大、中型虫体。头节上有吸槽，分节明显。生殖孔和子宫孔同在腹面。卵巢位于体后部的髓质区内。卵黄腺小而多，位于皮质区。子宫为螺旋状的管子，在阴道孔后向外开口。卵有盖，产出后孵化。成虫主要寄生于鱼类，有的也见于爬行类、鸟类和哺乳动物。有双叶槽属(*Diphyllobothrium*)和迭宫属(*Spirometra*)。

(二)圆叶目

头节上有4个吸盘，最前端常有顶突。生殖孔在体节侧缘，无子宫孔。缺卵盖。卵巢为扇形分叶或哑铃状。卵黄腺为一个致密体，在卵巢的后面。与人畜有关的圆叶目的分科如下：

1.裸头科(Anoplocephalidae) 大、中型虫体，头节上有吸盘，无顶突和小钩。每体节有生殖器官一套或两套。睾丸数目众多，子宫形状为横管或网管状。中间宿主为地螨，幼虫为似囊尾蚴，成虫寄生于哺乳动物。与家畜有关的有：莫尼茨属(*Moniezia*)、裸头属(*Anoplocephala*)、副裸头属(*Paranoplocephala*)、无卵黄腺属(*Avitellina*)和曲子宫属(*Helictometra*)。

2.带科(Taeniidae) 大、中、小型虫体，头节上有4个吸盘。其上无小棘。顶突不能回缩，上有两行钩(牛带吻绦虫除外)。生殖孔明显，不规则地交替排列。睾丸数目众多。卵巢双叶，子宫为管状，孕节子宫有主干和许多侧分枝。幼虫为囊尾蚴、多头蚴或棘球蚴，寄生于草食动物或杂食动物(包括人)，成虫寄生于食肉动物或人。常见的有带属(*Taenia*)、带吻属(*Taeniarhynchus*)、多头属(*Multiceps*)和棘球属(*Echinococcus*)。

3.戴文科(Davaineidae) 中、小型虫体，头节顶突有2或3排斧形小钩，吸盘上有细小的棘。每节有一套生殖器官。卵袋取代孕节的子宫。成虫一般寄生于鸟类，亦有寄生于哺乳动物的。幼虫寄生于无脊椎动物。有戴文属(*Davainea*)和赖利属(*Raillietina*)。

4.双壳科(Dilepididae) 中、小型虫体，头节上有4个吸盘，其上有或无小棘，有可伸缩的顶突，顶突有1、2或多行小钩。每节有一套或两套生殖器官。睾丸数目众多，孕节子宫为横的袋状或分叶。为鸟类和哺乳动物的寄生虫。有复孔属(*Dipylidium*)。

5.膜壳科(Hymenolepididae) 中、小型虫体，头节上有可伸缩的顶突，具有8～10行小钩，呈单行排列。节片宽大于长，有一套生殖器官，生殖孔为单侧。睾丸大，数目一般不超过4个，孕节子宫为横管。成虫寄生于脊椎动物，通常以无脊椎动物为中间宿主。有膜壳属(*Hymenolepis*)、伪膜壳属(*Pseudohymenolepis*)、剑带属(*Drepanidotaenia*)和皱褶属(*Fimbriaria*)。

6.中绦科(Mesocestoididae) 中、小型虫体，头节上有4个突出的吸盘，但无顶突。生殖孔位于腹面的中线上。成虫寄生于鸟类和哺乳动物。有中绦属(*Mesocestoides*)。

第二节　绦虫蚴病

绦虫蚴病是指绦虫的幼虫寄生于人、畜所引起的疾病总称。绦虫蚴多寄生于肌肉、肝、脑等部位，因此由绦虫蚴引起的疾病往往比绦虫成虫引起的疾病危害更严重。有一部分绦虫蚴病，如猪囊尾蚴病、棘球蚴病、多头蚴病、裂头蚴病等为人兽共患寄生虫病，在公共卫生学上具有极为重要的意义。

一、猪囊尾蚴病

【案例】 河南省某生猪屠宰场在屠宰过程中发现一头猪的咬肌、舌肌、膈肌、腰肌、肋间肌、心肌等部位肌肉内散在白色半透明的囊泡，呈黄豆粒或米粒大小，有的已钙化。检疫人员结合镜检结果判断为猪囊虫，根据有关规定，该猪整体须进行无害化处理，严禁流通上市。据了解，该猪是从某农村散养户收购的，该散养户猪圈建在房后，养的猪时常在房前屋后觅食活动；人用厕所比较简陋，为半开放式，经常有老鼠在房舍周围活动。

【问题】 该病是如何感染的？人和老鼠在该病传播过程发挥什么作用？如何进行诊断、治疗和预防？

猪囊尾蚴病(Cysticercosis)是由带科(Taeniidae)带属(*Taenia*)的猪带绦虫(*Taenia solium*，又称有钩绦虫、链状带绦虫)的中绦期幼虫——猪囊尾蚴(*Cysticercus cellulosae*)寄生于猪体内而引起的一种绦虫蚴病。主要寄生于猪的肌肉内，也可寄生于脑和其他脏器。成虫只寄生于人的小肠。有猪囊尾蚴的猪肉俗称“米猪肉”“豆猪肉”或“米糁肉”。猪囊尾蚴也可感染人，对人的危害极大，因而是一种重要的人兽共患寄生虫病，是肉品卫生检验的必检项目之一。

(一)病原形态

猪囊尾蚴，俗称猪囊虫。虫体外形椭圆，为白色半透明的囊泡，黄豆大小(6～10)mm×5 mm，囊内充满液体，囊壁是一层薄膜，囊壁上有一个粟粒大的头节，其构造与成虫相同。

成虫背腹扁平，呈带状，长2～5 m，由700～1000个节片组成。虫体头节位于前端，细小呈球形，直径约0.6～1.0 mm，有4个圆形吸盘和1个顶突，顶突上有25～50个角质小钩，内外两排交错分布。颈节纤细，直径仅为头节的一半，长5～10 mm。幼节的宽度大于长度，其中的生殖器官未发育成熟。成节的长度与宽度几乎相等，近似正方形，内含发育成熟的雌性、雄性生殖器官各一套。睾丸呈泡状，数目150～200个，遍布于节片的背侧。卵巢除分二叶外，还有一个小的副叶。子宫为一直的盲管。生殖孔开口于节片一侧。孕节长度大于宽度，呈长方形，子宫向两侧形成7～12对分枝，每一孕节含虫卵3万～5万个，其他生殖器官已经退化(图9-6)。

虫卵呈球形或近球形，直径为 31～43 μm，随粪便排出的虫卵卵壳多已脱落，其外是一层比较厚、呈浅褐色、具辐射状条纹的胚膜，内含六钩蚴。

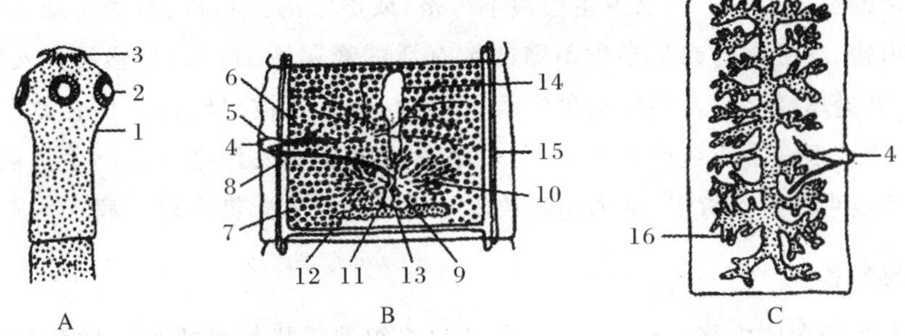

图 9-6 猪带绦虫成虫的头节(A)、成节(B)和孕节(C)的结构(引自孔繁瑶，1997)

1. 头节 2. 吸盘 3. 顶突 4. 生殖孔 5. 雄茎囊 6. 输精管 7. 睾丸 8. 阴道 9. 受精囊 10. 卵巢 11. 输卵管 12. 卵黄腺 13. 卵模与梅氏腺 14. 子宫 15. 纵排泄管 16. 孕节子宫分枝

(二)生活史

猪带绦虫的成虫寄生于人的小肠，孕节陆续从虫体脱落，随粪便排出体外，污染地面、食物等。猪食入含有节片或虫卵的人粪便或是被虫卵或节片污染了的饲料和饮水而感染。在消化液的作用下，六钩蚴逸出，然后借助小钩和六钩蚴分泌物的作用，钻入肠壁血管或淋巴管，随血流到达猪全身肌肉和其他脏器，经 2～3 个月发育为具有感染性的囊尾蚴。猪囊尾蚴多寄生于猪的肌肉中，以咬肌、膈肌、舌肌、肋间肌以及颈部、肩部和腹部的肌肉和心肌多见，严重时在脑、肝、肺、肾及脂肪等处也可发现。猪囊尾蚴在猪体内生存数年后钙化而死亡。

人是猪带绦虫唯一的终末宿主，如果食入生的或半生不熟的含有活的囊尾蚴猪肉或被猪囊尾蚴污染的食物后，在胃液和胆汁作用下，在小肠内外翻出头节，用吸盘和小钩附着在肠壁上，经 2～3 个月发育为成虫。成虫开始排出的节片较多，以后逐渐减少，每隔数天排出一次，每月可脱落 200 多个节片。在人体内通常只寄生 1 条，偶有寄生 2～4 条者，成虫在人体内可活 25 年之久。

人如果食入被虫卵污染的食物，或者猪带绦虫成虫携带者发生呕吐时，由于肠逆蠕动使小肠内孕节上行进入胃内(引起自身感染)，均可使人感染猪囊尾蚴。囊尾蚴在人体内常见的寄生部位有脑、眼、心肌和皮下组织等处。

(三)流行病学

猪囊尾蚴呈全球性分布，但主要流行于亚、非、拉的一些国家和地区。我国有 27 个省、自治区、直辖市曾有报道，多见于东北、华北、西北、广西和云南部分地区，其余地区均为散发，长江流域很少发生。近年来，由于集约化养殖模式的普及和对该病防控意识的加强，目前我国该病感染率已大大降低。

由于猪囊尾蚴病的感染来源是猪带绦虫病人，猪带绦虫病的感染来源是猪囊尾蚴病猪，所以二者有着紧密的联系。有些地区由于猪无圈呈散放状态，人无厕所或厕所简陋呈开放状态，或人的厕所与猪圈相连通(连茅圈)，常引起此病。另外，如果猪场老鼠和苍蝇泛滥，厕所简陋，老鼠和苍蝇在接触含有猪带绦虫节片或虫卵的人粪便后，极易污染猪的饲料和饮水，也会导致猪囊尾蚴的感染。

人感染猪带绦虫病是由于肉品卫生检验不严格，或屠宰的猪不检验，或发现有猪囊尾蚴的猪肉仍要自食或出售，吃了生的或是半生不熟的带有活的囊尾蚴的猪肉而感染。人除感染猪带绦虫病外，还能感染囊尾蚴病。人感染囊尾蚴病的原因，是食入被虫卵污染的食物和水；患有猪带绦虫病的病人，便后不洗手或是没有洗干净，就拿食物吃而食入污染在自己手上的虫卵；或者由于呕吐而把节片或虫卵返到胃里，被消化释放出六钩蚴而使人感染囊尾蚴病。

（四）致病与症状

六钩蚴钻入肠壁在体内移行时，对肠壁和其他组织造成机械性损伤。发育为猪囊尾蚴后的致病作用取决于寄生部位，其次是虫体数量。猪轻度感染无明显症状，严重感染时可导致营养不良、生长受阻、贫血、肌肉水肿等。由于病猪不同部位的肌肉水肿，可表现为两肩显著外展，或臀部异常肥胖宽阔，或头部呈狮子头型，或前胸、后躯及四肢异常肥大，体中部窄细，整个猪体从背面观呈哑铃形或葫芦形。病猪走路前肢僵硬，不灵活，左右摇摆，似“醉酒状”，不爱活动，反应迟钝。某些器官严重感染时可出现相应症状，如呼吸困难，声音嘶哑和吞咽困难，视力障碍，甚至失明，有时引起急性脑炎而突然死亡。

人感染猪囊尾蚴的症状一般较猪严重。猪囊尾蚴寄生于人的肌肉和皮下组织时，使局部肌肉酸痛无力，丧失劳动力；寄生脑部时，可引起癫痫发作，伴有头痛、眩晕、恶心、记忆力下降等症状，严重的可引起死亡；寄生于眼部可导致视力下降，甚至失明。患者消瘦、贫血、消化不良，腹泻或腹泻与便秘交替进行。

（五）诊断

病畜生前诊断猪囊尾蚴病比较困难。经验丰富的兽医和检疫人员，通过宰前触摸猪舌头，查看猪体形及行走步态，能检出少量重度感染的病猪。严重感染的病猪，体形变成狮形或哑铃形，行动缓慢，步态蹒跚，呼吸困难，声音嘶哑，触摸舌根或舌腹面可见黄豆大小的结节。近年来发展起来的血清学诊断方法，如酶联免疫吸附测定、间接血凝试验等，对该病的检出率高达 90%以上，但难以排除与细颈囊尾蚴和棘球蚴等其他囊尾蚴的交叉反应，主要用于辅助诊断和流行病学调查。

宰后检疫仍是主要的诊断方法。猪宰后检验咬肌、腰肌和膈肌，看是否有黄豆大小、白色半透明呈囊泡状的猪囊尾蚴。

猪带绦虫患者在粪便中检测出特征性虫卵或节片即可确诊。

（六）防治

1. 治疗

吡喹酮和丙硫咪唑疗效显著，治愈率可达 90%以上，但对重度感染的病猪不宜治疗，否则容易引起神经症状而死亡。两种药物比较，丙硫咪唑杀虫效果缓慢，但毒性反应轻微。

(1)吡喹酮。按 30～60 mg/kg 体重口服，每日 1 次，连续 3 次；或 60～120 mg/kg 体重，颈部

或臀部肌肉一次性深部注射。

(2)丙硫咪唑。按 30 mg/kg 体重口服,每日 1 次,连续 3 次。

2.预防

本病可采取如下措施进行预防:

(1)加强科普教育,让人们了解猪囊尾蚴的巨大危害性,掌握猪囊尾蚴病和人猪带绦虫病的关系及防治方法;

(2)加强肉品卫生检疫,大力推广定点屠宰,集中检疫,检出的病猪肉严格按照国家规定进行无害化处理;

(3)改变饮食习惯,人不吃生的或半生的猪肉;

(4)改善猪的饲养管理条件和加强人的粪便管理,猪要圈养,猪舍远离厕所,在北方主要改造连茅圈,防止猪食人粪而感染囊虫,人粪便需进行无害化处理后方可利用;

(5)查治病人。驱除成虫,减少污染源,从而减少猪感染囊尾蚴的机会,也防止人感染猪囊尾蚴。

二、牛囊尾蚴病

【案例】 西部地区某县一牛定点屠宰场有一头 3 岁的黄牛,入场时其精神和营养状况良好,采食、体温和呼吸均正常,宰前检疫合格被准宰。宰后检疫发现,其胴体颈部肌肉、咬肌、肩胛外侧肌、股内侧肌等部位有类似绿豆粒状,大小约为(5～9)mm×(3～6)mm 的囊泡,呈淡黄色。取囊泡挤压后,囊液为透明液体,内有一黄白色结节。检疫人员诊断为牛囊尾蚴感染,根据国家相关法规规定,只要发现囊尾蚴感染,胴体全部均须进行销毁等无害化处理。

【问题】 牛是如何感染囊尾蚴的?对人有何危害?牛囊尾蚴病如何检疫?

牛囊尾蚴病是由带科带吻属(*Taeniarhynchus*)的肥胖带吻绦虫(*Taeniarhynchus saginatus*)的中绦期幼虫——牛囊尾蚴(*Cysticercus bovis*)寄生于牛科动物包括黄牛、水牛、牦牛等的肌肉内引起的疾病。肥胖带吻绦虫又称牛带吻绦虫、无钩绦虫,成虫只寄生于人的小肠,危害人的健康,是一种人兽共患寄生虫病。

(一)病原形态

牛囊尾蚴,又称牛囊虫,其形态和结构类似于猪囊尾蚴,灰白色,大小为(5～10)mm×(3～6)mm,内含一个头节,但头节上只有 4 个吸盘,无顶突和小钩。

成虫为大型绦虫,一般长度约 5～10 m,最长可达 25 m 以上,由 1000～2000 个节片组成。头节上有 4 个吸盘,无顶突和小钩,因此又称无钩绦虫。头节后为短细的颈节,颈节后面为链体,成节近似正方形,内含一套雄性和雌性生殖器官,睾丸 800～1200 个,圆形,分布于纵排泄管之间,靠近背侧;卵巢分两叶,位于节片后半部分;卵黄腺在卵巢之后,呈山丘状;生殖孔位于节片侧缘,不规则地左右交替开口。孕节窄长,内有发达的子宫,其侧支对称分布,为 15～30 对,每个孕节内含约10万个虫卵，其他生殖器官已退化（图9-7）。

虫卵近圆形或椭圆形，黄褐色，大小为（30～40）μm×（20～30）μm，结构与猪带绦虫虫卵相似，二者形态上难以区别。

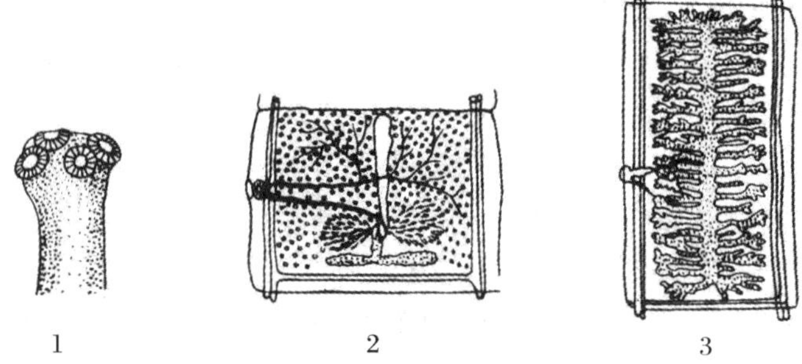

图9-7　肥胖带吻绦虫（引自孔繁瑶，1997）

1.头节　2. 成节　3. 孕节

（二）生活史

肥胖带吻绦虫生活史与猪带绦虫的主要区别在于人只被其成虫寄生，不被牛囊尾蚴寄生，中间宿主主要是牛科动物。人是该虫唯一的终末宿主，成虫寄生于人的小肠上段，其孕节脱落后可自动爬出肛门或随粪便排出体外。当牛吞食孕节或虫卵后，六钩蚴逸出，钻入肠壁随血流散布到全身各处肌肉，经10～12周发育为牛囊尾蚴。牛囊尾蚴在牛体内最常寄生的部位为咬肌、舌肌、膈肌、心肌、肩胛肌、颈肌、肋间肌、腰肌和臀肌，此外，也可寄生于肺、肝、肾和脂肪等处。牛囊尾蚴一般在牛体内6个月后开始钙化，可存活9个月。人生吃或半生吃含牛囊尾蚴的牛肉而感染，囊尾蚴在小肠翻出头节，吸附在肠黏膜上，自颈节不断长出节片，每天可长出8～9节，约经2～3个月发育为成虫。其寿命可达20～30年或更长。

（三）流行病学

肥胖带吻绦虫呈世界性分布，特别是在有食生牛肉习惯的地区或少数民族地区流行。国外主要流行于非洲、东欧及中东一些国家和地区。国内有20余个省、自治区、直辖市均有散在的病人分布，但主要在新疆、内蒙古、西藏、广西、贵州、四川等地有吃生的或未煮熟的牛肉的地区呈地方性流行，人群感染率在20%左右，高者达70%。

牛的放牧式饲养和人食用牛肉的方法不当是导致本病流行的主要因素。在流行地区，人无厕所，或采用未处理的人粪便做肥料，使孕节和虫卵污染牧场和水源，放牧时牛食入孕节或虫卵而感染。虫卵对外界抵抗力很强，可存活200 d以上。有的地方牛圈兼作厕所，牛直接食入人粪便中的孕节或虫卵后感染。犊牛较成年牛易感，可经胎盘感染胎牛，有刚生下来几天的犊牛就有感染的报道。人的感染主要是吃“风干牛肉”“腌牛肉”“酸牛肉”等食品时，食入活的牛囊尾蚴；切生熟菜时，刀具、砧板和容器不分，污染熟食可引起人的感染。

肥胖带吻绦虫的主要中间宿主是牛科动物，但是野山羊、驯鹿、美洲驼、长颈鹿、羚羊和角马等动物也有自然感染牛囊尾蚴的报道。

(四)症状与病变

牛感染囊尾蚴后一般不表现症状。人感染时发现,牛囊尾蚴在体内移行期间具有明显的致病作用,感染初期牛体温升高,达 40～41 ℃,具有虚弱,腹泻,食欲不振,呼吸困难和心跳加速等症状,严重的可致牛死亡。但在肌肉中定居并发育成熟后则几乎不表现任何临床症状。

牛带吻绦虫可引起人体腹泻、腹痛、恶心、消瘦和贫血等症状。

(五)诊断

牛囊尾蚴的生前诊断比较困难,可用间接血凝试验和酶联免疫吸附测定等血清学方法做出诊断。尸体剖检时发现牛囊尾蚴或钙化虫体即可确诊,宰后主要检验咬肌、舌肌、深腰肌和膈肌,肉眼可发现牛囊尾蚴或钙化的虫体。由于牛囊尾蚴在肌肉中感染强度低,且多在深层肌肉寄生,因此宰后检疫应认真检验。

人肥胖带吻绦虫病诊断可用棉签肛拭涂片检查,或粪便检出虫卵。

(六)防治

1. 治疗

牛囊尾蚴病的治疗可用吡喹酮和甲苯咪唑。吡喹酮按 50 mg/kg 体重的剂量口服,连用 2 d,效果明显;人肥胖带吻绦虫病可用南瓜子与槟榔合剂、吡喹酮、丙硫咪唑、氯硝柳胺等治疗。

2.预防

加强牛肉的卫生检疫工作,发现有牛囊尾蚴寄生的牛肉,按有关规定胴体可作非食品工业原料或销毁等无害化处理。改进牛的饲养管理方法,管理好人的粪便,防止牛食入人粪污染的饲料和饮水。改变人们吃生的或半生不熟的牛肉的习惯,严防人感染牛囊尾蚴病。

三、棘球蚴病

【案例】 甘肃一女性患者,32 岁,一羊场工人。患者左胸部不适,伴咳嗽加重症状,无发热和黄疸症状。经过 X 射线检查发现,左肺下叶有 6 cm×6 cm 大小,边缘清晰,密度均匀致密的阴影;手术切开左胸,从左肺取出鸡蛋大小包块,镜检包块内肿物样组织,发现大小不等多个囊泡,囊泡有角质层;囊泡周围有肉芽肿组织和纤维组织增生,且周围部分坏死组织中有钙化病灶。综合诊断为左肺棘球蚴病。患者曾接触犬、羊。

【问题】 人是如何感染棘球蚴病的? 棘球蚴在人和绵羊体内的常见寄生部位有哪些,危害性怎样? 如何预防该病?

棘球蚴病(Echinococcosis)又称包虫病,是由带科棘球属(*Echinococcus*)的多种绦虫的中绦期幼虫——棘球蚴(Hydatid)寄生于牛、羊、猪、骆驼、马等动物和人的肝、肺及其他器官内所引起的一种严重的人兽共患寄生虫病。棘球蚴体积大,生长力强,使周围组织受到高度压迫而萎缩,如果蚴囊破裂,可引起过敏,往往给人畜造成严重的病征,甚至死亡。在各种动物中,该病对绵羊和骆驼的危害最为严重。

(一)病原形态

棘球蚴呈包囊状,内含液体,形状常因其寄生部位的不同而有变化。一般近似球形,小的仅有黄豆大,巨大的虫体直径可达 50 cm,含囊液 10 余升。棘球蚴的囊壁分两层,外为乳白色的角质层,内为胚层,由胚层向囊内可长出许多头节样的幼虫,即原头蚴,它和成虫头节的区别是体积小而无顶突。有的原头蚴可生空泡,长大后形成生发囊,该囊有小柄连接在囊壁上,也常脱落于囊液中。生发囊较小,其壁上也长出原头蚴,数目一般为 10～30 个,在一个发育良好的棘球蚴内所产生的原头蚴可多达 200 万个。从胚层脱落的原头蚴和小的生发囊等脱落沉没在囊液内,肉眼看上去像砂粒,称为棘球砂。

棘球蚴的胚层有时还能在原始囊(母囊)内转化出子囊,子囊同母囊结构一样,也有角质层与胚层,同样产生原头蚴和生发囊;子囊还可产生孙囊,它们也能产生原头蚴。但有的棘球蚴胚层不一定能长出原头蚴,无原头蚴的囊叫作不育囊,不育囊亦可长得很大,不育囊的出现随中间宿主的不同而有差别,据统计牛有 90% 的不育囊,猪 20%,绵羊 8%。一般认为绵羊、骆驼是细粒棘球绦虫最适宜的中间宿主。

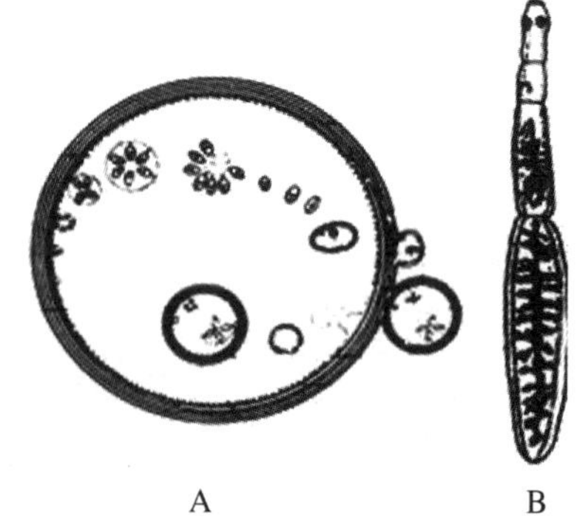

图 9-8　棘球蚴(A)与细粒棘球绦虫(B)
(引自孔繁瑶,1997)

细粒棘球绦虫成虫(*Echinococcus granulosus*)(图 9-8)寄生在犬、狼、狐、豹等肉食动物的小肠,虫体很小,全长 2～6 mm,由 1 个头节和 3～4 个节片构成。头节有吸盘、顶突和小钩。成节含一套雌雄性生殖器官。雄茎囊呈梨状;卵巢分为左右两瓣,孕节子宫侧支 12～15 对。虫卵大小为(32～36)μm×(25～30)μm,外被一层辐射状的胚膜。

(二)生活史

棘球绦虫有 4 种,我国主要的虫种是细粒棘球绦虫和多房棘球绦虫(*E. multilocularis*),其中细粒棘球绦虫比较常见。少节棘球绦虫(*E. oligarthrus*)和福氏棘球绦虫(*E. vogeli*)主要分布于南美洲,国内未见报道。

细粒棘球绦虫成虫寄生于犬科动物小肠(图 9-9)。孕节或虫卵随终末宿主的粪便排出体外,中间宿主食用污染的饲料、喝了不干净的水或吞食虫卵后受到感染。虫卵内的六钩蚴在消化道内孵出,钻入肠壁,随血流或淋巴液进入到体内各处,以肝脏、肺脏最常见。约经 6～12 个月发育为具有感染性的棘球蚴。终末宿主吞食了动物内脏中成熟的棘球蚴而感染,棘球蚴经 40～50 d 发育为细粒棘球绦虫。成虫在犬体内的寿命为 5～6 个月。多房棘球蚴寄生于啮齿类动物的肝脏,狐狸、犬等吞食了含有棘球蚴的肝脏后,棘球蚴约经 30～33 d 发育为成虫,成虫的寿命为 3～3.5 个月。

(三)流行病学

棘球蚴病呈全球性分布,尤以牧区多见。国内以新疆、甘肃、青海、内蒙古等地较为流行。绵羊感染率最高,分布面最广,因为绵羊本身是细粒棘球绦虫最适宜的中间宿主,而且羊群放牧时常与犬有直接或间接接触。牧区放羊经常带有牧羊犬跟随护卫，绵羊在牧场上吃到被犬粪污染的牧草机会多，而当杀羊吃肉时，又常将不宜食用的内脏(内含棘球蚴)随手喂犬，于是造成该虫在犬与绵羊间的循环感染。

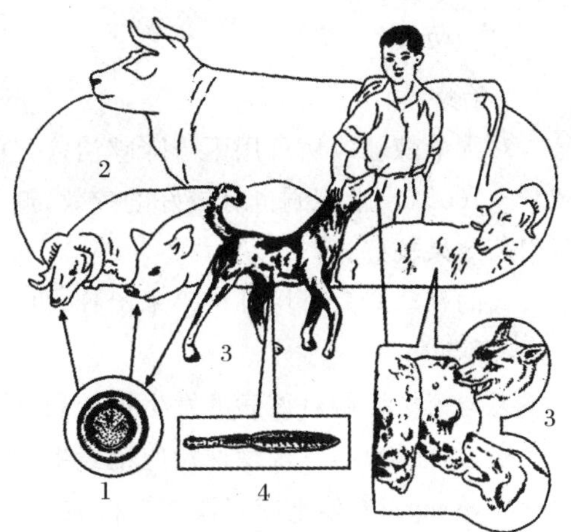

图 9-9 细粒棘球绦虫生活史

(引自孔繁瑶，1997)

1.卵 2.中间宿主 3.终末宿主 4.成虫

(四)症状与病变

棘球蚴对人和动物的致病作用为机械性压迫、毒素作用及过敏性反应等。症状的轻重视囊体的大小与寄生部位而有差异。棘球蚴多数寄生于肝脏，其次是肺脏。蚴囊发育慢，在体积不大时，宿主长期无感觉；但长大时即压迫组织，引起脏器萎缩与机能障碍，如果数目多则危害更大，甚至引起死亡。毒素作用是由于棘球蚴的囊液对宿主而言是异体蛋白，也有人认为囊液含有毒蛋白，破裂后可引起宿主强烈的过敏反应，使宿主发生呼吸困难，体温升高，腹泻等症状。多房棘球蚴在人和啮齿类动物器官组织内呈恶性肿瘤样弥漫性浸润生长，形成无数个小囊泡，并且可转移到全身其他器官中，压迫周围组织，引起器官萎缩和功能障碍，后果往往比细粒棘球蚴更严重。

轻度感染或初期感染都无症状。牛严重感染时，如在肺部，会有长期的慢性呼吸困难和微弱的咳嗽，但一般在病初症状均不明显，呼吸障碍是逐渐产生并加剧的。如棘球蚴破裂，则全身症状迅速恶化，身体极度虚弱，通常会窒息死亡。

绵羊对本病较牛敏感，死亡率比牛高。在严重感染时，绵羊发育不良，被毛逆立，易脱落。肺部感染时有明显的咳嗽，一般在连续咳嗽后，羊躺卧地上，不能立即起立。猪、骆驼等家畜感染棘球蚴后，不如牛、羊症状明显，通常有带虫免疫现象。

肝、肺表面凹凸不平，可在该处找到细粒棘球蚴；也可在其他脏器，如脾、肾、肌肉、皮下、脑、脊椎管、骨等处发现。切开棘球蚴则可见有液体流出，除不育囊外，可用肉眼或在解剖镜下看到许多生发囊与原头蚴(棘球蚴砂)；有时也能见到液体中的子囊，甚至孙囊。另外，偶然也见到钙化的棘球蚴。

成虫对犬等终末宿主的致病作用不明显，不表现明显的症状。

(五)诊断

生前诊断用 X 射线或超声波检查，可确定寄生部位和囊体大小。采用皮内变态反应、间接血凝试验、酶联免疫吸附测定和胶体金试纸条等方法对动物和人的棘球蚴病有较高的检出率。羊、牛等家畜剖检后，在肝和肺等器官上发现棘球蚴，结合病史或流行病学资料即可确诊。

犬棘球绦虫病可通过粪便检查，检查孕节和虫卵即可做出诊断。

(六)防治

1.治疗

对绵羊棘球蚴病可用丙硫咪唑治疗,剂量为 90 mg/kg 体重,连服 2 次,对原头蚴的杀虫率为 82%～100%。吡喹酮也有较好的疗效,剂量 25～30 mg/kg 体重,每天服 1 次,连用 5 d。通常早期用药效果较好。

人的棘球蚴病可用外科手术治疗,也可用丙硫咪唑和吡喹酮等治疗。

2.预防

犬与家畜接触对该病的发生或流行尤为重要。禁止用感染棘球蚴的内脏喂犬。牛、羊应定点屠宰,加强检疫,发现棘球蚴应销毁牛、羊尸体。定期给犬驱虫,可用吡喹酮,5 mg/kg 体重;甲苯咪唑,8 mg/kg 体重或氢溴酸槟榔碱,2 mg/kg 体重,一次口服。驱虫后的粪便,需进行无害化处理以杀灭虫卵。保持畜舍、饲草和饮水卫生,防止犬粪污染。人与犬等动物接触或加工狼、狐狸等毛皮时,应注意个人卫生,严防感染。

四、多头蚴病

【案例】 黑龙江省北部一养殖户饲养 180 只波尔山羊,发病 12 只,其中 2 只发病死亡。病羊体温升高,脉搏和呼吸加快,出现回旋、前冲和后退等神经症状;有时精神沉郁、离群躺卧。对病死羊剖检发现,颅腔内有多个鸡蛋大小的半透明囊泡,脑膜水肿、出血;与虫体或病变接触的头骨骨质松软、变薄。眼睑皮内变态反应试验结果多头蚴呈阳性。经询问该羊场养有 2 只牧羊犬,经常在羊场活动。兽医经综合诊断为羊多头蚴病。

【问题】 牧羊犬在该羊场脑多头蚴病发生过程中的作用是什么?羊场如何预防该病?

多头蚴病(Coenurosis)是由带科多头属(*Multiceps*)的多头带绦虫(*Teania multiceps*),又称多头绦虫(*Multiceps multiceps*)的中绦期幼虫——多头蚴,寄生在绵羊、山羊、黄牛、牦牛和骆驼等有蹄类的脑或脊髓内引起的寄生虫病。脑多头蚴(*Coenurus cerebralis*)又称脑包虫,对绵羊、山羊和犊牛危害严重。成虫在犬、豺、狼、狐狸等终末宿主的小肠内寄生。

(一)病原形态

脑多头蚴呈囊泡状,囊体有豌豆到鸡蛋大,囊内充满透明液体。囊壁由两层膜组成,外膜为角质层,内膜为生发层,其上生有许多原头蚴,原头蚴直径为 2～3mm,数目约 100～250 个。

多头带绦虫较小,链体长 40～100 cm,节片 200～250 个;头节有 4 个吸盘,顶突上小钩分两圈排列;成节呈方形,或长大于宽,睾丸约 200 个,卵巢分两叶,大小几乎相等;孕节子宫侧支为 14～26对(图 9-10)。虫卵为圆形,直径为 29～37 μm,内含六钩蚴。

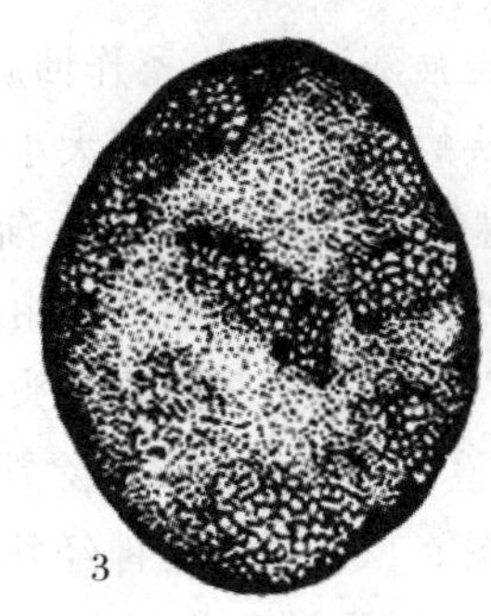

1　　2　　3

图 9-10　多头带绦虫(引自孔繁瑶,1997)

1.成节　2.孕节　3.脑多头蚴

(二)生活史

寄生在犬科动物小肠内的成虫,其孕节脱落后随终末宿主粪便排出体外。节片与虫卵散布在牧场上或饲料及饮水中,被中间宿主牛、羊吞食则进入胃肠道,六钩蚴逸出,借小钩钻入肠黏膜血管内,随血流被带到脑、脊髓中,经 2～3 个月发育为多头蚴。如果被血流带到身体其他部位,则不能继续发育而死亡。六钩蚴在羔羊体内发育较快,感染后 2 周就能发育至粟粒大小,6 周囊体直径可达 2～3 cm,经 8～13 周,直径达到 3.5 cm 左右,并具有发育成熟的原头蚴,但仍可继续生长到 7～8 个月时停止,此时包囊直径可达 5 cm。

犬、狼、狐狸等终末宿主吞食了含有多头蚴的脑、脊髓组织而受感染,多头蚴在消化道中经消化液的作用,囊壁溶解,原头蚴附着在小肠内壁上逐渐发育,经 41～73 d 发育为成虫。成虫在小肠内可生存数年之久。

(三)流行病学

本病为全球性分布,主要流行于非洲和东南亚地区。我国牧区如内蒙古、宁夏、甘肃、青海与新疆多发,尤以 2 岁以下的绵羊易感。特别在牧区,由于有牧羊犬,若在屠宰羊只时将带有脑包虫的羊头喂犬,则增加了犬感染多头带绦虫的机会;犬排出的粪便污染草场、饲料或饮水,造成脑多头蚴病的地方性流行。在非牧区,只要有病原存在,有养犬的习惯,绵羊或牛均能感染,造成该病的广泛流行。

(四)致病作用

感染初期,六钩蚴随血液循环带到脑组织,因虫体在脑膜与脑组织中移行,引起刺激与损伤,产生脑炎与脑膜炎。当多头蚴持续增大,压迫脑髓时,就会引起脑髓局部贫血、萎缩,眼底充血以及脑脊液黏度增高。随着多头蚴不断增大,压迫脑髓的强度亦随之增强,结果导致中枢神经功能障碍,出现强迫运动,并发生痉挛等症状。剖开患畜脑部时,可以找到一个或更多的囊体,有时在大脑、小脑或脊髓表面,有时嵌入脑组织中。患部皮肤常隆起,有压痛。与虫体接触的头骨变薄变软,甚至穿孔。

(五)症状

前期症状以羔羊的急性型最明显,感染初期,六钩蚴移行引起脑部炎症,表现为体温升高,脉搏呼吸加快;甚至强烈兴奋,患畜作回旋、前冲或后退运动;有时沉郁,长期躺卧,脱离畜群。到感染后约8周,多头蚴已发育至相当大小,于是病畜逐渐呈现慢性症状,但尚不显著;大约再经2~6个月,多头蚴继续发育增大,于是逐渐出现典型症状,且随着时间的推移而加剧。但这种典型症状,亦多随囊体寄生部位不同而异。由于虫体寄生在大脑半球表面的概率最高,其形成的典型症状为"转圈运动",所以通常又将脑多头蚴病称为"回旋病"。

当多头蚴寄生在大脑半球时,除常向着被虫体压迫的一侧进行"转圈运动"(图9-11),对侧视神经乳突常有充血与萎缩,造成视力障碍以至失明。严重时食欲消失,身体消瘦,卧地不起而死亡。虫体寄生在大脑正前部时,呈现头下垂,向前做直线运动,在碰到障碍物时,即把头抵在物体上而呆立。寄生在大脑后部时,主要症状为头高举或作后退运动,甚至倒地不起。寄生在小脑时,常使病羊神经过敏,易受惊,对任何喧哗,甚至极小的声音均表现不安,甚至将头高举。四肢作痉挛性或蹒跚的步态,且易跌倒。寄生在脊髓时,主要表现为步伐不稳,在转弯时甚为明显;囊体压力过大时引起后肢麻痹。

图9-11 脑包虫病羊的转圈运动

(引自孔繁瑶,1997)

(六)诊断

由于脑多头蚴病经常有特异性的神经症状,容易与其他疾病相区别;但要注意与某种特殊情况下的莫尼茨绦虫病,羊鼻蝇蛆病以及脑瘤或其他脑病相区分,这些疾病一般不会有头骨变薄、变软和皮肤隆起的现象。近年采用酶联免疫吸附测定诊断,有较强的特异性、敏感性,且没有交叉反应,据报道是多头蚴病早期诊断的好方法。

(七)防治

1.治疗

感染初期(急性型)尚无有效疗法。在后期多头蚴发育增大至能被发现时,可根据包囊的所在位置,用外科手术将头骨开一圆口,先用注射器吸去囊中液体,使囊体缩小,而后摘除之。但这种方法,一般只能应用于脑表面的虫体。在深部的囊体,如能采用X射线或超声波诊断确定其部位,亦有施行手术之可能。

近年来用丙硫咪唑和吡喹酮进行治疗,获得较满意的效果。

2.预防

多头蚴病的控制重在预防。只要不让犬吃到带有脑多头蚴的羊、牛等动物的脑和脊髓,则此病即可得到控制。患畜的头颅、脊柱应进行焚烧深埋;对牧羊犬定期驱虫。

五、细颈囊尾蚴病

【案例】 辽宁省兴城市一羊场有12只绵羊出现消瘦，流涎，精神沉郁，个别有不食，腹泻，腹痛等症状，死亡2只羔羊。剖检病死羊发现，肝脏肿大，其表面有出血点和灰白色的虫道，在羊的肠系膜、大网膜和肝脏浆膜上发现黄豆至鸡蛋大小的半透明囊泡，囊壁上有白点。经询问得知，该羊场养有一只护场的狼犬，绵羊饲养是舍饲与放牧相结合方式。专业兽医综合判断该羊场发病是由于细颈囊尾蚴感染所致。

【问题】 绵羊感染细颈囊尾蚴与养犬和羊的饲养方式有何联系？该从哪几方面着手来控制羊场发生细颈囊尾蚴病？

细颈囊尾蚴病是由带科带属的泡状带绦虫（*Taenia hydatigena*）的中绦期幼虫——细颈囊尾蚴（*Cysticercus tenuicollis*）寄生于猪、羊、牛和其他野生反刍动物的肝脏浆膜、肠系膜、网膜等处所引起的一种绦虫蚴病。本病流行广泛，对仔猪和羔羊有较强致病力，可引起死亡。由于细颈囊尾蚴的寄生，使屠宰动物的内脏大量废弃，从而造成严重的经济损失。

（一）病原形态

细颈囊尾蚴俗称“水铃铛”，乳白色，囊泡状（图9-12）。囊泡的大小不一，直径为55～120 mm。囊壁有两层，外层厚而坚韧，是宿主动物结缔组织形成的外膜，内层薄而透明，是虫体的外膜。在虫体外膜的膜壁上有一个乳白色的结节，即虫体的颈部和内陷的头节。由于其颈节很长，故叫细颈囊尾蚴。

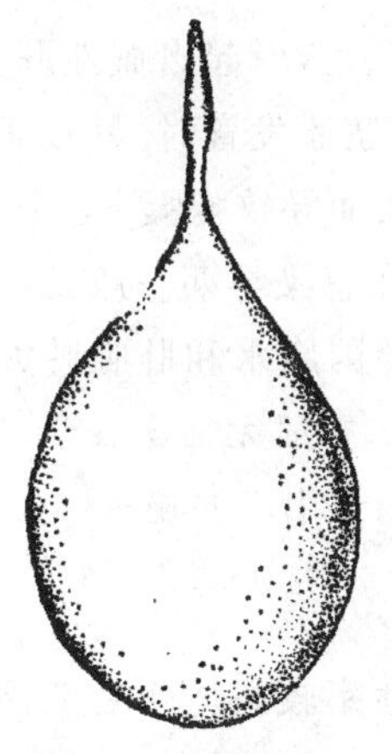

图 9-12　细颈囊尾蚴

（引自孔繁瑶，1997）

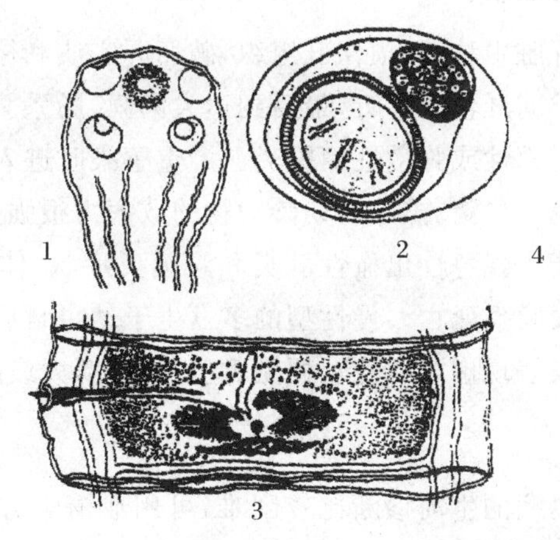

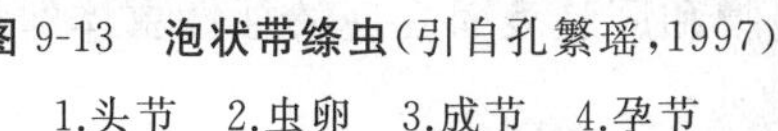

图 9-13　泡状带绦虫（引自孔繁瑶，1997）

1.头节　2.虫卵　3.成节　4.孕节

泡状带绦虫成虫寄生于犬、狼、狐等肉食动物小肠内，体长1.5～2 m，由250～300个节片组成。头节上有顶突和两圈小钩，4个吸盘排列于头节周边部。前部的节片宽而短，向后逐渐加长。成节内含一套雄性和雌性生殖器官，生殖孔在两侧不规则交互开口。孕节长大于宽，其内充满虫卵，子宫侧支为5～16对，上有小的分枝（图9-13）。虫卵为无色透明的圆形或卵圆形，卵壳薄而易破裂，大小为(36～39)μm×(31～35)μm，内含六钩蚴。

(二)生活史

泡状带绦虫寄生在犬及其他野生食肉兽小肠内，随粪便排出孕节、虫卵，散布污染了草地、饲料和饮水，人、猪、羊等中间宿主吞食被虫卵污染的食物或饲料即被感染。虫卵的胚膜被消化液溶解，六钩蚴逸出，借助小钩钻入肠壁随血流至肝，进入肝实质，或移行至肝的表面，发育成囊尾蚴。有些虫体从肝表面落入腹腔而附着于网膜或肠系膜上，经 7～8 周发育成具感染性的细颈囊尾蚴。当屠宰病畜时，摘除内脏丢弃在地，犬等因吞食含有细颈囊尾蚴的脏器而感染，进入小肠后头节伸出，附着于肠壁上，经 50 d 左右逐渐发育为泡状带绦虫，在犬体内泡状带绦虫可存活 1 年左右。

(三)流行病学

该病经口感染，携带泡状带绦虫的病犬为本病的传染源。患犬粪便中排出绦虫的节片或虫卵，随着终末宿主的活动污染了牧场、饲料和饮水而使猪、羊等中间宿主遭受感染。另外，本病属疫源性寄生虫病，在远离人们生活场地的牧地及山林中，野生的肉食兽也可带有此病原，一旦家畜进入其流行圈内，也可感染本病。细颈囊尾蚴主要感染动物为猪、羊，其他动物如牛、骆驼、马、兔、鸡和一些啮齿类动物也可感染。

本病呈世界性分布，我国各地普遍流行，凡是有犬的地方，均可发现本病。由于人们缺乏防治本病的卫生知识，每逢农村宰猪或牧区宰羊时，犬多守立于旁，凡不能食用的废弃内脏便丢弃在地，任犬吞食，这是犬易于感染泡状带绦虫的主要原因。

(四)致病与症状

六钩蚴在肝脏中移行，损伤肝组织，破坏肝实质和微血管，穿成孔道，引起出血性肝炎。大部分幼虫由肝实质向肝包膜移行，最后到达大网膜、肠系膜或其他器官浆膜发育时，其致病力减弱，但有时可引起局部性或弥散性腹膜炎。严重感染时进入胸腔、肺实质而导致胸膜炎和肺炎。

细颈囊尾蚴对仔猪、羔羊等幼龄动物的致病力很强。成年动物在感染早期一般无明显症状。仔猪感染后可能出现急性出血性肝炎和腹膜炎症状，体温升高，腹部因腹水和肝脏肿大而增大，可由于肝炎及腹膜炎死亡。慢性型的多发生于幼虫自肝脏出来之后，一般无临床表现，但影响生长发育。多数仅表现虚弱、消瘦，偶见黄疸，腹部膨大或因囊体压迫肠道引起便秘。

(五)诊断

细颈囊尾蚴病的生前诊断比较困难，可用血清学方法，但假阳性率较高。死后剖检，在腹腔肠系膜、大网膜和肝脏表面发现特征性虫体即可确诊。

(六)防治

1.治疗

吡喹酮，猪按 50 mg/kg 体重的剂量，与液状石蜡按 1∶6 比例混合研磨均匀，分两次间隔1 d 深部肌肉注射，可全部杀死虫体；羊按 50 mg/kg 体重的剂量，口服，有一定疗效。犬可以用吡喹酮、氯硝柳胺和丙硫咪唑口服驱虫。

2.预防

控制本病关键在于管好犬。对犬进行定期驱虫，防止犬散布病原。禁止犬进入畜舍，避免饲料、饮水被犬粪污染。严禁犬类进入屠宰场。有细颈囊尾蚴的废弃内脏必须煮熟后方可喂犬。

六、豆状囊尾蚴病

【案例】 河南省洛阳市一兔场饲养獭兔 1000 多只，10 月份开始发现个别兔出现消瘦，生长迟缓现象。12 月份集中杀兔取皮时发现腹腔肠系膜、大网膜和个别兔肝脏上有数量不等的豌豆状囊泡，没能引起兔场管理员重视。到次年 3～4 月份发现断奶幼兔大批死亡，2 个月内死亡 71 只，另外有 360 多只出现消瘦，生长迟缓，食欲下降和腹部膨大等病征。病死兔剖检后，同样在肠系膜、大网膜和肝脏上发现大量豌豆大小半透明的囊泡，囊壁上有乳白色结节。经询问得知，为了护场，兔场养了 4 只狼犬，时常在兔场四处活动。最后兽医专业人员综合判断该兔场是豆状囊尾蚴感染。

【问题】 护场犬在兔场豆状囊尾蚴发病过程的作用是什么？兔场该如何控制兔豆状囊尾蚴病？

豆状囊尾蚴病是由带科带属的豆状带绦虫（*Taenia pisiformis*）的中绦期幼虫——豆状囊尾蚴（*Cysticercus pisiformis*）寄生于兔的肝脏、肠系膜、大网膜和腹腔内引起的一种绦虫蚴病。成虫寄生于犬科动物小肠内。感染量大可引起幼兔死亡，慢性感染表现为消化功能紊乱和消瘦。

（一）病原形态

豆状囊尾蚴为白色半透明囊泡，豌豆大小（图 9-14）。其囊内含有透明液体和一个头节，头节上有 4 个吸盘，顶突上有 2 圈角质小钩。

图 9-14 豆状囊尾蚴
（引自孔繁瑶，1997）

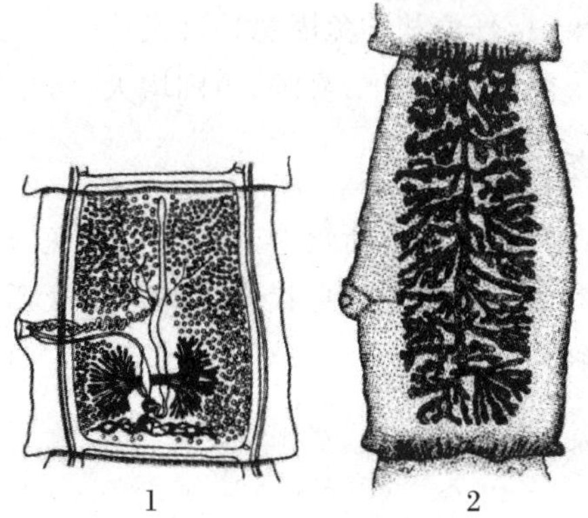

图 9-15 豆状带绦虫（引自孔繁瑶，1997）
1.成节 2.孕节

豆状带绦虫成虫为乳白色，体长 60～200 cm，最大宽度 4.8 mm，共有 200～400 个节片。头节为小球形，上有 4 个吸盘和顶突，顶突上有 31～44 个小钩，呈两圈排列。体节边缘因生殖孔不规则交叉开口于节片侧缘中线之后而呈锯齿状。睾丸 350～450 个，呈卵圆形，主要分布于两侧排泄管内侧。输精管卷曲，不形成外贮精囊。阴茎囊呈纺锤形，内有射精管和阴茎。卵巢分左右两瓣，每瓣有叶状分枝。孕节子宫内充满虫卵，每侧有 8～12 个主侧支，其上又有小分枝，扩展至节片的四周(图 9-15)。虫卵近圆形，大小为(36～40)μm×(32～37)μm，内含六钩蚴。

(二)生活史

成虫寄生于犬科动物的小肠，孕节或虫卵随犬粪排至体外，兔吞食了被虫卵污染的饲料或饮水而感染。虫卵进入兔的胃肠道，六钩蚴在宿主小肠内逸出，钻入肠壁，进入血管，随血流到达肝脏和腹腔处发育，约 1 个月形成囊泡，即为豆状囊尾蚴。实验感染家兔第 11 d，囊泡已形成，囊内充满囊液，黏附在内脏表面，主要在大网膜，一部分游离于腹腔中，有一部分在骨盆腔内和直肠周围的浆膜内继续发育成豆状囊尾蚴。感染后 32 d，囊尾蚴外观发育完全，但尚无感染力，发育至第 39 d 的囊尾蚴才成熟而具有感染力。屠宰家兔时，犬等终末宿主吞食了含豆状囊尾蚴的兔内脏后，豆状囊尾蚴在终末宿主消化道中破裂，囊尾蚴头节附着于小肠壁上，在犬小肠内经 35 d，在狐狸小肠内经 70 d 发育为成虫。成虫在犬体内可存活 8 个月以上。

(三)流行病学

携带豆状带绦虫的犬、狼、狐为本病的传染源，经口感染，兔是易感宿主。随着养兔业的发展，原来豆状带绦虫在野生动物狼、狐和兔类之间循环的流行形式，已逐渐转为家养犬和家兔之间循环的流行。本病呈世界性分布。我国兔场普遍有养护场犬，流行十分广泛，感染率较高。

(四)致病与症状

一般致病作用不明显，幼虫在肝脏移行时，造成肝脏损伤。初期肝脏肿大，表面有大量小的虫体结节。随后结节越来越大，形成条纹状；后期虫体在肝表面出现，并游离于腹腔中。常见严重腹膜炎，腹腔网膜、肝脏、胃肠等器官粘连，肠系膜及网膜上有豆状囊尾蚴。

大量感染时，仔兔和幼兔因急性肝炎死亡。慢性病例主要表现为消化功能紊乱和消瘦，病兔表现为食欲下降，精神沉郁，喜卧，腹围增大，增重缓慢，眼结膜苍白，呈贫血症状。

(五)诊断

豆状囊尾蚴病生前诊断较为困难。根据兔场是否有养犬，以及断奶后幼兔生长缓慢，消瘦，可以初步判断兔场可能流行豆状囊尾蚴病。死后剖检时在肝脏及腹腔肠系膜、大网膜上发现豆状囊尾蚴可确诊。

(六)防治

1.治疗

兔豆状囊尾蚴病目前尚无有效的治疗药物，可试用丙硫咪唑，按 15 mg/kg 体重，每天 1 次，连服 5 d；或吡喹酮，按 25 mg/kg 体重，每天 1 次，连服 5 d。

犬感染豆状带绦虫可用吡喹酮，按 5 mg/kg 体重，一次性投服；或氯硝柳胺，按 100 mg/kg 体重，一次性投服。

2.预防

定期对兔场护场犬进行驱虫，驱虫期间及时清理犬的粪便。对犬进行拴养；防止流浪犬流窜进入兔场。注意兔的饲料和饮水卫生，禁止用犬粪污染了的饲料和饮水喂兔。勿用病兔内脏喂犬，内脏需煮熟后才可喂犬。

第三节 牛、羊绦虫病

一、莫尼茨绦虫病

【案例】 甘肃省肃南县一羊场饲养416只绵羊，其中羔羊182只。9月羊群特别是羔羊群中出现腹泻，精神不振，经常出现空嚼动作，消瘦，可视黏膜苍白，死前出现抽搐和头部后仰等神经症状，有4只羔羊死亡；不少病羊随粪便排出白色结节；粪便镜检发现大量具灯泡样梨形器的虫卵。该羊场经常将羊群赶到山坡上放牧，羔羊从出生到5个多月没有驱虫。兽医专业人员根据症状、粪便检查和流行病学资料综合诊断为莫尼茨绦虫感染。经过氯硝柳胺治疗，同时口服乳酸环丙沙星和补液盐溶液辅助治疗，绝大多数病羊恢复正常。

【问题】 羊是如何感染莫尼茨绦虫的？在哪种草地放牧容易感染该病？如何防治牛、羊的莫尼茨绦虫病？

莫尼茨绦虫病（Monieziosis）是由裸头科（Anoplocephalidae）莫尼茨属（*Moniezia*）的扩展莫尼茨绦虫（*Moniezia expansa*）和贝氏莫尼茨绦虫（*M. benedeni*）寄生于牛、羊、骆驼等反刍动物的小肠中引起的一种绦虫病。对羔羊和犊牛危害严重。该病分布于世界各地，呈地方性流行。

（一）病原形态

莫尼茨绦虫为大型绦虫，长约1～5 m。头节小，上有4个吸盘，无顶突和小钩。体节宽，成节内有两组生殖器官，生殖孔开口于节片的两侧，虫体边缘整齐。卵巢和卵黄腺在近体两侧构成花环状。睾丸数百个，分布于整个体节内。子宫呈网状。扩展莫尼茨绦虫和贝氏莫尼茨绦虫的主要区别在于节片后缘节间腺的形态不同，扩展莫尼茨绦虫的节间腺有5～28个圆形囊泡，沿节片后缘分布；而贝氏莫尼茨绦虫的节间腺呈密集的小点组成的带状，位于节片后缘的中央，仅有扩展莫尼茨绦虫节间腺分布范围的1/3长（图9-16）。虫卵内有灯泡样的梨形器，内含六钩蚴，卵的直径为56～67 μm，扩展莫尼茨绦虫虫卵呈三角形，贝氏莫尼茨绦虫虫卵为四角形。

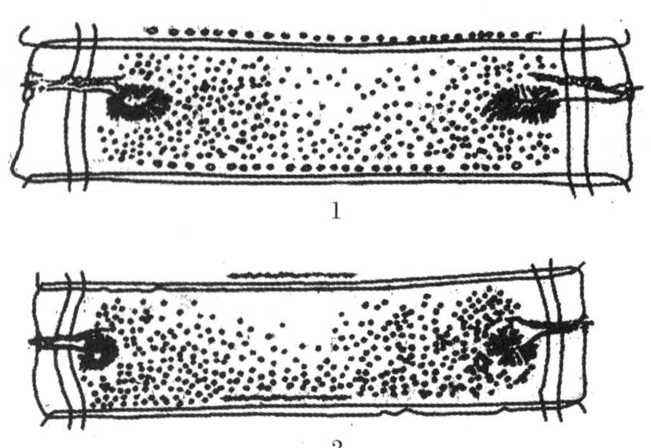

图 9-16　莫尼茨绦虫成节(引自孔繁瑶,1997)
1.扩展莫尼茨绦虫　2.贝氏莫尼茨绦虫

(二)生活史

终末宿主牛、羊等反刍动物将孕节和虫卵随粪便排出体外,虫卵被中间宿主——地螨吞食后,六钩蚴进入地螨体内,发育至具有感染性的似囊尾蚴。反刍动物吃草时吞食了含似囊尾蚴的地螨而感染(图 9-17)。扩展莫尼茨绦虫在羔羊体内经 37～40 d,贝氏莫茨绦虫在绵羊体内经 42～49 d,在犊牛体内经 47～50 d 变为成虫。绦虫在动物体内的寿命为 2～6 个月,后自动排出体外。

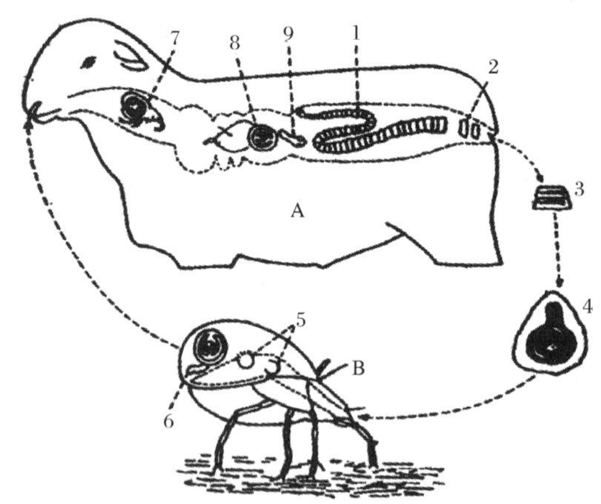

图 9-17　莫尼茨绦虫生活史(引自孔繁瑶,1997)
A.终末宿主　B.中间宿主　1.小肠中的成虫　2.孕节随粪便排出　3.孕节　4.虫卵释出　5.地螨吞食了虫卵,卵在肠内孵化,六钩蚴移行到体腔发育　6.发育成熟的似囊尾蚴　7.地螨被吞食　8.地螨被消化,似囊尾蚴释出　9.头节伸出吸附在肠壁上,5～6 周发育为成虫

(三)流行病学

莫尼茨绦虫为全球性分布,在我国东北、西北、华北、华东、中南和西南各地经常发生。多发于夏、秋季节。莫尼茨绦虫主要危害 1.5～8 个月的羔羊和当年生的犊牛。

动物感染莫尼茨绦虫是由于吞食了含似囊尾蚴的地螨。地螨种类繁多,现已查明有 30 余种地螨可作为莫尼茨绦虫的中间宿主。地螨在富含腐殖质的林区，潮湿的牧地及草原上数量较多，而在开阔的荒地及耕种的熟地里数量较少。性喜温暖与潮湿，在早晚或阴雨天气时，经常爬至草叶上，干燥或日晒时便钻入土中。在 20 ℃，相对湿度 100%时，六钩蚴在地螨体内发育为成熟似囊尾蚴需 47～109 d。成螨在牧地上可存活 14～19 个月。因此，被污染的牧地可保持感染力达两年之久。地螨体内的似囊尾蚴可随地螨越冬。所以，动物在初春放牧一开始，即可遭受感染。本病的流行有明显的季节性，这与地螨的分布、习性有密切的关系。各地的主要感染期有所不同。南方气温回升早，当年生的羔羊、犊牛的感染高峰期一般在 4～5 月份。北方气温回升晚，其感染高峰期一般在 5～8 月份。

(四)致病与症状

莫尼茨绦虫虫体大且生长快，链体每日约增长 8 cm，可夺取大量营养；大量寄生时，可引起宿主肠道堵塞、肠套叠、肠扭转和肠破裂，发生营养障碍或肠炎，导致肠蠕动停止；虫体的大量代谢产物常引起宿主中毒，导致动物发育不良，抵抗力降低。

成年动物一般无临床症状，莫尼茨绦虫对幼畜致病性强，症状主要表现为精神沉郁，消瘦，贫血，粪便变软，后发展为腹泻，粪便中带有黏液和白色能活动的节片，后期有明显的神经症状，最后卧地不起，衰竭死亡。

(五)诊断

清理羊圈和牛舍时，注意查看新鲜粪便，可能找到活动性的、白色的孕节片，将其夹在两块载玻片间压薄，根据虫体的构造便可确诊。还可采用饱和盐水漂浮法检查粪便中的虫卵，结合临床症状和流行病学资料分析进行确诊。

(六)防治

1.治疗

发现畜群中存在莫尼茨绦虫感染，可以用如下药物驱虫：

吡喹酮，剂量为 10～15 mg/kg 体重，一次口服，疗效较好。丙硫咪唑，剂量为 10～20 mg/kg 体重，制成 1%水悬液灌服。氯硝柳胺，剂量为 60～70 mg/kg 体重，配成 10%水悬液灌服。

2.预防

由于动物在早春放牧开始就可感染，所以应在放牧后 4～5 周时进行“成熟前驱虫”；此次驱虫后 2～3 周，最好再进行第二次驱虫。成年动物一般为带虫者，是重要的传染源，故要与幼畜一同驱虫。经过驱虫的动物要及时转移到干净的安全牧场。污染的牧地空闲 2 年后可以净化。土地经过几年的耕作后，地螨量可大大减少，有利于绦虫病的预防。尽可能避免在低洼湿地、清晨、黄昏和雨后放牧，以减少感染。

二、无卵黄腺绦虫病

无卵黄腺绦虫属裸头科无卵黄腺属(*Avitellina*)的中点无卵黄腺绦虫(*Avitellina centripunctata*)寄生于绵羊和山羊的小肠内引起的疾病。经常与莫尼茨绦虫和曲子宫绦虫混合感染。中点无卵黄腺绦虫主要分布于西北，西南及其他地区也有报道。

(一)病原形态

虫体长而窄，可达 2～3 m 或更长，宽度仅有 2～3 mm，头节上无顶突和钩，有 4 个吸盘，节片极短，且分节不明显。成节内有一套生殖器官，生殖孔左右不规则地交替排列在节片的边缘。卵巢位于生殖孔一侧。子宫在节片中央。无卵黄腺和梅氏腺。睾丸位于纵排泄管两侧(图 9-18)。虫卵被包在副子宫器内。虫卵内无梨形器，直径为 21～38 μm。

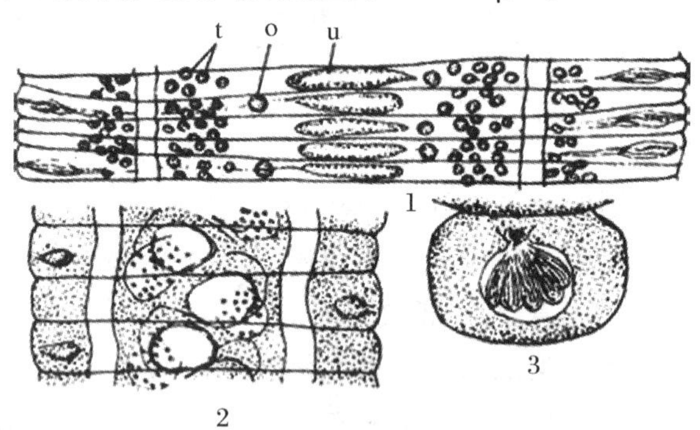

图 9-18 **无卵黄腺绦虫**(引自孔繁瑶，1997)

1.成节 2.孕节 3.副子宫器 t.睾丸 o.卵巢 u.子宫

(二)生活史

生活史尚不完全清楚，有人认为啮虫类为中间宿主。现已确认弹尾目的长角跳虫为其中间宿主。它吞食虫卵后，经 20 d 可在其体内形成似囊尾蚴。绵羊在牧地上食入含似囊尾蚴的小昆虫而受感染。在羊体内约经 1.5 个月的发育变为成虫。

(三)症状与病变

绵羊无卵黄腺绦虫病的发生具有明显的季节性，多发于秋季与初冬季节，且常见于 6 个月以上的绵羊和山羊。有的突然发病，放牧中离群，不食，垂头，几小时后死亡。剖检见有急性卡他性肠炎并有许多出血点，死亡羊只一般膘情均好。

(四)诊断与防治

诊断采用粪便学检查虫卵。防治参阅“莫尼茨绦虫”。

三、曲子宫绦虫病

曲子宫绦虫属于裸头科的曲子宫属(*Helictometra*)。常见的虫种为盖氏曲子宫绦虫(*Helictometra giardi*)，寄生于牛、羊的小肠内。我国许多省、区均有报道。

(一)病原形态

成虫乳白色，带状，体长可达 4.3 m，最宽为 8.7 mm，大小因个体不同有很大差异。头节小，直径不到 1 mm，有 4 个吸盘，无顶突。节片较短，每节内含有一套生殖器官，生殖孔位于节片的侧缘，左右不规则地交替排列。雄茎经常伸出，睾丸为小圆点状，分布于纵排泄管的外侧；子宫管状横行，呈波状弯曲，几乎横贯节片的全部（图 9-19）。虫卵呈椭圆形，直径为 18～27 μm，每 5～15 个虫卵被包在一个副子宫器内。

（二）生活史

生活史尚不完全清楚，有人认为中间宿主为地螨，还有人实验感染啮虫类成功，但感染绵羊未获成功。

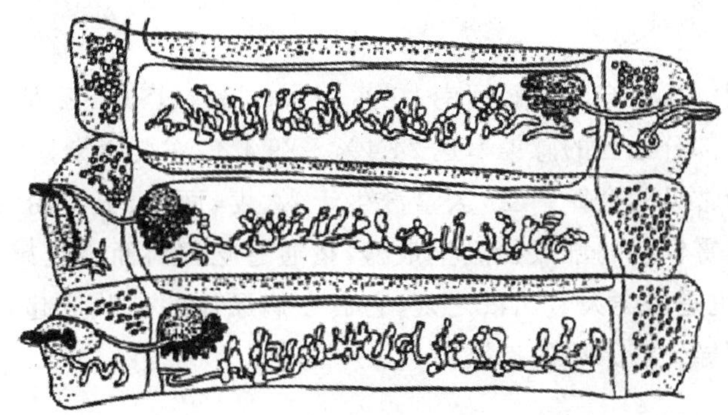

图 9-19　**盖氏曲子宫绦虫成节**（引自孔繁瑶，1997）

（三）流行与症状

动物具有年龄免疫性，4～5 个月前的羔羊不感染曲子宫绦虫，故多见于 6～8 个月以上及成年绵羊。当年生的犊牛也很少有感染，多见于老龄动物。一般情况下，不出现临床症状，严重感染时可出现腹泻、贫血和体重减轻等症状。

（四）诊断与防治

诊断采用粪便学检查，粪检时可在粪便中发现副子宫器，内含 5～15 个虫卵。防治参阅“莫尼茨绦虫”。

第四节　猪伪裸头绦虫病

克氏伪裸头绦虫（*Pseudanoplocephala crawfordi*）属膜壳科（Hymenolepididae），寄生于猪小肠，偶见寄生于人。最初于斯里兰卡野猪体内发现此虫，之后在印度、中国、日本的猪体内也有发现。近年来陕西、辽宁等地相继有人体病例报告。

（一）病原形态

虫体呈乳白色，大小为（97～167）cm×（0.38～0.59）cm。头节上有 4 个吸盘，无钩，颈节长而纤细。体节分节明显，宽度大于长度。睾丸 24～43 个，呈球形，不规则地分布于卵巢与卵黄腺的两侧。卵巢分叶，位于体节中央。卵黄腺为一实体，位于卵巢后部。孕卵子宫呈线状，子宫内充满虫卵。虫卵呈球形，直径为 51.8～110 μm，棕褐色或黄褐色，内含六钩蚴。

（二）生活史

克氏伪裸头绦虫的中间宿主为鞘翅目的一些昆虫。它们大量滋生于米、面、糠麸的堆积处。以虫卵人工感染赤拟谷盗（*Tribolium castaneum*），在 26.5～27 ℃的条件下，24 h 后六钩蚴穿过昆虫的消化道进入血腔，经 27～31 d 发育为似囊尾蚴；用似囊尾蚴感染仔猪，30 d 后在空肠内发现了成熟的绦虫。猪、人的感染是由于误食含似囊尾蚴的甲虫所致。褐家鼠在病原的散布上起重要作用，其感染率可达 21.88%。

（三）流行病学

此病在我国陕西、甘肃、辽宁、山东、河南、江苏、上海、福建、广东、云南、贵州等地呈地方性流行。陕西延安和关中的部分地区的感染率达 24.4%～29.4%，主要感染仔猪。

赤拟谷盗等昆虫为常见的仓库害虫，大量滋生于米、麦、面粉、玉米粉、混合饲料和酒曲等堆积处，尤以阴暗潮湿、发霉饲料的堆放处滋生最盛，猪通过吃饲料而遭受感染。饲料堆积处不但是中间宿主的滋生地，也是鼠类大量出没之处，它们在病原体的扩散上起着重要作用。此外，粮食运输和加工过程亦可导致病原体的扩散。

（四）症状与病变

轻度感染不显症状，重度感染时，患病猪被毛粗乱无光泽，生长发育受阻，消瘦，甚至引起肠阻塞；或有阵发性腹痛、腹泻、呕吐、厌食等症状。剖解可见黏膜充血、细胞浸润，黏膜上皮细胞变性、坏死、脱落和黏膜水肿。

（五）诊断

依据症状与流行特点可做出初步诊断，猪粪中找到虫卵或孕节可做出确诊。

（六）防治

1. 治疗

驱虫药物有下列几种：

(1)硫双二氯酚。按 30～125 mg/kg 体重，混入饲料中喂服。

(2)吡喹酮。按 15 mg/kg 体重，拌入饲料中喂服。

(3)硝硫氰醚。按 20～40 mg/kg 体重拌料，安全有效。

2.预防

猪粪应堆集发酵，进行无害化处理后方可作肥料；尽力杀灭仓库害虫和灭鼠，做好饲料的保管工作，不使其受潮和霉变。

第五节 家禽绦虫病

【案例】 某小型养鸡场鸡只出现食欲降低，渴欲增加，消瘦，贫血，下痢，四肢无力等症状，有的鸡粪便中有血样黏液，重症鸡两肢瘫痪，以后发展到头、颈扭曲，运动失调，终因极度瘦弱而死。发病鸡多以雏鸡为主。成年鸡症状不明显，产蛋率下降或停止，蛋壳颜色变浅，体重增长缓慢，最突出的症状为黑色粪便上有乳白色圆形虫卵，有蠕动感。经调查发现，该养鸡场环境潮湿，卫生条件差，且缺乏良好的饲养管理。

【问题】 上述症状反映鸡感染何种寄生虫病？该病是如何感染的？如何进行诊断及防治？

一、鸡赖利绦虫病

鸡赖利绦虫属于戴文科(Davaineidae)赖利属(*Raillietina*)，寄生于家鸡和火鸡的小肠中。赖利绦虫种类多，在我国各地最常见的鸡赖利绦虫有三种：四角赖利绦虫(*Raillietina tetragona*)、棘沟赖利绦虫(*R. echinobothrida*)和有轮赖利绦虫(*R. cesticillus*)(图 9-20)。

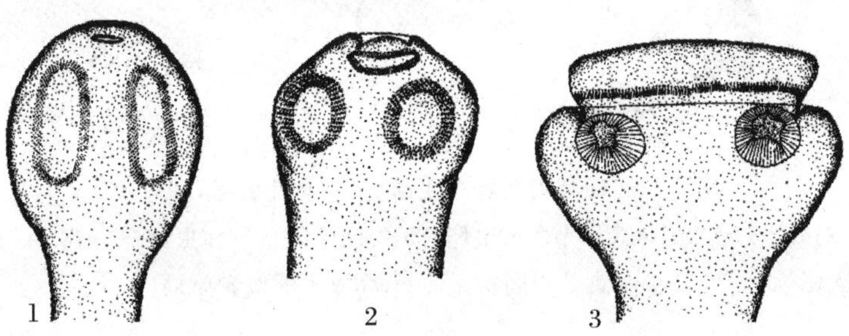

图 9-20 赖利绦虫头节(引自孔繁瑶，1997)

1.四角赖利绦虫 2.棘沟赖利绦虫 3.有轮赖利绦虫

(一)病原形态

1.四角赖利绦虫 寄生于鸡和火鸡小肠后半部，长达 25 cm。头节较小，顶突上有 1～3 行小钩，数目为 90～130 个。吸盘卵圆形，上有 8～10 行小钩。生殖孔位于一侧。孕节中每个卵囊内含卵 6～12 个。虫卵直径为 25～50 μm。

2.棘沟赖利绦虫 寄生于鸡小肠内，其大小和形状均与四角赖利绦虫极为相似，用肉眼不易区别，但其顶突上有 2 行小钩，数目为 200～240 个。吸盘呈圆形，上有 8～10 行小钩。生殖孔位于节片一侧的边缘上。孕节内的子宫最后形成 90～150 个卵囊，每个卵囊内含卵 6～12 个。虫卵直径为 25～50 μm。

3.有轮赖利绦虫 寄生于鸡的小肠内，虫体较小，一般不超过 4 cm，偶可达 15 cm。头节大，顶突宽大肥厚，形似车轮，突出于前端，上有两行共 400～500 个小钩。生殖孔在体侧缘上不规则交替排列。孕节中含有许多卵囊,每个卵囊仅有一个虫卵。虫卵直径为75～88 μm。

(二)生活史

四角赖利绦虫和棘沟赖利绦虫的中间宿主为蚂蚁。孕卵节片和卵袋随鸡的粪便排出体外,被蚂蚁食入后,约经两周发育,六钩蚴发育为似囊尾蚴。鸡啄食含似囊尾蚴的蚂蚁后,似囊尾蚴用吸盘和小钩吸附于终末宿主的小肠壁上,经2～3周发育为成虫(图9-21)。有轮赖利绦虫的中间宿主为多种鞘翅目昆虫,如步行虫科、金龟子科和伪步行虫科的甲虫。已发现的有10个科100种以上的甲虫为其天然的和人工感染的中间宿主。虫卵被中间宿主食入后,经14～16 d发育为似囊尾蚴。鸡啄食含有似囊尾蚴的甲虫后,似囊尾蚴经11～20 d发育为成虫并开始排出孕节。

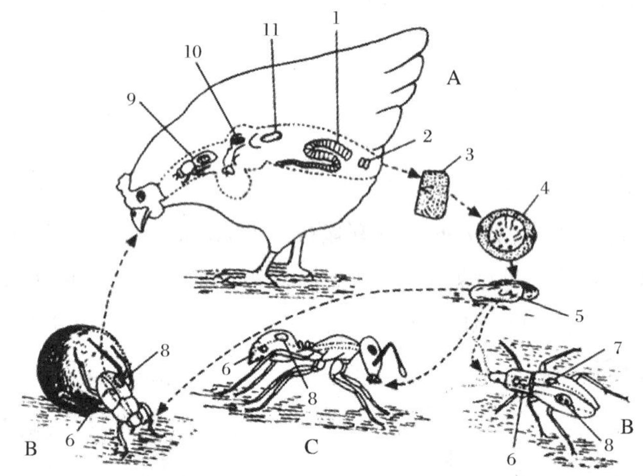

图9-21 四角赖利绦虫生活史(引自孔繁瑶,1997)

A.鸡 B.甲虫 C.蚂蚁 1.成虫 2,3.孕节 4.虫卵 5.粪便中的孕节和虫卵 6～8.六钩蚴发育为似囊尾蚴(6,7.六钩蚴 8.似囊尾蚴) 9,10.被啄食的中间宿主 11.释放出的似囊尾蚴

(三)流行病学

鸡赖利绦虫病呈世界性分布,对养鸡业危害较大,尤其地面平养的土鸡危害更大。在流行区,放养的雏鸡可能大群感染并引发死亡。各种年龄的鸡均可感染赖利绦虫病。但以17日龄以后的雏鸡最易感,常使25～40日龄的雏鸡出现大批死亡。

(四)致病与症状

棘沟赖利绦虫头节的顶突上有许多小钩,当顶突深入肠黏膜时,可使肠壁产生结核状病变(许多小结节似珍珠)(图9-22)。大量虫体聚集在肠内,引起肠阻塞、肠破裂,导致腹膜炎而死亡。虫体代谢产物被吸收后引起中毒,出现神经症状,有的麻痹最后死亡。病鸡在临床上表现为消化不良,食欲减退、腹泻、渴欲增加、体弱消瘦,翅下垂、羽毛逆立、蛋鸡产蛋量下降或停产。雏鸡发育受阻或停止,可能病发其他疾病而死亡。

(五)诊断

根据临床表现作初步诊断,粪便检查虫卵或孕节,剖检病鸡发现虫体便可确诊。

(六)防治

1. 治疗

硫双二氯酚，按 100～200 mg/kg 体重，一次口服。丙硫咪唑，按 15～20 mg/kg 体重，口服，连用 3 d。

2.预防

对鸡群进行定期驱虫，及时清除鸡粪并作无害化处理；雏鸡应放入清洁的鸡舍和运动场上，新购入鸡应驱虫后再合群；鸡舍内外应定期杀灭昆虫。

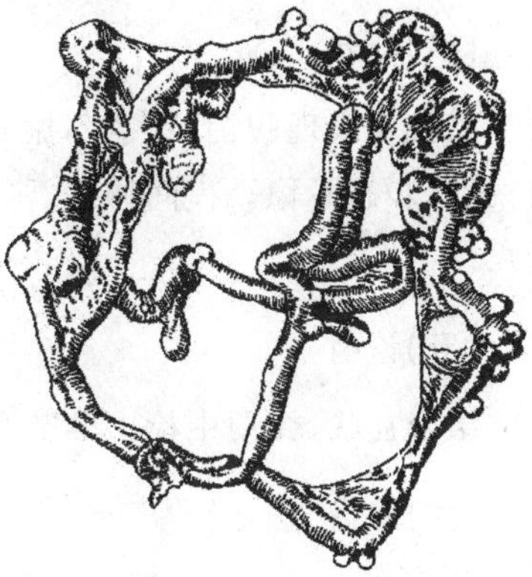

图 9-22　棘沟赖利绦虫病鸡小肠结节

(引自孔繁瑶，1997)

二、剑带绦虫病

剑带绦虫病主要由膜壳科剑带属(*Drepanidotaenia*)的矛形剑带绦虫(*Drepanidotaenia lanceolata*)寄生于鹅、鸭等水禽的小肠内而引起的疾病。本病呈世界性分布，对 2 周龄至 3 月龄以内的雏鹅危害严重，可引起大量死亡。

(一)病原形态

虫体为禽类的大型绦虫，乳白色，体长 6～16 cm，前窄后宽，似矛形。链体有节片 20～40个。头节小，顶突上有 8 个小钩，颈短。睾丸 3 个，呈椭圆形，横列于卵巢内生殖孔的一侧。生殖孔位于节片上角的侧缘(图 9-23)。卵巢分为左右两叶；卵黄腺在卵巢下方；子宫呈细管状，横穿节片中央，孕节子宫呈长囊状。虫卵无色，卵圆形，大小为 100 μm×(82～83)μm。

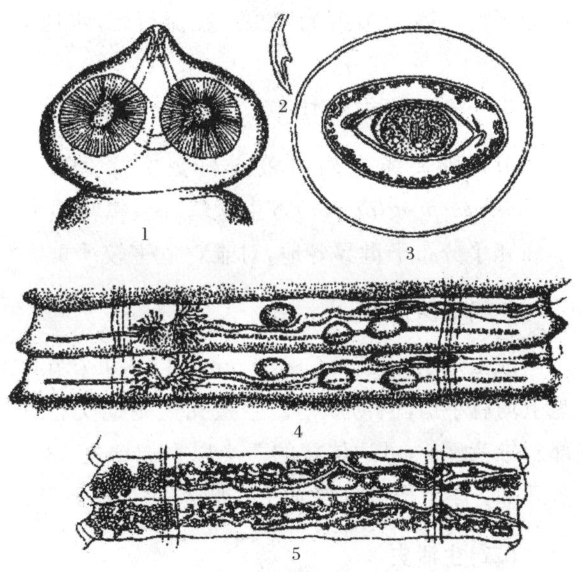

图 9-23　矛形剑带绦虫(引自孔繁瑶，1997)

1.头节　2.小钩　3.虫卵　4.成节　5.孕节

(二)生活史

孕节和虫卵随终末宿主粪便排至体外，在水中被中间宿主剑水蚤吞食后，在其胃内六钩蚴破卵壳而出，钻过肠壁到血腔中发育，在 18～23 ℃条件下，经 7～13 d 发育为成熟的似囊尾蚴。鹅、鸭等禽类吞食含有似囊尾蚴的剑水蚤而受感染，约经 20 d 的发育变为成虫。

(三)流行病学

剑带绦虫病呈世界性分布，多呈地方性流行。江苏、福建、江西、湖南、四川、吉林及黑龙江等省均有报道。雏鹅最易感，严重感染者可引起死亡。成年鹅往往为带虫者。中间宿主剑水蚤在每年的春、夏季大量繁殖，因此该病感染多在早春以后，雏鹅放养于水塘内而获得感染。

(四)症状

患鹅多表现腹泻、食欲不振、生长发育受阻、贫血、消瘦。有的鹅、鸭伴有神经症状，头突然倒向一侧，步态不稳。夜间伸颈、张口、如钟摆样摇头，然后仰卧，做划水动作。严重感染时，常引起死亡。

(五)诊断

结合症状，粪便中检出孕节和虫卵便可确诊。

(六)防治

1. 治疗

对成鹅进行定期驱虫，一般在春秋两季进行，常用药物有：

(1)吡喹酮。按 10～20 mg/kg 体重，一次口服。

(2)硫酸二氯酚。按 100～200 mg/kg 体重，一次口服，连用 3 d。

(3)丙硫咪唑。按 10～25 mg/kg 体重，一次口服，连用 2 d。

2.预防

对成鹅进行定期驱虫，一般在春天放养前和秋天放养后进行；对幼鹅而言，进行成熟前驱虫，放养开始后第 18 d 开始驱虫。在流行区，水池应轮换使用，必要时可停用 1 年后再用。

三、节片戴文绦虫病

节片戴文绦虫病由戴文科戴文属(*Davainea*)的节片戴文绦虫(*Davainea proglottina*)寄生于鸡、鸽、鹌鹑的十二指肠内所引起的疾病。本病几乎分布于世界各地，对雏鸡危害较严重。

(一)病原形态

成虫短小，仅有 0.5～3.0 mm，由 4～9 个节片组成。头节小，顶突和吸盘上均有小钩，但易脱落。生殖孔规则地交替开口于每个体节的侧缘前部。雄茎囊长，可达体宽的一半以上。睾丸 12～15 个，排成两排，位于体节后部。孕节子宫分裂为许多卵囊，每个卵囊只含有 1 个虫卵(图 9-24)。

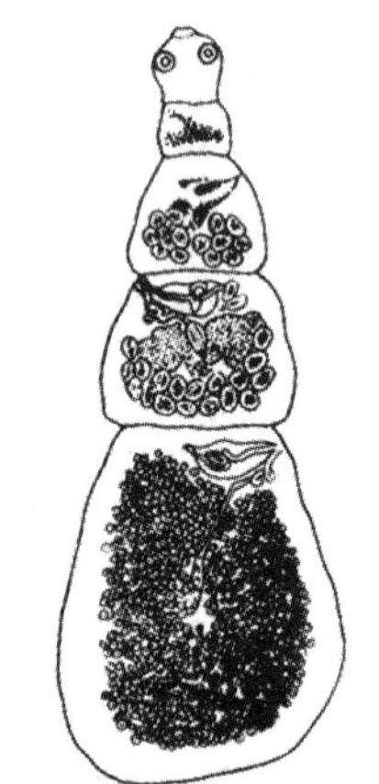

图 9-24 节片戴文绦虫
(引自孔繁瑶，1997)

(二)生活史

节片戴文绦虫的中间宿主是陆地螺或蛞蝓。孕节随宿主粪便排至体外，被中间宿主吞食后，于体内经 3 周发育为似囊尾蚴。禽类啄食含似囊尾蚴的中间宿主而感染，约经 2 周发育为成虫，并可排出孕节和虫卵。

(三)症状与病变

虫体头节深入肠壁，可引起急性炎症。患禽经常发生腹泻，粪中含黏液或带血，高度衰弱，消瘦。有时从两腿开始麻痹，并逐渐发展至全身。剖检病鸡小肠壁肥厚、充血，并充满黏液，严重感染可至死亡。

(四)诊断

粪便检查发现孕节或尸检时找到虫体可确诊。

(五)防治

1. 治疗

可用下列药物:

(1)硫双二氯酚。剂量为 100～200 mg/kg 体重,一次口服。

(2)氯硝柳胺。剂量为 50～60 mg/kg 体重,一次口服。

(3)吡喹酮。剂量为 10～20 mg/kg 体重,一次口服。

(4)丙硫咪唑。剂量为 10～25 mg/kg 体重,一次口服,每天 1 次,连用 2 d。

2.预防

在流行区,应对鸡群进行定期驱虫,及时清除粪便。改变饲养方式,由散养改为笼养,同时提供全价饲料以增强体质。

第六节　马裸头绦虫病

【案例】 某牧区幼驹出现消化不良、间歇性疝痛和腹泻,并渐进性消瘦和贫血。肉眼检查粪便可发现孕卵节片,剖检在肠道发现成虫。

【问题】 上述症状反映幼驹感染何种寄生虫病?该病对马有哪些危害?如何进行诊断、治疗和预防?

马裸头绦虫属于裸头科裸头属(*Anoplocephala*)和副裸头属(*Paranoplocephala*)。寄生于马属动物的小、大肠中。对幼驹危害较大,可导致高度消瘦,甚至因肠破裂而死亡。

在我国对马匹危害严重且常见的种类有:叶状裸头绦虫(*Anoplocephala perfoliata*),其次是大裸头绦虫(*A. magna*),较少见的是侏儒副裸头绦虫(*Paranoplocephala mamillana*)。

(一)病原形态

1.叶状裸头绦虫　寄生于马、驴小肠的后半部,也见于盲肠,常在回盲部的狭小部位群集寄生。虫体乳白色,短而厚,全长 2～5 cm,头节小,上有 4 个吸盘,有耳垂状附属物。无顶突和小钩。体节短而宽,成节有一套生殖器官,生殖孔开口于体节侧缘(图 9-25)。虫卵直径为 65～80 μm,内含梨形器,内有六钩蚴。

2.大裸头绦虫　寄生于马、驴的小肠,偶见于胃中。虫体大小为 8 cm×2.5 cm。头节大,上有 4 个吸盘,无顶突和小钩。颈节极短或无。体节短而宽,成节有一套生殖器官,生殖孔开口于一侧。子宫横行,睾丸在体中部,孕节子宫内充满虫卵(图 9-26)。虫卵近圆形,直径为 50～60 μm,具梨形器,内含六钩蚴。

3.侏儒副裸头绦虫　寄生于马的十二指肠,偶见于胃中。虫体短小,大小为(6～50)mm×

(4～6)mm，头节小，吸盘呈裂隙样(图 9-27)。虫卵大小为 51 μm×37 μm。

图 9-25 叶状裸头绦虫头节
(引自孔繁瑶，1997)

图 9-26 大裸头绦虫头节
(引自孔繁瑶，1997)

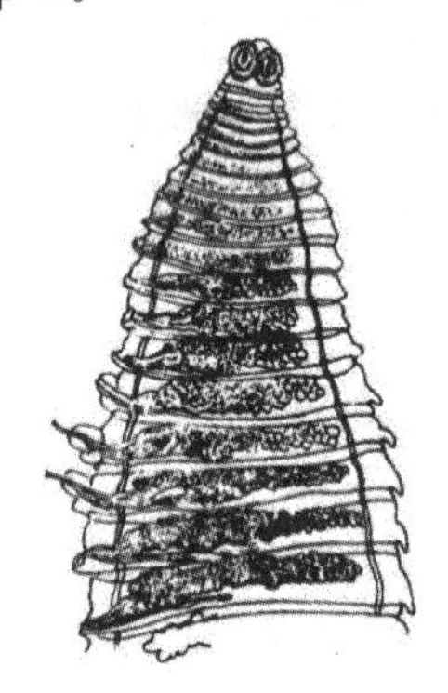
图 9-27 侏儒副裸头绦虫
(引自孔繁瑶，1997)

(二)生活史

发育过程需地螨为中间宿主。虫卵或孕节随马粪排至体外，地螨吞食虫卵后，六钩蚴在其体内 19～21 ℃的条件下，经 140～150 d 发育为似囊尾蚴，含似囊尾蚴的地螨爬在草上，马吞食后而感染，经 4～6 周的发育变为成虫。马裸头绦虫多见于牧区，有明显的季节性，农区较少见。5～7 个月的幼驹到 1～2 岁的小马易感染，动物随年龄的增长而获得免疫力。

(三)流行病学

本病呈世界性分布，地方性流行。我国主要流行于西北牧区，东北牧区发生较少。对 2 岁以下小马危害严重。具有明显的季节性，其中 8 月份感染率最高。马匹多在夏末秋初感染，至冬季或翌年春季出现病状。

(四)症状与病变

虫体寄生部位可引起黏膜炎症和水肿，当受损后易溃疡，一旦溃疡穿孔，便引起急性腹膜炎，导致死亡。感染大量叶状裸头绦虫时，回、盲、结肠均遍布溃疡。回盲狭部阻塞，发生急性卡他性肠炎和黏膜脱落，往往导致死亡。重度感染大裸头绦虫和侏儒副裸头绦虫时，可引起卡他性或出血性肠炎。临床上主要表现为消化不良、间歇性疝痛和腹泻，并引起渐进性消瘦和贫血。

(五)诊断

结合临床症状，进行粪便检查，发现大量虫卵或孕节便可确诊。

(六)防治

1.治疗

(1)硫双二氯酚。剂量为 7～25 mg/kg 体重，投服，药效较好。

(2)氯硝柳胺，剂量为 88～100 mg/kg 体重，投服，安全有效。

2.预防

在流行地区应对马匹进行预防性驱虫，驱虫后粪便集中进行堆积发酵以杀灭虫卵。管理好牧场，马匹最好放牧于人工种植牧草的牧场，因为该地区一般地螨较少，特别是幼驹从开始放牧即可安排于这样的草场。改变夜牧习惯，雨天尽可能改为舍饲，以减少马匹感染绦虫病的机会。

第七节 犬、猫绦虫病

一、犬复孔绦虫病

【案例】 某流浪犬出现呕吐、肠卡他性炎症、贪食和异嗜等症状。病犬消瘦、贫血、消化不良、便秘及有腹泻交替发生的现象，并伴有剧烈兴奋、痉挛或四肢麻痹等神经症状。在粪便中发现绦虫节片及在肛门口挂着尚未落地的孕卵节片。

【问题】 上述症状反映犬感染何种寄生虫病？该病的感染方式有哪些？如何进行诊断及防治？

犬复孔绦虫病（Dipylidiasis）是双壳科（Dilepididae）复孔属（*Dipylidium*）的犬复孔绦虫（*Dipylidium caninum*）寄生于犬和猫的小肠中，而引起的一种常见的绦虫病。偶可感染人体，特别是儿童。

（一）病原形态

新鲜虫体淡红色，固定后为乳白色。体长 10～15 cm，最长可达 50 cm，约有 200 个节片。头节近似菱形，具有 4 个吸盘和 1 个棒状且可伸缩的顶突，其上有约 60 个玫瑰刺状的小钩，常排成 4～5 行（图 9-28）。颈节细而短，近颈部的幼节较小，外形短而宽，往后节片渐大并接近方形，成节和孕节均长大于宽，形似黄瓜子，故又称瓜子绦虫。每个节片都具有雌、雄生殖器官各两套，呈两侧对称排列。两个生殖腔孔对称地分列于节片两侧缘的近中部。成节有睾丸 100～200 个，各经输出管、输精管通入左右两个贮精囊，开口于生殖腔。卵巢两个，位于两侧生殖腔后内侧，靠近排泄管。每个卵巢后方各有一个呈分叶状的卵黄腺。孕节子宫呈网状，内含若干个贮卵囊，每个贮卵囊内含 30 个以上虫卵。虫卵圆球形，直径 35～50 μm，具两层薄的卵壳，内含一个六钩蚴（图 9-29）。

（二）生活史

犬复孔绦虫的中间宿主主要是蚤类，如犬栉首蚤、猫栉首蚤，其次是犬毛虱。成虫寄生于犬、猫的小肠内，其孕节单独或数节相连地从链体脱落，常自动逸出宿主肛门或随粪便排出，并沿地面蠕动。节片破裂后虫卵散出，如被中间宿主蚤类的幼虫食入，则在其肠内孵出六钩蚴，然后钻过肠壁，进入血腔内发育。约在感染后 30 d，当蚤幼虫经蛹羽化为成虫时发育成似囊尾蚴。随着成蚤到终末宿主犬、猫体表活动，该处 31～35 ℃有利于似囊尾蚴进一步成熟。一个蚤体内的似囊尾蚴可多达 56 个，受感染的蚤活动迟缓，甚至很快死亡。当终末宿主犬、猫舔毛时将含似囊尾蚴的病蚤食入，然后似囊尾蚴在其小肠内释出，经 2～3 周发育为成虫。人体常因与误食病蚤的猫、犬接触而感染。

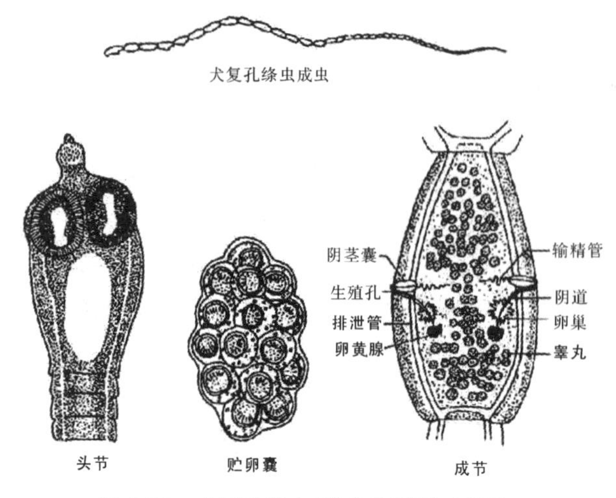

图 9-28 **犬复孔绦虫**(引自孔繁瑶,1997)

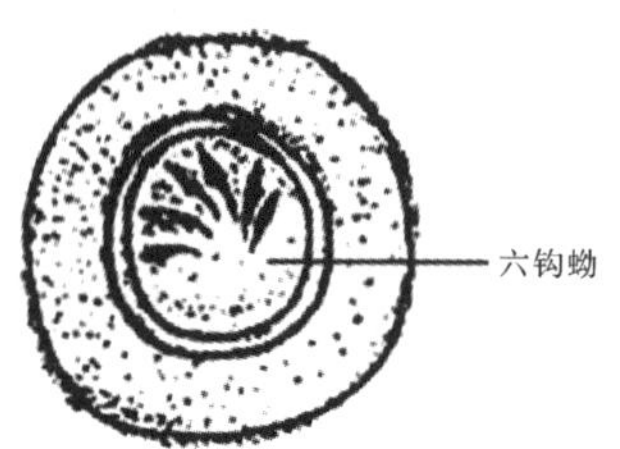

图 9-29 **犬复孔绦虫虫卵**
(引自孔繁瑶,1997)

(三)流行病学

复孔绦虫病广泛分布于全世界各地。犬和猫的感染率很高,狐和狼等也有感染。但人体复孔绦虫病较少见,至今全世界报道仅 200 例左右。患者多为婴幼儿,并有一家人同时感染的报道。我国仅有数例报告,散在北京、辽宁、山西、山东、河南、河北、四川、湖南、福建、广东、广西等地;除 2 例为成人外,其余均为 9 个月～2 岁的婴幼儿,这可能是因儿童与犬、猫接触机会较多的缘故。

(四)致病与症状

轻度感染的犬、猫一般无症状。大量寄生时,虫体以其小钩和吸盘损伤宿主的肠黏膜,引起炎症。虫体吸取营养,影响宿主的生长发育。分泌的毒素引起宿主中毒。虫体聚集成团,阻塞小肠,导致腹痛、肠扭转,甚至肠破裂。幼犬和幼猫严重感染时可引起食欲不振,消化不良、腹痛、腹泻或便秘、肛门瘙痒,甚至神经性中毒。儿童感染有类似症状。

(五)诊断

诊断依据临床症状,结合粪检结果加以判定。如发现粪便中有绦虫节片,用显微镜观察到特征性卵囊,内含个数至 30 个以上的虫卵,即可确诊。

(六)防治

1.治疗

选用下列药物进行治疗:

(1)吡喹酮。犬按 5 mg/kg 体重,猫按 2 mg/kg 体重,一次内服。

(2)丙硫咪唑。犬按 10～20 mg/kg 体重,每天口服一次,连用 3～4 d。

2.预防

对犬进行定期驱虫,驱虫后的粪便应做无害化处理,防止虫卵污染周围环境。此外定期对圈舍和犬体表进行消毒和灭虫，可用蝇毒灵、溴氰菊酯等药物对犬体表上的蚤与虱进行杀灭，以切断本病流行环节。

二、孟氏迭宫绦虫病

孟氏迭宫绦虫亦名孟氏裂头绦虫(*Spirometra mansoni*)，属双叶槽科(Diphyllobothriidae)，寄生于犬、猫和一些食肉动物包括虎、狼、豹、狐狸等动物的小肠中，人偶能感染。

孟氏迭宫绦虫的裂头蚴又名孟氏裂头蚴(*Sparganum mansoni*)，寄生于蛙、蛇、鸟类和一些哺乳动物包括人的肌肉、皮下组织、胸腹腔等处。

(一)病原形态

孟氏迭宫绦虫成虫长度一般为 40～60 cm，最长可达 1 m。头节指状，背腹各有一纵行的吸槽。体节宽度大于长度。子宫有 3～5 次或更多次的盘旋，子宫口开口于阴门下方(图 9-30)。虫卵大小为(52～76)μm×(31～44)μm，淡黄色，椭圆形，两端稍尖，有卵盖。孟氏裂头蚴呈乳白色，长度大小不一，长度为数厘米至 20 cm，扁平，不分节，前端具有横纹(图 9-31)。

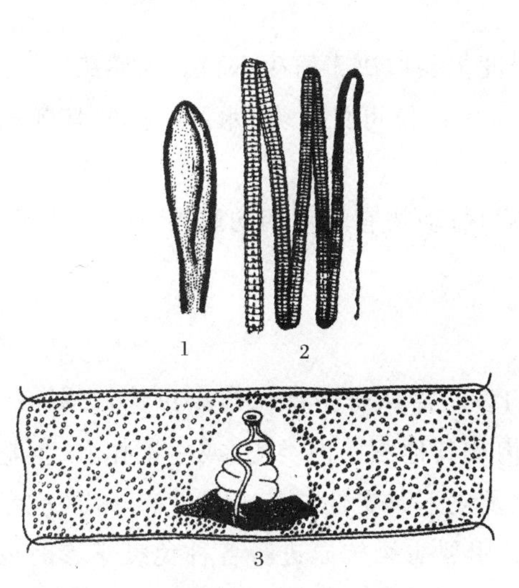

图 9-30 孟氏迭宫绦虫(引自孔繁瑶，1997)
1.头节 2.链体 3.孕节

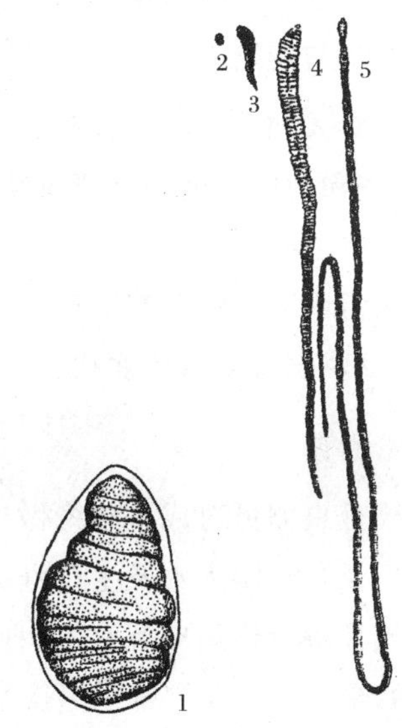

图 9-31 孟氏裂头蚴(引自孔繁瑶，1997)
1.包囊内的虫体 2～5.各种大小不同的蚴带

(二)生活史

孟氏迭宫绦虫的生活史比较复杂。孕节的虫卵从子宫孔产出，随终末宿主的粪便排至体外，在适温的水中，经 3～5 周发育为钩球蚴。孵出后游于水中，被第一中间宿主剑水蚤或镖水蚤食入，在其体内发育为原尾蚴。剑水蚤被第二中间宿主蝌蚪吞食后发育为实尾蚴，又称裂头蚴。当蝌蚪发育成蛙，裂头蚴便寄生在其肌肉与内脏组织中。当带有裂头蚴的蛙被蛇、鸟类等非正常宿主吞食后，裂头蚴不能在其肠中发育为成虫，而是穿出肠壁，移居到腹腔、肌肉或皮下等处继续生存，蛇、鸟即成为其转续宿主。当犬、猫等终末宿主吞食了含有裂头蚴的第二中间宿主或转续宿主后，裂头蚴在小肠内发育为成虫。一般感染后3周可在粪便中检出虫卵。成虫在猫体内的寿命为3年半左右。

人感染裂头蚴是由于误食了含原尾蚴的水蚤，或用生蛙肉或蛇肉局部敷贴伤口或患处时，蛙肉内的裂头蚴经皮肤、黏膜、伤口等处进入人体。在我国某些地区，民间传说蛙有清凉解毒的作用，因此常用生蛙肉敷贴伤口，包括眼和口等部位，若蛙肉中有裂头蚴即可经伤口或正常皮肤、黏膜侵入人体。猪感染裂头蚴可能是因吞食了蛙肉或蛇肉而引起的，裂头蚴多寄生在腹腔网膜、脂肪及肌肉中。

（三）流行病学

本病主要经口感染，多见于东南亚各国。国内主要见于福建、广东、浙江等沿海各省。此外，上海、北京、吉林、贵州、四川、江西、河南、湖南等地也均有发现。我国已有数千例病例的报道。

成虫寄生于犬、猫和一些食肉动物（包括虎、狼、豹、狐狸、浣熊），偶寄生于人。曼氏裂头蚴寄生于人、蛙、蛇、鸟类等。感染途径除了生食蛇肉、蛙肉，用生蛙肉敷贴伤口，误食剑水蚤外，据报道原尾蚴还可通过直接接触皮肤或结膜感染。

（四）致病与症状

裂头蚴对人和动物的危害较成虫严重，其危害程度主要取决于寄生部位。人感染时，主要寄生于眼、皮下和内脏等处。猪严重感染裂头蚴时，在寄生部位可见发炎、水肿、化脓、坏死与中毒反应等。

人感染孟氏裂头蚴时有腹痛、恶心、呕吐等轻微症状；动物有不定期的腹泻、便秘、流涎、皮毛无光泽、消瘦及发育受阻等症状。

（五）诊断

粪便检查虫卵可对成虫感染做出诊断；裂头蚴的诊断需从寄生部位检出虫体，另外，了解有无敷贴蛙皮、蛙肉，喝生水及生食蛙、蛇、鸟等动物的肉或其他不熟肉类史，或生饮蛇血、生吃蛇胆等情况。当具备上述病史且有不明原因的眼部、口腔及皮下游走性结节或慢性感染者，应考虑本病的可能。采用CT等放射影像技术有助于诊断。利用裂头蚴抗原进行各种免疫学诊断也可作为辅助诊断手段。

（六）防治

主要是宣传教育。不食生的或未煮熟的肉类，不饮生水以防感染。在流行区，对犬、猫应进行定期驱虫，防止病原散布。成虫感染可用吡喹酮、丙硫咪唑等药驱除。人的裂头蚴可用外科手术法摘除。

二、阔节裂头绦虫病

阔节裂头绦虫（*Diphyllobothrium latum*）属双叶槽科，寄生于犬、猫、猪等动物的小肠，也可寄生于人，裂头蚴寄生于各种鱼类。

(一)病原形态

成虫可长达 2～12 m,具有 3000～4000 个节片。头节细小,呈匙形,其背、腹侧各有一条较窄而深凹的吸槽,颈部细长。成节和孕节均呈四方形。睾丸数较多,为 750～800 个,雄性生殖孔和阴道外口共同开口于节片前部腹面的生殖腔。子宫盘曲呈玫瑰花状,开口于生殖腔之后。

虫卵呈卵圆形,大小为(55～76)μm×(41～56)μm,浅褐色,两端钝圆,卵壳较厚,一端有明显的卵盖。

(二)生活史

虫卵随宿主粪便排出后,在 15～25 ℃的水中,经过 7～15 d 的发育,孵出钩球蚴。钩球蚴能在水中生存数日,并能耐受一定低温。当钩球蚴被剑水蚤吞食后,即在其血腔内经过 2～3 周的发育成为原尾蚴。当受感染的剑水蚤被小鱼或幼鱼吞食后,原尾蚴即可在鱼的肌肉、性腺、卵及肝等内脏发育为裂头蚴,裂头蚴可随着鱼卵排出。当大的肉食鱼类吞食小鱼或鱼卵后,裂头蚴可侵入大鱼的肌肉和组织内继续生存。直到终末宿主食入带裂头蚴的鱼时,裂头蚴方能在其肠内经 5～6 周发育为成虫(图 9-32)。成虫在终末宿主体内可活 5～13 年。

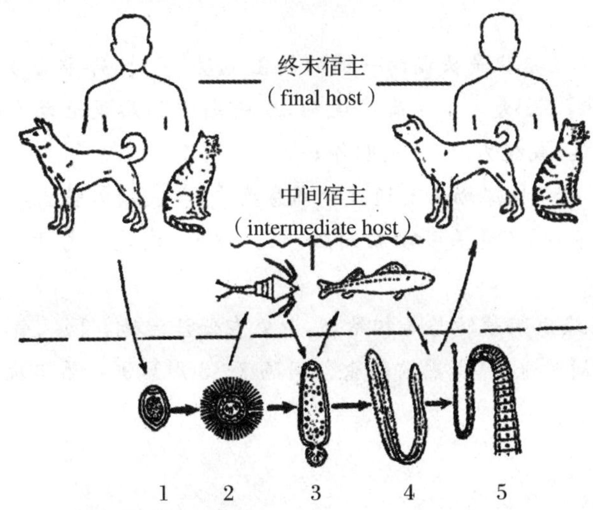

图 9-32　阔节裂头绦虫生活史(引自孔繁瑶,1997)

1.虫卵　2.钩球蚴　3.原尾蚴　4.裂头蚴　5.成虫

(三)流行病学

该病多见于亚寒带及温带的湖泊水区,欧洲、北美和亚洲的一些国家,如日本、朝鲜、菲律宾等地均有流行,中国东北也有少数病例报道。

(四)致病与症状

由于成虫在人体肠内寄生部位不引起特殊病理变化,多数感染者并无明显症状,仅间或有疲倦、乏力、四肢麻木、腹泻或便秘以及饥饿感、嗜食盐等较轻微症状。但有时虫体可扭结成团,导致肠道、胆道口阻塞,甚至出现肠穿孔等。另外,还有阔节裂头蚴在人肺部和腹膜外寄生的报告。

约有 2%的阔节裂头绦虫病人并发绦虫性贫血，这可能是由于与造血机能有关的维生素 B_{12} 被绦虫大量吸收，或绦虫代谢产物损害了宿主的造血机能的缘故。患者除有恶性贫血的一般表现外，常出现感觉异常、运动失调、深部感觉缺失等神经紊乱现象，严重者甚至失去工作能力。与恶性贫血不同之处还在于患者胃分泌液中含有内因子和游离酸，一旦驱虫后贫血即很快好转。

（五）诊断

粪便中找到特征性虫卵可做出诊断。

（六）防治

氯硝柳胺和吡喹酮对成虫有良好的驱虫作用。

在流行区，人勿食生的或半生的淡水鱼。勿将未经处理的粪水灌入江河湖泊中，以防病原散布，勿将生的或半生的鱼或其内脏饲喂犬、猪、猫等。

【本章小结】

1.猪囊尾蚴病宰后检疫判定：切开咬肌、深腰肌和膈肌，肉眼观察是否有黄豆大小、白色半透明呈囊泡状的猪囊尾蚴；

2.羊脑多头蚴病的典型症状是头偏向一侧的转圈运动；另外，羊胞多头蚴寄生在脑部不同区域，病畜出现不同的症状。头或下垂作前冲运动，或头高举作后退运动，或易惊不安，或四肢痉挛，步态蹒跚，或后肢瘫痪，或视力障碍、失明等；

3.棘球蚴病的流行特点：棘球蚴主要通过口部感染牛、羊、猪、骆驼、马等动物和人。携带棘球绦虫的病犬为本病的传染源；随意丢弃动物内脏，任犬吞食，这是犬易于感染棘球绦虫病的主要原因；

4.控制牛、羊的裸头绦虫病须防与治相结合，避免在低洼湿地、清晨、黄昏和雨后放牧，以减少感染机会；放牧后 4～5 周时进行“成熟前驱虫”，间隔 2～3 周后进行第二次驱虫。

【思考题】

1.猪囊尾蚴病的危害与症状是什么？

2.棘球蚴病的综合防治措施是什么？

3.结合泡状带绦虫的生活史，谈谈如何控制猪和羊的细颈囊尾蚴病。

第十章　线虫病

【学习目标】

1.掌握线虫的基本形态、发育和分类；

2.掌握畜禽常见线虫病的症状、诊断和综合防治措施。

第一节　线虫概述

畜禽线虫病是由线形动物门(Nemathelminthes)线虫纲(Nematoda)中寄生于家畜和家禽的多种线虫引起的一类疾病。在畜禽蠕虫病中，由寄生线虫引起的占一半以上，其中大部分属于土源性寄生虫。线虫分布十分广泛，几乎遍布于所有的畜禽存在地区；几乎各种动物的各种脏器和组织都有线虫的寄生，而且多表现为混合寄生。动物寄生线虫不仅给养殖业造成严重的经济损失，而且还可以感染人，如旋毛虫等，严重影响人类的健康。

一、线虫的形态

(一)外部外形

线虫身体不分节，大多呈线状、圆柱状，有的呈纺锤形或毛发状等，多为两侧对称。线虫虫体一般分为头端、尾端、背面、腹面和侧面。体表有口、排泄孔、肛门和生殖孔。雄虫的肛门和生殖孔合为泄殖腔。活体线虫常呈乳白色或淡黄色，而吸血的线虫则呈粉红色、血红色或棕色。线虫大小差别很大，小的很小，如旋毛虫雄虫仅长 1～1.8 mm，但大的可以很长，如猪蛔虫雌虫可长达 40 cm，麦地那龙线虫雌虫长达 1 m。寄生于畜禽的线虫均为雌雄异体，雄虫后端不同程度地弯曲，有辅助交配器官。雌虫尾部直，一般较雄虫大。

(二) 体壁

线虫体壁由角皮层、皮下层及肌肉层组成。角皮层覆盖体表，透明无结构，由皮下组织分泌物形成。角皮表面光滑或有横纹、纵纹等。虫体外表通常有由角皮参与形成的特殊结构，如头泡(cephalic vesicle)、颈翼(cervical alae)、唇片(lips)、叶冠(leaf crown)、尾翼(caudal alae)、乳突(papillae)、交合伞(bursa copulatrix)、交合刺等(图 10-1)，有附着、感觉和辅助交配等功能。皮下组织紧贴在角皮基底膜之下，由一层合胞体(syncytium)细胞组成。在背面、腹面和两侧中央部的皮下组织增厚，形成背索(dorsal chord)、腹索(ventral chord)和两条侧索(lateral chord)。背、腹索中有神经干，侧索内有排泄系统通过。皮下组织下面为肌层，由单层肌细胞组成；肌细胞由可收缩的纤维部分和不可收缩的细胞体组成。前者邻接皮下层，后者突入原体腔，内含核、线粒体、内质网及糖原和脂类等(图 10-2)。

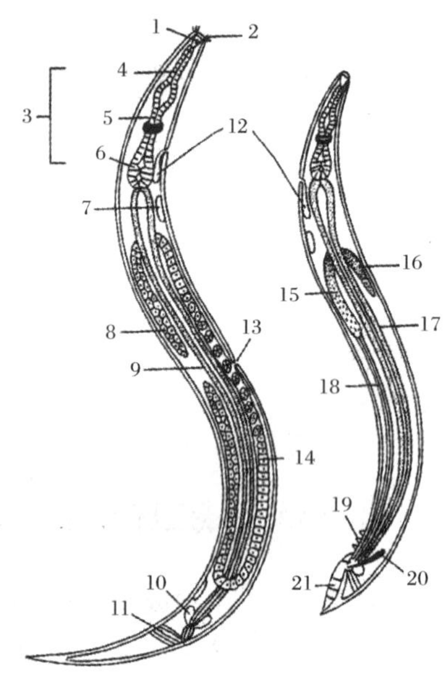

图 10-1　线虫的基本形态(引自汪明，2003)

1.口腔　2.乳突　3.食道　4.体部　5.狭　6.球部　7.体腔细胞　8.卵巢　9.肠道　10.尾腺　11.肛门括约肌　12.排泄腺　13.阴门　14.子宫　15.贮精囊　16.睾丸　17.肠道　18.输精管　19.生殖乳突　20.交合刺　21.交合伞

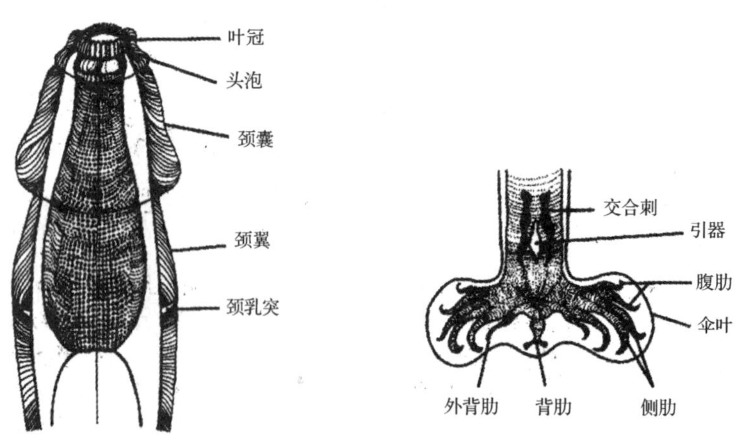

图 10-2　线虫角皮的分化构造

(引自 Urquhart，2003)

(三)内部构造

1.消化系统

线虫的消化系统为一直管状,包括口腔、咽、食道(oesophagus)、肠、直肠(rectum)和肛门。口腔位于头部顶端,口周围有唇片、叶冠、角质环或有齿、板等构造(图 10-3)。口与食道之间有口腔,有的线虫口腔内形成硬质构造,称为口囊(buccal capsule)。许多线虫的口囊内有齿、口针(stylet)或切板(cutting plate)等构造。圆线科线虫的口囊较大,采食宿主肠道的黏膜组织;毛圆科线虫的口囊小或口孔简单,采食黏液或细胞碎屑。线虫食道(咽管)通常为肌质结构,管腔呈三角形辐射状,其功能是将食物泵入肠道。食道壁内有食道腺(oesophageal glands),分泌消化液,帮助消化食物。有的线虫在其食道末端处还有小胃(ventriculus)。按其结构可分为杆状型食道、丝状型食道、球状型或灯泡型食道、双球状型或双灯泡型食道、肌腺型食道和毛尾型食道等 6 种,线虫食道常作为其分类鉴定的依据(图 10-4)。线虫食道后为管状的肠、直肠和肛门。直肠很短,雌虫直肠的末端是肛门,单独开口于雌虫尾部。雄虫直肠末端有开口于尾部腹面的一个类似肛门的泄殖孔,输精管开口于此处,交合刺从这里伸出。从肛门或泄殖孔到虫体末端的部分称为尾部。线虫的尾部形态是分类鉴定的依据之一。

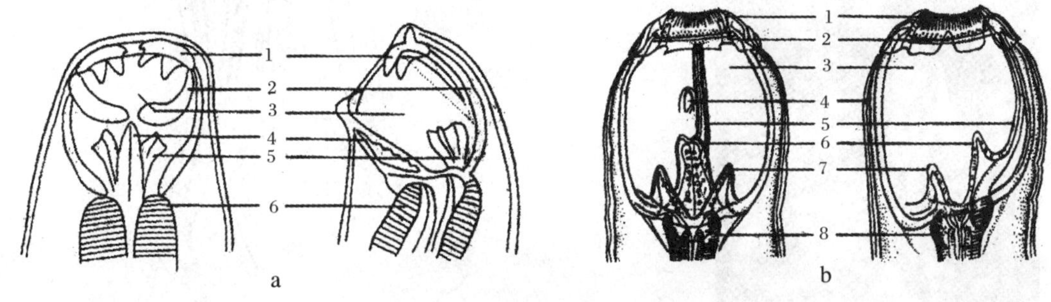

图 10-3　线虫口腔模式图(引自汪明,2003)

a.十二指肠钩口线虫:1.腹齿　2.口囊边缘　3.口囊　4.背板　5.扁平齿　6.食道

b.马圆形线虫:1.叶冠　2.乳突　3.口囊　4.腺管开口　5.背沟　6.亚背齿　7.亚腹齿　8.食道

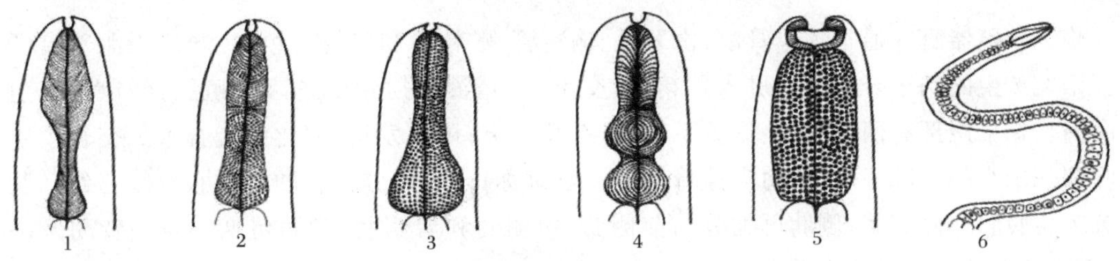

图 10-4　线虫食道的基本形状(引自 Urquhart,1996)

1.杆状型　2.丝状型　3.球状型　4.双球状型　5.肌腺型　6.毛尾型

2.排泄系统

线虫的排泄系统有腺型和管型两类。无尾感器线虫的排泄系统为腺型,而有尾感器线虫的排泄系统为管型。排泄孔通常开口于食道部腹面正中线上,同种类线虫其位置固定,具有分类意义。

3.神经系统

线虫的神经系统位于食道部的神经环，相当于中枢，由神经纤维和神经节组成。由此向前后各伸出若干条神经干，分布于虫体各部位。体表的乳突、头感器或尾感器均是神经感觉器官。

4.生殖系统

线虫绝大多数为雌雄异体。雌虫尾部较直，雄虫尾部弯曲或卷曲；一般雌虫较大，因其体内载有大量虫卵。

雌性生殖器官　多为双管型（双子宫型），少数单管型（单子宫型），个别为多管型。双管型子宫有两组生殖器，最后由两条子宫合成一条阴道。雌性生殖器官包括卵巢、输卵管、子宫、阴道、阴门。有些虫种在子宫和阴道的交汇处还有肌质的排卵器，它可以辅助排卵；有的线虫还有一个明显的阴门盖（图 10-5）。依虫种的不同，阴门可位于虫体腹面的前部、中部或后部。阴门及阴门盖的形态及位置通常具有分类意义。

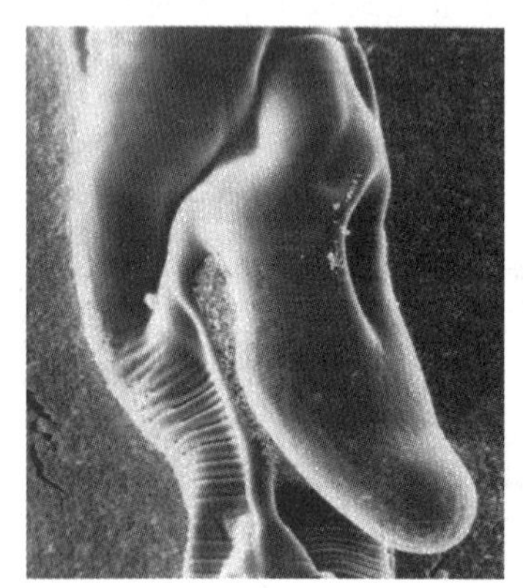

图 10-5　毛圆线虫阴门盖电镜扫描图

（引自 Urquhart，1996）

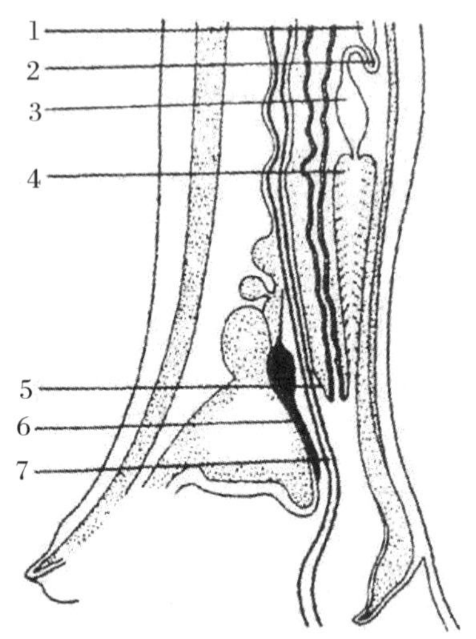

图 10-6　雄虫生殖器官（引自陈心陶，1960）

1.睾丸　2.输精管　3.贮精囊　4.胶黏腺　5.射精管　6.引带　7.交合刺

雄性生殖器官　通常为单管型，由睾丸、输精管、贮精囊和射精管组成，开口于泄殖腔（图 10-6）。睾丸产生的精子经输精管进入贮精囊，交配时，精液从射精管进入泄殖腔，经泄殖孔射入雌虫阴门。雄虫尾部有两种类型：尾翼不发达，有性乳突；尾翼发达，演化为交合伞。交合伞由两个侧叶和一个小的背叶组成，由肋支撑着。肋一般对称排列，可分为腹肋、侧肋、背肋三组。腹肋可细分为腹腹肋和侧腹肋；侧肋可细分为前侧肋、中侧肋和后侧肋；背肋包括一对外背肋及一个背肋，背肋的远端有时再分为数支。

二、线虫的发育

（一）线虫的生殖方式

根据雌虫产出的虫卵发育情况，线虫生殖方式有卵生（oviparity）、卵胎生（ovoviviparity）和胎生(viviparity)三种：

卵生：线虫雌雄虫交配后，雌虫产出的虫卵处于单细胞期或桑葚期，如蛔虫卵、毛尾线虫卵及圆线虫卵。

卵胎生：线虫雌雄虫交配后，雌虫产出含幼虫的虫卵，如后圆线虫卵、类圆线虫卵和多数旋尾线虫卵均属此生殖方式。

胎生：线虫雌雄虫交配后，由雌虫直接产出幼虫，如旋毛虫和恶丝虫属此生殖方式。

(二)线虫的基本发育阶段

线虫的发育，一般经过虫卵、幼虫、成虫三个阶段。

1.虫卵　线虫虫卵随种类不同而呈黄褐色、灰褐色或无色透明，不同种类线虫的虫卵大小和形状差异很大。虫卵卵壳厚度不一，通常由三层构成，由内到外分别为脂质层、几丁质层和蛋白质层。脂质层较薄，无渗透性；几丁质层较坚韧，多数线虫的卵盖或卵塞均由几丁质层形成，且该层越厚，虫卵的颜色就越偏黄色。蛋白质层对外界环境有较强的抵抗力，如蛔虫的蛋白质层很厚，可使其在外界中生存数年仍然保持生命力。

2.幼虫　虫卵成熟后，经 5 个幼虫期，即第 1 期幼虫(L1)、第 2 期幼虫(L2)、第 3 期幼虫(L3)、第 4 期幼虫(L4)和第 5 期幼虫(L5，未成熟的成虫)，其间经 4 次表皮的脱落，即蜕皮发育，前两次一般在外环境中完成，后两次在宿主体内完成。从侵入终末宿主至成虫排出虫卵或幼虫于宿主体外的时间称为潜在期，不同种类线虫的潜在期通常存在差异，这是线虫的一个重要生物学特征。

3.成虫　线虫雌雄虫交配后，雌虫产出新一代的虫卵或幼虫，在外界或中间宿主体内继续上述的发育过程。

(三)线虫发育的类型

根据线虫是否需要中间宿主，可将线虫的发育分成两大类型：直接发育型(土源性)(Direct development type)和间接发育型(生物源性)(Indirect life cycle)线虫。

1. 直接发育型　线虫的发育不需要中间宿主，虫卵在外界环境中(例如土壤及粪便)孵化，形成感染性虫卵，或蜕皮 2 次，发育成为感染性 L3，被终末宿主食入。也有些是穿过终末宿主皮肤而感染。由于直接发育型线虫通常在土壤中发育到感染期，故又称为土源性线虫(soil nematodes)。这种发育模式包括蛲虫型、毛尾线虫型、蛔虫型、圆线虫型、钩虫型。

2. 间接发育型　线虫的发育需要中间宿主如昆虫和软体动物等的参与，幼虫通常在中间宿主体内经 2 次蜕皮发育为感染性 L3；终末宿主因摄食了含有感染性 L3 的中间宿主而感染，或中间宿主吸血、采食时将感染性幼虫输入终末宿主而使终末宿主感染。由于间接发育型线虫需在中间宿主体内发育到感染期，故又称为生物源性线虫。这种发育模式包括旋尾线虫型、后圆线虫型、丝虫型、龙线虫型、旋毛虫型。

三、线虫的分类

线虫数量大，种类繁多，因此对线虫进行分类是一项十分复杂的系统工程。在对线虫进行分类时，由于不同的专家、学者侧重于线虫不同的形态学、生物学等特征，因此迄今已有多种不同的线虫分类系统，其中比较著名的有：Yamaguti(1961)，陈心陶(1965)，Levine(1968)，Schmidt 及 Roberts(1985)，Skryabin 等(1991)，孔繁瑶(1997)等分类系统。下面介绍被国际、国内寄生虫学界广泛接受和采用的 Schmidt 及 Roberts(1985)的线虫分类系统。

线虫属于线形动物门，门以下分为两个纲：尾感器纲(Secernentea，Phasmida)和无尾感器纲(Adenophorea，Aphasmida)。

(一)尾感器纲

有尾感器，但在寄生成虫时不易观察到。头感器一般不发达，有小的简单的孔开口于唇上或附近。尾乳突数目常很多，基本数目 21 个，颈乳突常见。排泄系统具侧管。无尾腺和皮下腺；卵不具塞，少数一端具有卵盖。第 3 期幼虫对终末宿主有感染性；自由生活或寄生于植物、脊椎动物、无脊椎动物。

尾感器纲下分杆形目(Rhabditata)、圆线目(Strongylata)、蛔目(Ascaridata)、尖尾目(Oxyurata)、旋尾目(Spirurata)、丝虫目(Filariata)和驼形目(Camallanata)，其中圆线目有交合伞，其他均无交合伞。

1.杆形目

微形至小型线虫，通常有 6 片唇；自由生活期，具典型的杆线虫型食道，分为前面的体部、中间的狭部及后面的球部，在体部与狭部之间常见假食道球；在寄生期常无食道球；口囊小或缺乏；雌、雄虫尾部均为圆锥状；交合刺相同；常具引器；寄生世代营孤雌生殖(宿主体内只有雌虫)或雌雄同体，自由生活世代雌雄异体，两世代交替进行；为两栖类及爬行类肺部的寄生线虫，或两栖类、爬行类、鸟类及哺乳动物肠道的寄生线虫。杆形目下与兽医学有关的主要有类圆科(Strongyloididae)和小杆科(Rhabditidae)。

2.圆线目

通常为细长型虫体；食道后端常膨大，呈棒状，但无明确的食道球；雄虫具有发达的、由肋支撑的交合伞；通常为卵生；可寄生于所有纲的脊椎动物，但少见于鱼类。圆线目线虫在动物寄生虫学上占有十分重要的地位，种类繁多，与兽医学有关的主要有：裂口科(Amidostomatidae)、钩口科(Ancylostomatidae)、管圆科(Angiostrongylidae)、网尾科(Dictyocaulidae)、后圆科(Metastrongylidae)、原圆科(Protostrongylidae)、冠尾科(Stephanuridae)、圆线科(Strongylidae)、比翼科(Syngamidae)、毛圆科(Trichostrongylidae)、盅口科(Cyathostomidae)及食道口科(Oesophagostomatidae)等。

3.蛔目

粗大型虫体，通常有 3 片唇，个别虫种具 2 片唇或无唇；无口囊，食道简单，个别虫种有小胃；少数种有肛(泄殖孔)前吸盘；雄虫尾部常弯向腹面；雌虫阴门位于体中部稍前，卵壳厚，常有凹凸不平的外层。蛔目下分为 10 多个科，与兽医学有关主要是下面 4 个科：蛔科(Ascaridae)、禽蛔科(Ascaridae)、弓首科(Toxocaridae)及异尖科(Anisakidae)。

4.尖尾目

通常有长而尖的尾，故又称蛲虫。食道有后食道球，内腔有瓣或小齿或嵴，且与食道前部有狭相连，尾翼通常很发达，有些种具泄殖腔前吸盘，雌虫阴门在体前部，虫卵壳薄，多数种两侧不对称，产出时通常已完全胚胎化。为直接发育型。成虫寄生于宿主大肠，具有严格宿主特异性。尖尾目下与兽医学关系密切的有 2 个科：尖尾科（Oxyuridae）和异刺科（Heterakidae）。

5.旋尾目

口周有 6 片小唇，或由 1 个角质环围绕，或有 2 片侧假唇（lateral pseudolabia）；有口囊；通常头部有饰物；食道常分为短的前肌质部及长的后腺质部，无后食道球；雄虫尾部旋转卷曲，交合刺的大小及形状各异；雌虫阴门位于体中部或靠前端，子宫中虫卵很多，卵内含幼虫；寄生于宿主消化道、眼、鼻腔等处；发育为间接型，需非吸血性节肢动物作为中间宿主。与兽医学有关的约有 9 个科：华首科（也称锐形科 Acuariidae）、似蛔科（Ascaropsidae）、颚口科（Gnathostomatiidae）、筒线科（Gongylonematidae）、柔线科（Habronematidae）、泡翼科（Physalopteridae）、旋尾科（Spiruridae）、四棱科（Tetrameridae）及吸吮科（Thelaziidae）。

6.丝虫目

口无唇；大多数种无口囊，食道通常分为前肌质部和后腺质部，交合刺通常不等长，胎生或卵胎生，雌虫阴门开口于食道部或头端附近，中间宿主为吸血节肢动物，为陆生脊椎动物各种组织或呼吸系统的寄生虫。与兽医学有关的有 4 个科：双瓣科（Dipetalonematidae）、丝虫科（Filariidae）、盘尾科（Onchocercidae）及腹腔丝虫科（也称丝状科 Setariidae）。

7.驼形目

无唇；口囊有或无；食道长，明显地分为前肌质部及后腺质部；雌虫远大于雄虫；交合刺等长或不等长；卵胎生；为水生及陆生脊椎动物包括人的组织、体腔、气囊、循环系统或消化系统的寄生虫。驼形目下分为 8 个科，其中与兽医学有一定关系的只有龙线科（Dracunculidae）。

（二）无尾感器纲

无尾感器；头感器一般发达（寄生者例外），位于唇后，开口处构造较复杂。无尾乳突或尾乳突数目很少，无颈乳突。排泄系统无侧管，且末端无角皮衬里；尾腺和皮下腺常见；卵两端有塞，或在子宫中孵出幼虫，第 1 期幼虫常有小刺，常对终末宿主有感染性。多数为自由生活，少数系植物寄生虫或无脊椎动物的寄生虫。

无尾感器纲下分毛尾目（Trichurata）和膨结目（Dioctophymata）。

1. 毛尾目

虫体前端比后端细，无唇及口囊或明显退化；食道呈念珠状，中间为细长的毛细管腔，有一排或多排大且呈腺质的杆细胞；有杆状带（bacillary band）。雌、雄虫均有一个生殖腺；雄虫仅有 1 根交合刺或无交合刺；卵的两端有卵塞。毛尾目下与兽医学有关的有 3 个科：毛形科（Trichinellidae）、毛尾科（Trichuridae）及毛细科（Capillariidae）。

2.膨结目

虫体粗大；某些种的前端角皮上有棘；食道腺高度发达；唇及口囊退化，食道呈圆柱状；肛门位于雌、雄虫的尾端；雄虫有一肌质交合伞，有交合刺 1 根；雌、雄虫均有一个生殖腺；虫卵壳厚，表面有大小及形态各异的突起或小穴。膨结目下与兽医学有关的有 2 个科：膨结科（Dioctophymatidae）及芽结科（Soboliphymatidae）。

第二节　猪线虫病

一、旋毛虫病

【案例】 某屠户对所购买的一头外观健康，无任何临床症状的猪进行屠宰发现，猪的肌纤维有坏死，萎缩，肌间结缔组织大面积增生，肌纤维内有小白点样病灶，撕去肌膜观察发现有椭圆形的白色小点。防疫人员取膈肌压片在显微镜下观察，发现有椭圆形、呈螺旋状盘曲的虫体包囊。

【问题】 根据猪的肌肉组织检查结果，该病最可能是什么病？其感染途径是什么？如何进行防治？

旋毛虫病(Trichinellosis)是由毛形科(Trichinellidae)毛形属(*Trichinella*)的旋毛形线虫(*Trichinella spiralis*)所引起的一种人兽共患寄生虫病。旋毛虫成虫寄生于肠道，幼虫寄生于横纹肌。猪、鼠、犬、猫、狐、狼等近50多种动物以及人均可感染。由于误食含有幼虫包囊的生猪肉而发生旋毛虫病可使人死亡，因此该病是肉品卫生检验的重要项目之一，在公共卫生上具有十分重要的意义。

(一)病原形态

旋毛虫成虫细小，呈毛发状，雄虫大小为1.2～1.6 mm，雌虫大小为3～4 mm。虫体前部较细，后部较粗(图10-7)。成虫消化道简单，由口腔、咽、食道、肠管和肛门组成。食道约占整个体长的1/3，其前端无食道腺细胞围绕，其后的全部长度均由一列相连的食道腺细胞所包围。雄虫尾端有泄殖孔，泄殖孔外侧具有1对呈耳状的交配叶(copulation lobe)，内侧有2对小乳突(lesser papilla)。无交合刺(spicules)及刺鞘。雌虫肛门位于尾端，阴门位于虫体食道中部，卵巢位于虫体的后部，呈管状。卵巢之后连有一短而窄的输卵管，在输卵管和子宫之间为受精囊。在子宫内可以观察到早期的幼虫。旋毛虫属胎生，通常将寄生于小肠的成虫称为肠旋毛虫，寄生于横纹肌的幼虫称为肌旋毛虫。

肌旋毛虫的包囊小，大小为0.25～0.50 mm。在猪肉内常为梭形，其长轴与肌纤维平行，囊内一般含有1条幼虫(图10-8)，但少数也含有6、7条。

(二)生活史

旋毛虫的发育不需要在外界进行，成虫和幼虫寄生于同一宿主，宿主感染时，先为终末宿主，后为中间宿主，但旋毛虫要延续生活史必须更换宿主。

宿主摄食了含有旋毛虫幼虫包囊的动物肌肉即被感染。数小时后，在胃蛋白酶作用下，肌肉组织及包囊被溶解，从而释放出幼虫，幼虫进入十二指肠和空肠的黏膜细胞内，在48小时内，经4次蜕皮即可发育为性成熟的肠旋毛虫。雌雄成虫交配后，雄虫大多死亡，排出宿主体内。雌虫受精后钻入肠腺或肠黏膜中继续发育，子宫内受精卵发育为新生幼虫，并从阴门排出。雌虫的产幼虫期可持续 4～16 周，一条雌虫可以产 1500～2000 条以上幼虫。雌虫的寿命一般为 1～4 个月，其死亡后随宿主粪便排出体外。

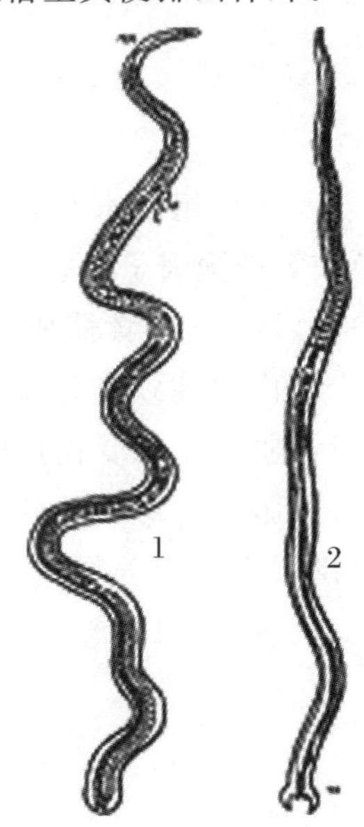

图 10-7　旋毛虫成虫（引自孔繁瑶，1997）
1. 雌虫成虫　2. 雄虫成虫

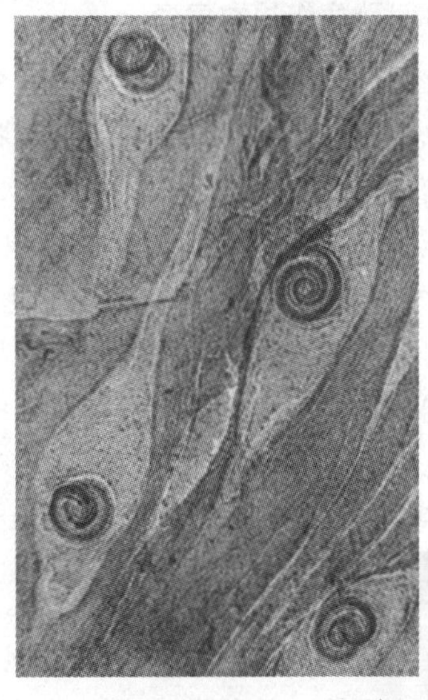

图 10-8　肌肉中的旋毛虫幼虫包囊

雌虫所产的新生幼虫经肠系膜进入局部的淋巴管和小静脉，随血液循环到达身体各部，但只有移行到横纹肌内的幼虫才能进一步发育。幼虫在进入横纹肌细胞后迅速发育为感染性第1期幼虫即停止生长，并开始卷曲。幼虫代谢产物的刺激，使肌细胞受损，出现炎性细胞浸润和纤维组织增生，从而在虫体周围形成包囊。幼虫在包囊内充分卷曲，只要宿主不死亡，含幼虫的包囊则可一直有感染性。即使在包囊钙化后，幼虫仍可存活数年，甚至长达 30 年。若被另一宿主食入，则幼虫又可在新宿主体内发育为成虫，又开始其新的生活史（图 10-9）。

图 10-9　旋毛虫生活史（引自汪明，2003）

（三）流行病学

旋毛虫病是一种人兽共患的寄生虫病，分布于世界各地。该病在动物中广泛流行的原因有：(1)寄生宿主动物种类繁多、分布广泛；(2)肌肉中的旋毛虫包囊抵抗力很强，在－20 ℃的条件下仍可保持生命力 57 d，腌渍、烟熏均不能杀死肌肉深处的幼虫；(3)因猪和鼠都是杂食动物，一般认为鼠旋毛虫感染率较高，而猪感染旋毛虫主要是因为吞食老鼠，一旦有旋毛虫引入鼠群，则能长期在鼠群内平行感染。此外，犬在本病的流行上也起着重要的作用,犬的活动范围大,不少地区犬旋毛虫的感染率都很高。据调查,哈尔滨地区犬旋毛虫的感染率达50%,而猪的感染率只有0.1%。人感染旋毛虫主要是嗜食生肉或肉品烹调不当,误食含有活的旋毛虫包囊所致。

(四)致病作用和病变

旋毛虫对宿主的致病作用及病变主要表现在以下几个方面:(1)组织水肿和出血:宿主感染旋毛虫后,免疫复合物增加,促使组胺、嗜酸性粒细胞、5-羟色胺等细胞因子聚集,导致毛细血管通透性增强,从而发生组织水肿(主要在眼周围)。肝、肺、心肌、肠黏膜、骨骼肌等有出血病变。(2)发热:5-羟色胺浓度增加,白细胞数量增多,白介素IL-1产生内源性致热源,作用于体温调节中枢,导致发热。(3)肌肉疼痛:旋毛虫幼虫移行进入肌细胞后,肌肉组织受损,发生一系列的生理、生化特性变化,从而刺激神经末梢致肌肉疼痛。受损的肌细胞发生结构的变化,形成了在解剖结构上独立于其他肌细胞的营养细胞,其功能是给幼虫提供所需的营养物质并保护幼虫免遭宿主免疫反应的破坏。(4)腹痛和神经症状:成虫寄生于肠黏膜时期,可引起宿主急性卡他性肠炎,导致腹痛或腹泻症状。

(五)症状

旋毛虫可引起人的严重症状,甚至造成死亡,而对猪和其他动物往往没有明显的临床症状。旋毛虫成虫侵入肠黏膜时,可引起肠炎,严重时有带血性腹泻。旋毛虫幼虫进入肌肉,引起急性肌炎、发热和肌肉疼痛;同时吞咽、咀嚼、行走和呼吸困难,表现为眼睑水肿,食欲不振。

猪对旋毛虫有较大的耐受力,旋毛虫对其胃肠的影响极小,常常无明显症状。猪感染旋毛虫的主要病变在肌肉,如肌细胞的横纹消失,萎缩,肌纤维膜增厚。人工感染的猪,在感染后3~7 d,见有食欲减退,呕吐和腹泻,感染15 d左右,表现为运动障碍,叫声嘶哑,体温升高和消瘦等症状。

(六)诊断

旋毛虫病的生前诊断可采用间接血凝试验和ELISA等免疫学方法。死后诊断大多数在屠宰检验时进行。旋毛虫是我国肉品卫生检验必检项目,主要检查肌肉中的包囊幼虫,方法有目检法和镜检法等。

目检法:将新鲜膈肌脚撕去肌膜,肌肉纵向拉平,观察肌纤维表面,若发现长0.25~0.50 mm,呈梭形或椭圆形,其长轴顺肌纤维平行,如针尖大小,呈白色者,即为旋毛虫幼虫形成的包囊。随着包囊形成时间的延长,其色泽逐渐变成乳白色、灰白色或黄白色。该方法漏检率较高。

镜检法:是检验肉品中有无旋毛虫的传统方法。取猪肉左、右膈肌脚各一小块,先撕去肌膜做肉眼观察,顺肌纤维方向剪成米粒大小的肉样24块,放于两玻片之间压薄,低倍显微镜下观察,若发现有梭形或椭圆形,呈螺旋状盘曲的旋毛虫包囊,即可确诊。当被检样本放置时间较久,包囊已不清晰,可用美蓝溶液染色,染色后肌纤维呈淡蓝色,包囊呈蓝色或淡蓝色,虫体不着色。在感染早期及轻度感染时镜检法的漏检率较高。

(七)防治

1.治疗

对家畜很少进行旋毛虫感染的治疗。对人的旋毛虫病,临床上常用的广谱、高效、低毒的驱线虫药物是丙硫咪唑和甲苯咪唑等,其中丙硫咪唑是我国治疗人和动物旋毛虫病的首选药物。对猪旋毛虫病,可用大剂量的丙硫咪唑,按 300 mg/kg 体重拌料,连续喂 10 d。

2.预防

预防旋毛虫病可采取“防、检、治相结合”的综合防治措施。加强卫生宣传,提倡各种肉品熟食,防止旋毛虫幼虫对食品及餐具的污染。不用混有生肉屑的泔水喂猪。猪场要灭鼠,防止饲料污染。加强对各种肉品卫生检疫,对检出的旋毛虫肉品及内脏,严格按照《畜禽病害肉尸及其产品无害化处理规程》进行处理,禁止鲜销。被检的 24 个样本中,包囊幼虫不超过 5 个者,可进行高温处理后出场;超过 5 个者,供工业使用或销毁。一般肉温达到 80 ℃左右,即可杀死旋毛虫幼虫。此外,在旋毛虫病流行严重的地区,可使用丙硫咪唑混于饲料中进行防治。

二、猪蛔虫病

【案例】 某养殖户饲养的 15 头 3 月龄架子猪,有 6 头先后发病,以常见的抗菌消炎药治疗未见明显好转。病猪表现为体形消瘦,被毛焦燥,食欲不振,咳嗽,磨牙,异嗜和腹泻等症状,个别猪出现呕吐和流涎。经调查发现猪舍环境潮湿,常有粪便堆积污染。采集新鲜粪便,以饱和食盐水漂浮法检查,发现有大量的椭圆形、黄褐色虫卵,虫卵的边缘凹凸不平。

【问题】 根据粪便检查结果,该病是什么病?如何进行防治?

猪蛔虫病(Swine ascariasis)是由蛔科(Ascaridae)蛔属(*Ascaris*)的猪蛔虫(*Ascaris suum*)寄生于猪小肠所引起的一种寄生虫病。该病分布极为广泛,主要侵害 2～6 月龄的仔猪,对养猪业生产危害十分严重。在卫生条件差的猪场和营养不良的猪群中,感染率一般都在 50%以上。感染本病的仔猪生长发育不良,增长速度比正常猪慢 30%左右,严重感染者发育停滞,成为“僵猪”,甚至造成死亡。

(一)病原形态

猪蛔虫是一种大型线虫,呈中间稍粗,两端较细的圆柱形。新鲜虫体呈淡红色或淡黄色,死后为苍白色。虫体头端有三片唇片(图 10-10),成“品”字形排列,一片背唇(dorsal lip)较大,两片腹唇较小,三片唇片的内缘各有一排小齿。唇之间为口腔。口腔后为食道。雄虫比雌虫小,大小为(150～250)mm×(2～4)mm,尾端向腹面弯曲,形似鱼钩。泄殖腔开口距尾端较近。有 2 根等长的交合刺,无引器。肛前和肛后有许多性乳突。雌虫大小为(200～400)mm×(3～6)mm。虫体较直,尾端稍钝。生殖器官为双管型。两条子宫合为一个短小的阴道。阴门开口于虫体前 1/3 与中 1/3 交界处附近的腹面中线上。肛门开口于虫体末端附近。猪蛔虫虫卵多为椭圆形,黄褐色。卵壳分为四层,最外层为凹凸不平的蛋白膜,向内依次为卵黄膜、几丁质膜和脂膜。虫卵有受精卵(fertilized egg)(图 10-11、图 10-12)和未受精卵(unfertilized egg)之分,受精卵大小为(50～75)μm×(40～50)μm,内含一个圆形卵细胞,卵细胞与卵壳之间的两端形成新月形空隙。未受精卵较受精卵狭长,平均大小为 90 μm×40 μm,整个卵壳较薄,多数没有蛋白质膜,或蛋白质膜很薄,内含有不规则的屈光颗粒。

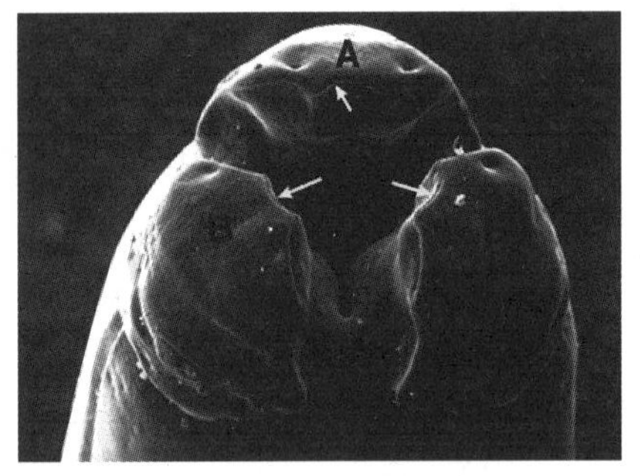

图 10-10　前端有三片唇电镜扫描
A.背唇　B.腹唇

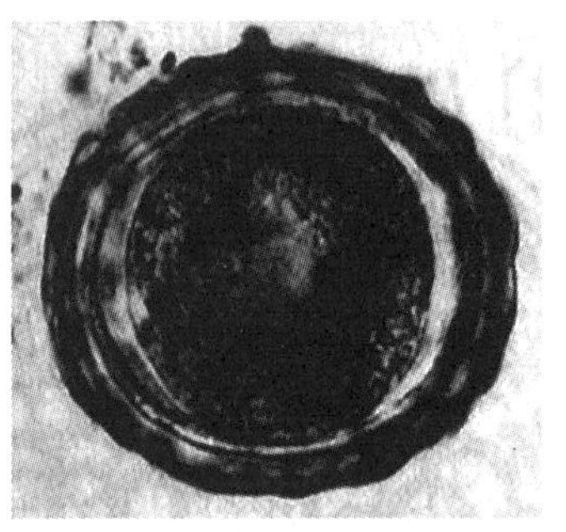

图 10-11　受精卵

图 10-12　含幼虫的虫卵

(二)生活史

猪蛔虫的发育不需要中间宿主,整个过程可分为:虫卵在外界的发育、幼虫在脏器内的移行和发育、成虫在小肠内的寄生三个阶段(图 10-13)。虫卵随宿主粪便排至外界,经过一段时间发育为感染性虫卵(infective egg)(卵内含第 2 期幼虫)。感染性虫卵被猪吞食后,在小肠释放出幼虫,大多数幼虫钻进肠壁,进入血管,随血流到达肝脏。少数幼虫随肠淋巴液进入乳糜管,到达肠系膜淋巴结,此后钻出淋巴结,由腹腔钻入肝脏;或者由腹腔再入门静脉进入肝脏。一般在感染后 4～5 d,幼虫在肝内进行第二次蜕皮,成为第 3 期幼虫。3 期幼虫经肝静脉、后腔静脉进入右心房、右心室和肺动脉到肺部毛细血管,并穿破毛细血管进入肺泡。幼虫在肺内经 5～6 d(感染后 12～14 d),进行第三次蜕皮发育为第 4 期幼虫。4 期幼虫离开肺泡,进入细支气管和支气管,再上行到气管,随黏液到达咽部,再经食道、胃返回小肠,在小肠内进行最后一次蜕皮形成第 5 期幼虫,发育变为成虫。从感染性虫卵被猪吞食,到达猪小肠发育为成虫大约需要 2～2.5 个月。猪蛔虫在猪体内寄生 7～10 个月后即随粪便排出。

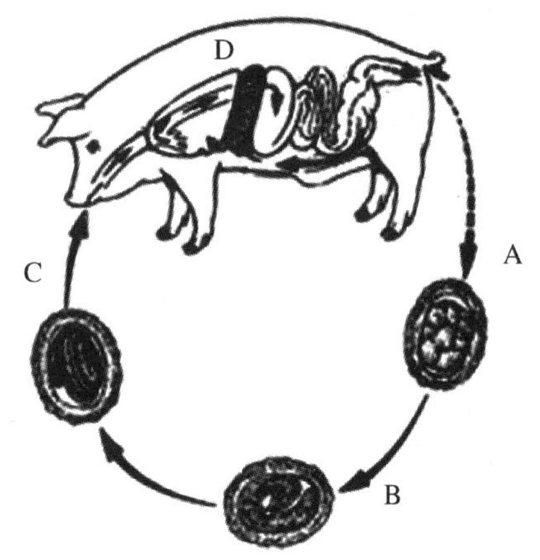

图 10-13　猪蛔虫生活史
(引自 Permin,1988)
A.排出虫卵　B. 含 1 期幼虫的虫卵
C.含 2 期幼虫的感染性虫卵
D.猪吞食感染性虫卵,幼虫经小肠壁—肝脏—肺脏移行,最后在小肠内发育为成虫

(三)流行病学

猪蛔虫病呈全球性分布,特别是仔猪蛔虫病,几乎到处都有。其流行的主要原因是:(1)猪蛔

虫生活史简单，不需要中间宿主参与，因而不受中间宿主的限制；(2)蛔虫繁殖能力极强，每条雌虫每日可产10万～200万个虫卵，对环境污染严重，极易引起猪的感染；(3)猪蛔虫虫卵对外界环境的抵抗力强。猪蛔虫卵具有四层卵膜，内膜能保护胚胎不受外界各种化学物质的侵蚀；中间两层有隔水作用，能保护胚胎不受干燥的影响；外层有阻止紫外线通过的作用，且对外界其他不良环境因素有很强的抵抗力。如15％硫酸和硝酸均不能杀死虫卵，即使在2％的福尔马林溶液中，虫卵仍能正常发育。有报道称，猪蛔虫卵在低温、潮湿的土壤里可存活5～6年。此外，猪蛔虫病的流行与饲养管理和环境卫生密切相关。在饲养管理不良、卫生条件恶劣、猪只过于拥挤、营养缺乏的情况下，3～5月龄的仔猪最容易大批地感染蛔虫，严重的可造成死亡。

(四)致病作用和病变

幼虫在体内移行对各器官和组织造成损伤，其中对肝脏和肺脏的危害最严重。幼虫移行到肝脏，可造成肝脏出现大量的出血点和肿胀充血，肝细胞浑浊肿胀、脂肪变性和坏死，最后纤维化，出现点状或片状白色斑纹，称为“乳斑肝”(milk spot liver)。幼虫由肺毛细血管进入肺泡时，使血管破裂，造成大量的小点状出血和水肿，严重时可继发细菌或病毒感染，引起肺炎。成虫对小肠的机械性刺激，引起宿主消化不良、腹痛和腹泻等。大量蛔虫寄生可堵塞肠管引起肠梗阻、肠穿孔，特别严重时可造成肠管破裂而致患猪死亡。此外，在驱虫、饥饿等应激条件下，蛔虫可上行或钻入胆管，可引起呕吐、腹痛和黄疸等症状。

(五)症状

猪蛔虫病的症状表现，主要是由于幼虫移行和成虫夺取营养而产生。一般以3～6个月的仔猪比较严重；成年猪具有较强的免疫力，能忍受一定数量的虫体侵害，而不呈现明显的症状，但却是本病的传染源。幼虫经小肠、肝、肺等脏器的移行，导致咳嗽，消化紊乱，食欲不振，消瘦，贫血，被毛粗乱；有的病猪生长发育长期受阻，变为“僵猪”。蛔虫寄生数量多时，会出现肠梗阻和肠穿孔或伴随有胆道蛔虫病，引起贫血、呕吐、剧烈腹痛等症状，特别严重时可造成病猪死亡。

(六)诊断

根据临床症状和流行病学资料分析，对病猪进行粪便检查，采用直接涂片法或饱和食盐水漂浮法检查虫卵。但猪感染蛔虫相当普遍，1 g粪便中虫卵数量达到1000个以上时，方可诊断为蛔虫病。死后剖检在小肠和胃内查到成虫或采用贝尔曼幼虫分离法从捣碎的肝、肺组织内查到幼虫也可确诊。

(七)防治

1.治疗

一般采用下列药物进行治疗：

(1)左旋咪唑。按8～10 mg/kg体重，一次性混料喂服；针剂5 mg/kg体重，一次皮下注射。

(2)丙硫咪唑。按10 mg/kg体重，一次性混料喂服。

(3)甲苯咪唑。按10～20 mg/kg体重，一次性混料喂服。

(4)芬苯达唑。按3 mg/kg体重，口服。

(5)伊维菌素。针剂,按 0.3 mg/kg 体重,一次皮下注射。预混剂,0.1 mg/d,连用 7 d。

2.预防

根据猪蛔虫的生活史和本病的流行病学特点,采取综合性的防治措施。

(1)定期驱虫。育肥猪 3、5 月龄各驱虫 1 次;种公猪每年至少驱虫 2 次;母猪产前 1～2 周驱虫;仔猪断奶分养时驱虫;后备猪配种前驱虫;新引进猪驱虫后再合群。

(2)加强饲养管理。做好猪场的各项饲养管理和防疫工作,减少污染,增强猪的抵抗力。供给猪充足的维生素、矿物质和饮水。饲料、饮水要新鲜清洁,避免猪粪污染,仔猪断奶后与母猪分开饲养,防止仔猪感染。

(3)搞好猪舍及周围环境卫生。保持猪舍和运动场清洁,及时清除粪便并无害处理,防止虫卵散播。粪便可堆积发酵,杀死虫卵;定期用 20%～30%的石灰水或 40%热碱水等消毒。产房和猪舍在进猪前彻底清洗和消毒。

三、猪毛尾线虫病(猪鞭虫病)

【案例】 某大型猪场所饲养的仔猪从保育舍转入育肥舍(采用发酵床饲养),饲养后陆续开始发病,病猪临床表现为食欲减退,消瘦,有间歇性腹泻,贫血,腹泻。部分严重的猪只出现死亡,死前数日,排水样血色便,并有黏液。剖检发现大肠浆膜面有许多黄豆大小的结节,肠道黏膜上有大量的外观呈鞭形的虫体寄生。

【问题】 根据剖检结果,该病是什么病?引起发病的主要原因是什么?该病有哪些感染方式?

猪毛尾线虫病(Trichuriasis)是由毛尾科(Trichuridae)毛尾属(*Trichuris*)的猪毛尾线虫(*Trichuris suis*)寄生于猪的大肠(主要是盲肠)引起的一种寄生虫病。因引起猪毛尾线虫病的虫体外形像鞭子,前部细,像鞭梢,后部粗,像鞭杆,故称猪鞭虫病。该病分布广泛,对仔猪危害较大,严重者可引起死亡。

(一)病原形态

虫体呈乳白色,外形像鞭子。虫体前为食道部,细长,内含由一串单细胞围绕着的食道,约占虫体的 2/3,后为体部,短粗,内有肠和生殖器官。雄虫长 20～50 mm,后部弯曲,泄殖腔在尾端,有 1 根交合刺,包藏在有刺的交合刺鞘内;雌虫长 39～52 mm,后端钝圆,阴门位于粗细部交界处。虫卵呈棕黄色,腰鼓形,卵壳厚,两端有塞,大小为(52～61)μm×(27～30)μm。

(二)生活史

猪毛尾线虫的雌虫在盲肠产出的虫卵随粪便排出体外;虫卵在适宜的温度和湿度条件下,经 22 d 至几个月发育为含第 1 期幼虫的感染性虫卵;猪吞食了感染性虫卵后,第 1 期幼虫孵出,钻入肠绒毛间发育;到第 8 d 移行到盲肠和结肠内,钻入肠腺内,在其中进行 4 次蜕皮,发育为童虫,并以头部固定在肠黏膜上,感染后 30～40 d 发育为成虫。成虫寿命为 4～5 个月(图 10-14)。

(三)流行病学

临床上仔猪的感染和发病率高。1.5 个月的猪即可检出虫卵;4 个月的猪,虫卵数和感染率均急剧增高,之后渐减;14 月龄的猪极少感染。种猪一般不表现临床症状,却是重要的传染源。近年来,临床上由于猪鞭虫感染引起种猪死亡的现象时有发生。该病一年四季均可发生,夏季感染率最高。因虫卵卵壳厚,对外界抵抗力强,在土壤中自然状态下可存活 5 年。

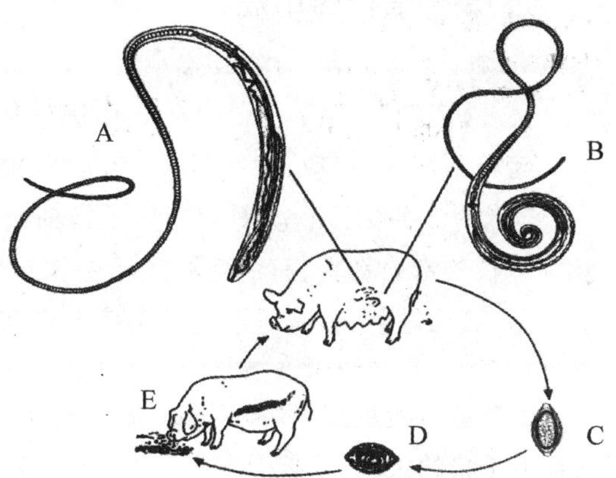

图 10-14　猪毛尾线虫生活史(引自李国清,1999)
A.雌虫　B.雄虫　C.虫卵　D.感染性虫卵　E.猪吞食感染性虫卵而感染

(四)致病作用和病变

病变局限于盲肠和结肠。虫体的头部深入黏膜,引起盲肠和结肠的慢性卡他性炎症。有时有出血性肠炎,通常是瘀斑性出血。严重感染时,盲肠和结肠黏膜有出血性坏死、水肿和溃疡,还有和结节虫病相似的结节。结节呈圆形囊状物,组织学检查时,可见结节内有虫体和虫卵,数量多,并伴有显著的淋巴细胞、浆细胞和嗜酸性粒细胞浸润。

(五)症状

轻度感染时,一般无明显症状。若感染数量多时,表现有间歇性腹泻,轻度贫血,因而影响猪的生长发育。严重感染时,食欲减退,消瘦,贫血,腹泻;死前数日,排水样血色便,并有黏液。

(六)诊断

根据临床症状和流行病学资料的分析,对病猪做粪便检查,采用漂浮法查出粪便中的虫卵或剖检时发现虫体便可确诊。

(七)防治

1.治疗

一般用下列药物进行治疗;

(1)羟嘧啶(Oxantel)。为治疗鞭虫病的特效药,按 2～4 mg/kg 体重,口服或混饲。

(2)丙硫咪唑。按 10 mg/kg 体重,口服或混饲。

(3)噻咪唑。按 25 mg/kg 体重内服,或配成 3%～10%浓度,按 15～20 mg/kg 体重,肌肉注射。

(4)伊维菌素。针剂,剂量为 0.3 mg/kg 体重,一次皮下注射。预混剂,0.1 mg/d,连用 7 d。

2.预防

根据猪毛尾线虫的生活史和本病的流行病学特点,采取综合性的防治措施。

(1)定期驱虫。仔猪断奶时驱虫一次,经 1.5～2 个月后应再驱虫一次。

(2)搞好猪舍及周围环境卫生。定期消毒,保持猪舍和运动场清洁,及时清除粪便并无害化处理,防止虫卵散播。粪便可堆积发酵,杀死虫卵。

四、猪食道口线虫病

【案例】 某养猪户从外地引进仔猪 80 头，引进后的第 3 d 开始出现腹泻发病，病猪精神沉郁，消瘦，眼睑肿胀，以常用抗生素和助消化药物治疗效果不佳。发病后第 5 d，有 2 头猪死亡。对病死猪进行剖检，外观结肠有大量的结节病灶，肠道内充满腥臭水样的带血稀粪，有白色的线状虫体寄生。

【问题】 该病可能是什么病？该病有哪些感染方式？如何进行治疗和预防？

猪食道口线虫病（Oesophagostomiasis）是由盅口科食道口属（*Oesophagostomum*）的多种线虫寄生于猪的大肠（主要是结肠）引起的一种线虫病。有些种的食道口线虫幼虫在肠壁内形成结节，故有结节虫（nodule worm）之名。该虫分布范围广，感染较为普遍，但虫体的致病力较轻微，只有严重感染时可以引起结肠炎。该病是我国规模化猪场流行的主要寄生虫病之一。

（一）病原形态

猪体内常见的食道口线虫主要有以下几种：

1.有齿食道口线虫（*Oesophagostomum dentatum*） 虫体乳白色，寄生于猪结肠。口囊浅，头泡膨大（图 10-15）。雄虫大小为(8～9)mm×(0.14～0.37)mm，交合刺长 1.15～1.30 mm。雌虫大小为(8.0～11.3)mm×(0.42～0.57)mm；尾长 350 μm。

2.长尾食道口线虫（*O. longicaudum*） 虫体灰白色，寄生于盲肠和结肠。口领膨大，口囊壁的下部向外倾斜（图 10-15）。雄虫大小为(6.5～8.5)mm×(0.28～0.40)mm，交合刺长 0.9～0.95 mm；雌虫大小为(8.2～9.4)mm×(0.40～0.48)mm；尾长 400～460 μm。

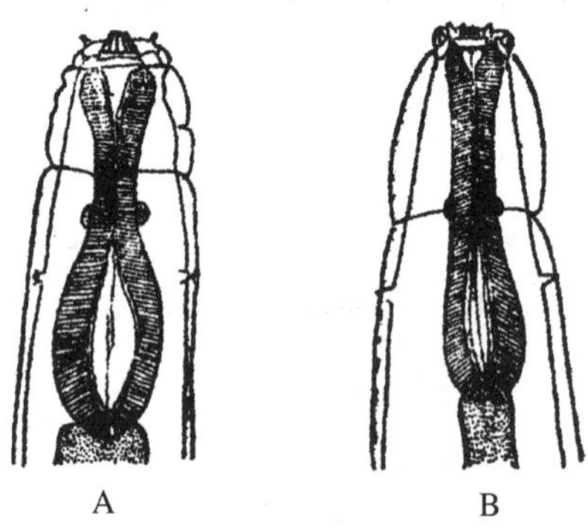

图 10-15 食道口线虫的前端腹面
（引自李国清，2006）
A.长尾食道口线虫 B. 有齿食道口线虫

3.短尾食道口线虫（*O. brevicaudum*） 寄生于结肠。雄虫大小为(6.2～6.8)mm×(0.310～0.449)mm，交合刺长 1.05～1.23 mm。雌虫大小为(6.4～8.5)mm×(0.31～0.45)mm；尾长 81～120 μm。

食道口线虫虫卵呈椭圆形，卵壳薄，内有胚细胞。

（二）生活史

成虫寄生于猪的盲肠和结肠，雌虫所产的虫卵随粪便排出体外。虫卵在适宜的条件下，发育为带鞘的感染性幼虫。猪经口感染，幼虫在肠内脱鞘，感染后 1～2 d，大部分幼虫在肠黏膜下形成大小约 1～6 mm 的结节；感染后 6～10 d，幼虫在结节内蜕第 3 次皮，成为第 4 期幼虫；之后返回大肠肠腔，蜕第 4 次皮，成为第 5 期幼虫。感染后 38 d(幼猪)或 50 d(成年猪)发育为成虫。成虫在猪体内的寿命为 8～10 个月（图 10-16）。

（三）流行病学

该病在我国广泛分布，尤其是在规模化猪场，一年四季均可发生和流行，是一种普遍和常见的寄生虫病。虫卵对低温的抵抗力较强，在－20 ℃可生存1个月以上，因此在我国许多地区能顺利越冬。在自然状态下，可以存活10个月。成年猪被寄生的较多，是主要的传染源。在环境卫生较差的猪舍中，感染也较多。

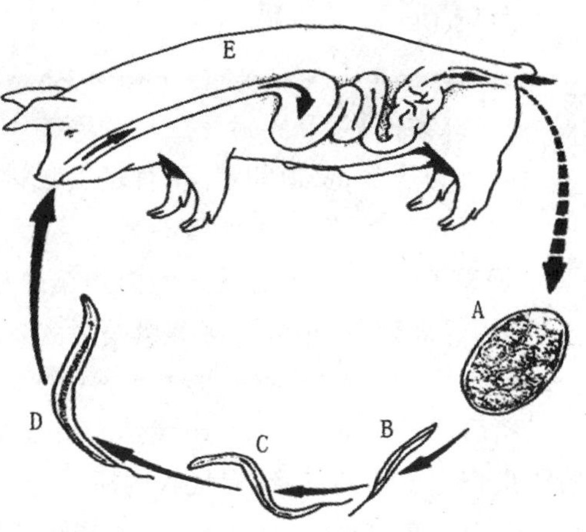

图 10-16　猪食道口线虫生活史

（引自 Permin，1988）

A.虫卵　B.第1期幼虫　C.第2期幼虫　D.感染性第3期幼虫　E.猪吞食感染性幼虫，第3期幼虫脱鞘侵入肠壁形成结节，第4期幼虫返回大肠肠腔，蜕皮成为第5期幼虫

（四）致病作用和病变

幼虫钻入宿主肠壁引起炎症，机体免疫反应导致局部组织形成结节，进而钙化，使宿主消化吸收受到影响。不同虫体形成的结节不同，长尾食道口线虫形成的结节，高出于肠黏膜表面，具有坏死性炎性反应性质，感染35 d开始消失；有齿食道口线虫的结节较小，消失较快。当机体大量感染时，可见大肠壁增厚并表现为卡他性肠炎。除大肠外，小肠（特别是回肠）也有结节发生。结节感染细菌时，可发生弥漫性大肠炎。

（五）症状

一般情况下，猪感染食道口线虫不表现临床症状。只有在严重寄生时，大肠上才出现大量结节，并可能发生结节性肠炎。临床上表现为腹痛、腹泻，高度消瘦，发育不良。继发细菌感染时，则发生化脓性结节性大肠炎。也有引起仔猪死亡的报道。

（六）诊断

根据临床症状和流行病学资料的分析，对病猪作粪便检查，应用漂浮法检查粪便中是否有虫卵，或死后剖检时发现虫体或结节性病灶便可确诊。

（七）防治

1.治疗

一般采用下列药物进行治疗：

(1)左旋咪唑。按8～10 mg/kg体重，一次性混料喂服；针剂5 mg/kg体重，一次皮下注射。

(2)甲苯咪唑。按10～20 mg/kg体重，一次性混料喂服。

(3)芬苯达唑。按3 mg/kg体重，口服。

(4)伊维菌素。针剂，按0.3 mg/kg体重，一次皮下注射。预混剂，0.1 mg/d，连用7 d。

2.预防

根据猪食道口线虫的生活史和本病的流行病学特点进行防治。具体措施与猪蛔虫病的治疗措施相同。

五、猪后圆线虫病

【案例】 某养猪专业户饲养的 120 头 70～90 日龄幼猪中有 17 头发病，初期病猪表现为厌食，贫血和消瘦，有轻度咳嗽和气喘，几天后咳嗽加剧，呈严重的阵发性咳嗽。以氟苯尼考、阿奇霉素等治疗，症状不但没有缓解，反而越来越严重，并死亡 2 头猪。据现场调查，猪圈运动场地面土壤疏松多腐殖质，低洼、潮湿，有大量的蚯蚓。

【问题】 该病有哪些感染方式？如何进行确诊和防治？

猪后圆线虫病（Metastrongylosis）是由后圆科（Metastrongylidae）后圆属（*Metastrongylus*）的线虫寄生于猪的气管、支气管内所引起的疾病，故又称肺线虫病（lung worm disease）。本病在我国分布广泛，呈地方性流行，对幼猪危害很大。严重感染时，引起肺炎，所以本病为猪的重要疾病之一。随着规模化养殖条件的改善，大多数猪场地面硬化，使猪肺线虫病的发生呈下降趋势。

（一）病原形态

后圆线虫虫体呈乳白色或灰白色，丝状，所以又称肺丝虫。口囊小，口缘有一对三叶侧唇。雄虫交合伞不发达，侧叶大，背叶小。有一对细长的交合刺。雌虫阴门靠近肛门，阴门前有一角质膨大部（称阴门球）。有的虫种的后端向腹侧弯曲。我国发现的猪后圆线虫有三种：野猪后圆线虫（*Metastrongylus apri*，又称长刺后圆线虫 *M. elongatus*），复阴后圆线虫（*M. pudendotectus*），萨氏后圆线虫（*M. salmi*）。3 种线虫均寄生于猪和野猪的支气管，但又通常在细支气管第二次分支的远端部位。但野猪后圆线虫偶见于反刍兽和人。

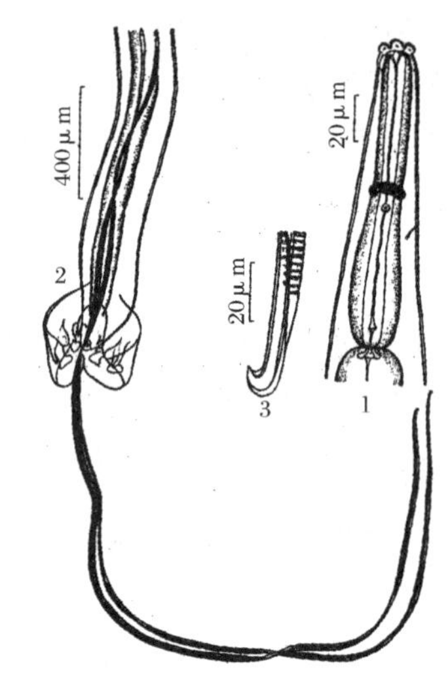

图 10-17 野猪后圆线虫（引自汪明，2003）
1.前部侧面 2.雄虫尾部 3.交合刺末端

1.野猪后圆线虫　雄虫大小为（11～25）mm×（0.16～0.23）mm，交合伞较小，前侧肋大，顶端膨大，交合刺 2 根，呈线状，长 4～4.5 mm，末端呈单钩状（图 10-17）。雌虫大小为（20～50）mm×（0.4～0.45）mm。阴道长，超过2 mm，尾长 90 μm。尾端稍弯向腹面，阴门前有角质膨大，呈半球形。

2. 复阴后圆线虫　雄虫大小为（16～18）mm×（0.27～0.29）mm。交合伞较大，交合刺短，仅 1.2～1.4 mm，末端呈锚状双钩形，有导刺带（图 10-18）。雌虫大小为（22～35）mm×（0.35～0.43）mm。阴道短，不足 1 mm。尾长 175 μm，尾端直，阴门前角质膨大，呈球形。

3. 萨氏后圆线虫　雄虫大小为（17～18）mm×（0.23～0.26）mm。交合刺长 2.1～2.4 mm，末端呈单钩状（图 10-19）。雌虫大小为（30～45）mm×（0.32～0.39）mm，阴道长 1～2 mm，尾长 95 μm，尾端稍向腹面弯曲。

三种虫体的虫卵相似，呈椭圆形，呈暗灰色，外膜稍显粗糙状，表面有细小的乳突状突起，大小为(40～60)μm×(30～40)μm。卵胎生，卵内含有卷曲的幼虫。

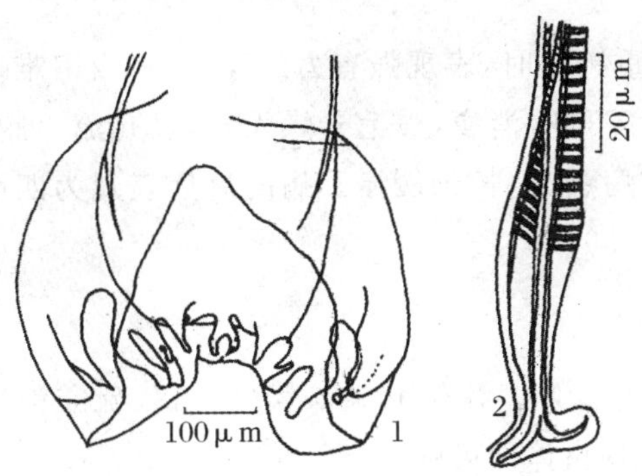

图 10-18　复阴后圆线虫(引自汪明，2003)
1.交合伞　2.交合刺末端

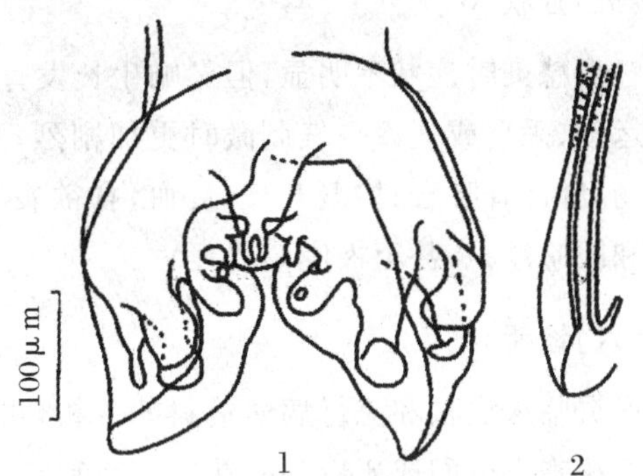

图 10-19　萨氏后圆线虫(引自汪明，2003)
1.交合伞　2.交合刺末端

(二)生活史

猪后圆线虫的发育需要蚯蚓作为中间宿主。雌虫在气管和支气管中产卵，卵和黏液混在一起，被转至口腔而被咽下，经消化道随粪便排到外界。卵在外界孵出第 1 期幼虫，第 1 期幼虫或含第 1 期幼虫的虫卵被蚯蚓吞食后，在其体内经 10～20 d 发育至感染性幼虫，随粪排至土壤中。猪吞食了带有感染性幼虫的蚯蚓或土壤中的感染性幼虫而遭受感染。感染性幼虫钻入肠系膜淋巴结中，随血流进入肺脏，再到支气管和气管发育为成虫。从幼虫感染到成虫排卵历经 1 月左右，感染后 5～9 周排卵最多。成虫在猪体内的寄生寿命约为 1 年。

(三)流行病学

猪后圆线虫病的发生与蚯蚓的生活习性密切相关。在温暖潮湿季节蚯蚓最为活跃，猪在夏秋吞食蚯蚓的机会多，感染的机会也多。在我国可作为后圆线虫中间宿主的蚯蚓有 20 多个种，其中以湖北环毛蚓(*Pheretima hupeiensis*)和威廉环毛蚓(*P. guillelmi*)为主要种类。

本病的发生也和饲养管理方式有关，舍饲猪群比放牧猪群感染率低。近年来，随着规模化养猪圈舍的地面硬化，猪接触蚯蚓的机会较少，猪肺线虫病的发生呈下降趋势。此外，猪后圆线虫虫卵抵抗力强及幼虫在蚯蚓体内保持感染性的时间长也是该病流行的一个重要原因。虫卵可在粪便中存活 6～8 个月，在－20～－8 ℃可以存活 108 d。蚯蚓体内第 3 期幼虫保持感染性的时间可能和蚯蚓的寿命(1～4 年)一样长。

(四)致病作用和病变

幼虫移行时能破坏肠壁及淋巴结，引起机械性损伤。成虫寄生在支气管和细支气管，由于刺激引起局部炎症，并不断向支气管周围发展。大量虫体及其所引起的渗出物，可阻塞细支气管和肺泡，导致代偿性肺气肿。虫体代谢产物可引起猪体中毒，影响生长发育。猪肺线虫幼虫还可携带流感、猪瘟等病毒，从而加重病情，让猪只死亡率增高。病变主要见于肺脏，膈叶腹面边缘有楔状肺气肿区，支气管增厚、扩张，靠近气肿区有坚实的灰色小结。将病灶处的肺切开后，从支气管内流出白色丝状虫体和黏液。

(五)症状

轻度感染时症状不明显,但影响生长发育。猪严重感染时,表现强有力的阵咳,呼吸困难,特别在运动、采食或遇冷空气刺激时更加剧烈;病猪发育不良,消瘦,被毛干燥无光,鼻孔流出脓性分泌物,肺部有啰音;体温升高,贫血,食欲丧失;即使病愈,生长仍缓慢。病的后期表现为四肢、胸下和眼睑浮肿,甚至极度衰弱死亡。

(六)诊断

根据临床症状和流行病学资料的分析,可做出初步诊断。用饱和硫酸镁(或硫代硫酸钠)溶液漂浮法查出虫卵或死后剖检在支气管和细支气管发现虫体即可确诊。

(七)防治

1.治疗

目前比较常用而疗效较好的药物有以下四种:

(1)左旋咪唑。片剂按 8 mg/kg 体重,一次性混料喂服;针剂 5 mg/kg 体重,一次皮下注射。

(2)甲苯咪唑。按 10~20 mg/kg 体重,混在饲料中喂服。

(3)氟苯咪唑。按 30 mg/kg 体重,混饲,连用 5 d;或 5 g 一次口服。

(4)硫苯咪唑(芬苯哒唑)。按 3 mg/kg 体重,混饲,连用 3 d。

2.预防

保持猪舍、运动场干燥。舍内最好铺设水泥地面,对猪的运动场,疏松泥土要砸紧夯实或换上沙土,造成不适宜于蚯蚓滋生的环境。及时清扫粪便,并将粪便堆积发酵。对放牧猪在夏秋季用抗线虫药定期驱虫。

六、猪冠尾线虫病

【案例】 某养猪户饲养的 142 头 3 月龄育肥猪,有 5 头发病,初期表现为皮肤炎症,有丘疹和红色小结节,皮肤发痒,体表淋巴结肿大。随着病情的发展,病猪出现后肢无力,跛行,走路时后躯左右摇摆,站立不稳,喜欢躺卧。严重的猪后躯麻痹,拖地爬行。病猪尿液中有白色黏稠的絮状物。

【问题】 该病是如何感染的?如何进行确诊和治疗?

冠尾线虫病(Stephanuriasis)是由冠尾科(Stephanuridae)冠尾属(*Stephanurus*)的有齿冠尾线虫(*Stephanurus dentatus*)寄生于猪的肾盂、肾周围脂肪和输尿管壁等处引起的一种寄生虫病,又称猪肾虫病。该病多发于热带和亚热带地区,常呈地方性流行。

(一)病原形态

虫体粗壮,形似火柴杆样,体长 20~40 mm。新鲜虫体呈灰褐色或红褐色,体壁较透明,隐约可看见内部器官。口囊杯状，口缘肥厚，周围有一圈细小的叶冠和 6 个角质的隆起，口腔底部有 6 个小齿。雄虫交合伞不发达，有两根交合刺，等长或不等长（图 10-20）。雌虫阴门靠近肛门。虫卵较大，呈长椭圆形，灰白色，两端钝圆，卵壳薄，大小为（100～125）μm×（59～70）μm，内含32～64 个圆形卵细胞。

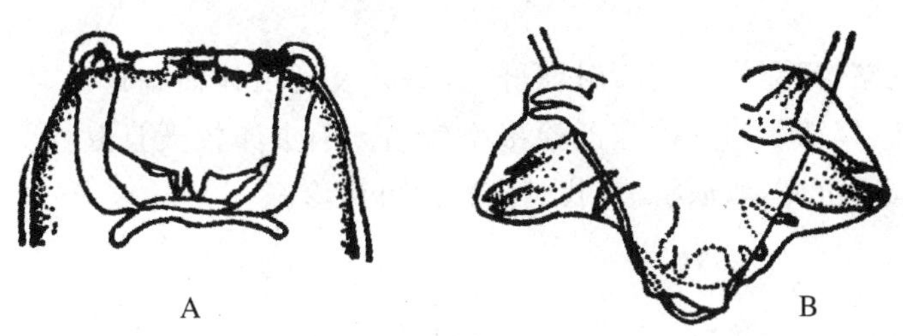

图 10-20　**有齿冠尾线虫**（引自李国清，1999）
A. 头部　B. 交合伞

（二）生活史

雌虫在寄生部位产卵，虫卵随尿液排出体外，在适宜的温度和湿度条件下，在 3～4 d 内经 2 次蜕皮发育为披鞘的感染性幼虫，幼虫经口或经皮肤感染猪只。经口感染时，幼虫钻入胃壁，脱去鞘膜，在胃内发育为第 4 期幼虫，然后随血流到达肝脏。经皮肤感染时幼虫随血流经体循环到达肝脏。幼虫在肝脏中停留 3 个月后，进行第 4 次蜕皮而发育为第 5 期幼虫。感染 2～4 月后，幼虫穿过肝包膜进入腹腔，移行到肾脏或输尿管组织形成包囊，并发育为成虫。从猪感染到在尿中检出虫卵，约 6～12 个月。

（三）流行病学

猪冠尾线虫病的流行程度，随各地气候条件的不同而变化。温暖多雨的季节适合幼虫发育，这时的感染机会多，容易流行；而在炎热干燥的季节，阳光强烈，不适于幼虫发育，感染的机会少，就不容易流行，因此，在我国肾虫病的流行季节，南方和北方存在差异。在我国南方猪感染冠尾线虫，多在每年 3～5 月和 9～11 月。此外，雌虫产卵力强，一头中等程度感染的猪每天可排出虫卵达 100 万个以上，使猪舍和牧地受到严重污染，感染率随猪的年龄增长而上升。虫卵和幼虫对干燥和阳光的抵抗力很弱，但是对化学药物的抵抗力强，1%浓度的硫酸铜、氢氧化钾、硼砂、碘化钾等溶液均不能杀死幼虫和虫卵。而 1%漂白粉或石炭酸则具有较强的杀虫力。

（四）致病作用和病变

幼虫和成虫均有致病力，幼虫钻入皮肤，引起皮肤红肿，产生小结节，甚至化脓性皮炎，最常发生于腹部皮肤。在肝脏移行可以造成肝功能障碍，并引起贫血、黄疸和水肿。成虫在肾盂寄生，使肾盂肿大。病变主要表现在肝内有包囊和脓肿，肝肿大变硬，结缔组织增生，切面上可以看到幼虫钙化的结节。肝门静脉中有血栓，内含幼虫，肾盂有脓肿，结缔组织增生。输尿管壁增厚，常有数量较多的包囊，内有成虫。在胸膜壁面和肺脏中均可见有结节或脓肿。

（五）症状

患病初期出现皮肤炎症，有丘疹和红色小结节，体表局部淋巴结肿大。随着病情的发展，病猪出现后肢无力、跛行，走路时后躯左右摇摆；尿液中带有白色黏稠的絮状物或脓液；有时可继发后躯麻痹或后肢僵硬，不能站立，拖地爬行。仔猪发育停滞，母猪不孕或流产，公猪性欲减低或失去交配能力。严重的病猪多因极度衰弱而死亡。

（六）诊断

对5月龄以下的猪，只能依靠剖检时在肝、肾等处发现虫体而确诊。对5月龄以上的猪，可采尿液进行虫卵检查，以清晨第一次尿的检出率较高。因虫卵较大且黏性大，易粘于容器底部，故可用自然沉淀或离心沉淀，取尿沉渣，找到虫卵即可确诊。

（七）防治

1.治疗

可以采用下列药物进行治疗：

（1）丙硫咪唑。按10 mg/kg体重，口服；或配成5%玉米油混悬液，按5～20 mg/kg腹腔注射。

（2）伊维菌素。针剂，按0.3 mg/kg体重，一次性注射。

2.预防

保持猪舍和运动场的卫生，定期用10%漂白粉、10%烧碱、0.1%高锰酸钾或10%新鲜石灰乳进行消毒。加强饲养管理，特别应注意补充维生素和矿物质，以增强猪对疾病的抵抗力。对猪场进行有计划的预防性驱虫和治疗性驱虫。

七、猪胃线虫病

【案例】 某农户饲养的3头仔猪发病，病猪表现为精神不振，贫血，呕吐，消瘦，腹泻，排混血的黑便。对发病死亡的一头仔猪剖检，发现胃黏膜皱褶有广泛性出血和溃疡糜烂，有淡红色的虫体钻入胃黏膜中，部分游离在外。

【问题】 该病的病原可能是什么？该病是如何流行的？如何进行治疗和预防？

猪胃线虫病是由毛圆科（Trichostrongylidae）猪圆线虫属（*Hyostrongylus*）的红色猪圆线虫（*Hyostrongylus rubidus*），似蛔科（Ascaropsidae）似蛔属（*Ascarops*）的圆形似蛔线虫（*Ascarops strongylina*）和有齿似蛔线虫（*A. dentata*），泡首属（*Physocephalus*）的六翼泡首线虫（*Physocephalus sexalatus*），西蒙属（*Simondsia*）的奇异西蒙线虫（*Simondsia paradoxa*），颚口科（*Gnathostomatidae*）颚口属（*Gnathostoma*）的刚棘颚口线虫（*Gnathostoma hispidum*）等寄生于猪胃所引起的寄生虫病。本病呈地方性流行。

（一）病原形态

1.红色猪圆线虫　虫体纤细，红色，头部小，有颈乳突。雄虫长4～7 mm，交合伞侧叶大，背叶小。交合刺两根，等长，呈有嵴的膜质构造；有引器和副引器。雌虫长5～10 mm。阴门在肛门稍前。虫卵的大小为(65～83)μm×(33～42)μm，长椭圆形，灰白色，卵壳很薄，胚细胞不超过8～16个。

2.圆形似蛔线虫 虫体淡红色，咽壁上有三或四叠的螺旋形角质厚纹；有 1 个颈翼膜，在虫体左侧（图 10-21）。雄虫长 10～15 mm，右侧尾翼膜大，约为左侧的 2 倍；有 4 对肛前乳突和 1 对肛后乳突，配置均不对称。左右交合刺不等长，形状不同。雌虫长 16～22 mm，阴门位于虫体中部的稍前方。虫卵的大小为（34～39）μm×20 μm，卵壳厚，外有一层不平整的薄膜，内含幼虫。

3.有齿似蛔线虫 比前一种大，雄虫长约 25 mm，雌虫长约 55 mm。口囊前部有 1 对齿。分布于我国的广东、广西等地。

4. 六翼泡首线虫 虫体前部（咽区）角皮略为膨大，其后每侧有 3 个颈翼膜。颈乳突的位置不对称。口小，无齿。咽长 0.26～0.32 mm，咽壁中部有弹簧状的增厚，前、后部则为单线的螺旋形增厚（图 10-22）。雄虫长 6～13 mm，尾翼膜窄，对称；有肛前乳突和肛后乳突各 4 对。交合刺 1 对，不等长。雌虫长 13～22.5 mm，阴门位于虫体中部的后方。虫卵的大小为（34～39）μm×（15～17）μm，壳厚，内含幼虫。

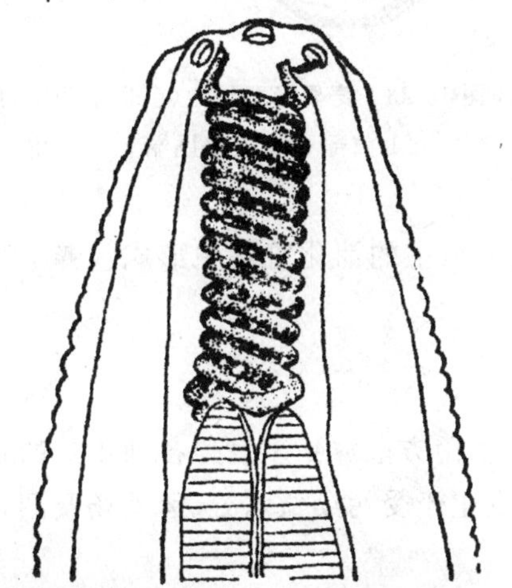

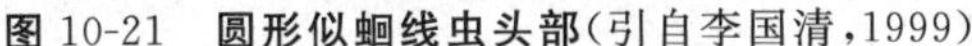

图 10-21 圆形似蛔线虫头部（引自李国清，1999）

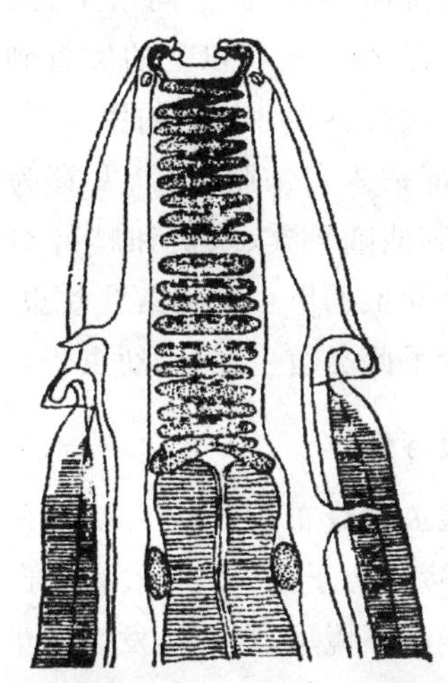

图 10-22 六翼泡首线虫头部（引自李国清，1999）

5. 刚棘颚口线虫 新鲜虫体呈淡红色，表皮薄，可透见体内的白色生殖器官。头端有一个大的球状带许多小棘的头部，其上有 11 横排小棘；全身都有小棘排列成环；体前部的棘较大，呈三角形，排列较稀疏；体后部的棘较细，形状如针，排列较密。雄虫长 15～25 mm，有交合刺 1 对，不等长。雌虫长 22～45 mm。虫卵呈椭圆形，黄褐色，一端有帽状结构，卵的大小为（72～74）μm×（39～42）μm。

6. 奇异西蒙线虫 虫体有 1 对颈翼，口腔内有 1 个背齿和 1 个腹齿。雄虫圆柱形，长 12～15 mm，线状，尾部螺旋状卷起；孕卵雌虫长约 15 mm，前部长，后部膨大呈球形（图 10-23）。卵呈圆形或椭圆形，长 20～29 μm。

（二）生活史

红色猪圆线虫为土源性线虫，经口感染。成虫寄生于胃黏膜，雌虫所产虫卵随粪便排出，在适当温度下，虫卵在外界孵出幼虫，再经 2 次蜕皮，第 7 d 发育为感染性幼虫，幼虫有外鞘。猪食入感染性幼虫而感染，幼虫到胃腔后侵入胃腺窝，停留 13～14 d，发育蜕皮 2 次，然后重返胃腔。感染后 17～19 d 发育为成虫。

颚口线虫为生物源性线虫，经口感染。雌虫所产虫卵随粪便排出体外，在水中孵出幼虫，当幼虫被中间宿主剑水蚤吞食后，在其体内发育到感染期幼虫。感染性幼虫还可以在贮藏宿主如鱼类、蛙或爬行动物体内形成包囊，并稍有生长。猪随饮水吞食了带感染性幼虫的剑水蚤或吞食了贮藏宿主而被感染。幼虫在猪胃内发育为成虫，但有时发生错误的移行，未成熟虫体见于许多器官，特别是在肝脏。

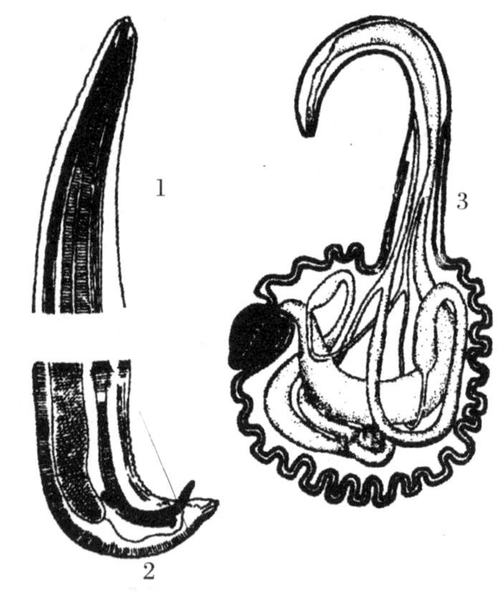

图 10-23　奇异西蒙线虫(引自李国清，1999)
1.前部　2.雄虫尾端　3.雌虫

六翼泡首线虫、圆形似蛔线虫和奇异西蒙线虫的生活史基本相似，为生物源性线虫，经口感染。雌虫所产虫卵随粪便排出体外，被中间宿主食粪甲虫吞食，幼虫在它们体内经 20～36 d 以上的发育到感染期。终末宿主猪吞食了含有感染性幼虫的甲虫后，感染性幼虫进入猪胃内，头部钻入胃黏膜，逐渐发育为成虫。当不适宜的宿主，如其他哺乳类、鸟类和爬行类吞食了带六翼泡首线虫感染幼虫的甲虫或感染性幼虫后，幼虫可以在这些宿主的消化管壁中形成包囊。当终末宿主猪吞食了此类宿主之后，幼虫仍可在猪体内正常发育。

(三)流行病学

猪胃线虫病分布于世界各地，我国各省均有发生，但以南方散养猪多发。各种年龄的猪均可感染，以仔猪和架子猪多发。红色猪圆线虫的感染主要发生于受污染饮水处、运动场及圈舍。猪饲养在干燥的环境里，则不易发生感染。

(四)致病作用和病变

幼虫侵入胃黏膜，可引起胃底小点出血，胃腺肥大。成虫以其头部深入于胃壁中，形成空腔，内含淡红色液体，周围的组织红肿，发炎，黏膜显著肥厚。胃内容物少，有大量黏液，胃黏膜尤其是胃底部黏膜红肿，有扁豆大小的圆形结节，有时覆有假膜。假膜下的组织明显发红，并有溃疡。虫体游离于黏膜表面或部分埋入胃黏膜中。严重感染时，病猪呈剧烈的胃炎症状，黏膜皱褶有广泛性出血和溃疡糜烂，胃溃疡可向深部发展形成胃穿孔，造成猪只死亡。

(五)症状

一般感染时症状不明显。当大量寄生时，患猪尤其是幼猪，有慢性或急性胃炎症状，表现为食欲消失，渴欲增加，腹痛，呕吐，消瘦，贫血，生长发育受阻，排混血的黑便，有时有下痢的症状。

(六)诊断

结合流行病学特点和临床症状，用沉淀法从粪便中找到虫卵或剖检找到虫体即可确诊。

(七)防治

1.治疗

可用下列药物进行治疗：

(1)丙硫咪唑。按 20 mg/kg 体重,口服。

(2)伊维菌素。按 0.3 mg/kg 体重,皮下注射。

(3)敌百虫。按 0.1 g/kg 体重,口服或拌料。

2.预防

改善饲养管理,给予全价饲料,猪舍附近不要种植白杨,以免金龟子采食树叶时落下被猪吞食。防止猪饮用含剑水蚤的水。及时清扫和消毒猪舍、运动场。患猪粪便应堆积发酵。定期进行预防性驱虫。

八、猪浆膜丝虫病

猪浆膜丝虫(*Serofilaria suis*)属双瓣科(Dipetalonematidae)浆膜丝虫属(*Serofilaria*),成虫寄生于猪的心脏、肝、胆囊、子宫和膈肌等处的浆膜淋巴管内,幼虫——微丝蚴有鞘,可在血液中发现。

(一)病原形态

猪浆膜丝虫为丝状,中等大小,雄虫长 12～26.6 mm,最长可达 35 mm,雌虫长 50.6～60 mm,最长可达 71 mm。角皮层有横纹,口简单、无唇,头端有 8 个乳突,排列为两圈。食道分为肌质和腺体两部。雄虫尾部向腹面蜷曲,有 3～6 对肛前和肛后乳突,两根交合刺不等长,形状相似。雌虫阴门位于食道腺体部分,不隆起;尾端两侧各有一个乳突。胎生,微丝蚴有鞘,在血液中大小为 (118～139)μm×(6.2～10.4)μm。

(二)生活史

猪浆膜丝虫的发育史尚不清楚,发育过程中所需要的中间宿主,可能是淡色库蚊,通过蚊类叮咬终末宿主而传播。

(三)流行病学

猪浆膜丝虫分布于我国的北京、山东、河南、安徽、四川、浙江和江苏等地,危害不是很严重。成虫对高温抵抗力弱,在 55 ℃及 60 ℃生理盐水中分别于 2 min 和 1 min 后死亡。但本虫对低温的抵抗力较强,在－30～－24 ℃的低温条件下需存放 168 h 才可以冻死。

(四)症状和病变

猪对浆膜丝虫有一定的抵抗力,临床症状不明显。虫体寄生于心脏时,会有明显的病变。如寄生于心外膜层淋巴管内的虫体,致使猪心脏表面呈现病状,在心纵沟附近或心外膜表面形成稍微隆起的绿豆大的灰白色小泡状乳斑,或形成长短不一,质地坚实的迂曲的条索状物。陈旧病灶外观上为灰白色针头大钙化的小结节,呈沙粒状。病灶的数目,通常在一个猪心脏上仅见 1～2

处，但也有多达 20 多处者，散布于整个心外膜表面。猪浆膜丝虫进入猪体后容易死亡钙化（据某地屠宰检查，发现 98%以上钙化，虫体死亡），证明家猪对此虫具有很强的抵抗力，所以致病性不甚明显，严重者可引起心包粘连。

（五）诊断

生前在外周血中查到微丝蚴或死后剖检找到虫体而确诊。

（六）防治

目前尚未见有对本病治疗的研究报告。

第三节　牛、羊线虫病

一、捻转血矛线虫病

【案例】 某养殖户饲养的羊群于放牧后，多数羔羊发病，表现出精神沉郁，呆立，眼结膜苍白，高度贫血，红细胞下降至 5000 个/mL；有些病羔羊出现颌下水肿，下痢与便秘交替的症状。经剖检，发现真胃内含大量虫体，虫体大小为 15～30 mm，呈淡红色，似缝针样；真胃的胃壁出现水肿。经询问，畜主未对羊群进行驱虫，经常将羊群赶到低洼、潮湿地带放牧。

【问题】 该羊群可能感染什么疾病？如何对该病进行诊断及防治？

捻转血矛线虫病（Haemonchosis）是由毛圆科血矛属（*Haemonchus*）的捻转血矛线虫（*Haemonchus contortus*）寄生于牛、羊、骆驼和其他反刍兽真胃内引起的一种线虫病。

（一）病原形态

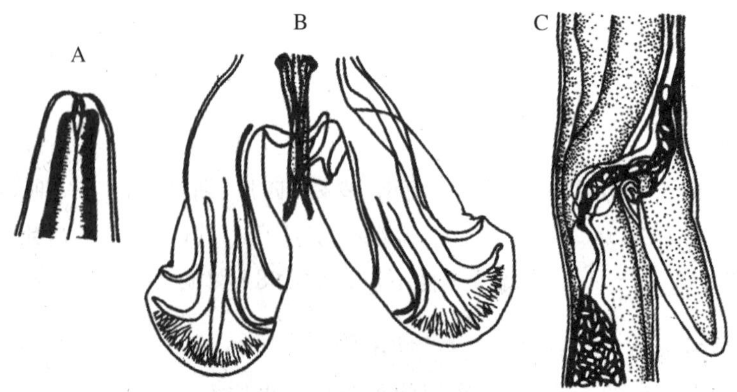

图 10-24　捻转血矛线虫（引自李国清，1999）

A.头端　B. 雄虫交合伞　C. 雌虫阴门盖

虫体淡红色，可吸取宿主血液；虫体头端尖细，口囊小，内含一背矛状小齿；颈乳突较为明显，位于虫体前半部分，呈锥形，伸向后侧方(图 10-24)。雄虫长 15～19 mm；具有两根交合刺，且近末端有一倒钩；引器梭形。交合伞具有长的 2 个侧叶和 1 个小的背叶，侧叶具有细长的肋，背叶偏向左侧，由倒“Y”字形背肋所支持。雌虫长 27～30 mm；生殖器官呈白色，环绕于红色的消化道，形成了红白线条相间的麻花状外观，故名为“捻转血矛线虫”。阴门位于虫体后半部分，有一个较大的瓣状或舌状阴门盖。虫卵椭圆形，灰白色，大小为(75～95)μm×(40～50)μm。

(二)生活史

捻转血矛线虫为直接发育型，不需要中间宿主。位于真胃内的雌虫产出的桑葚期卵进入肠道，卵随粪便排入外界环境，在适宜的温度、湿度条件下，经 7 d 左右发育为带鞘膜的第 3 期感染性幼虫。牛、羊等动物随吃草或饮水等方式吃入第 3 期感染性幼虫而感染。第 3 期幼虫进入真胃后，先钻入黏膜发育蜕皮 1 次，而后返回胃腔再次蜕皮，最后发育为成虫。从感染第 3 期幼虫到发育为成虫约需20 d(图 10-25)。

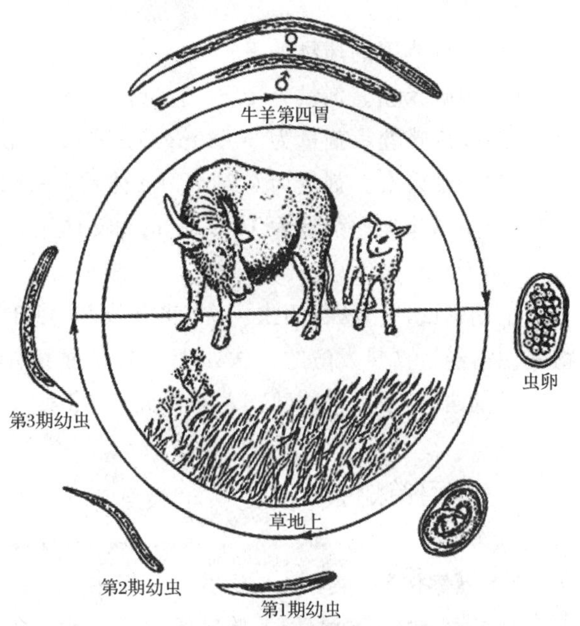

图 10-25　捻转血矛线虫生活史(引自杨光友，2009)

(三)流行病学

捻转血矛线虫病在我国各地普遍发生，常与其他毛圆科线虫混合感染动物。常在低洼、潮湿地带放牧之后，多数幼年动物同时发病。羊对捻转血矛线虫的再次感染有“自愈”现象。

(四)致病作用和病变

虫体口囊内的矛状刺可刺破真胃黏膜，吸取宿主血液为食；同时分泌抗凝血酶，使得刺破部位流血时间延长。据统计，2000 条虫体每天可吸血 30 mL。同时，虫体还可分泌毒素，干扰宿主造血功能；故多重因素导致宿主贫血。虫体分泌的毒素使血管通透性增加，造成液体外渗进入组织，出现颌下或胸前部位水肿。虫体寄生于真胃，造成胃黏膜损伤，发生溃疡；分泌的毒素还能抑制宿主神经系统，造成宿主消化吸收机能紊乱。

(五)症状

以羊的症状最为典型。因食入第 3 期幼虫的量和感染时间的长短可分为三种类型：急性型，多见于羔羊，病羊高度贫血，可视黏膜苍白，短期内患病羔羊大批死亡；亚急性型，患病羊只消瘦，黏膜苍白，下颌及腹部水肿，下痢与便秘相交替，衰弱；慢性型，病程长，患病羊只呈现发育不良，渐进性消瘦。

(六)诊断

根据流行病学资料及临床症状的特点,同时对患病动物的新鲜粪便采用饱和食盐水漂浮法检查虫卵,若发现相应虫卵即可确诊。但由于虫卵不具有特征性形态,故需作幼虫培养,对第3期幼虫进行鉴定。动物死亡后可剖检查找虫体,对虫体进行形态学鉴定而确诊。

(七)防治

1.治疗

目前,可使用的药物如下:

(1)丙硫咪唑。剂量为10～15 mg/kg体重,一次口服。

(2)左旋咪唑。剂量为6～8 mg/kg体重,一次口服或注射;奶牛及奶山羊休药期至少3 d。

(3)伊维菌素。剂量为0.2 mg/kg体重,一次口服或皮下注射。

(4)甲苯咪唑。剂量为10～15 mg/kg体重,一次口服。

2.预防

定期驱虫,春、秋各驱虫一次;北方牧区,可于春节前后各驱虫一次。因虫卵经粪便排出,动物粪便需经生物热发酵的方法处理。加强饲养管理,冬春季节合理地给予精料和矿物质。尽可能避开低洼、潮湿地带放牧。若条件允许,可实行轮牧。

二、犊弓首蛔虫病

【案例】 某养殖户饲养的牛群中,18头1～2月龄的犊牛死亡。死亡前患牛表现为虚弱消瘦,不愿活动,吮乳无力或不食。多数病牛腹泻,排灰白色或黄白色稀粥状粪便;病重患牛出现肠炎,伴大量黏液或血便。剖检死亡病牛,可见肺脏、肝脏有点状出血,肠黏膜出血,且肠道内发现大量圆柱状的长约11～30 cm的线状虫体。

【问题】 根据临床表现和剖检症状,该牛群最有可能感染的是什么疾病?该病对犊牛有什么危害?如何对该病进行防治?

犊弓首蛔虫病(又称犊新蛔虫病)(Toxocariasis)是由弓首科(Toxocaridae)弓首属(*Toxocara*)的犊弓首蛔虫(*Toxocara vitulorum*)寄生于6月龄以下的犊牛小肠内所引起的一类线虫病。

(一)病原形态

虫体新鲜时呈粉红色,外观呈圆柱形,为牛体内最大的肠道寄生虫。虫体表皮透明,因而能见到内部的内脏器官。头端有3片唇;食道呈圆柱形,后端有一小胃与肠管相连(图10-26)。雄虫长11～26 cm;交合刺2根,形状相似;尾部有一小锥突,弯向腹面。雌虫长14～30 cm;尾直;生殖孔开口于虫体前部1/8～1/6处。虫卵约(70～80)μm×(60～66)μm;近球形,淡黄色,卵壳厚,表面呈蜂窝状。

(二)生活史

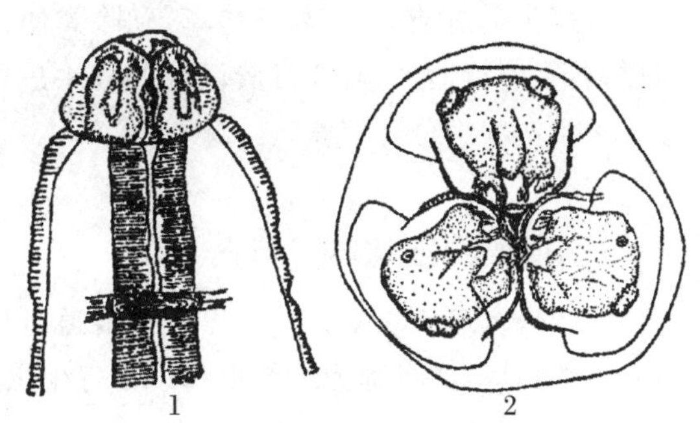

图 10-26 犊弓首蛔虫(引自孔繁瑶,1997)
1.雄虫尾端锥突 2.唇部顶面观

犊弓首蛔虫为直接发育型,不需要中间宿主,但具有比较特殊的生活史。成虫仅寄生于6月龄以下犊牛的小肠内。雌虫所产虫卵随犊牛粪便排到外界,在适宜的温度、湿度条件下,经20～30 d发育为含有第2期幼虫的感染性虫卵。含第2期幼虫的感染性虫卵被母牛吞食后,经1次蜕皮后于肝、肺、肾等器官发育为第3期幼虫。当母牛怀孕八个半月左右时,幼虫进入子宫蜕皮为第4期幼虫。子宫内的胎牛食入第4期幼虫,待出生后,在犊牛小肠内蜕皮发育为成虫。犊牛亦可通过吸吮母乳而感染。

(三)流行病学

犊弓首蛔虫病多分布在我国南方各省。各品种的牛均可感染,以水牛多发,常发生于6月龄以下的犊牛,以1～2月龄的犊牛最为严重。母牛体内的幼虫可经胎盘和乳汁感染寄生于犊牛;母牛则因吞食被犊牛粪便中排出的虫卵所污染的饲料和饮水而感染。

(四)致病作用和病变

幼虫在宿主体内移行所经过的肠壁、肺脏、肝脏等组织出现损伤,导致移行经过的部位出现点状出血、发炎;甚至小肠黏膜出现溃疡。血液及组织中嗜酸性粒细胞显著增多。大量成虫寄生时可造成宿主肠阻塞或肠穿孔。

(五)症状

病牛表现为精神沉郁,消瘦虚弱,被毛粗乱无光泽;吮乳无力或不食,后肢无力,站立不稳。腹泻,粪便呈灰白色或黄白色糊状,有腥臭味,腹痛。大量虫体感染可引起肠阻塞或肠穿孔而死亡。

(六)诊断

结合流行病学特征及临床症状,同时对患病犊牛的新鲜粪便采用饱和食盐水漂浮法检查虫卵即可确诊。死后,剖检找到虫体,对虫体进行形态学鉴定而确诊。

(七)防治

1.治疗

可采用的治疗药物如下:

(1)左旋咪唑。剂量为8 mg/kg体重,1次口服或肌肉注射。

(2)丙硫咪唑。剂量为10～15 mg/kg体重,口服。

(3)伊维菌素。按0.3 mg/kg体重,1次皮下注射或口服。

2.预防

搞好牛舍清洁卫生，勤换垫草，勤除粪便，且需堆积发酵杀死虫卵。20 日龄以内的犊牛进行驱虫；若在流行地区，对 6 月龄以内的犊牛进行驱虫；怀孕母牛临产前 2 个月驱虫。加强饲养管理。母牛与犊牛分开饲养。

三、食道口线虫病

反刍兽食道口线虫病是由盅口科食道口属的线虫寄生于牛、羊的大肠（主要是结肠）所引起的一类线虫病，亦可称为结节虫病。该寄生虫病在我国各地牛、羊中普遍存在。

（一）病原形态

寄生于牛、羊大肠内的常见食道口线虫的种类有：哥伦比亚食道口线虫（*Oesophagostomum columbianum*）、辐射食道口线虫（*O. radiatum*）、微管食道口线虫（*O. venulosum*）、粗纹食道口线虫（*O. asperum*）和甘肃食道口线虫（*O. kansuensis*）等（图 10-27）。

该类线虫口囊小而浅，呈圆筒形；有显著的口领；口孔周围有叶冠；虫体前端有或无头泡及侧翼膜。雄虫交合伞较发达，但不分叶，有 1 对等长的交合刺。雌虫阴门离肛门较近，有发达的肾形排卵器。

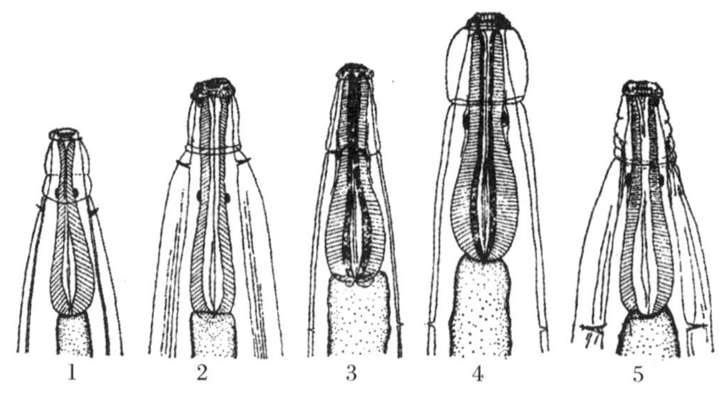

图 10-27　食道口属线虫头端（引自李国清，1999）

1. 辐射食道口线虫　2. 哥伦比亚食道口线虫　3. 微管食道口线虫　4. 粗纹食道口线虫　5. 甘肃食道口线虫

（二）生活史

食道口线虫为直接发育型，不需要中间宿主。寄生于大肠内的食道口线虫所产虫卵随宿主粪便排至外界环境，在外界温度为 25～27 ℃时，10～17 h 孵出第 1 期幼虫，经 7～8 d 蜕化两次变为第 3 期幼虫。牛、羊摄食了被感染性幼虫污染的青草和饮水而遭感染。多数幼虫在进入宿主后钻入结肠固有层于肠壁形成结节，且进行第 3 次蜕皮成为第 4 期幼虫。此后，第 4 期幼虫从结节内返回肠腔后，经第 4 次蜕皮发育为第 5 期幼虫，最后发育为成虫。有些幼虫可能移行到腹腔，并生活数日，但不能继续发育。哥伦比亚结节虫的幼虫和辐射结节虫的幼虫在肠壁上形成结节。

(三)流行病学

牛、羊食道口线虫病主要发生在春、秋季;且多侵害羔羊和犊牛。具有感染性的第3期幼虫抵抗力较强,在适宜条件下可存活几个月。感染性幼虫宜生长于潮湿的环境,尤其是在有露水或小雨时,幼虫便爬到青草上,从而雨后放牧更易导致宿主感染此病。

(四)症状和病变

在食道口线虫中,以哥伦比亚食道口线虫危害较大,主要是引起大肠的结节病变。牛以辐射食道口线虫的危害较大,幼虫阶段在小肠和大肠壁中形成结节,影响肠蠕动、食物的消化和吸收。患畜首先表现出明显的持续性腹泻,粪便呈暗绿色,有很多黏液,有时带血,最后可能由于体液失去平衡,衰竭致死。在慢性病例中,表现为便秘和腹泻交替进行,消瘦,下颌间可能发生水肿,最后虚脱而死。

(五)诊断

结合流行病学资料和临床症状,采集动物的新鲜粪便进行饱和盐水漂浮法检查虫卵。由于虫卵不具有特征形态,鉴别则需进行幼虫培养。动物死亡后剖检在肠壁发现大量结节,且在肠腔内找到虫体,通过形态学鉴定即可确诊。

(六)防治

1.治疗

可选用的药物如下:

(1)左旋咪唑。6~8 mg/kg 体重,口服。

(2)伊维菌素。0.2 mg/kg 体重,一次皮下注射。

2.预防

定期驱虫。春秋两季各进行一次。及时清理粪便,防止饲草和饮水被粪便污染。避免牛、羊在感染季节到受污染的牧场放牧。

四、仰口线虫病

【案例】 某养殖户饲养的羊群于低洼潮湿地带放牧后一段时间,部分羊群严重消瘦,可视黏膜苍白,顽固性下痢及下颌水肿,甚至严重的个别羊只出现死亡。剖解死亡羊的小肠,发现肠壁出血、黏膜增厚,肠壁上发现大量长约15~21 mm的线状虫体;显微镜下观察虫体发现,虫体头部向背面弯曲,口囊大,口囊底部有背齿和腹侧齿。

【问题】 临床诊断最可能是什么寄生虫疾病?该病是如何感染的?如何对该病进行预防?

仰口线虫病(Bunostomiasis)又名钩虫病,是由钩口科(Ancylostomatidae)仰口属(*Bunostomum*)的线虫寄生于牛、羊小肠内所引起的一类以贫血为主要特征的线虫病。寄生于牛、羊的常见病原分别为牛仰口线虫(*Bunostomum phlebotomum*)和羊仰口线虫(*B. trigonocephalum*)。该病广泛流行于我国各地,严重的可造成牛、羊死亡,对牛、羊的危害较大。

(一)病原形态

羊仰口线虫和牛仰口线虫的共有特征为:虫体头部向背侧弯曲;口囊大呈漏斗状,且口囊内有背齿1个。雄虫交合伞的外背肋不对称,交合刺1对且等长,无引器(图10-28)。雌虫的阴门位于虫体中部之前。

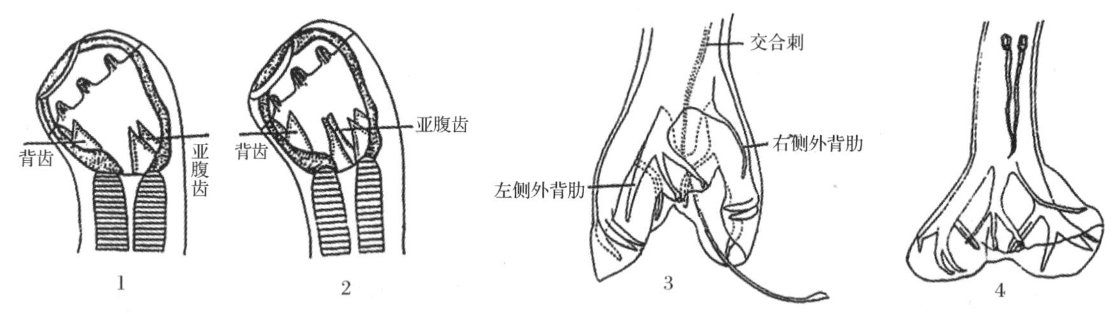

图10-28 牛、羊仰口线虫(引自杨光友,2009)

1.羊仰口线虫头部 2.牛仰口线虫头部 3.牛仰口线虫雄虫尾部 4.羊仰口线虫雄虫尾部

羊仰口线虫:雌虫长15.5~21.0 mm,雄虫长12.5~17.0 mm。口囊内有亚腹齿1对;雄虫交合刺较短,约0.57~0.71 mm(图10-28)。

牛仰口线虫:雄虫长10~18 mm,雌虫长24~28 mm。口囊内有亚腹齿2对;雄虫交合刺较长,约3.5~4.0 mm,为羊仰口线虫的5~6倍(图10-28)。虫卵大小为106 μm×46 μm,具有一定的特征性形态,色深发黑,虫卵两端钝圆,两侧平直,内有8~16个胚细胞。

(二)生活史

雌虫产卵后,虫卵随粪便排出,在适宜的温湿度条件下,虫卵发育为第1期幼虫;幼虫经两次蜕皮,发育为具有感染性的第3期幼虫。感染性幼虫可经口和经皮肤途径而感染牛、羊。研究认为,经皮肤感染是主要的感染途径。外界环境中的感染性第3期幼虫钻入牛、羊的皮肤,随血液循环进入肺脏,经蜕皮发育为第4期幼虫,后经支气管、气管进入口腔,最后被咽下,再返回小肠,逐渐发育为成虫,约需50~60 d(图10-29)。

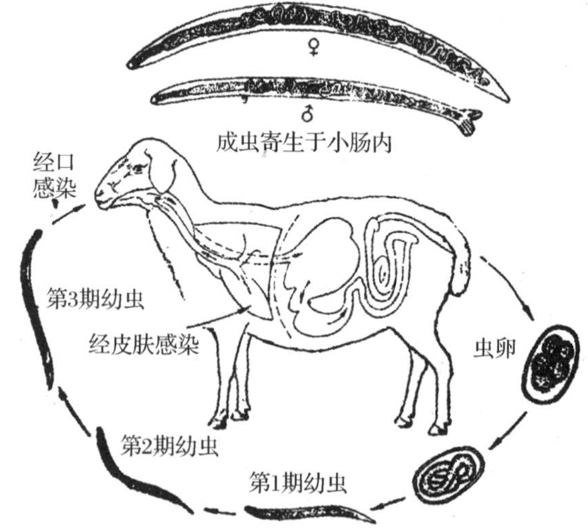

图10-29 羊仰口线虫生活史(引自李国清,1999)

(三)流行病学

仰口线虫病是我国全国各地的流行病,特别是在比较潮湿的草场,放牧的牛、羊更为易感,一般对幼年动物的危害更为严重。本病多为秋季感染，春季发病。在潮湿的环境和 14～31 ℃的温度下，虫卵及幼虫才能正常发育。

（四）致病作用和病变

第 3 期幼虫侵入牛、羊皮肤时，引起发痒和皮炎。幼虫于肺中移行导致肺出血。以寄生于小肠的成虫对宿主危害最大，成虫以其强大的口囊紧紧吸附于小肠壁上，用齿刺破肠黏膜而吸血。据统计每 100 条虫体每天可吸血 8 mL，且不停变换吸血位置，同时虫体分泌抗凝血酶，造成虫体所吸附的肠黏膜处持续出血。此外，虫体分泌的毒素又抑制红细胞的生成。因此，多种因素导致宿主贫血。

（五）临床症状

患病牛、羊以贫血为主，没有特征性的临床症状。患病动物表现出进行性贫血，消瘦，下颌水肿，顽固性下痢，粪便带血。幼畜有时出现神经症状，甚至死亡。

（六）诊断

结合流行病学资料和临床症状的情况，采集动物的新鲜粪便进行饱和盐水漂浮法检查虫卵。动物死亡后剖检，在肠腔内找到虫体即可确诊。

（七）防治

1.治疗

可选用的药物如下：

(1)左旋咪唑。按 6～8 mg/kg 体重，口服。

(2)伊维菌素。按 0.2 mg/kg 体重，一次皮下注射。

(3)甲苯咪唑。按 10～15 mg/kg 体重，一次口服。

2.预防

定期驱虫为该病的主要预防措施。加强管理。保持圈舍清洁干燥，严防粪便污染饲料、饲草及饮水。牛、羊避免到低洼、潮湿地带放牧。

五、网尾线虫病

【案例】 某羊群于低洼、潮湿地带放牧后，多数羔羊出现被毛粗乱，消瘦，贫血，咳嗽，尤其在夜间和清晨出圈时咳嗽尤为明显。剖检病死羊只，发现肺脏萎缩、肺气肿和广泛性肺炎；且在肺脏、气管及支气管中发现大量成团的乳白色细线状虫体，虫体长 30～110 mm。

【问题】 临床诊断该病最可能是什么寄生虫病？预防该病需要采取哪些措施？

网尾线虫病是由网尾科(Dictyocaulidae) 网尾属(*Dictyocaulus*)的线虫寄生于牛、羊的肺部所引起的一类肺线虫病。因虫体较大，故又称大型肺线虫。

(一)病原形态

虫体呈乳白色丝状,较大,长 24～112 mm。头端有小唇 4 片,口囊小。交合刺两根等长,呈暗褐色,为多孔性结构。引器色稍淡,呈泡孔状构造。雄虫交合伞发达,前侧肋独立;因虫体种类不同,交合伞中后侧肋的合并与分支有差异。各种网尾线虫的主要特征如下:

1.丝状网尾线虫(*Dictyocaulus filaria*) 主要寄生于绵羊、山羊的气管和支气管内。雌虫长 43～112 mm,雄虫长 25～80 mm。交合伞的中侧肋和后侧肋合并,但在末端分开,且分开不明显;背肋末端有 3 个小分支;交合刺靴形,黄褐色。虫卵无特征性形态,大小为(120～130)μm×(80～90)μm,内含幼虫(图 10-30)。

2. 胎生网尾线虫(*D. viviparus*) 主要寄生于牛、骆驼和多种野生反刍兽的气管和支气管内。雌虫长 60～80 mm,雄虫长 40～50 mm。交合伞的中、后侧肋完全愈合为一;交合刺棒状。虫卵呈椭圆形,大小为(82～88)μm×(33～38)μm,卵内含幼虫。

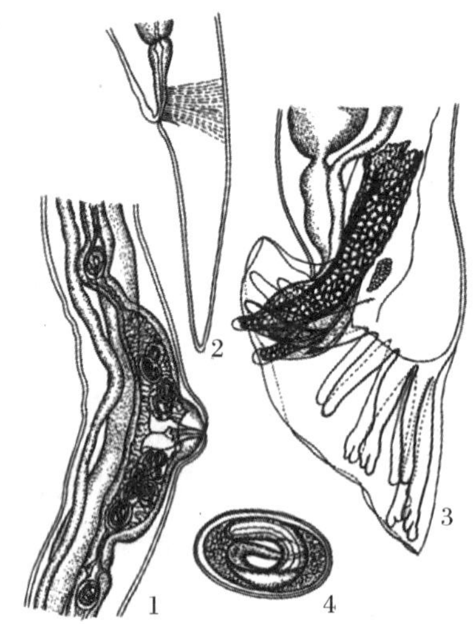

图 10-30 丝状网尾线虫
(引自卢俊杰和靳家声,2002)
1.雌虫阴门部 2. 雌虫尾端
3. 雄虫尾端 4. 虫卵

(二)生活史

网尾线虫发育不需中间宿主。雌虫在支气管产出含幼虫的虫卵,随着咳嗽,虫卵经支气管、气管进入口腔后被咽下进入消化道内,并在卵内形成第 1 期幼虫,随粪便排到体外。在20 ℃下,约经 5～7 d,蜕皮 2 次变为感染性幼虫。羊吃草或饮水时,摄入感染性幼虫而感染。幼虫钻入肠壁,在肠淋巴结内发育蜕化,变为第 4 期幼虫,经移行到达肺部,在肺部进行最后一次蜕皮。从羊感染到发育为成虫,大约需要 18 d。感染后第 26 d 开始产卵。成虫在羊体内的寄生期限随羊的营养、年龄不同而有所不同,由 2 个月到 1 年不等。

(三)流行病学

网尾线虫病多呈地方性流行,常在潮湿的牧场和寒冷的季节流行,以春、秋季感染最广泛,常有春季发病高潮。丝状网尾线虫的感染性幼虫对热和干燥敏感,但耐低温,－40～－20 ℃感染性幼虫仍不死亡。干粪中幼虫的死亡率比湿粪中的高得多。胎生网尾线虫的幼虫在适宜的外界条件下,3 d 左右发育为感染性幼虫。低于 10 ℃或高于 30 ℃时,幼虫不能发育到感染期。成年动物较幼龄动物的感染率高,但主要危害羔羊、犊牛。

(四)致病作用和病变

幼虫在宿主体内移行,可引起肠黏膜、淋巴结、肺毛细血管的损伤和小出血点;成虫于肺部寄生,刺激支气管、细支气管出现炎症;虫体的代谢及分泌物导致肺萎缩、肺气肿和广泛性肺炎。

(五)临床症状

严重感染时,病羊出现咳嗽,特别在被驱赶、夜间和清晨出圈时咳嗽尤为明显;咳出的痰液有时可见虫卵、幼虫或成虫。病羊常流鼻液,打喷嚏;逐渐消瘦、贫血,头胸部和四肢水肿,呼吸困难,甚至死亡。

（六）诊断

结合网尾线虫病的流行病学情况和临床症状，采集动物的新鲜粪便按贝尔曼法分离第1期幼虫，若有即可确诊。鉴别特征：丝状网尾线虫第1期幼虫头端较粗，有一特殊的扣状突起；胎生网尾线虫第1期幼虫头端钝圆，其上无扣状突起构造，尾端短而尖。动物死亡后剖检发现虫体而确诊。

（七）防治

1.治疗

可选用的药物如下：

(1)丙硫咪唑。8～10 mg/kg体重，内服。

(2)伊维菌素。0.2～0.3 mg/kg体重，一次皮下注射。

(3)枸橼酸乙胺嗪（海群生）。200 mg/kg体重，拌饲。

2.预防

根据网尾线虫的生活史和流行特点，可采取如下的防治措施：

(1)定期驱虫。夏秋季节各驱虫1次。

(2)注意卫生。及时清扫圈舍，保持清洁干燥；防止粪便污染饲料、饲草及饮水。

(3)加强饲养管理。避免到低洼、潮湿地带放牧；成年动物与幼年动物分开饲养及放牧。

第四节　家禽线虫病

一、禽蛔虫病

【案例】 福建某地农户饲养一群200羽的肉鸡、雏鸡。中鸡生长较快，到成鸡阶段(约70～80日龄)时，鸡生长发育不良，鸡冠苍白、贫血、消瘦、羽毛松乱无光泽，常呆立不动，食欲减退，饮水量增加，排出白色稀粪；后渐趋衰弱而死。该病拖延时间长，呈慢性消耗性死亡者多见，而很少发生急性死亡。该群病鸡用恩诺沙星、红霉素、磺胺六甲氧嘧啶粉等药物拌饲治疗均未见明显效果。剖检发现病变主要在消化道，剖开肠腔可见大小长度不等的成虫，大量积聚于肠道内，引起肠腔阻塞，病情轻微的鸡有40～50条成虫，病情较严重的鸡多则有80～100条成虫，肠黏膜出血，其他脏器正常。取粪便内容物用放大镜检查，虫体呈淡黄色或乳白色，表皮有横纹，头端有唇片，确诊为鸡蛔虫。

【问题】 该案例中用到的诊断方法有哪些？集约化养殖造成鸡蛔虫病传播的常见因素有哪些？预防鸡蛔虫病的主要措施有哪些？

禽蛔虫病（Ascaridosis）的病原隶属于禽蛔科（Ascaridiidae）禽蛔属（*Ascaridia*）的鸡蛔虫（*Ascaridia galli*），寄生于家鸡、火鸡、珠鸡、鹌鹑、雉、鸭、鹅、石鸡、松鸡、吐绶鸡等多种禽类。鸡蛔虫寄生于小肠，偶尔亦在大肠、食道、嗉囊和砂囊等部位寄生。

本病呈世界性分布，亦遍及我国各地，是家鸡及野禽的一种常见寄生虫病。主要危害雏鸡，一年以上的鸡常为带虫鸡。感染严重时，影响雏鸡的生长发育，甚至引起大批死亡，给养鸡业造成严重的经济损失。

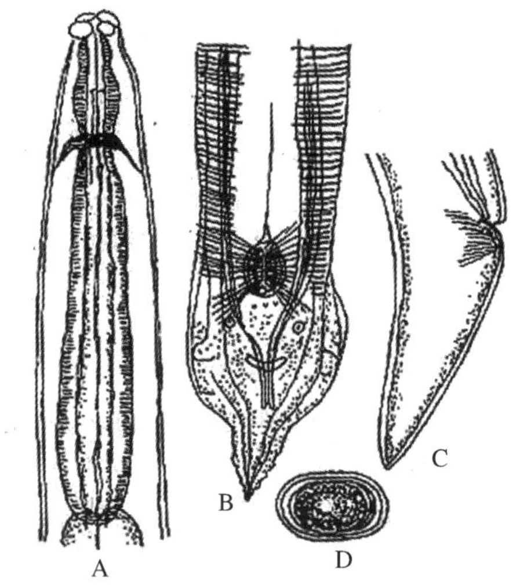

图 10-31 鸡蛔虫(引自 Skrjabin，1932)
A.前部腹面 B. 雄虫尾部腹面
C. 雌虫尾部腹面 D. 卵

(一)形态特征

鸡蛔虫是鸡体内最大的一种线虫，呈黄白色，圆筒形。体表角质层有横纹，口孔位于体前端，其周围有一片背唇和两片侧腹唇。口孔下接食道，在食道前方 1/4 处，有神经环(图 10-31)。排泄孔位于神经环后的体腹侧。雄虫体长 26～70 mm，尾端有尾翼和 10 对性乳突，6 对有柄，4 对无柄；有一个泄殖孔前吸盘，椭圆形，吸盘上有明显的角质环；交合刺 1 对，近等长。雌虫长 65～110 mm，阴门开口于虫体中部，肛门位于虫体的亚末端。虫卵呈椭圆形，壳厚而光滑，深灰色，大小(70～90)μm×(47～51)μm，新排出虫卵内含单个胚细胞。

(二)生活史

鸡蛔虫的发育不需要中间宿主，寄生期不发生移行。虫卵随粪便排出体外，在适宜的环境下，经过至少 3 周的时间发育为含幼虫的感染性虫卵。鸡随饲料和饮水吞食了感染性虫卵后，幼虫在胃或小肠逸出，移行到十二指肠后段，钻进肠黏膜发育一段时期，然后返回肠腔发育为成虫。从感染虫卵至发育为成虫，需时 5～8 周。成虫的寿命约 1 年。蚯蚓可吞食其虫卵而充当贮藏宿主。

(三)流行病学

本病主要发生于平养或散养、放养的鸡，而笼养鸡较少发生。各龄期鸡均能感染鸡蛔虫，其中3～4 月龄以内的鸡最易感，病情也较重。一般雏鸡只要有 15～25 条成虫寄生即可发病，5 月龄以上的鸡抵抗力较强，12 月龄以上的鸡常为带虫者，成为传染源。

鸡主要是因吞食了感染性虫卵污染的饲料、饮水或蚯蚓等而感染。由于虫卵比较适合在温度适宜、阴雨潮湿的环境中发育，在温度 19～29 ℃和 90%～100%的相对湿度时，最容易发育到感染期。因此，本虫的感染季节一般在夏、秋季。

虫卵对不良的外界环境和常用的消毒药物抵抗力较强。感染性虫卵可在土壤中存活 6～6.5 个月；温度在 10 ℃以下或相对湿度在 60%以下，可存活 2 个月以上。但虫卵对高温和干燥敏感，温度超过 40 ℃或阳光直射下 1～1.5 h 即可死亡。

鸡的易感性与饲料条件有很大关系。饲料营养全价，含有足量的 V_A 和 V_B，鸡群营养状况良好，则鸡有较强的抵抗力；如果饲料中动物性蛋白不足，或饲料配合单一，饲料利用率不高时，可使鸡抵抗力减弱，而易患蛔虫病。

(四)致病作用与病变

幼虫侵入肠黏膜时，破坏黏膜及肠绒毛，引起卡他性肠炎；严重时导致出血性肠炎，并易诱发病原菌继发感染;此时在肠壁上常见有颗粒状化脓灶或结节形成。成虫寄生于小肠时,损伤肠黏膜,造成肠黏膜发炎、出血。大量虫体聚集时,相互缠结成团,可发生肠阻塞甚至引起腹膜炎,最后导致死亡。虫体大量吸收宿主的营养,并产生有毒的代谢产物,常使雏鸡发育迟缓,成年鸡产蛋量下降。

(五)症状

雏鸡生长发育不良,精神沉郁,行动迟缓;有的病鸡长时间卧伏不动,翅膀下垂,羽毛蓬乱;鸡冠苍白,黏膜贫血,消化机能紊乱;食欲减退,顽固性下痢,偶见稀粪中混有带血黏液;严重者逐渐衰弱而死亡。成年鸡多数属轻度感染,一般不表现症状;严重时表现为食欲不振,嗉囊积食,下痢,产蛋量下降和贫血等症状。

(六)诊断

本病症状缺乏特征性,诊断时应综合饲养管理、生长发育和临床症状,通过粪检发现大量虫卵或剖检时在小肠内容物或黏膜碎屑中找到幼虫或成虫即可确诊。应注意鸡蛔虫卵与异刺线虫卵的区别。

(七)防治

1.治疗

(1)左旋咪唑。20～25 mg/kg 体重,一次口服。

(2) 丙硫咪唑。10～20 mg/kg 体重,一次口服。

(3)芬苯达唑。10～20 mg/kg 体重,一次口服。

(4)枸橼酸哌嗪。0.15～0.2 g/kg 体重,拌入饲料或配成 1%的水溶液让鸡自由饮水。

2.预防

(1)定期驱虫。每年进行 2～3 次驱虫,雏鸡第一次驱虫在 2 月龄左右进行,第二次驱虫在秋冬季进行;成年鸡第一次驱虫在 10～11 月龄,第二次驱虫在产蛋季节前 15～30 d 进行。

(2)成年鸡与雏鸡严格分群饲养,不使用公共运动场或牧场。

(3)搞好清洁卫生。及时清除鸡粪和垫草,并集中堆沤进行生物热发酵处理。

(4)加强饲养管理。饲喂全价饲料,适量补充多种维生素可提高抵抗力。

二、鸡异刺线虫病

【案例】 昆明野生动物养殖场引进红腹锦鸡(*Chrysolophus pictus*)500 余只(雌、雄各半),相继出现食欲不振、消瘦、下痢等症状。经多种方法处理均无法有效控制疾病发展,症状出现后锦鸡几天内全部死亡。剖检可见盲肠肿大明显,黏膜出血,有散在隆起小包,包内有活动的虫体。诊断为红腹锦鸡暴发鸡异刺线虫病。

【问题】 该案例中用到的诊断方法有哪些?鸡异刺线虫病常与哪种寄生虫病伴发?

异刺线虫病(Heterakiasis)主要是由异刺科(Heterakidae)异刺属(*Heterakis*)的鸡异刺线虫(*Heterakis gallinarum*)寄生于鸡、火鸡、雉、鹌鹑、鸭、鹅等禽类的盲肠内引起的。异刺线虫又称盲肠线虫。

(一)形态特征

虫体小,细线状,淡黄色或白色。雄虫长 7～13 mm;雌虫长 10～15 mm。头端有三片不明显的唇片围绕口孔,口囊圆柱状,食道末端有一膨大的食道球。雄虫尾直,末端尖细,交合刺 2 根,不等长(左侧的短粗,右侧的细长),有 1 个圆形的泄殖腔前吸盘,有 12 对性乳突(图 10-32)。雌虫尾部细长,阴门开口于虫体中部稍后方。卵呈椭圆形,灰褐色。大小为(65～80)μm×(35～46)μm。壳厚而光滑,内含未分裂的卵细胞。

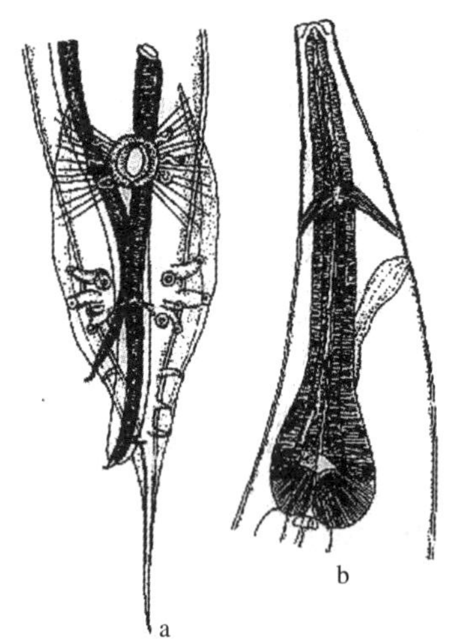

图 10-32 鸡异刺线虫
(引自 Travassos,1913)
a.雄虫尾部腹面 b.前部

(二)生活史

成虫在盲肠内产卵,随粪排出体外,在潮湿和适宜的温度环境(18～26 ℃)中,经过 7～12 d 发育为感染性虫卵,鸡食入此种虫卵而感染。有时感染性虫卵被蚯蚓吞食,它们能在蚯蚓体内长期生存,成为鸡的又一感染来源。感染性虫卵进入鸡小肠内经 12 h,幼虫逸出并移行到盲肠,钻入黏膜内,经过一个时期的发育后,重返肠腔,发育为成虫。自吞食感染性虫卵至发育为成虫需 24～30 d。成虫寿命约为 1 年。

(三)流行病学

鸡通过吞食受污染的饲料、饮水而感染。蚯蚓及一些昆虫可作为贮藏宿主。虫卵能在蚯蚓体内长期存在,成为一个重要的感染来源。主要感染季节在 6～9 月份。虫卵对外界抵抗力较强,在阴暗潮湿处可保持活力达 10 个月。虫卵在 0 ℃下仍能生活 67～172 d,恢复高温时能继续生长。阳光直射下易死亡。10%硫酸及 0.1%氯化汞溶液中能正常发育。

(四)症状

鸡异刺线虫寄生数量多时可损伤肠黏膜,引起出血。代谢产物可使鸡中毒。幼虫寄生时,在盲肠壁上形成结节。病鸡表现食欲不振或废绝、贫血、消瘦、下痢。成鸡产蛋率下降,雏鸡生长发育不良,逐渐衰弱而死。异刺线虫是火鸡组织滴虫的传播者。当鸡盲肠内同时有异刺线虫和火鸡组织滴虫寄生时,后者可进入异刺线虫虫卵内,并随之排出体外。当鸡摄入这种虫卵时,就可同时感染异刺线虫病和火鸡组织滴虫病,这种病鸡极易死亡。

(五)诊断

用饱和盐水漂浮法检查虫卵,注意与鸡蛔虫卵区别;尸体剖检在盲肠中发现虫体即可确诊。剖检时可见盲肠发炎,黏膜肥厚,上有溃疡,肠内容物凝结成条,其中含虫体。

(六)防治

驱虫药物与鸡蛔虫病基本相同。此外,避免鸡的食物与饮水被污染,避免鸡摄食蚯蚓和可能携带病原的贮藏宿主。同时鸡活动场地采用沙土,并保持干燥。

三、禽毛细线虫病

【案例】 广西南宁某农户饲养的蛋鸡、雏鸡出现消瘦、贫血、脱毛、精神萎靡、行动迟缓、挑食、产蛋减少;鸡死亡前多有腹泻症状。该群病鸡用抗菌药物拌饲治疗均未见明显效果。经当地动检站实验室剖检和粪检,肠道内有虫体和虫卵,寄生部位有炎症表现,初步诊断为鸡毛细线虫病。

【问题】 毛细线虫的发育特点是什么?毛细线虫对终末宿主有什么样的影响?

禽毛细线虫病(Capillariasis)是由毛细科(Capillariidae)毛细属(*Capillaria*)的多种线虫寄生于禽类食道、嗉囊、肠道等处所引起的一类线虫病。主要虫种包括有轮毛细线虫(*Capillaria annulata*)、鸽毛细线虫(*C. columbae*)、膨尾毛细线虫(*C. caudinflata*)和鹅毛细线虫(*C. anseris*)。我国各地都有分布,严重感染时,可引起家禽死亡。

(一)形态特征

成虫细长呈毛发状,长 10~50 mm,虫体前部稍细,为食道部,短于或等于身体后部。雄虫交合刺 1 根,细长有刺鞘(spine sheath);也有的无交合刺,而仅有刺鞘。雌虫阴门位于虫体前后交界处。虫卵呈桶形,两端具塞,色淡(图 10-33)。不同种类寄生部位严格,可据此对虫种做出初步判断。

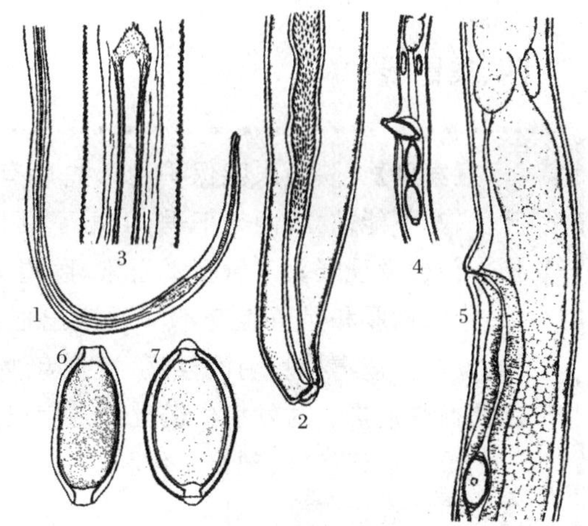

图 10-33 有轮毛细线虫(引自孔繁瑶,1997)
1,2.雄虫尾端 3.交合刺近端 4,5.阴门部 6,7 卵

(二)生活史

有直接发育和间接发育两类:鸽毛细线虫和鹅毛细线虫属于直接发育型,雌虫产卵,卵随粪便排出后,发育到感染性虫卵(内含第 1 期幼虫),经口感染宿主,幼虫进入十二指肠黏膜内发育,在感染后 20~26 d 发育为成虫;膨尾毛细线虫和有轮毛细线虫则需要中间宿主——蚯蚓的参与才能完成其生活史。感染性虫卵被中间宿主摄食后,在中间宿主体内孵出幼虫,蜕皮 1 次,变为第 2 期幼虫,具有感染性。禽类食入含有感染性幼虫的蚯蚓即被感染,虫体在终末宿主体内的寄生部位逐渐发育为成虫。

(三)流行病学

成虫的寿命约为 9～10 个月。毛细线虫虫卵耐低温,发育慢,在外界可存活很长时间。如膨尾毛细线虫卵在普通冰箱中可存活 344 d。虫卵在外界发育成感染性虫卵的时间:有轮毛细线虫在 28～32 ℃,需 24～32 d;鹅毛细线虫在 22～27 ℃,需 8 d。中间宿主分布广泛,增加了禽类感染的概率。在污染严重、蚯蚓出没的鸡场,鸡只很容易感染。

(四)致病作用和症状

虫体在寄生部位掘穴,造成机械性和化学刺激。轻度感染时,局部出现轻微炎症和增生;感染严重时,炎症加剧,并出现黏液或脓性分泌物,局部黏膜溶解、坏死或脱落。剖检可见寄生部位消化道出血,黏膜上有大量虫体。患禽食欲不振,下痢,贫血,消瘦。严重感染时,雏鸡和成年鸡均可发生死亡。

(五)诊断

根据临床症状,结合剖检病禽,发现虫体及相应病变或粪便中检出虫卵即可做出诊断。

(六)防治

治疗可用甲苯咪唑,70～100 mg/kg 体重,口服;左旋咪唑,25 mg/kg 体重,口服。

严重的地区应有计划地进行定期驱虫。搞好活动场所卫生,粪便堆积发酵。鸡舍通风干燥,以抑制虫卵的发育和中间宿主蚯蚓的滋生。

四、禽胃线虫病

【案例】 陕西朱鹮保护中心先后有 12 只朱鹮发病,其中 5 只死亡。患病朱鹮两腿发软,不能站立,两翅下垂,上不了栖杠,体温正常,食欲降低甚至废绝,排黄绿色稀便。剖检发现喉头气管基本正常,腺胃有大小不一的溃疡灶,溃疡灶表面可见线状虫体,十二指肠和泄殖腔有不同程度出血,肝脏色稍黄,有出血斑块,外覆血凝块,肾肿胀、发黑。病毒检验阴性,细菌检验为沙门菌。将发病朱鹮隔离,对圈舍及周围环境与用具彻底消毒。对发病朱鹮立即注射庆大霉素,口服盐酸左旋咪唑,患病朱鹮痊愈。

根据临床症状、剖检变化和实验室检验结果,朱鹮死亡原因综合判定为沙门菌和禽胃线虫混合感染。对全群朱鹮用庆大霉素颗粒拌料预防,同时加入左旋咪唑,彻底驱虫。

【问题】 该案例中用到的诊断方法有哪些?造成病例中朱鹮胃线虫病传播的可能因素有哪些?预防禽胃线虫病的主要措施有哪些?

禽胃线虫病是由锐形科(Acuariidae)锐形属(*Acuaria*)和四棱科(Tetrameridae)四棱属(*Tetrameres*)的多种线虫寄生于禽类的食道、腺胃、肌胃和肠道引起的疾病。主要虫种有小钩锐形线虫(*Acuaria hamulosa*)、旋锐形线虫(*A. spiralis*)、美洲四棱线虫(*Tetrameres americana*)等,为一些小型虫体,遍及全国各地。

(一)形态特征

1.小钩锐形线虫　又名扭状头饰带线虫、斧钩华首线虫。寄生于鸡和火鸡的肌胃角质层下方。在我国南方比较多见，北方也有发现。虫体两端尖细，在前部有 4 条绳状饰带，为表皮隆起构成，边缘不规则，起始于口部，两两并列，呈不整齐的波浪形向后延伸，几乎达虫体后部，但不折回，末端亦不相吻合(图 10-34)。雄虫体长 10～14 mm，尾乳突有肛前 4 对，肛后 6 对；交合刺不等长。雌虫体长 16～29 mm。虫卵大小为(40～45)μm×(24～27) μm，内含幼虫。

2.旋锐形线虫　又名螺旋重咽线虫、旋形华首线虫。寄生于鸡、火鸡、雉等禽类的食道、腺胃，偶见于小肠。流行比较广泛，为我国南方常见的寄生虫病。放牧的雏鸡发病严重，成鸡受害不大。本虫细线状，体前部背、腹面各有两条波浪形的饰带，向后达食道肌质部与腺质部处折向前，末端不相吻合。雄虫体长 7～8.3 mm，体常卷曲成螺旋状，两交合刺不等长，左细长右宽短，肛周围有 11 对乳突。雌虫体长 9～10.2 mm，尾端尖锐。卵壳厚，大小为(33～40)μm×(18～25)μm，内含幼虫。

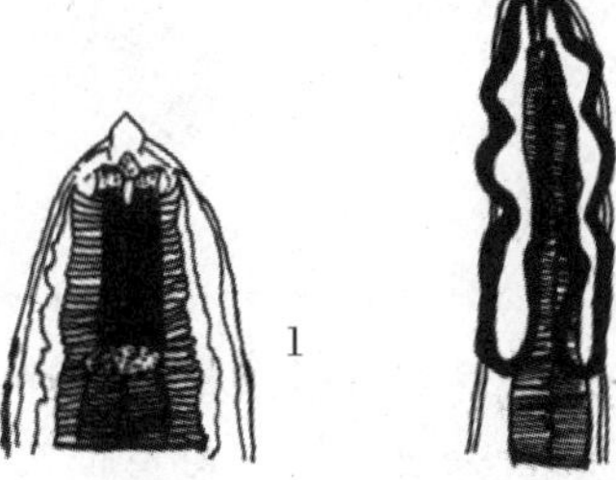

图 10-34　三种禽胃线虫形态(引自宁长申 1995)
1.小钩锐形线虫前部侧面　2. 旋锐形线虫前部侧面
3.美洲四棱线虫雌虫侧面

3.美洲四棱线虫　寄生于鸡的腺胃，四棱线虫无饰带，雌雄异形。雄虫游离于胃腔中，体形纤细，体长 5～5.5 mm。雌虫呈亚球形；体长 3.5～4.5 mm，并在纵线的部位形成四条深沟。虫卵大小为(42～50)μm×24 μm，卵壳厚，内含有幼虫，一端含有塞状结构。

(二)生活史

禽胃线虫需要昆虫作为中间宿主，小钩锐形线虫的中间宿主是蚱蜢、拟谷盗虫、象鼻虫等；旋锐形线虫的中间宿主是等足类(光滑鼠妇、粗糙鼠妇)；美洲四棱线虫的中间宿主是直翅类昆虫(蚱蜢、蜚蠊)。虫卵被中间宿主吞食后，在体内发育为感染性幼虫。禽类吞食含有感染性幼虫的中间宿主而感染。幼虫在禽类的胃黏膜内发育为成虫。

(三)症状与病变

虫体在寄生部位形成溃疡及出血，同时使寄生部位的腺体遭受破坏，有时形成结节，影响胃肠的功能，严重者造成胃肠破裂。

轻度感染时不显致病力。严重感染时，患禽消化不良，食欲下降，出现消瘦和贫血等症状。严重者可引起死亡。

(四)诊断

根据临床症状、粪便检查发现虫卵或尸体剖检发现虫体而确诊。

(五)防治

1.治疗

(1)甲苯咪唑。30 mg/kg 体重,一次口服。

(2)丙硫咪唑。5~10 mg/kg 体重,一次口服。

2.预防

重点做好禽舍的卫生工作,将粪便堆积发酵。在流行区进行预防性驱虫。消灭中间宿主,防止传播虫体。

五、比翼线虫病

【案例】 广西某镇养禽户饲养的60日龄鸭群出现呼吸困难,伸颈张口呼吸,伴发咳嗽和打喷嚏,时常摇头,头左右摇甩为特征性症状的疾病。用抗生素和抗病毒药治疗及紧急接种疫苗,症状没有改善反而加重并死亡。剖检发现鸭的喉头、气管有虫体。粪便分别用水洗低速离心沉淀和饱和盐水漂浮法置100倍显微镜下观察,可见到椭圆形、大小88 μm×45 μm,两端较厚的虫卵,卵内有胚细胞。饲养场地比较潮湿,不时有蚯蚓及蜗牛爬出地面。综合以上分析,可诊断为鸭比翼线虫感染。

【问题】 造成鸭感染比翼线虫的常见因素有哪些?预防比翼线虫病的主要措施有哪些?

禽比翼线虫病(Syngamiasis)是由比翼科(Syngamidae)比翼属(*Syngamus*)的气管比翼线虫(*Syngamus trachea*)和斯氏比翼线虫(*S. skrjabinomorpha*)寄生于鸡、鹅、鸭、火鸡、雉、吐绶鸡、珍珠鸡和多种野禽的气管内所引起的呼吸系统疾病。发病特点是病禽张口呼吸,因而又称为开口虫病。主要侵害幼禽,患鸡常因呼吸困难而导致死亡。

(一)形态特征

虫体呈红色。头端膨大,呈半球形。口囊宽阔成杯状,其外缘形成1个较厚的角质环,底部有三角形小齿。雌虫远比雄虫大,阴门位于体前部。雄虫细小,交合伞厚,肋粗短,交合刺短小。雄虫通常以其交合伞附着于雌虫阴门部,构成"Y"字形外观,故得名比翼线虫。虫卵两端有厚的卵盖。

1.气管比翼线虫　雄虫长2~4 mm,雌虫长7~20 mm。口囊底部有齿6~10个。虫卵大小为(78~110)μm×(43~46)μm,内有16个卵细胞(图10-35)。

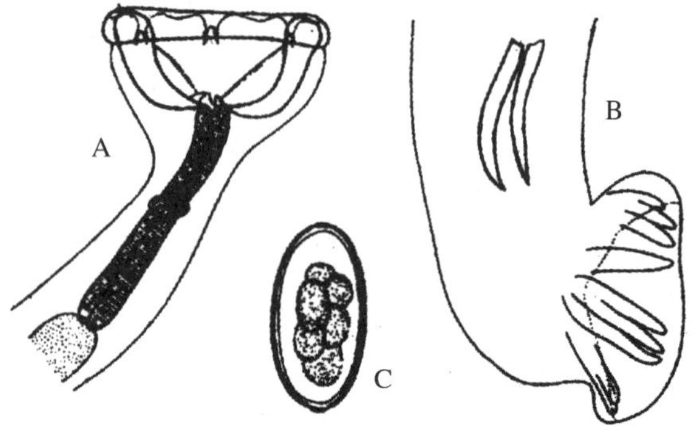

图 10-35　气管比翼线虫(引自李国清,1999)
A.头部侧面　B.交合伞侧面　C.虫卵

2.斯氏比翼线虫　雄虫长2～4 mm,雌虫长9～26 mm。口囊底部有6个齿。卵椭圆形,大小为90 μm×49 μm。

(二)生活史

雌虫在支气管产卵,卵随咳嗽进入口腔,被咽入消化道后,随粪便排到体外(卵也可直接从口腔咳出体外)。卵在适宜的温度(25 ℃)和湿度(85%～90%)下,幼虫在卵壳内蜕皮2次发育为第3期感染性幼虫,即形成感染性虫卵。这种虫卵在土壤中可生存8～9个月。感染宿主的方式有3种:一是感染性虫卵被终末宿主啄食感染;二是感染性幼虫从卵内孵出,终末宿主摄食了感染性幼虫而感染;三是感染性虫卵或感染性幼虫被贮藏宿主摄食,终末宿主再啄食了这类贮藏宿主,造成感染。

终末宿主经口感染后,幼虫钻入肠壁,经血流到肺,再转至肺泡,感染后6 h,可在肺泡见到幼虫;感染后第3 d,可在肺泡内见到第4期幼虫,之后幼虫上行到细支气管和支气管;感染后第5 d,在细支气管和支气管最后1次蜕皮成第5期幼虫;感染后第7 d可在气管中见到虫体;感染后的第18～20 d,气管中的虫体发育至性成熟。

(三)流行病学

本病呈地方性流行,主要发生于放养的鸡群,各年龄鸡均易感,但主要危害雏鸡。缺乏V_A、钙和磷时易感。外界环境中的虫卵和感染性幼虫的抵抗力较弱;但感染性幼虫在蚯蚓体内可保持感染力达4年多;在蛞蝓和蜗牛体内可存活1年以上。来自野鸟的幼虫寄生蚯蚓后对鸡的易感性增强,有助于本病的散布和流行。成虫的寿命随终末宿主的种类不同而不同,鸡或吐绶鸡为147 d。

(四)致病作用与症状

成年禽一般症状不明显。幼禽感染3～6条虫体,即出现临床症状。幼虫在肺部移行,严重感染时,可引起大叶性肺炎、肺淤血和肺水肿。成虫寄生在家禽的气管或支气管黏膜,导致卡他性气管炎,分泌大量黏液,影响气管通畅。本病的特征性症状是伸颈,张口呼吸,头左右摇甩,力图排出黏液性分泌物,有时可在甩出的分泌物中见到少量虫体。病初食欲减退,消瘦,口内充满多泡沫的黏液,其后可发生呼吸困难,窒息致死。

剖检可见气管黏膜潮红、出血,有大量黏液,上有虫体附着;肺部有炎症病变;尸体消瘦。

(五)诊断

根据临床症状和粪便检查结果可做出诊断;打开病禽口腔,常能发现喉头附近有蠕动的红色虫体。

(六)防治

1.治疗

(1)左旋咪唑。20～25 mg/kg体重,一次口服。

(2)丙硫咪唑。10～20 mg/kg体重,一次口服。

(3)芬苯达唑。10～20 mg/kg体重,一次口服。

(4)甲苯咪唑。10～20 mg/kg 体重,一次口服。

(5)伊维菌素。0.3 mg/kg 体重,一次口服。

也可用 1/1500 的稀碘液经喉裂注入气管,每只 1～1.5 mL。还可用棉签插入气管将虫体裹出;或用小镊子经喉裂伸入气管将虫体夹出。

2.预防

及时清理禽粪并堆积发酵,以杀灭虫卵。禽舍和运动场应保持干燥,定期消毒。尽可能改自由放牧为舍饲,防止野鸟进入禽舍。消灭蚯蚓和蜗牛等贮藏宿主,避免在上述宿主多的地方放养家禽。

六、鸟蛇线虫病

【案例】 四川某户养殖的雏鸭,25 日龄时出现幼鸭离群和食欲减少,病鸭下颌部和后肢有瘤样肿胀,触摸有热感。近一半鸭死亡。腭下肿胀初期柔软,逐渐变硬,垂悬。腿部瘤样结节小而多,致皮肤紧张,毛稀,但肿胀不明显。结节内容物为乳白液体。病鸭急剧消瘦,吞咽和呼吸困难,因不能采食和呼吸而死亡。剖检瘤样肿胀部位,见到乳白色丝状虫体。根据虫体形态和病鸭症状,诊断为鸟蛇线虫感染。

【问题】 鸟蛇线虫感染的特点是什么?造成鸟蛇线虫感染传播的常见因素有哪些?

鸟蛇线虫病(Avioserpensiasis)是由龙线科(Dracunculidae)鸟蛇属(*Avioserpens*)的线虫寄生于鸭颌下、颈、腿等处皮下结缔组织,形成以肿瘤样肿胀为特征的一种线虫病,俗称鸭腮丝虫病。在我国已发现两个虫种:四川鸟蛇线虫(*Avioserpens sichuanensis*),寄生于鸭、野鸭及鸡,分布于四川、重庆、贵州、安徽和江苏等地;台湾鸟蛇线虫(*A. taiwana*),寄生于鸭、野鸭,分布于我国广西、广东、福建和台湾等地。

(一)形态特征

1. 四川鸟蛇线虫　虫体呈细长丝状,淡黄白色。虫体头端钝圆,口周围有角质环。头乳突 14 个,呈两圈同心圆排列,背乳突和腹乳突成对,较大;两侧各有一个单乳突,另有 4 对亚中乳突。食道分肌质部和腺体部两部分。雄虫很短小,长 8.71～10.99 mm。交合刺一对,褐色,略不等长。引器褐色,梨形。尾弯向腹面,尾尖有一个刺状突起。雌虫长 32.6～63.5 cm,比雄虫长 30～60 倍,尾尖锐。卵巢两个,双子宫型。未成熟雌虫可见肛门、阴门及阴道。肛门呈横缝状,阴门唇状,开口于虫体中部。子宫内充满胚细胞;随着虫体的成熟,阴门及阴道、肛门均萎缩不见,而子宫向虫体前后伸展,后部的卵巢可伸达肛门后方。

2. 台湾鸟蛇线虫　形态结构似四川鸟蛇线虫。雄虫长 6.0 mm,交合刺不等长,引器三角形。雌虫长 11～18 mm,尾弯曲呈钩状。生殖孔位于虫体后半部(图 10-36)。

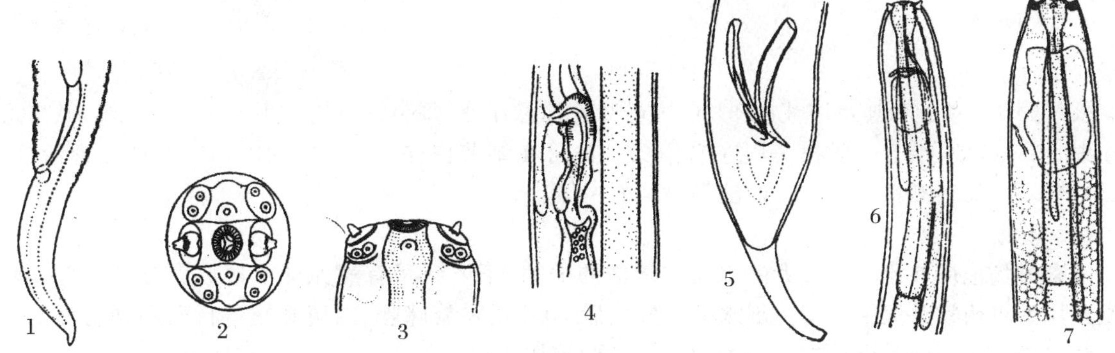

图 10-36 台湾鸟蛇线虫(引自李国清,1999)

1.雌虫尾部 2.雌虫头顶面 3.雌虫头端侧面 4.雌虫阴门部 5.雄虫尾部 6.雄虫头部 7.雌虫头部

(二)生活史

鸟蛇线虫为胎生,属间接发育。中间宿主为剑水蚤。

四川鸟蛇线虫的雌虫成熟后在寄生部位钻一小孔,当鸭下水游泳或觅食时,虫体头部破裂,子宫与表皮一起破溃,释放出大量幼虫,落入水中。第 1 期幼虫在水中被中间宿主剑水蚤吞食,在适宜温度下(28～32 ℃),幼虫在剑水蚤的血腔中约经 7 d,两次蜕皮后发育成第 3 期幼虫(感染性幼虫)。含第 3 期幼虫的剑水蚤被鸭吞食后,幼虫在腺胃内逸出,然后穿过腺胃壁,逐渐移行到皮下结缔组织寄生。感染后 14 d 出现症状,在皮下结缔组织可检得雌虫(未成熟)。移行到皮下寄生的虫体均为雌虫,而雄虫寄生于腹壁。感染后 26～28 d,雌虫成熟,寄生部位的肿胀达到最大。此时,雌虫头部穿破皮肤,体壁破裂,幼虫逸出。以后雌虫逐渐死去。整个生活史在 26～32 ℃时需 36～40 d。

台湾鸟蛇线虫的雄虫寄生于肠系膜,生活史与四川鸟蛇线虫相似。

(三)流行病学

鸟蛇线虫的中间宿主——剑水蚤主要滋生在比较肥沃的稻田、水塘和流动较缓的河流中。本病常发生于我国南方地区的放牧鸭群,主要侵害 3～8 周龄的雏鸭及青年鸭,未见成年鸭发病。发病季节为 3～10 月份,7～9 月份为高峰期。鸡亦偶见感染与发病。

(四)症状

雌虫主要寄生在鸭的颌下及腿部皮下结缔组织内,在腹下、颈、眼等处皮下亦有寄生。症状以颌下、腿部出现瘤结为特征。起初寄生部位充血肿胀,瘤结小而柔软,以后逐渐变大、变硬,瘤结上有小孔,孔上有线头样虫体断片。轻度感染时症状不明显;中重度感染可见幼鸭皮下有多处瘤结,幼鸭步态踉跄,或不能行走,呼吸吞咽困难,结节外翻。病鸭在饥饿、疲惫下急剧消瘦,恶病质,随后死亡。在病变部的瘤结中可见有缠绕成团的虫体,后期虫体逐渐被吸收,病变部有黄褐色胶样浸润,新旧病变中都混有大量新生血管,患部发红。

(五)诊断

根据流行季节以及鸭的颌下、腿部等处出现瘤结可做出诊断,必要时可切开瘤结找到虫体或用手指按压肿胀部,将挤出的液体涂片检查,发现幼虫即可确诊。

(六)防治

1.治疗

可用1%左旋咪唑水溶液或1%的丙硫咪唑油悬浮液,每个结节内注射0.3~0.5 mL,做扇形注射,安全有效,结节一般在一周左右消失。也可在结节内注射1~3 mL 0.5%高锰酸钾溶液、1%碘溶液、75%酒精、2%食盐溶液等以杀死虫体。

2.预防

育雏场地应在流动的较大的水面或清洁的池塘,不要到疑有病原的水域放养雏鸭。育雏水域可用杀虫药物杀灭中间宿主剑水蚤。放牧后10 d用左旋咪唑、丙硫咪唑进行药物预防。两种药物均按50~70 mg/kg体重,拌料,每天2次,连服1周。

第五节　马属动物线虫病

一、副蛔虫病

【案例】 某市公园1岁龄斑马突然倒地,公园兽医对其进行打针、输液,情况略有好转,但于第三日早上死亡。发病前食欲、饮欲一切正常,平常只有腹围增大,眼结膜苍白等情况,未见有腹痛的现象,例行进行过粪便检查和血液检查,其中粪便检查未检查到寄生虫卵,血液检查一切正常。

剖检斑马的肝脏上有些硬化灶,肺脏有出血,十二指肠内有大量虫体寄生,胃内有少量寄生虫,十二指肠肠黏膜出血。虫体呈乳白色,雌虫体长11~12 cm,雄虫体长13~15 cm,其口唇为“品”字唇,其他结构与马副蛔虫的特征相同。

根据临床症状、病理剖检和虫体的鉴别结果,综合确诊此斑马所患疾病为斑马的马副蛔虫病,突发急症是由于大量虫体阻塞肠道导致肠梗阻引起。

【问题】 马副蛔虫的形态特征是什么?如何诊断马副蛔虫病?

马副蛔虫病(Parascariosis)是由蛔科副蛔属(*Parascaris*)的马副蛔虫(*Parascaris equorum*)寄生于马属动物的小肠内引起的疾病,有时可见于胃或胆管内,是马属动物的一种常见的寄生虫病,对幼驹危害很大。

(一)形态特征

马副蛔虫是家畜蛔虫中最大的一种。黄白色,虫体圆柱状,两端较细。口周围有唇瓣三个,背唇较大,两个腹侧唇较小。有显著的横沟界于唇瓣和虫体之间。每个唇瓣又由一内侧横沟区分为前后两部。唇之间有间唇,唇瓣内缘具有明显小齿(图10-37)。雄虫长15~28 cm,雌虫长18~37 cm。雄虫尾端略向腹面卷曲,有很窄的侧翼在尖端相接。交合刺1对,等长;肛前乳突较多,约80~100对;肛后乳突较少,约7对。雌虫阴门开口在体前端1/4的位置。虫卵呈圆形,直径90~100 μm。卵壳表面为凹凸不平的蛋白质膜。

(二)生活史

成虫寄生在小肠内,雌虫产出大量虫卵,随宿主粪便排出。在适宜的温度、湿度和有充足的氧气条件下，经 10～15 d 发育到感染性虫卵。马属动物采食或饮水时吞食感染性虫卵而感染。马副蛔虫的发育与猪蛔虫相似，虫卵在肠内孵出幼虫，立即钻入肠黏膜，进入肠静脉，随门静脉的血液到达肝脏，继而经心脏到肺，幼虫穿破微血管而侵入肺泡，再经细支气管、支气管和气管而上升至咽部，最后重新被吞食而到小肠，发育为成虫。从感染性虫卵到发育为成虫，需 44～77 d。

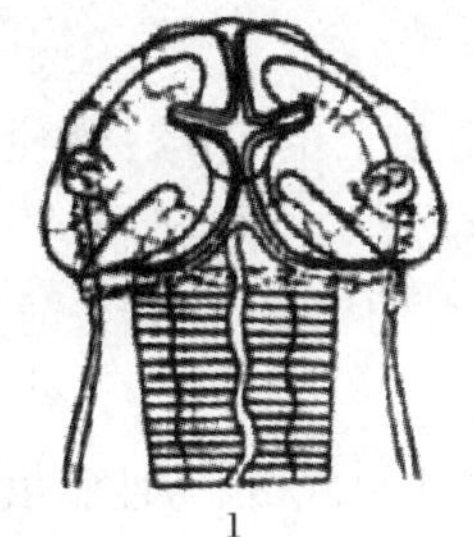

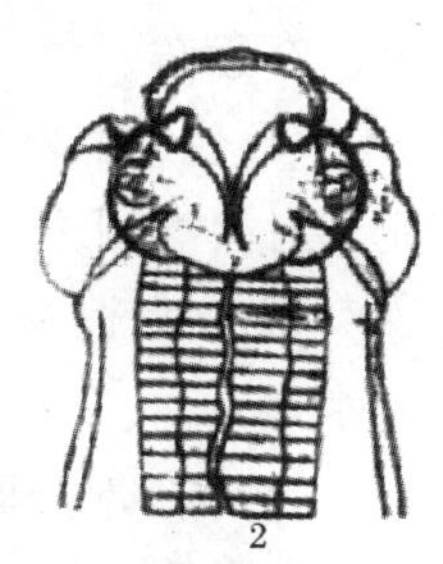

图 10-37 马副蛔虫(引自汪明，2003)
1.腹面观 2. 背面观

(三)流行病学

本病流行甚广，以幼驹易感性最强。老马也有感染，多为带虫者。感染多发生于秋冬季。其感染率和感染强度与饲养管理有关，厩舍内的感染机会一般多于牧场，饲料散放于厩舍让马采食更能增加感染机会。幼驹会因接触附有虫卵的乳头而感染。

马副蛔虫卵适于发育的温度为 10～35 ℃，而最佳的温度为 35 ℃。在此温度下卵经过 10～15 d可发育成感染性虫卵。发育时间的长短据温度高低而有所不同。气温在 39 ℃以上时可使虫卵变性而失去感染能力。卵的发育必须有相应的湿度。马副蛔虫的卵比猪蛔虫的卵更富抵抗力，在水中能存活数月。

(四)致病作用

1. 机械性损伤 寄生于小肠的成虫和在肝、肺中移行的幼虫，对宿主造成一系列的刺激。成虫能引起卡他性肠炎，有时引起肠壁出血；严重时可发生肠阻塞，甚至肠破裂。有时虫体钻入胆管和胰管，并引起相应的病症。幼虫随血流移行时，可引起肝细胞变性，在肺脏时造成出血及炎症。

2.毒素作用 马副蛔虫的代谢产物及其他有毒物质，作用于黏膜时，可以引起炎症导致消化障碍；被吸收的有毒物质还往往对神经系统和造血机能产生严重影响。0.1 mL 的马副蛔虫体液即可危害马匹。毒素加热到 120 ℃时也不能被破坏。

3.继发感染 幼虫钻进肠黏膜移行时，可能带入其他病原微生物，造成继发感染。使幼驹生长发育受阻，使伴发的其他疾病加剧。

(五)症状

病初(移行期)可能出现程度不同和持续时间不等的咳嗽；常自鼻孔流出浆液或黏液性鼻液，有短暂的体温升高。以后(成虫寄生期)呈现肠炎症状，消化障碍，腹围增大，常有腹痛现象。严重感染的病例，有时发生肠穿孔。病畜精神迟钝，易疲乏，毛粗干，发育停滞，黏膜苍白，红细胞及血红蛋白数量显著下降，白细胞数量增多。

(六)防治

1.治疗

驱虫可用精致敌百虫、噻苯咪唑、丙硫咪唑、芬苯达唑等药物。

2. 预防

(1)注意厩舍内的清洁卫生工作。粪便应逐日清除并运到远离厩舍和草场的空地堆积发酵。定期对饲槽、水槽等消毒。

(2)注意饲料及饮水的清洁卫生。饲草应放于饲槽或草架上饲喂,饮水最好用井水或自来水。

(3)每年对马群进行1～2次预防性驱虫。驱虫后3～5 d内不要放牧,以便将排出的虫体及虫卵集中消毒处理。孕马在产前2个月施行驱虫。对幼驹应经常检查,发现副蛔虫病应及时驱虫。

二、尖尾线虫病

【案例】 某地农户自家饲养的1岁龄驴出现肛门瘙痒,肛门有胶样分泌物,皮肤破溃发炎。病驴采食不佳,机体消瘦,有轻度贫血迹象。取肛门分泌物和粪便分别镜检,发现有虫卵。在驴粪便中可见到虫体片段。根据临床症状,初步诊断此驴有尖尾线虫寄生,用丙硫咪唑进行治疗,病驴状况逐渐好转康复。

【问题】 病例中用到的诊断方法有哪些?尖尾线虫感染的特征是什么?

马尖尾线虫病(Oxyuriosis)是由尖尾科(Oxyuridae)尖尾属(*Oxyuris*)的马尖尾线虫(*Oxyuris equi*)寄生于马、驴、骡的大肠引起的疾病。此病以尾臀发痒为特征,呈世界性分布,我国各地都有,为马属动物常见线虫病。

(一)形态特征

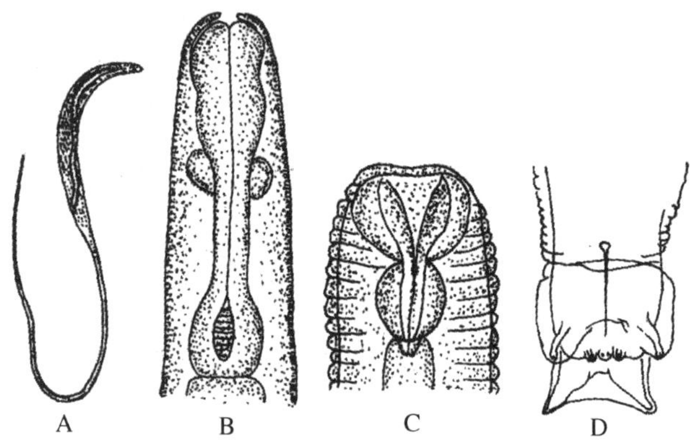

图10-38 马尖尾线虫(引自汪明,2003)

A. 雌虫全形 B.成虫头端 C.幼虫头端 D.雄虫尾端腹面

虫体头端有6个乳突,口孔呈六边形,由6个小唇片组成。口囊短浅。食道前部宽,中部窄,后部膨大形成食道球。雌雄虫的大小差异很大而且颜色也不同。雄虫白色,体长9～12 mm;有1根交合刺,呈大头针状,长120～160 μm;尾端有外观呈四角形的伪囊,有两个大的和一些小的乳突。雌虫长约150 mm,尾部细长而尖。阴门位于体前部1/4附近,子宫为单管结构(图10-

38)。虫卵呈长卵圆形，两侧不对称，灰黑色，大小为(80～90)μm×(40～45)μm。虫卵一端有卵塞，新排出的虫卵内含一对卵细胞，但一般在肛门周围收集到的虫卵，多数已经发育，内含幼虫。

(二)生活史

雄虫交配后死亡，雌虫受精后移向直肠，经肛门到达会阴部，产出成堆的虫卵和黄白色胶样物质，将虫卵黏附于皮肤上，产完卵的雌虫，大多数落地死亡，部分雌虫能退缩到直肠内，继续生存。由于肛门具有适宜的温度、湿度和氧气等条件，故虫卵能迅速发育，于 24～36 h 内在卵壳内形成第 1 期幼虫，经过 3～5 d 幼虫在卵内进行第 1 次蜕皮，成为感染性虫卵。由于卵块的干燥和马的擦痒等动作，卵块落入外界，并玷污饲料、饮水和各种用具等；马因采食被虫卵污染的饲料、饮水及舔食被虫卵污染的场地、饲槽等而感染。在小肠内，感染性幼虫从卵壳逸出。第 3 期幼虫寄生于腹侧结肠和盲肠的黏膜腺窝内。感染后 3～10 d 形成第 4 期幼虫，并以大肠黏膜为食，此期幼虫常呈红褐色，可能吸食血液，并产生溶蛋白酶。大约在感染后 50 d 进行第 4 次蜕皮，形成第 5 期幼虫。感染后 5 个月发育为成虫。

(三)流行病学

虫卵在潮湿环境中能生存数周。干燥时虫卵寿命不超过 12 h；在冰冻条件下 20 h 即死亡。虫卵在外界环境中，26 ℃时经四昼夜，37 ℃时经两昼夜即可发育到感染阶段。本病多见于幼驹和老马，特别是卫生状况恶劣的厩舍中和不做刷拭、个体卫生不良的马匹，普遍发生感染。

(四)致病作用与症状

成虫寄生于大肠时，致病作用不强，危害不大。主要的致病作用表现为雌虫在肛门周围产卵时分泌的胶样物质有强烈的刺激作用，能引起肛门剧烈瘙痒，会阴部发炎，甚至皮肤破溃，引起继发感染和深部组织损伤。发痒可使动物不安，采食不佳，精神萎靡，营养不良，消瘦等。

(五)诊断

可依据其特有症状——经常摩擦尾部，肛门周围、会阴部有污秽不洁的卵块，建立初诊印象。对可疑病例进一步用蘸有 50%的甘油水的药勺，刮取肛门周围或会阴部的卵块，在显微镜下检查，看是否有虫卵。粪便检查很难发现虫卵。严重感染时可在粪便中发现虫体。

(六)防治

采用一般的驱线虫药物均有显著效果，如精制敌百虫、噻苯咪唑、丙硫咪唑、左旋咪唑等。驱虫的同时，应用消毒液洗拭肛门周围皮肤，清除卵块，以防止再感染。

预防主要是搞好厩舍及马体的卫生，发现病马要及时驱虫，并做好用具和周围环境的消毒与杀灭虫卵的工作。

三、圆线虫病

【案例】 新疆某地畜主王某饲养的一匹 6 岁役用骡来某站就诊,患骡久治不愈,体质很差、贫血,被毛粗乱,四肢乏力、持续性疝痛,精神高度沉郁,体温稍高,病程已数月。经治疗无效后死亡。剖检后在腰荐部发现一 50 cm× 60 cm 大小血肿,该处动脉血管已坏死,在其黏膜内检出 6 条线虫幼虫,经鉴定为普通圆线虫第 4 期幼虫。诊断结果为普通圆线虫的第 3 期幼虫进入动脉内膜发育为第 4 期幼虫,造成动脉内膜炎症,并发血管坏死和出血而致骡死亡。

【问题】 普通圆线虫的致病作用是什么?如何诊断、治疗和预防该病?

马圆线虫病(Strongylosis)是由圆线科(Strongylidae)和盅口科的线虫寄生于马属动物的大肠内所引起的线虫病。其感染率高,呈世界性分布,我国各地马匹多有感染。本病常为幼驹发育不良的原因;成年马引起慢性卡他性肠炎,使役能力下降,尤其是当幼虫移行时引起动脉瘤,血栓栓塞性疝痛,可导致马匹死亡。

(一)形态特征

圆线虫多为马属动物的重要寄生虫,虫体较大。口孔开向前端,口缘发出两圈小针叶状的叶冠(图 10-39)。口囊亚球状,底部具有齿,或无齿。口孔周围有 4 个亚中央乳突及 2 个侧乳突。背沟长,沿口囊内壁开口于口囊前沿。雄虫交合伞分三叶,伞前乳突细短。腹肋和侧腹肋相连,3 个侧肋彼此分开。外背肋从背肋上分出,左右两个背肋末端各分两支。生殖孔呈锥状。两条交合刺等长,具有导刺带,雌虫位于体后端 1/3 处。

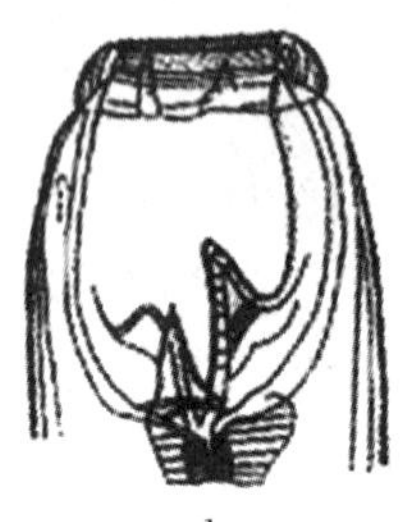
1

2

3

图 10-39 马圆线虫(引自汪明,2003)

1.马圆线虫头端侧面 2.无齿圆线虫头端侧面 3.普通圆线虫头端腹面

1.马圆线虫(*Strongylus equinus*)在我国各地均有分布。雄虫长 25~35 mm;雌虫长 38~47 mm。口囊基部有一大型尖端分叉的大背齿,腹侧有 2 个亚腹齿。虫卵椭圆形,卵壳薄,大小为(70~85)μm×(40~47)μm。

2.无齿圆线虫(*S. edentatus*)又名无齿阿尔夫线虫(*Alfortia edentatus*),世界性分布。雄虫长 23~28 mm;雌虫长 33~44 mm。形状与马圆线虫极相似,但头部稍膨大,口囊前宽后狭,内无齿。虫卵呈椭圆形,大小(78~88)μm×(48~52)μm。

3.普通圆线虫(*S. vulgaris*)又名普通戴拉风线虫(*Delafondia vulgaris*),世界性分布。虫体较小,呈深灰色或血红色。雄虫长 14～16 mm;雌虫长 20～24 mm。口囊底部有两个耳状亚背侧齿;外叶冠边缘呈花边状构造。虫卵椭圆形,大小为(83～93)μm×(48～52)μm。

(二)生活史

1.虫卵和幼虫在外界的发育

成虫在大肠内产卵并随粪便排出,在夏季有适宜的温度、湿度和氧气时,于 2～8 d 内,虫卵中形成幼虫,再经十几小时后虫卵孵化,逸出第 1 期幼虫,20 h 后蜕化为第 2 期幼虫,再经 20 h 蜕化为披鞘的第 3 期幼虫即感染性幼虫。感染性幼虫主要附着于草叶、草茎或积水中。幼虫有背地性,在适宜条件下,向牧草叶片上爬行;幼虫对弱光有向光性,常于清晨、傍晚或阴天爬上草叶;幼虫对温度有敏感性,温暖时活动增强;幼虫必须在具有液面的草叶上爬行;幼虫有鞘膜的保护,对恶劣环境抵抗力较强;落入水中的幼虫常沉于底部,可存活 1 个月或更久。因此,当马匹吃草或饮水吞食感染性幼虫后而受感染,幼虫在肠内脱鞘,开始移行。

2. 各种圆线虫幼虫在动物体内的移行发育

(1)普通圆线虫幼虫移行路径可概括为:幼虫钻入肠黏膜(主要是小肠后段、盲肠及腹结肠)进入肠壁小动脉,在其内膜下继续移行,逆血流向前移行到较大的动脉(主要为髂动脉、盲肠动脉及腹结肠动脉),约 2 周后达肠系膜,幼虫积集在肠系膜前动脉根部管壁;部分幼虫向前进入主动脉到达心脏,向后移行到肾动脉和髂动脉。普通圆线虫幼虫常在肠系膜动脉根部引起动脉瘤,并在其内发育成童虫;在盲肠及腹结肠壁上常见含有童虫的结节。然后各自通过动脉的分支往回移行到盲肠和结肠的黏膜下,在此蜕化发育到第 5 期幼虫,最后返回肠腔成熟。其潜隐期为 5 个月。

(2)无齿圆线虫幼虫移行不同于普通圆线虫,它们移行远,时间长。幼虫钻入盲肠、大结肠黏膜后,经门脉进入肝脏,在到达肝韧带后沿腹膜向下移行。故其童虫主要见于此处的特殊包囊中,再继续移行到达肠壁便引起典型的水肿病灶,然后进入肠腔,成虫吸着在结肠,少见于盲肠黏膜上,其整个发育需时 11 个月。

(3)马圆线虫其幼虫在腹腔脏器及组织内广泛移行,幼虫钻入结肠和盲肠黏膜下,之后入浆膜下层,并在该处形成结节。后经腹腔到达肝脏,然后在胰脏寄生,最后返回肠腔。成虫主要寄生于盲肠,少数在结肠前部,全部发育期为 10 个月。

(三)流行病学

未发育的虫卵,对 0 ℃以下的低温,抵抗力甚低,极易死亡;但如已发育到卵内形成幼虫,则对 0 ℃以下的低温有较强的抵抗力,可存活数周。干燥对初产的虫卵有较大的杀伤力。发育到含幼虫的卵对干燥也有较强的抵抗力。在低温下,卵内幼虫呈休眠状态,遇温度升高时,即在数分钟内孵化。如虫卵落入水中,在距水面 3 mm 以下时,因氧气不足而不能发育。感染性幼虫的抵抗力很强,在含水分 8%～12%的马粪中能存活 1 年以上,在青饲料上能保持感染力达 2 年之久,但在阳光直射下容易死亡。马匹感染圆线虫病主要发生于放牧时,特别是阴雨、多雾和多露的天气,清晨和傍晚放牧是马匹最易感的时机。

(四)致病作用与病变

马体内常有多种圆线虫混杂寄生,它们有共同的致病特点,以 3 种大型圆线虫致病性最强,其成虫都是以吸血为生,以强大的口囊吸附于肠黏膜上引起出血性溃疡和炎症而导致贫血。成虫寄生时分泌毒素(如溶血素和抗凝血素等),可造成马匹失血。而其幼虫又具复杂的体内移行过程,在这一过程中引起十分严重的损害:马圆线虫幼虫的移行阶段可导致肝和胰的损伤,肠壁结节和溃疡;无齿圆线虫幼虫在腹膜下移行时可引起腹膜炎,在腹膜形成大的出血性结节,可成为腹痛和贫血的原因;普通圆线虫的幼虫在动脉血管特别是在肠系膜前动脉及其分支内,能引起剧烈病变。幼虫有时移行到主动脉、髂动脉引起动脉炎,形成动脉瘤、血栓的碎片,可能进入腹主动脉阻塞一侧或两侧髂动脉,甚至引起血管破裂。肠系膜前动脉发生病变后,供应肠管的血量不足,并压迫肠系膜神经丛引起反复发作的腹痛。如血管完全阻塞则能引起肠系膜血栓,急性肠出血或肠段坏死。马圆线虫及无齿圆线虫的幼虫寄生时均能引起肠壁结节和溃疡,在结肠发生溃疡时,又易引起脾脓肿的发生。

病畜消瘦、贫血、有腹水,全身水肿,恶病质。肠管内可见大量虫体吸附于黏膜上,被吸附的地方可见小出血点,小齿痕或溃疡。肠壁上有大小不等的结节。普通圆线虫造成的动脉瘤呈圆柱形、梭形、椭圆形或其他不规则的形状,大小不等,外层坚硬,管壁增厚内层常有钙盐沉着,内腔含有血栓块,血栓块内包埋着幼虫。无齿圆线虫病变多见腹腔内有大量的淡黄一红色腹水;腹膜下可见有许多红黑色斑块状的幼虫结节。马圆线虫幼虫在肝内造成出血性虫道,引起肝细胞损伤,胰脏则由于肉芽组织的侵入而形成纤维性病灶。

(五)症状

有成虫引起的和幼虫移行引起的两种类型。

(1)成虫寄生于肠管引起的疾病,多发生于夏末和秋季,更常在冬季饲养条件变差时转为严重。虫体大量寄生时,可呈急性发作,表现为大肠炎和消瘦。开始时食欲不振,易疲倦,异嗜。数星期后出现下痢,腹痛,粪便有虫体排出;消瘦,浮肿,最后出现恶病质而死亡。少量寄生时呈慢性经过,食欲减退,下痢,轻度腹痛和贫血,如不治疗,可能逐渐加重。

(2)幼虫移行期所引起的症状以普通圆线虫引起的血栓性疝痛最为多见,且最为严重。常在没有任何可被察觉的原因的情况下突然发作,持续时间不等,但经常复发;不发时表现完全正常。疝痛的程度、轻重不等。轻型者,开始表现不安,打滚,频频排粪,但脉搏、呼吸正常,数小时后症状自然消失。重型者疼痛剧烈,病畜作犬坐或四足朝天仰卧,腹围增大,腹壁极度紧张,排粪频繁,呼吸加快,体温升高,在不加治疗的情况下,多以死亡告终。马圆线虫幼虫的移行引起肝、胰损伤,临床表现为疝痛,食欲减退和精神抑郁。无齿圆线虫幼虫则引起腹膜炎,急性毒血症、黄疸和体温升高等。

(六)诊断

根据临床症状和流行病学资料,可以做出初步诊断;由于这类线虫的广泛分布,几乎所有马的粪便中均有其虫卵存在,为了判断其致病程度,需先进行虫卵计数,确定其感染强度,一般认为每克粪便中虫卵数在 1000 个以上时,即可看成必须治疗的圆线虫病。

幼虫寄生期的圆线虫病诊断困难，只有依据症状来推测，如间歇性腹痛而粪中虫卵很多，有可能已发生了动脉瘤等，只有尸体剖检才足以证实此类可疑病例。

（七）防治

1.治疗

肠道内寄生的圆线虫成虫可用丙硫咪唑、噻苯咪唑、酒石酸噻咪唑和伊维菌素等药物驱虫。对幼虫引起的疾病，特别是马的栓塞性疝痛，除采用一般的疝痛治疗方法外，还可用10%樟脑（每次 20～30 mL）或苯甲酸钠咖啡因 3.0～5.0 g 以升高血压，促使侧支循环的形成。还可以注射肝素（350kg 的马给 500 mg）等抗凝血剂以减少血栓的形成。

2.预防

许多学者推荐经常给马匹服用小剂量的（1～2 g）硫化二苯胺，可降低感染强度，此法尽管不能驱除成虫，但能抑制雌虫的产卵能力和虫卵的活力。第一次用治疗剂量，然后持续使用小剂量，数月后，可以使此病得到控制。也有人认为间隔 8 周定期使用哌哔嗪、二硫化碳、酚噻嗪合剂及噻苯咪唑、丙硫咪唑或左旋咪唑等，均有良好的预防作用。

牧场应避免载畜量过多，有条件可牛、羊轮牧。幼驹与成年马分群放牧。定期对马匹驱虫。搞好马厩卫生，粪便及时清理，堆积发酵。

四、马胃线虫病

【案例】 某牧场饲养马群中，出现马匹食欲下降，消瘦，贫血等症状。部分发病马匹有颗粒性肉芽增生，剖开增生处，可见到虫体。用抗菌药治疗，无变化。疑似胃虫感染，对发病马匹洗胃，检查胃液可见到虫卵和幼虫。镜检虫体，为大口德拉西线虫。

【问题】 马胃线虫病的致病作用与症状有哪些？该病是如何感染的？

马胃线虫（马柔线虫）病（Habronemiasis）是由旋尾科（Spiruridae）德拉西属（*Drascheia*）的大口德拉西线虫（*Drascheia megastoma*）及柔线属（*Habronema*）的小口柔线虫（*Habronema microstoma*）和蝇柔线虫（*H. muscae*）的成虫寄生于马属动物胃内引起的疾病。可致马匹全身性慢性中毒、慢性胃肠炎、营养不良及贫血。有时发生寄生性皮炎及肺炎。此病分布于世界各地。

（一）形态特征

1.蝇柔线虫　雄虫长 8～14 mm，雌虫长 13～22 mm。前端顶部具两片较小的三叶唇，咽呈圆筒形，有厚的角质壁。雄虫后端卷曲，弯向腹面；尾部具宽的尾翼；交合刺 1 对，左交合刺纤细，长 2.5 mm；右交合刺粗短，长 0.5 mm。导刺带较小，略呈三角形。雌虫阴门在体前方 1/3 处，距体前端 3.5～4.2 mm（图 10-40）。虫卵窄小，微呈弯状，内含幼虫。卵大小为（80～87）μm×（10～12）μm。

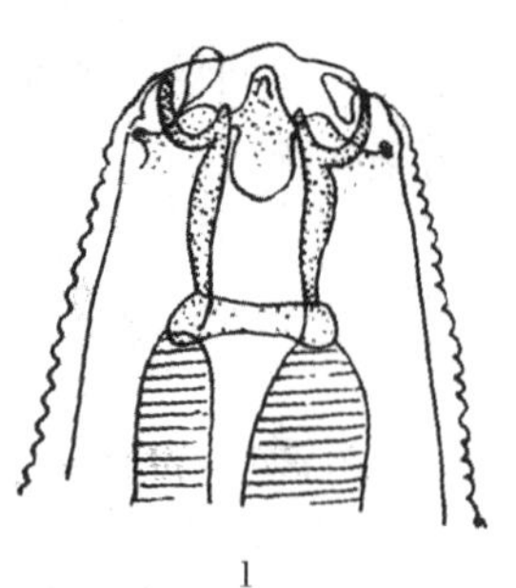
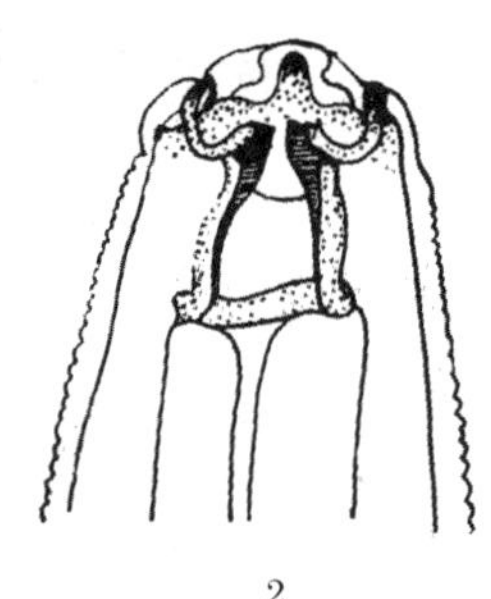

1　　　　2

图 10-40　1. 蝇柔线虫头端侧面　2.小口柔线虫头端侧面(引自孔繁瑶,1997)

2.大口德拉西线虫　虫体活时略带红色,细长,雄虫后端卷曲。雌雄虫的头部均有一横沟将它与虫体分开。口在前顶端,有两片侧唇左右对峙,唇上各有近背侧边缘及近腹侧边缘的乳突2对。在口的背腹两方有较小的中间唇,上下各有大乳突1个。口腔漏斗状,接于后方食道。食道由前方较短窄的和后方较粗长的两部分组成。雄虫长7～10 mm,体后端卷曲成螺旋形,尾末端钝圆,有不对称尾翼,尾翼上有不规则横纹。左交合刺长0.4 mm,右交合刺长0.2 mm。肛前有4对乳突。雌虫长10～15 mm,阴门开口于虫体前方1/3处。卵呈半圆柱形,大小为(42～46)μm×(12～13)μm。成熟的卵含有已发育的幼虫。

3.小口柔线虫　雄虫体长9～20 mm,雌虫体长15～25 mm。口左右两侧有不明显的侧唇,各由三瓣组成。头部近顶端两旁具有乳突一对。在圆柱状前庭内背腹壁上各生出一个末端有三尖的齿,斜向口腔的入口处(图10-40)。雄虫尾弯曲,有柄乳突6对,左右对称。尾端腹面尚有不明显的无柄小乳突10～12个。导带刺极小。雌虫阴门位于虫体后1/3的后方。卵大小为(40～60)μm×(10～16)μm,内含幼虫。

(二)生活史

三种胃线虫的发育史基本相同,均以蝇类为中间宿主。

大口德拉西线虫和蝇柔线虫的中间宿主为家蝇(*Musca domestica*)和厩螫蝇(*Stomoxys calcitrans*),小口柔线虫的中间宿主为厩螫蝇。雌虫在胃腺部产卵,虫卵排至外界,被家蝇或厩螫蝇的幼虫采食后,在蝇蛆化蛹时发育为感染性幼虫。

大口德拉西线虫的虫卵随马的粪便排出体外,被蝇类的蛆所吞食。从卵孵出的幼虫穿越蛆的肠壁而至血腔中并侵入马氏管,在此处发育。第1期幼虫在4～5 d时进行第一次蜕皮,成为第2期幼虫。到11～13 d后发育成感染性幼虫。蝇蛆变成蝇成虫时,感染性幼虫仍然在体内,幼虫从血腔移行到蝇的头部,进入口器。当这种携带幼虫的蝇集于马身上,特别是栖息于马的唇上,湿润和温暖的环境会促进感染性幼虫从蝇的口唇瓣钻出而转移到马唇上,进而易于进入马口腔,随唾液等进入胃内。此外,幼虫如接触到马的皮肤伤口时,能引起皮肤胃线虫病,亦可从鼻黏膜被吸入呼吸道,在肺内形成胃虫性结节。

小口柔线虫的幼虫在厩螫蝇体内发育。幼虫钻入蝇蛆的脂肪细胞内发育,成为感染性幼虫后借厩螫蝇吸血时离开蝇吻部而侵入马体。在马体内的发育情况与大口德拉西线虫相同。

蝇柔线虫的中间宿主常见的是家蝇。马粪是家蝇滋生场所,蝇柔线虫极容易进入蝇蛆体内。

幼虫最先经胃壁进入体腔并侵入脂肪细胞，在里面发育。幼虫在细胞内两次蜕皮成为第 3 期幼虫。此时蝇蛆化成蝇，幼虫成为感染性幼虫。接下来对马的感染过程与大口德拉西线虫基本一致(图 10-41)。

图 10-41　蝇柔线虫生活史(引自孔繁瑶，1997)

1.马胃中寄生的成虫　2.虫卵　3.蝇蛆体内的幼虫　4. 蝇蛹体内的幼虫　5. 蝇喙部的幼虫

(三)致病作用与症状

三种胃线虫均以机械性刺激和代谢产物作用于宿主。大口德拉西线虫致病力最强，在胃腺部形成肿瘤，严重时肿瘤化脓，引起胃破裂、腹膜炎。蝇柔线虫和小口柔线虫引起胃黏膜创伤至溃疡，破坏胃的功能。虫体的毒性产物被机体吸收后，发生继发性病理过程，如心肌炎、肠炎、肝功能异常，造血机能等受到影响。

幼虫侵入伤口引起皮肤柔线虫症(夏疮)，创口久不愈合，并有颗粒性肉芽增生，创口周围变硬，故又称为颗粒性皮炎。可见颈部、胸部、背部、四肢等处有结节。幼虫侵入肺脏能引起结节性支气管炎。

本病临床表现为慢性胃肠炎，营养不良，贫血等症状。

(四)诊断

生前诊断比较困难，粪便中难以查到虫卵。根据临床症状可怀疑为本病，确诊要找到虫卵或幼虫。建议给马洗胃，检查胃液中有无虫体或虫卵。皮肤柔线虫症可取创面皮肤或剪小块皮肤检查有无虫体。

(五)防治

1.治疗

(1)绝食 16 h 后用 2%重碳酸钠溶液洗胃，皮下注射盐酸吗啡 0.2～0.3 g，使幽门括约肌收缩，15～20 min 后投服碘溶液(碘：碘化钾：水＝1：2：1500)4～4.5 L。

(2)四氯化碳或二硫化碳。成马用 30～40 mL 四氯化碳或二硫化碳 10～15 mL 作为黏浆剂，绝食 10 h 后投服。

(3)对皮肤柔线虫病，可用 914 甘油合剂涂于创面。

2.预防

疫区马匹应进行夏秋两次计划性驱虫。加强厩舍及周围环境的清洁卫生，妥善处理粪便，注意防蝇、灭蝇。夏秋季注意保护马体皮肤的创伤，如覆盖防蝇绷带等。

五、脑脊髓丝虫病

【案例】 安徽省某地村民饲养的一匹 3 岁公马突然发病，其后躯无力，步态缓慢。精神、食欲、体温、呼吸和脉搏等无明显变化。饲养地低湿，凹凸不平，多有蚊子。病检发现脑脊髓液白细胞先明显增加，后逐渐减少，疑似脑脊髓丝虫感染。用海群生注射 3 个疗程后痊愈。确诊为马脑脊髓丝虫病。

【问题】 本病与哪些疾病表现类似？如何区别诊断？

脑脊髓丝虫病（Cerebrospinal filariasis）是由寄生于牛腹腔的指状腹腔丝虫（*Setaria digitata*）（指形丝状线虫）和唇乳突腹腔丝虫（*S. labiatopapillosa*）（唇乳突丝状线虫）的晚期幼虫（童虫）侵入马的脑或脊髓的硬膜下或实质中而引起的疾病（羊也可以发生）。此病多发生于东南亚及东北亚一些国家，我国多发于长江流域和华东沿海地区，东北、华北等地亦有病例发生，给农牧业生产带来一定损失。

（一）形态特征

马脑脊髓丝虫的病原体是指状腹腔丝虫和唇乳突腹腔丝虫的童虫，为乳白色小线虫，长为 1.5～5.8 cm，宽为 0.078～0.108 mm，其形态特征近似成虫（图 10-42）；多寄生于脑底部，颈椎和腰椎膨大部的硬膜下腔、蛛网膜下腔或蛛网膜与硬膜下腔之间。

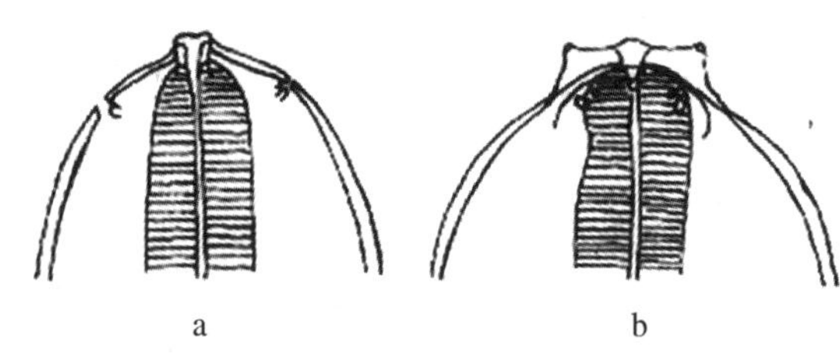

图 10-42　指状腹腔丝虫（引自汪明，2003）
a.头部腹面　b.头端侧面

（二）生活史

寄生于牛腹腔的指状腹腔丝虫的成虫产出初期幼虫（微丝蚴），微丝蚴在畜体外周血液中的出现具有周期性。当蚊子在牛体吸血时，将微丝蚴吸入体内经 14 d 左右发育为感染性幼虫，主要集中到蚊子的胸肌和口器内，当带有此类虫体的蚊子吸马等动物的血时，将感染性幼虫注入马或羊体内，甚至人体内。幼虫可经淋巴、血液循环侵入脑脊髓表面或实质内，发育为童虫。该童虫在其发育过程中，引起脑脊髓丝虫病，童虫的形态结构类似成虫，但不能发育至成虫。

（三）流行病学

我国的长江流域和华东沿海地区流行本病。华北、东北有少数病例发生。就畜种来看，马比骡多发，驴未见报道；山羊、绵羊也常发生；牛本身有时也可因指形丝状线虫幼虫进入其脑和脊髓而发生本病。本病的发病率与环境因素较为密切，低湿、沼泽、水洼和稻田地区一般多发，因为这些环境均适合蚊子滋生。各种年龄的马匹均可发病，但饲养在地势低洼、多蚊、距牛圈近的马匹，比饲养在与此相反条件下的马匹多发，其发病率之比为 4∶1。传播本病的蚊子为中华按蚊（*Anopheles sinensis*）和雷氏按蚊（*A. lesteri*）。

(四)症状

临床症状主要表现为腰髓所支配的后躯运动神经障碍,故通常称作“腰痿”或“腰麻痹”。该病也可突然发作,导致动物在数天内死亡。

早期症状主要表现为一后肢或两后肢提举不充分,运动时,蹄尖轻微拖地。后躯无力,后肢强拘。久立后牵引时,后肢出现鸡伸腿样动作和粘着步样。从腰荐部开始,出现知觉迟钝,继而颈部两侧亦然。凹腰反应迟钝,整个后躯感觉也迟钝或消失。这时病马低头无神,行动缓慢。对外界反应能力降低,有的耳根、额部出汗。

中晚期症状为病马精神沉郁,有的出现意识障碍,出现痴呆样,磨牙,凝视,易惊,采食异常,尾力减退而欠灵活,不能驱赶蚊蝇;腰、臀、内股部针刺反应迟钝或消失,弓腰、硬腰,突然高度跛行。一般运步时两后肢外张、斜行,或后肢出现木脚步样,强制小跑,步幅缩短,后躯摇摆,转弯,甚至前蹄践踏后蹄。随着病情加重,病马阴茎脱出下垂,尿淋漓或尿频,尿呈乳状,重症者甚至尿闭、粪闭。

(五)病变

病变主要在脑脊髓的硬膜,蛛网膜有浆液性、纤维素性炎症和胶样浸润灶,以及大小不等的红褐色、暗红色或绛红色出血灶,以及形成大小不同的空洞和液化灶。膀胱黏膜增厚,充满絮状物的尿液,若膀胱麻痹则尿盐沉着,蓄积呈泥状。组织学检查,发病部的脑脊髓神经组织的虫伤性液化坏死灶内,往往见有大型色素性细胞,经铁染色,证实为吞噬细胞,是本病的一个特征性变化。

(六)诊断

本病的早期诊断亟待解决。目前已有皮内反应试验的报道。此外,在流行区,须密切注意其运动情况,病初总是后肢强拘,提举伸扬不充分,蹄尖拖地,行动缓慢,甚至运步困难,步样踉跄。马匹继而出现嗜睡,运动姿势异常以及后坐等特征症状,在排除流行性乙型脑炎、外伤、风湿、骨软症等疾病之后,即可初步判定为脑脊髓丝虫病。

(七)防治

1.治疗

应在早期诊断的基础上,进行早期治疗。海群生,马按 50～100 mg/kg 体重内服和制成 20%～30%注射液做肌肉多点注射(按 50 mg/kg 体重的用量),连续用药 4 d 为一疗程。即第 1 d 肌肉注射 50 mL,后 3 d,每天内服 10～15 g,共进行 3 个疗程,每个疗程间隔 5 d,全部治疗时间为 12 d。或试用丙硫咪唑,剂量为 20 mg/kg 体重,内服,每天一次,用 3～5 次。

2.预防

(1)控制传染源:在蚊虫季节尽量防止马、羊与牛接触。有条件时普查病源牛,对带微丝蚴的牛可每隔 1 日给予海群生(50 mg/kg 体重),连服 4 次,可大大减少病原。

(2)切断传播途径:大搞环境厩舍卫生,铲除蚊虫滋生地;采用杀蚊药物喷洒、烟熏灭蚊驱蚊。

(3)药物预防:对新引进的马及幼龄马在发病季节使用 20%的海群生液,肌肉注射 50 mL,每月一次,连用 4 次,或按 40 mg/kg 体重剂量口服,连续 5 d。

第六节 犬、猫线虫病

一、弓首蛔虫病

【案例】 某养犬户饲养的 5 条幼犬发病，临床表现为精神沉郁，被毛粗乱，呕吐，腹部膨胀，腹泻，粪便呈黑色。其中有 2 只犬出现咳嗽，呼吸节律加快，鼻孔排泡沫状分泌物。以庆大霉素和维丁胶钙等治疗效果不佳。采集新鲜粪便，以饱和食盐水漂浮法检查，发现有大量的呈黑褐色、亚球形的虫卵，卵壳有凹痕。

【问题】 该病的病原是什么？该病对人和犬猫的主要危害是什么？如何诊断、治疗和预防该病？

犬、猫弓首蛔虫病(Toxocariosis)是弓首科弓首属的犬弓首蛔虫(*Toxocara canis*)和猫弓首蛔虫(*T. cati*)及弓蛔属(*Toxascaris*)的狮弓蛔虫(*Toxascaris leonina*)寄生于犬和猫小肠内引起的蛔虫病。该病广泛分布于世界各地，在兽医学及公共卫生学上都具有重要意义，其病原不仅造成猫、犬生长缓慢，发育不良等症状，严重感染时引起宿主死亡。人误食后，幼虫可在人体内脏及眼部移行，严重者可致失明。

(一)病原形态

1.犬弓首蛔虫 犬的一种大型线虫，呈白色。头部有 3 片唇，虫体前端两侧有向后延伸的颈翼膜。食道和肠道由小胃相连。雄虫长 5～11 cm，尾端弯曲，有一小锥突，有尾翼。雌虫长 9～18 cm，尾端直，阴门开口于虫体前半部。虫卵呈黑褐色，亚球形，卵壳厚，呈凹痕，大小为(68～85)μm×(64～72)μm(图 10-43)。

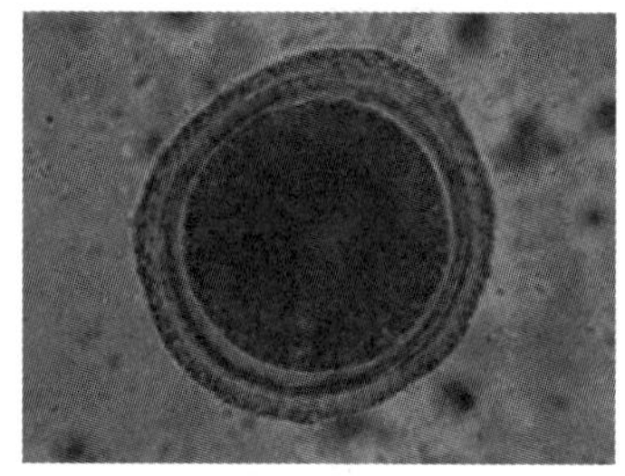

图 10-43 犬弓首蛔虫虫卵

2.猫弓首蛔虫 外形与犬弓首蛔虫近似，颈翼呈箭头状，前宽后窄，后缘和体躯几乎呈直角。雄虫长 3～6 cm，尾部有一小的指状突起，雌虫长 4～10 cm。虫卵无色，似球形，具有厚而凹凸不平的卵壳，大小为 70 μm×65 μm。

3.狮弓蛔虫 常与猫弓首蛔虫混合感染，可根据两者的颈翼在形态上的不同而区别。狮弓蛔虫的颈翼向体躯逐渐变细，呈柳叶刀形。雄虫长 3～7 cm，尾部没有指状突起，雌虫长 3～10 cm。虫卵偏卵圆形，卵壳光滑，大小为(74～86)μm×(49～61)μm。

(二)生活史

犬弓首蛔虫卵随粪便排出体外，在适宜条件下发育为含第 2 期幼虫的感染性虫卵，若这种感染性虫卵被 3 月龄以内的犬吞食后，其虫体的发育是典型的蛔虫生活史，即孵化出的幼虫钻入肠壁后，随血流经肝、肺，最后重新回到小肠，并发育为成虫，从而完成发育史。感染性虫卵被成年犬特别是 6 月龄以上的犬吞食后，幼虫多经血流转移到肝、肺、脑、心、骨骼肌和消化管壁等多种脏器和组织中形成包囊，幼虫不发育，但保持对其他肉食动物的感染性。成年母犬感染后，幼虫在各器官组织中形成包囊，但不进一步发育。母犬怀孕后，幼虫经胎盘或以后经母乳感染犬崽。犬崽出生后 23～40 d 内小肠中已经有成虫。

猫弓首蛔虫的发育传播与犬弓首蛔虫相似，但相对简单一些。如果猫摄食的是含有第 2 期幼虫的感染性虫卵，幼虫则要发生移行；如果猫是经乳汁感染了第 2 期幼虫或吞食了含有第 2 期幼虫的贮藏宿主，则不发生幼虫移行。猫弓首蛔虫不能经胎盘对胎儿产生感染。猫弓首蛔虫的潜隐期大约是 8 周。

狮弓蛔虫的发育比较简单，宿主吞食了感染性虫卵后，逸出的幼虫钻入肠壁内发育，其后返回肠腔，经 3～4 周发育为成虫。

(三)流行病学

犬弓首蛔虫主要感染犬科动物；猫弓首蛔虫主要感染猫科动物。犬、猫经口吞食了感染性虫卵或幼龄犬、猫吸取乳汁直接感染幼虫。世界各国报道犬弓首蛔虫的感染率从 5%到 96%不等，死亡率达 60%。小于 6 月龄的犬感染率最高，成年动物较少发生感染。猫弓首蛔虫病的流行主要是由于幼猫摄入了感染性虫卵或吸取乳汁中的幼虫。

雌虫产卵量大，虫卵对外界环境的抵抗力极强，在地上可存活数年。幼虫在母犬的机体组织中可以存活很长时间，是感染的一个持续来源。

(四)致病作用和病变

幼虫在肺部移行引起肺炎，有时伴发肺水肿，在其他组织中寄生会产生肉芽肿。成虫可引起黏膜卡他性肠炎、出血或溃疡。可部分或完全阻塞肠道、胆管，还出现肠穿孔，腹膜炎或胆管阻塞、化脓、破裂，肝脏黄染、变硬。蛔虫的代谢产物对宿主有毒害作用，能引起造血器官和神经系统的中毒和过敏反应。

(五)症状

轻度感染时，不表现任何临床症状。寄生于小肠的成虫可引起腹部膨大，导致发育迟缓、黏膜苍白、被毛粗乱、精神沉郁、腹泻、呕吐，偶尔有神经症状。重度感染时，引起咳嗽，呼吸节律加快，鼻孔排泡沫状分泌物。经胎盘严重感染的幼犬在分娩后几天内即可发生死亡。有的病犬可出现神经性惊厥现象。

(六)诊断

结合流行病学特点和临床症状，用漂浮法从粪便中找到虫卵即可确诊；在粪便中发现排出的虫体也可做出诊断。

(七)防治

1.治疗

(1)丙硫咪唑。按每只幼犬 10～25 mg/kg 体重，一次口服。7 d 后再重复 1 次。

(2)伊维菌素。按 0.2～0.3 mg/kg 体重，口服或皮下注射。注意，柯利犬及有柯利犬血统的犬禁用该药。

(3)左旋咪唑。按 10 mg/kg 体重，一次口服。

(4)芬苯达唑。按每天 50 mg/kg 体重，连喂 3 d。少数病例在用药后可能出现呕吐。

2.预防

(1)搞好卫生。注意环境、食具及食物的清洁卫生，及时清除粪便并进行堆肥无害化处理。

(2)定期检查与驱虫。所有幼犬 2 周龄驱虫 1 次，2 ~3 周后再驱虫 1 次，2 月龄时再驱虫 1 次；成年犬每隔 4～6 个月驱虫一次。对新购进的幼犬必须间隔 2 周，驱虫 2 次。

二、钩虫病

【案例】 某养犬户饲养的 2 只成年犬发病，临床表现为贫血、消瘦、呕吐和腹泻，排黏液性便或带有腐臭味的黑色粪便等症状。采取血液检查，发现血液稀薄，不易凝固。以饱和食盐水漂浮法检查，发现有大量两端较钝的椭圆形虫卵，虫卵内含 4～8 个大的卵细胞。

【问题】 钩虫病有哪些主要的临床表现？钩虫病引起患畜贫血的原因有哪些？如何预防该病的发生？

钩虫病(Ancylostomiasis)是由钩口科的钩口属(*Ancylostoma*)、弯口属(*Uncinaria*)和板口属(*Necator*)的线虫寄生于犬和猫的小肠、尤其是十二指肠，所引起的一种寄生虫病。该病以贫血、胃肠功能紊乱及营养不良为特征。钩虫种类很多，但能感染犬猫的钩虫主要有犬钩口线虫(*Ancylostoma caninum*)、狭头弯口线虫(*Uncinaria stenocephala*)、巴西钩口线虫(*Ancylostoma braziliense*)和美洲板口线虫(*Necator americanus*)，其中以犬钩口线虫和狭头弯口线虫最常见。

(一)病原形态

1. 犬钩口线虫　简称犬钩虫，寄生于犬的小肠。虫体呈淡黄白色。头向背部弯曲，口囊大，腹侧口缘上有 3 对大齿。雄虫长 10～12 mm，交合伞由对称的 2 个侧叶和 1 个背叶组成，有交合刺 1 对，等长。雌虫长 14～16 mm，阴门开口于后端 1/3 前部，尾端尖锐，呈细刺状。虫卵为浅褐色、椭圆形，内含 4～8 个胚细胞，大小为(55～76)μm×(34～45)μm。(图 10-44)

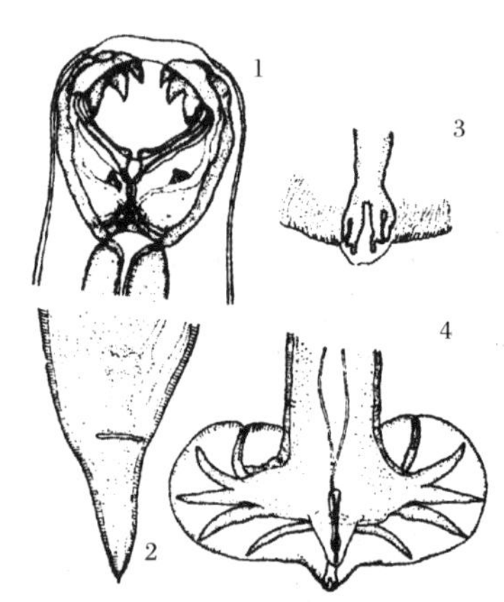

图 10-44　犬钩口线虫

(引自李国清，1999)

1.头端　2.雌虫尾部　3.雄虫背肋　4.雄虫交合伞

2.狭头弯口线虫　简称狭头钩虫，主要寄生于犬的小肠。虫体呈淡黄色，较犬钩虫小。虫体两端稍细，口弯向背部，口囊发达，口囊前缘腹面两侧各有 1 片半月状切板，靠近口囊底部有 1 对亚腹侧齿。口囊内的切板是弯口线虫区别于钩口线虫的主要特征之一。雄虫长 5～8.5 mm，交合伞发达，有交合刺 1 对，等长。雌虫长 7～10 mm，尾端尖细。虫卵为椭圆形，大小为(65～80)μm×(40～50)μm。

(二)生活史

犬钩虫虫卵随粪便排出体外,在外界适宜温度和湿度等条件下经 12～30 h,第 1 期杆状蚴即可破壳而出,在 48 h 内进行第 1 次蜕皮,发育为第 2 期杆状蚴。此后,虫体继续生长,并将摄取的食物贮存于肠内。经 5～6 d 后,虫体口腔封闭,停止摄食,咽管变长,进行第 2 次蜕皮,变为感染期的丝状蚴。经口感染时,丝状蚴可直接在小肠内发育为成虫。幼虫也可钻入食道黏膜,随血流经右心至肺,穿出毛细血管进入肺泡。幼虫沿肺泡、小支气管、支气管移行到咽,随吞咽活动经食管、胃到达小肠。在小肠内进行第 3 次和第 4 次蜕皮后发育为成虫。丝状蚴具有明显的向温性,当其与皮肤接触并感受到体温的刺激后,虫体活动力显著增强,经毛囊、汗腺或皮肤破损处主动钻入犬、猫体内。丝状蚴钻入皮肤后,在皮下组织移行并进入小静脉或淋巴管,最后以经口感染的途径移行到达小肠,然后脱去囊鞘,发育为成虫。狭头钩虫的生活史与犬钩虫相似,但以经口感染多见。

(三)流行病学

犬钩虫呈世界性分布,尤其是在热带和亚热带地区,感染较为普遍。我国地处温带及亚热带地区,在气候温暖的长江流域及华南地区,其中尤以四川、广东、广西、福建、江苏、江西、湖南、安徽和云南等省区较为严重。犬通常经口感染,也可经皮肤和黏膜感染。此外,还可通过胎盘、初乳感染。犬钩虫病多发于夏季,尤其是狭小、潮湿的犬舍内更易发生。钩虫病的流行与感染源的多少,气温能否达到 25 ℃左右,粪便污染食物的程度等相关。

(四)致病作用和病变

钩虫以其强大的口囊吸附在宿主的肠黏膜,利用牙齿或切板刺破黏膜而大量吸血,造成黏膜出血、溃疡;虫体分泌的抗凝血素,延长凝血时间,便于吸血。幼虫侵入皮肤可引起皮炎,移行过程中导致肺组织的显著破坏。

(五)症状

发病症状很大程度取决于感染强度。轻度感染时病犬表现贫血、消瘦、生长发育不良、异嗜、呕吐、下痢等症状;严重感染时病犬表现食欲不振或废绝,消瘦,贫血,眼结膜苍白。粪便带血或呈黑色,如同焦油状,并带有腐臭味。最后因极度衰竭而死亡,一般多见于幼犬。若幼虫大量经皮肤侵入,病犬可发生钩虫性皮炎,引起局部(以爪部、趾间为主)发红、瘙痒、脱毛、肿胀,并可能继发细菌感染,躯干呈棘皮症和过度角化等。

(六)诊断

本病的诊断一般采取粪便检查。以直接涂片法或漂浮法检出钩虫卵或以钩蚴培养法孵化出幼虫即可确诊。剖检时发现虫体也可确诊。

(七)防治

1.治疗

(1)二碘硝基酚。治疗钩虫病的首选药物,按 0.2～0.23 mg/kg 体重,一次皮下注射。

(2)丙硫咪唑。按 50 mg/kg,口服,连用 3 d。7 d 后再重复 1 次。

(3)左旋咪唑。按 10 mg/kg 体重,一次口服。

(4)伊维菌素。按 0.2～0.3 mg/kg 体重,皮下注射。隔 3～4 d 用药 1 次,连用 3 d。

2.预防

(1)及时治疗病犬、病猫和带虫者;注意食物清洁卫生,不喂生食。

(2)保持犬舍干燥;及时清除粪便并进行无害化处理;用开水烫洗木质笼舍,用喷灯喷烧铁制笼子或地面,杀死虫卵。

(3)温暖季节,进行预防性驱虫。幼犬出生 20～25 d 进行第 1 次驱虫,1～6 月龄每月驱虫 1 次,6～24 月龄每季度驱虫 1 次,24 月龄以上每半年驱虫 1 次。

(4)经常灭鼠,控制贮藏宿主。

三、恶丝虫病

【案例】 某养犬户饲养的 10 月龄犬发病,临床表现为精神沉郁,被毛粗乱,消瘦无力,可视黏膜苍白,咳嗽和呼吸困难,运动时症状加重。按感冒引起的支气管炎治疗未见好转。随着病情延长,病犬皮肤出现瘙痒和倾向破溃的多发性灶状结节。采取外周血液进行血检,在显微镜下发现微丝蚴。

【问题】 该病的主要临床表现是什么?该寄生虫主要寄生于宿主的哪些部位?该病如何进行诊断?

犬恶丝虫病(Dirofilariasis)是由双瓣科恶丝虫属(*Dirofilaria*)的犬恶丝虫(*Dirofilaria immitis*)寄生于犬的右心室及肺动脉(少见于胸腔、支气管)引起的循环障碍、呼吸困难及贫血等症状的一种丝虫病。除犬外,猫和其他野生肉食动物亦可作为终末宿主。人偶被感染,在肺部及皮下形成结节,病人出现胸痛和咳嗽。犬恶丝虫在我国分布甚广,北至沈阳,南至广州均有发现。

(一)病原形态

犬恶丝虫呈微白色,细长粉丝状,口由 6 个不明显的乳突围绕。雄虫长 12～18 cm,尾部呈螺旋状卷曲,有窄的尾翼,末端有 11 对尾乳突,肛前 5 对,肛后 6 对。有两根不等长的交合刺。雌虫长 25～30 cm,尾部直。阴门开口于食道后端处(图 10-45)。犬血液中的微丝蚴无鞘膜,长 218～340 μm。微丝蚴的周期性不明显,但以夜间出现较多。

(二)生活史

犬恶丝虫的中间宿主是蚊(中华按蚊、白纹伊蚊、淡色库蚊)和蚤(犬蚤、猫蚤)。成虫寄生于右心室和肺动脉,雌虫所产微丝蚴随血流到全身,在血液中可存活 1 年或 1 年以上,但被中间宿主吞食之前不能进一步发育。当蚊吸血时摄入微丝蚴,微丝蚴在其体内发育到感染阶段(第 3 期幼虫)约需 2 周;当蚊再次吸血时将感染性幼虫注入犬的体内,第 3 期幼虫迅速钻入犬皮肤,在皮下结缔组织、肌间组织、脂肪组织和肌膜下发育,经第 3、4 次蜕皮成为童虫。童虫进入静脉,移行到右心室和大血管内，继续发育为成虫。从蚊叮咬感染到发育为成虫需要 6～7 个月；成虫可在体内存活数年，有报道说可存活 5 年。

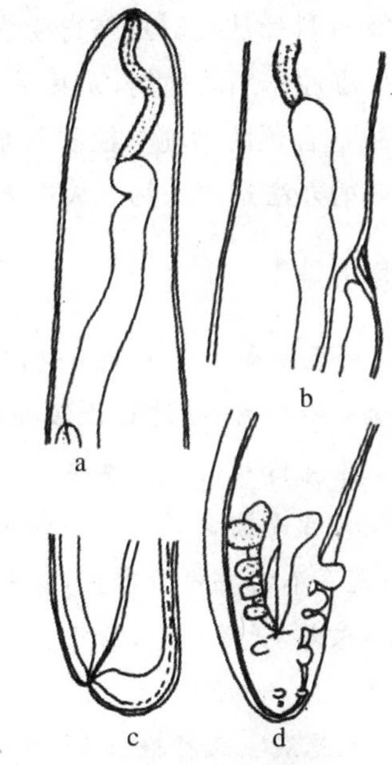

图 10-45　**犬恶丝虫**（引自汪明，2003）
a. 头部　b.阴门部　c.雌虫尾部
d.雄虫尾端

（三）流行病学

本病呈世界性分布。我国各地犬的感染率较高，感染季节一般为蚊最活跃的 6～10 月份，感染高峰在 7～9 月份。感染率与年龄呈正相关，年龄越大则感染率越高。饲养环境与犬恶丝虫的感染率有关，饲养在屋外的犬比饲养在屋内的犬感染率高。

（四）致病作用和病变

成虫寄生于犬的右心室及肺动脉中，虫体刺激可造成心内膜炎并继发心肥大和右心室扩张。肺动脉中的虫体可引起动脉内膜炎。严重感染时可因静脉淤血而导致腹水和肝脏肿大等病变。患心丝虫病的犬常伴发结节性皮肤病，以瘙痒和倾向破溃的多发性灶状结节为特征。皮肤结节显示血管中心的化脓性肉芽肿，在化脓性肉芽肿周围的血管内常见有微丝蚴，经对恶丝虫病治疗后，皮肤病变亦随之消失。

（五）症状

感染少量虫体时，一般不出现临床症状；重度感染犬主要表现为咳嗽，心悸，脉细而弱，心内有杂音，腹围增大，呼吸困难；运动后尤为显著，末期贫血明显，逐渐消瘦衰竭至死。

（六）诊断

根据病史调查和临床症状观察可做出初步诊断，用全血涂片在显微镜下检查出外周血中的微丝蚴即可确诊。

（七）防治

1.药物治疗　驱除成虫及微丝蚴可用如下药物：

(1)左旋咪唑。按 10 mg/kg 体重，口服，1 d/次，连用 6～15 d。

(2)伊维菌素。按 0.2 ~0.3 mg/kg 体重，一次皮下注射。

(3)硫乙砷胺钠。按 2.2 mg/kg 体重，缓慢静脉注射，1 d/次，连用 2～3 d。注射时严防药物漏出静脉。该药对患严重心丝虫病的犬是较危险的，可引起肝中毒和肾中毒。

(4)二硫噻啉。按 5 mg/kg 体重，口服，1 d/次，连用 7～14 d。或按 22 mg/kg 体重，拌料，1 d/次，连用 10～20 d。

(5)倍硫磷。是最有效的杀微丝蚴药物。7%的倍硫磷按 0.2 mL/kg 体重，皮下注射，必要时间隔 2 周重复 1～2 次。

2. 外科疗法　对虫体寄生多，肺动脉内膜病变严重，肝脏、肾脏功能不良者，大量药物会对犬体产生毒性作用的病例，尤其是并发腔静脉综合征者，需及时采取外科手术治疗。

3. 综合预防措施　控制和杀灭中间宿主（蚊、蚤），在蚊虫活动的季节，可注射药物预防感染。最有效的办法是用药物杀灭侵入犬体而尚未移行到心脏的第 3 期幼虫。

【本章小结】

1.旋毛虫成虫寄生于肠道，幼虫寄生于横纹肌，成虫和幼虫寄生于同一宿主。该病是我国肉品卫生必检项目，通过目检法或镜检法检查到肌肉中的包囊即可确诊。控制以预防为主，重点是加强卫生宣传和肉品卫生检疫。

2. 蛔虫是畜禽常见的一种大型线虫，呈中间稍粗，两端较细的圆柱形。虫卵多为椭圆形，黄褐色；发育不需要中间宿主，畜禽吞入感染性虫卵（卵内含第 2 期幼虫）即可感染，或经胎盘感染。可引起咳嗽，食欲不振，消瘦贫血等。控制以预防为主，重点是加强饲养管理、改善环境卫生和定期驱虫。

3.毛尾线虫又称鞭虫，虫卵呈棕黄色，腰鼓形，卵壳厚，两端有卵塞。引起的病变局限于盲肠和结肠，表现为慢性卡他性炎症，严重感染时，盲肠和结肠黏膜有出血性坏死、水肿和溃疡；有时形成和结节虫病时相似的结节。

4. 捻转血矛线虫口囊内含一矛状小齿，有明显的颈乳突。雌虫具有红白线条相间的麻花状外观的内部器官，有一个较大的瓣状阴门盖。雄虫具有偏于左侧的一小背叶，背肋呈倒“Y”字形。

5.食道口线虫又称结节虫，虫体前端有口囊、叶冠。雄虫交合伞较发达，但不分叶；雌虫有发达的肾形排卵器。发育不需要中间宿主；动物多因在雨后到低洼、潮湿地带放牧而感染。

【思考题】

1.旋毛虫病的诊断注意事项及防治措施是什么？

2.如何防控捻转血矛线虫病？

3.猪蛔虫病广泛流行的原因是什么？

4.网尾线虫病的危害有哪些？

第十一章 棘头虫病

【学习目标】

1.掌握棘头虫的形态结构和发育特点；

2.理解棘头虫病的流行特点及致病作用；

3.掌握棘头虫病的诊断、治疗和预防。

第一节 棘头虫概述

棘头虫属于棘头动物门(Acanthocephala)的动物，寄生于畜禽消化道内可引起棘头虫病(Acanthocephaliasis)。

一、棘头虫的形态

(一)外部形态

1.一般形态　虫体呈椭圆形、纺锤形或圆柱形等不同形态。其大小差别极大，小的约1.5 mm，大的可达650 mm。前端有一个与身体嵌套的结构——可以伸缩的吻突，其上有小棘或小钩，故称棘头虫。体不分节，有假体腔；无消化系统；左右对称；雌雄异体。主要寄生于鱼类、鸟类和哺乳动物等脊椎动物的肠道内。

虫体可分为细短的前体和较大的躯干两部分。前体的前部为吻突，其后为颈。吻突呈球形、卵圆形或圆柱形等，其上有小钩或小棘，主要起附着宿主肠壁的作用；钩或棘的形态、大小、数目和排列都是分类的重要特征。吻突可以嵌入吻囊内，或从其中伸出。吻囊是一个肌质的囊，接吻突之后，有肌纤维连接在吻突壁的内侧面上，吻囊悬系在假体腔内。吻囊内有腔隙液，但与躯干体不相连通，故当躯干运动时，不影响其吻突的附着功能。神经中枢位于吻囊内。颈部较短，无钩与棘。

躯干前部比较宽，后部比较细长。体表平滑，有皱纹，有的有小刺。体表常由于吸收宿主的营养，特别是脂类物质，而呈现红、橙、褐、黄或乳白色。躯干部分系一个中空的构造，里面包含着生殖器官、排泄器官、神经以及假体腔液。

2.体壁　由5层固有体壁和两层肌肉组成，各层均由结缔组织支持和粘连着。最外是上角皮

(epicuticle),由一层薄的酸多糖(acid polysaccharide)组成。其下为角皮,由稳定的脂蛋白(lipoprotein)构成;上有许多小孔,它们是来自第 3 层的许多小管的开口。第 3 层称条纹层(striped layer),为均质构造,那些有角质衬里的小管通过这一层延伸至第 4 层。第 4 层称覆盖层(felt layer),其中含有许多中空的纤维素,此外还有线粒体,小泡——可能是小管的延伸部分,或平滑的内质网的切面,还有一些薄壁的腔隙状的管道。第 5 层,即固有体壁的最深层,称辐射层(radial layer),内含有少量纤维索;有为数较多的且较大的腔隙状管,内富含线粒体;体壁的核位于此层之中。辐射层内侧的原浆膜(plasma membrane)具有许多皱襞,皱襞的盲端部分含有脂肪滴。再下一层为基底膜和由结缔组织围绕的环肌层和纵肌层,还有许多粗糙的内质网。

角皮中小孔具有从宿主肠腔吸收营养的功能。条纹层的小管可作为运送营养物质的导管,将营养物运送到覆盖层的腔隙系统。条纹层和覆盖层的基质可能具有支架作用。辐射层和其中的许多线粒体,具有深皱襞的原浆膜及其皱襞盲端的脂肪滴,是体壁中最有活力的部分,被吸收的化合物在那里进行代谢,原浆膜皱襞具有运送水和离子的功能。

(二)内部构造

腔隙系统(lacunar system)由贯穿身体全长的背、腹或两侧纵管和与它们相连的细微的横膜网系组成。

吻腺(lemniscus)呈长形,附着于虫体前部、吻囊两侧的体壁上,悬垂于假体腔中。吻腺的前端被颈牵缩肌包围着,部分牵缩肌越过吻腺后端,附着在体腔壁上,但大多数种类的吻腺是游离悬垂于体腔内的。吻腺内含有腔隙系统的管道,并有一定数目的大细胞核。在吻突回缩或伸出时,吻腺具有调节前体部的腔隙液的功能。许多组织化学的研究还证明,吻腺与脂肪代谢功能有关。

韧带囊(ligament sac)是由结缔组织构成的空管状结构,从吻囊起,穿行于身体内部,贯穿全长,包围着生殖器官;性成熟的雌虫的韧带囊常破裂而成带状物。韧带索(ligament strand)的前端附着在吻囊的后部,后端附着于雌虫的子宫钟或雌虫的生殖鞘上。

排泄器官是由一对位于两侧的原肾组成,为两个附着在生殖器上的团块。原肾包含有许多焰球和收集管,后者通过左右原肾汇合成一个单管通到排泄囊,注入雄虫的总精管或雌虫的子宫。

神经系统的中枢部分是位于吻鞘顶部正中的一个神经节,从这里发出通至各器官和各组织的神经。雄虫的一对性神经节和由它们发出的神经分布在雄茎和交合伞内。雌虫没有性神经节。

雄虫有两个睾丸,呈圆形或椭圆形,前后排列,包裹在韧带囊内,附着于韧带索上。每个睾丸连接一条输出管,两个输出管汇合成一个射精管。睾丸的后方有黏液腺、黏液囊和黏液管,黏液管与射精管相连。再下为一个肌质囊状的交配器官,其中包括一个雄茎和一个可以伸缩的交合伞,位于虫体后端。

雌虫的生殖器官由卵巢、子宫钟、子宫、阴道和阴门组成。卵巢在背韧带囊壁上发育,以后逐渐崩解为卵球或浮游卵巢。子宫钟呈倒置的钟形,前端为一大的开口,后端的窄口与子宫相连;在子宫钟的后端部有侧孔开口于背韧带囊或假体腔(当韧带囊破裂时)。子宫后接阴道,末端为阴门。

二、棘头虫的发育

交配时，雄虫以交合伞附着于雌虫后端，雄虫向阴门内射精后，黏液腺的分泌物在雌虫生殖孔部形成黏液栓，封住雌虫后部，以防止精子溢出。卵细胞从卵球破裂出来以后，进行受精；受精的卵在韧带囊或假体腔内发育。而后虫卵被吸入子宫钟内，未成熟的虫卵，通过子宫钟的侧孔流回假体腔或韧带囊中；成熟的虫卵由子宫钟入子宫，经阴道，自阴门排出体外。成熟的卵中含有幼虫，称棘头蚴(acanthor)，其一端有一圈小钩，体表有小刺，中央部有小核的团块。中间宿主为甲壳类动物和昆虫。排到自然界的虫卵被中间宿主吞咽后，在肠内孵化，其后幼虫钻出肠壁，固着于体腔内发育，先变为棘头体(acanthella)，而后变为感染性幼虫——棘头囊(cystacanth)。终末宿主因摄食含有棘头囊的甲壳类动物和昆虫而受感染。在某些情况下，棘头虫的发育史中可能有搬运宿主或贮藏宿主，它们往往是蛙、蛇或蜥蜴等脊椎动物。有的棘头虫需要有第二中间宿主。

三、棘头虫的分类

棘头虫与兽医学有关的目、科、属分述如下。

(一)巨吻目(Gigantorhynchidea)

大中型虫体，吻突钩的数量不一，吻囊成单层或双层膜构造，有或无原肾，黏液腺分为 3 个或更多的致密的小叶，卵呈椭圆形，两端不延长。棘头蚴两端有小钩，体表有小棘，成虫寄生于鸟类和哺乳动物，幼虫寄生于昆虫。

少棘吻科(Oligacanthorhynchidae) 大型虫体，体表有许多横皱纹。有原肾，吻突呈球形。吻囊相当短，壁单层或双层。睾丸细长，位于虫体前或后半部，8 个黏液腺相当致密，为 2 个纵列或互相靠在一起，虫卵为卵圆形。幼虫寄生于甲虫类昆虫，成虫寄生于鸟类和哺乳类。与兽医学有关的为巨吻属(*Macracanthorhynchus*)。

(二)棘吻目(Echinorhynchidea)

体型小，体表有小棘或平滑，吻突成圆柱形，有少量或很多小钩，吻囊壁双层。卵壳中层膜有棘状突起，棘头蚴一端有钩。为鸟类、鱼类、两栖类、爬虫类的寄生虫。

多形科(Polymorphidae) 体表有刺，吻突为卵圆形。吻囊壁双层，黏液腺 2～6 个，少数 8 个，一般为管状。寄生于脊椎动物，尤其是鸟类和哺乳类。与兽医学有关的为多形属(*Polymorphus*)。

细颈科(Filicollidae) 体前面有刺，颈细长，黏液腺梨状或肾状至管状，卵壳中层膜无棘状突起。为水禽类的寄生虫。与兽医学有关的为细颈属(*Filicollis*)。

第二节　猪巨吻棘头虫病

【案例】　某农户从市场买回仔猪若干，实行放养。一个月后，猪体重不增反减，并持续下降，消瘦明显，且猪食欲下降，活动量减少，常躺卧于窝中，经常发出呻吟声，并出现腹泻、可视黏膜苍白、严重贫血等症状，无体温变化。剖检发现肠道中有数个虫体，形似蛔虫，淡红色，体长 8～10 cm 左右，但其前体的前端有吻突，体前部有数个横纹，确诊为猪巨吻棘头虫病。

【问题】　该病是如何感染的？如何进行猪巨吻棘头虫病生前诊断及防治？

猪巨吻棘头虫病（Acanthocephaliasis）是由少棘吻科巨吻属的蛭形巨吻棘头虫（*Macracanthorhynchus hirudinaceus*）寄生于猪的小肠内引起的寄生虫病。也感染野猪、猫和犬，偶见于人。

（一）病原形态

蛭形巨吻棘头虫是一种大型虫体，淡红色。雄虫长 7～15 cm，雌虫长 30～68 cm。前端粗大，后端较细，体表有明显的环状皱纹。身体的前端有一个棒状的吻突，吻突上有许多向后弯曲的小钩（图 11-1）。寄生时，吻突插入黏膜，甚至穿透黏膜层。虫卵呈椭圆形，深褐色。卵壳由四层组成，外层薄而无色，易破裂；第 2 层厚，褐色，两端有小塞状结构，一端较尖，一端较圆；第 3 层为受精膜；第 4 层不明显。卵内有棘头蚴。虫卵大小为（89～100）μm×（42～56）μm。

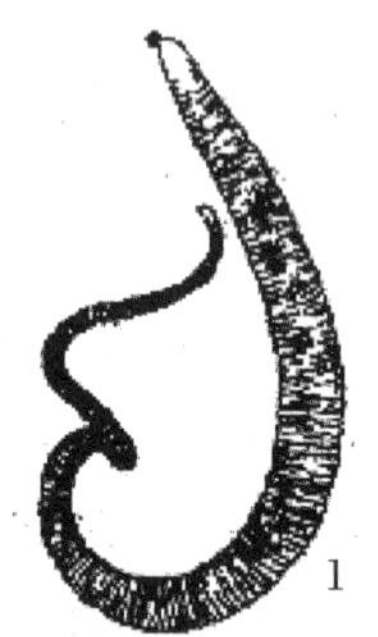

图 11-1　蛭形巨吻棘头虫（引自孔繁瑶，1997）
1.雌虫全形　2.成虫头端吻突

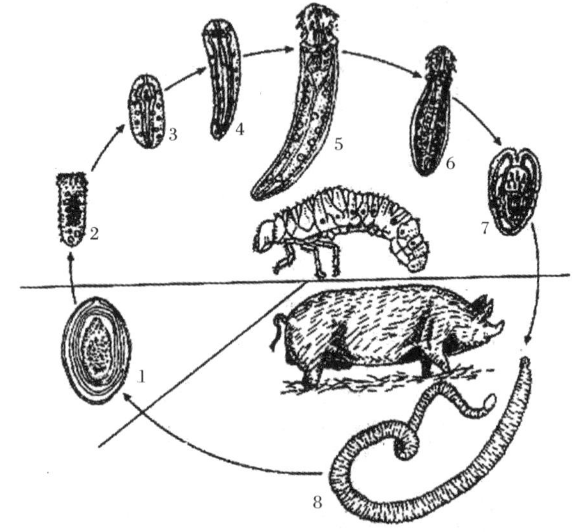

图 11-2　蛭形巨吻棘头虫生活史示意图（引自孔繁瑶，2010）
1.卵　2～7.棘头蚴→棘头体→棘头囊　8.成虫

（二）生活史

猪巨吻棘头虫主要寄生在猪和野猪的小肠内，偶尔亦可寄生于人、犬、猫的体内，中间宿主为鞘翅目昆虫。发育过程包括虫卵、棘头蚴、棘头体、棘头囊和成虫等阶段。虫卵随宿主粪便排出体外，由于对干旱和寒冷抵抗力强，在土壤中可存活数月至数年。当虫卵被中间宿主——金龟子等甲虫吞食后，卵壳破裂，棘头蚴逸出，并穿过肠壁进入甲虫血腔，在血腔中经过棘头体阶段，约2～3个月后发育成具有感染能力的棘头囊。其大小为3.6～4.4 mm，白色，扁平。甲虫化蛹并变为成虫时，棘头囊一直停留在它们体内。棘头囊存活于甲虫发育各阶段的体内，并保持对终末宿主的感染力。当猪等动物吞食含有棘头囊的甲虫（包括幼虫、蛹或成虫）后，在其小肠内经3～4个月发育为成虫（图11-2）。人则因误食了含活棘头囊的甲虫而受到感染，但人不是猪巨吻棘头虫的适宜宿主，故在人体内，棘头虫大多不能发育成熟和产卵。

（三）流行病学

雌虫在小肠中产卵，每条雌虫每天可排卵25万个以上，并持续排卵10个月。虫卵卵壳厚，对外界环境中各种不利因素的抵抗力很强，在高温、低湿及干燥的气候条件下均可长时间存活。

本病主要感染8～10月龄猪，在流行严重的地区感染率可高达80%，常呈地方性流行。在辽宁、山东、河北、天津、河南、安徽、海南、四川、吉林和内蒙古等地区均有病例报道。本病的感染季节与中间宿主金龟子的活动季节是一致的。金龟子一般出现在早春至6～7月份，因此春夏季为猪棘头虫病的感染季节。放牧猪比舍饲猪感染率高，后备猪较仔猪感染率高。

鞘翅目的某些昆虫既是棘头虫的中间宿主，又是其传播媒介。在中国，已查明的主要有大牙锯天牛、曲牙锯天牛和棕色鳃金龟等33种甲虫，其成虫阶段的感染率可高达62.5%。

（四）致病作用和症状

严重感染时可见消化障碍，腹痛，食欲减退，下痢和粪中带血等症状；猪只生长发育停滞，消瘦和贫血；当患猪由于肠穿孔而继发腹膜炎时，体温升高，不食，有腹痛表现，最后卧地抽搐而死。

棘头虫以吻钩附于肠黏膜上，造成黏膜组织充血、出血、坏死并形成溃疡。随后由于结缔组织的增生，若虫体损伤达肠壁深层，也易造成肠穿孔，引起局限性腹膜炎。少数病人可由于肠粘连而出现肠梗阻。此外，常因虫体更换固着部位，使肠壁组织发生多处病变。患者早期症状不明显，偶尔有食欲不振、乏力等症状。随着虫体代谢产物等毒性物质被吸收，患者可出现消瘦、贫血、腹泻、阵发性腹痛，以及恶心、呕吐、失眠、夜惊等神经症状。

（五）诊断

根据流行病学资料、症状并在粪便中发现虫卵即可确诊。

（六）防治

1.治疗

目前比较常用而疗效较高的治疗药物有左旋咪唑或丙硫咪唑。

2.预防措施

常采用的措施有：

（1）对病猪进行驱虫，消灭感染源。

（2）对粪便应进行生物热处理，切断传播途径。

(3) 改放牧为舍饲。不可诱捕金龟子供猪食用。

第三节　鸭多形棘头虫与细颈棘头虫病

【案例】 某鸭场的鸭常年放养于沟河、水田。某日开始发病，产蛋量急剧下降，部分鸭出现停食，两鸭蹼软弱无力，步态蹒跚，头和翅下垂，行走困难，倒下后很难站立等症状。对病鸭剖检发现肠系膜充血、出血。小肠浆膜面外观颜色变深，呈紫红色，并有很多肉芽组织增生的小结节凸出于小肠外壁。小肠内有大量纺锤体，橘红色，米粒大小，一端粗一端细的虫体吸附于肠管内壁上。

【问题】 患鸭感染何种寄生虫病？该病是如何感染的？如何进行诊断及防治？

多形棘头虫和细颈棘头虫均属多形科。寄生于鸭、鹅、天鹅、野生游禽和鸡的小肠。寄生于禽类肠道的多形属(*Polymorphus*)棘头虫有 3 种：大多形棘头虫(*Polymorphus magnus*)、小多形棘头虫(*P. minutus*)与腊肠状多形棘头虫(*P. botulus*)。细颈属(*Filicollis*)有鸭细颈棘头虫(*Filicollis anatis*)一种。

(一)病原形态

1.大多形棘头虫　呈橘红色，纺锤形，前端大，后端狭细。吻突上有小钩 18 纵列，每纵列 7～8 个，前 4 个钩较大，有发达的尖端和基部，其余为小针状，不发达。吻囊呈圆柱形，双层构造。雄虫长 9.2～11 mm，睾丸呈卵圆形，位于虫体前 1/3 部，近吻囊处。雌虫长 12.4～14.7 mm(图 11-3)。卵呈长纺锤形，大小为(113～129) μm×(17～22) μm。卵胚两端有特殊凸出物。

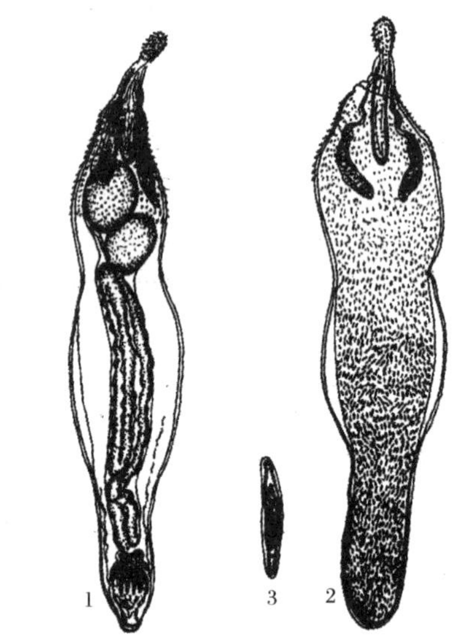

图 11-3　大多形棘头虫(引自孔繁瑶，2010)
1.雄虫　2.雌虫　3.卵

2.小多形棘头虫　虫体较小，呈纺锤形。雄虫长 3 mm，雌虫长 10 mm；新鲜虫体呈橘红色。吻突呈卵圆形，有钩 16 纵列，每列 7～10 个，前部的钩较大，向后逐渐变小。虫体前部有小棘。吻囊发达，与前睾相邻。睾丸近于圆形，前后斜列于虫体的前半部内。卵呈纺锤形，有 3 层膜，大小为 110 μm×20 μm，内含黄而带红色的棘头蚴(图 11-4)。

3.腊肠状多形棘头虫　虫体纺锤形，吻突球状，吻钩 12 纵列，每列 8 个，前部吻钩稍大。颈部细长。吻腺呈带状。体前部有棘。雄虫长 13.0～14.6 mm，雌虫长 15.4～16.0 mm。虫卵大小为(35～45)μm×(15～18)μm。

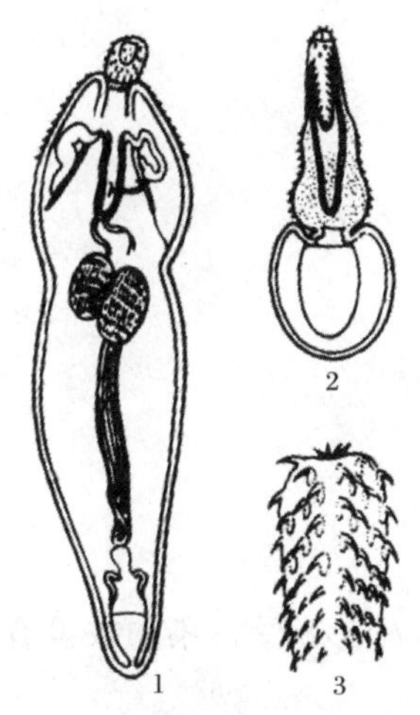

图 11-4 **小多形棘头虫**(引自孔繁瑶,2010)

1.雄虫 2.吻突和吻囊 3.吻钩

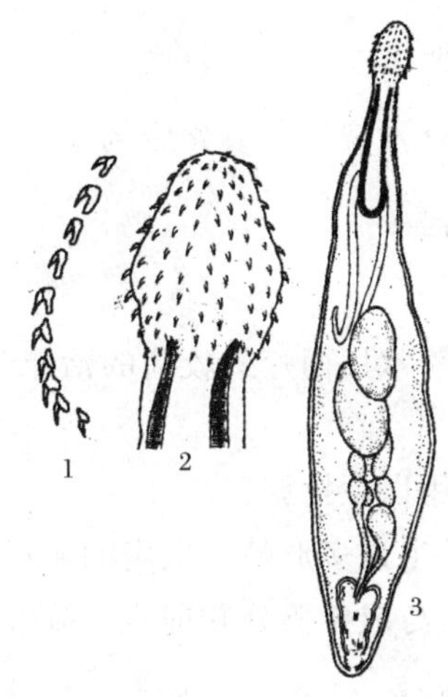

图 11-5 **鸭细颈棘头虫**(引自孔繁瑶,2010)

1.雄虫吻钩 2.雄虫吻突 3.雄虫

4.鸭细颈棘头虫 呈纺锤形,白色,前部有小棘。雄虫长 4～6 mm,吻突呈椭圆形,具有 18 纵列的小钩,每列 10～16 个。吻腺长。睾丸前后排列,位于虫体的前半部内;睾丸下方有 6 个椭圆形的黏液腺(图 11-5)。雌虫呈黄白色,长 10～25 mm,前后两端稍狭小。吻突膨大呈球形,直径 2～3 mm,其前端有 18 纵列小钩。吻腺亦长。卵呈椭圆形,大小为(62～70)μm×(20～25)μm。

(二)生活史

大多形棘头虫以甲壳纲、端足目的湖沼钩虾(*Gammarus lacustris*)为中间宿主。小多形棘头虫以蚤形钩虾(*G. pulex*)、河虾(*Potamobius astacus*)和罗氏钩虾(*Carinogammarus roeselii*)为中间宿主。腊肠状多形棘头虫以岸蟹(*Carcinus maenas*)为中间宿主。鸭细颈棘头虫以等足类的栉水蚤(*Asellus aquaticus*)为中间宿主。

(三)流行病学

此类棘头虫的感染季节大多为春夏,这是和中间宿主的活动季节紧密相关的。我国常见的为大多形棘头虫,发现于广东、四川和贵州;小多形棘头虫发现于台湾地区;腊肠状多形棘头虫发现于福建;鸭细颈棘头虫发现于贵州。

(四)致病作用和病变

大多形棘头虫和小多形棘头虫均寄生于鸭、鹅、天鹅和野生水禽的小肠前段。鸭细颈棘头虫多寄生于小肠中段。棘头虫以吻突钩牢固地附着在肠黏膜上,引起卡他性肠炎;有时吻突埋入黏膜深部,穿过肠壁的浆膜层。在固着部位出现溢血和溃疡。固着比较深的地方,可以从浆膜面上看到凸出的黄白色的结节;甚至造成肠壁穿孔,并发腹膜炎而死亡。由于肠黏膜的损伤,容易造成其他病原菌的继发感染,引起化脓性炎症。大量感染,并且饲养条件较差时,可以引起死亡。幼禽的死亡率高于成年禽鸟。

死亡剖检时,可以在肠道的浆膜面上看到肉芽组织增生的小结节。有大量橘红色的虫体聚集在肠壁上,固着部位出现不同程度的创伤。

(五)诊断

粪便检查发现虫卵或死后剖检看到虫体,即可确诊。

(六)防治

1.治疗

目前比较常用而疗效较高的治疗药物有四氯化碳。

2.预防

主要采用以下措施:

(1)对发生过多形棘头虫病的鸭场,应进行预防性驱虫。

(2)雏鸭与成年鸭分开饲养。雏鸭或新引进的鸭群,应选择在未受污染的或没有中间宿主的水池中饲养。

(3)加强饲养管理,给予充足的全价饲料。

【本章小结】

1.巨吻棘头虫是一种大型虫体,淡红色。虫体前端粗大,后端较细,体表有明显的环状皱纹。虫卵呈椭圆形,暗棕色,内含棘头蚴;

2.本病的感染季节与中间宿主的活动季节密切相关。中间宿主为甲壳类昆虫。

【思考题】

1.猪棘头虫病的危害有哪些?

2.如何防治鸭棘头虫病?

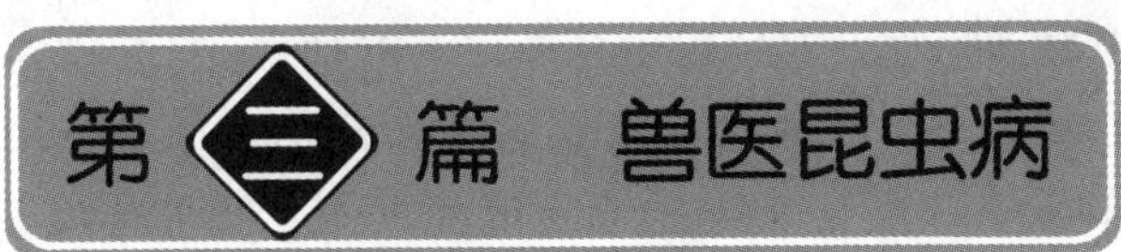

第十二章 兽医昆虫病概述

【学习目标】

1.了解节肢动物的形态特点；

2.掌握外寄生病对动物的危害。

第一节 绪 论

一、节肢动物的形态结构

节肢动物身体呈两侧对称，附肢分节。体壁俗称外骨骼，由类似皮革的一种鞣制蛋白质组成，其上常堆积不同量的几丁质；体内有几丁质棒或板组成的内骨骼；内、外骨骼都是横纹肌附着的器官。循环系统为开放式，心脏呈长管状，无血管，血液自心脏的侧孔入心，由前端的主动脉出心，直喷体腔，所以体腔又称血腔。节肢动物借助腮或气门进行呼吸。消化系统分为三部分：前肠包括口腔、咽、食道及前胃，用于磨碎和消化食物；中肠为胃，用于消化和吸收食物；后肠包括结肠和直肠，用于累积和排泄粪便。中枢神经系统包括一个围绕食道的神经环和位于头部背侧部分的脑，每个体节有成对的神经干和神经节，腹部的神经干和神经节位于消化道的下方。

二、节肢动物的发育

节肢动物一般都是雌雄异体，通过卵生来繁殖后代，大多数节肢动物在发育过程中都有蜕皮(Ecdysis)和变态(Metamorphosis)现象，变态可根据幼虫至成虫各期中的形态和饲食、居处等是否彼此有极大差别或颇相类似而分为完全变态(Complete metamorphosis)和不完全变态(Incomplete metamorphosis)。节肢动物为了渡过不良环境往往采取滞育(Diapause)来保存虫种。

1.变态　节肢动物在从卵发育到成虫的过程中，各阶段的虫体在形态及生活习性上有明显变化，这种变化被称为变态。

(1)完全变态。在节肢动物发育过程中，自卵以后有幼虫、蛹和成虫 3 个时期，而这 3 个时期的虫体形态和生活习性彼此有别，如双翅目昆虫。

(2)不完全变态。节肢动物在发育过程中自卵以后有幼虫、若虫和成虫 3 个时期，它们的形态和生活习性都很相似，只是大小不同、生殖器官成熟度不同，如硬蜱类。

2.蜕皮　节肢动物体表有一层几丁质膜，它不能随虫体生长而增大，所以节肢动物在生长过程中会定期蜕皮，即几丁质膜在节肢动物体内所分泌的激素和酶的作用下溶解，非几丁质化而变薄，最后虫体脱落出来，并很快于体表形成新的几丁质膜，节肢动物的这种生理现象称为蜕皮。节肢动物每蜕皮一次就进入新龄期。

3.滞育　节肢动物为渡过不良环境而采取的一种休眠措施。如草原革蜱的雌虫，它在秋季附着于宿主体表，但并不吸血，直到来年春季才开始吸食。

三、节肢动物的分类

与兽医学有关的节肢动物分属以下两个纲：

(一)蛛形纲(Arachnida)

虫体分为头胸和腹两部分，或头胸腹愈合为一个整体，无翅，无触角，成虫具 4 对足，幼虫为 3 对。本纲中与兽医学有关的为蜱螨目(Acarian)的种类。

1.蜱螨目传统的分类学将蜱螨目划分为 4 个亚目，与兽医学有关的目、科、属分述如下。

(1)蜱亚目(Ixodides)

包括硬蜱科(Ixodidae)和软蜱科(Argasidae)。硬蜱科与兽医学关系密切的有 7 个属，即硬蜱属(*Ixodes*)、璃眼蜱属(*Hyalomma*)、血蜱属(*Haemaphysalis*)、扇头蜱属(*Rhipicephalus*)、革蜱属(*Dermacentor*)、牛蜱属(*Boophilus*)和花蜱属(*Amblyomma*)。软蜱科主要有 2 个属，即锐缘蜱属(*Argas*)和钝缘蜱属(*Ornithodoros*)，与畜禽关系密切。

(2)疥螨亚目(Sarcoptiformes)

包括疥螨科(Sarcoptidae)和痒螨科(Psoroptidae)。这两个科的螨类寄生于多种哺乳动物或禽类的表皮内或体表，能引起畜禽慢性皮肤病。不同种的螨类引起不同种的螨病，螨病对畜牧业的发展影响很大，可造成严重的经济损失。疥螨科与兽医学关系密切的有 3 个属，即疥螨属(*Sarcoptes*)、背肛螨属(*Notoedres*)、膝螨属(*Knemidocoptes*)。痒螨科与兽医学关系密切的有 3 个属，即痒螨属(*Psoroptes*)、足螨属(*Chorioptes*)和耳痒螨属(*Otodectes*)等。

(3) 中气门亚目(Mesostigmata)

主要有皮刺螨科(Dermanyssidae)。该科成螨大多数是专性吸血种类，成螨对宿主有一定的选择性，常寄生于鼠类和禽类。与兽医学关系密切的有皮刺螨属(*Dermanyssus*)。

(4)恙螨亚目(Trombidiformes)

包括蠕形螨科(Demodicidae)和恙螨科(Trombiculidae)，前者大多数寄生于哺乳动物皮肤内，可引起动物蠕形螨病；后者，除人外，几乎在各类哺乳动物中都有寄生。蠕形螨科主要有蠕形螨属(*Demodex*),能引起各种家畜蠕形螨病。恙螨科与兽医学关系密切的为恙螨亚科中的新棒螨属(*Neoschongastia*)。

(二)昆虫纲(Insecta)

虫体分为头、胸、腹三部分。头部具触角 1 对;胸部有足 3 对;有或无翅。本纲中与兽医学相关的为双翅目(Diptera)、虱目(Anoplura)、食毛目(Mallophaga)和蚤目(Siphonaptera)的种类。

(1)双翅目

胸部只有一对翅,后翅退化为平衡棒。口器为刺吸式或舐吸式。发育是完全变态。

蚊科(Culicidae) 头部球形,有 1 对大复眼,喙细长,口器刺吸式。触须 1 对,3~5 节组成。触角 1 对细长,由 15~16 节组成。翅上有翅脉和鳞片。与兽医学关系密切的有 3 个属,按蚊属(*Anopheles*)、库蚊属(*Culex*)和伊蚊属(*Aedes*)。

蠓科(Ceratopogonidae) 虫体细小。触角分为 13~15 节。口器短。翅短宽,翅膜上常有明斑与暗斑,密布细毛。与兽医学关系密切的有 3 个属,拉蠓属(*Lasiohelea*)、库蠓属(*Culicoides*)、细蠓属(*Leptoconops*)。

毛蠓科(Psychodidae) 与兽医学关系密切的是白蛉亚科(Phlebotominae),虫体细长,全身密布细毛,灰黄色。口器刺吸式,短于头部;下颚须 5 节,第三或第二节各有成簇的牛氏刺。胸部背面隆起,翅在静止时竖立于背面,呈 45°角向上或向外展开;无鳞片或色斑,但有很多长毛。本亚科中主要是白蛉属(*Phlebotomus*)。

蚋科(Simuliidae) 体小而粗状。足短。背驼。翅宽,前部脉粗,后部脉细。触角分 9~11 节,每节均有短毛。口器为刺吸式。与兽医学关系密切的有 4 个属,原蚋属(*Prosimulium*)、蚋属(*Simulium*)、真蚋属(*Eusimulium*)和维蚋属(*Wilhelmia*)。

虻科(Tabanidae) 体壮而粗大,胸、腹部或翅上具有不同的色彩。触角分 3 节。口器为刮舐式。翅脉复杂。与兽医学关系密切的有 3 个属,斑虻属(*Chrysops*)、麻虻属(*Haematopota*)和虻属(*Tabanus*)。

狂蝇科(Oestridae) 成虫口器退化,第 4 纵脉折向前,居翅尖之前,而第 5 纵脉折向后,连翅后缘。幼虫寄生于鼻腔内或咽喉部。与兽医学关系密切的有 3 个属,喉蝇属(*Cephalopina*)、狂蝇属(*Oestrus*)和鼻狂蝇属(*Rhinoestrus*)。

胃蝇科(Gasterophilidae) 成虫口器退化。幼虫寄生于马属动物的消化道内,红色或淡黄色,体表有刺。仅有胃蝇属(*Gasterophilus*)。

皮蝇科(Hypodermatidae) 体表被有色长绒毛,形似峰。幼虫寄生于背部皮下。仅有皮蝇属(*Hypoderma*)。

蝇科(Muscidae) 虫体呈黑色至黑灰色。触角芒呈羽毛状,翅的第 4 纵脉和第 3 纵脉在翅缘接近。与兽医学关系密切的有 2 个属,螯蝇属(*Stomoxys*)和角蝇属(*Lyperosia*)。

麻蝇科(Sarcophagidae) 肩后鬃比沟前鬃高,有 4 根背侧片鬃,其幼虫为尸生型,滋生在死亡后的动物尸体上,也可以兼性寄生在人畜的伤口上。常见与人畜关系较密切的麻蝇有污蝇属(*Wohlfahrtia*)。

虱蝇科(Hippoboscidae) 体扁平,革质膜,触角单节,具刺吸式口器,爪强大,胎生。与兽医学关系密切的有2个属，虱蝇属(*Hippobosca*)和蜱蝇属(*Melophagus*)。

丽蝇科(Calliphoridae) 大、中型蝇类，体表绿色或青黑色，有金属色泽。体上毛刺较多，舐吸式口器。寄生于体表或伤口组织内。与兽医学关系密切的有3个属，依蝇属(*Idiella*)、绿蝇属(*Lucilia*)和丽蝇属(*Calliphora*)。

(2)虱目

血虱亚目(Anoplura) 体表无翅，口器刺吸式，触角3～5节，复眼退化或无眼，也无单眼。胸部三节融合。足粗短。不完全变态。寄生于哺乳动物体表。

颚虱科(Linognathidae) 有眼或无眼。腹部全为膜状，腹部的背腹面每节至少有1行毛，一般有多行毛。中、后腿比前腿大得多。与兽医学关系密切的有2个属，颚虱属(*Linognathus*)和管虱属(*Solenopotes*)。

血虱科(Haematopinidae) 无眼，仅在触角后方有一眼点。头缩入胸部。与兽医学有关的仅血虱属(*Haematopinus*)。

(3)食毛目

体扁无翅，头宽大。咀嚼式口器。触角3～5节。不完全变态。寄生于畜毛上或禽类羽毛上。

毛虱科(Trichodectidae) 触角3节。各足跗节具1爪。寄生于哺乳类。与兽医学关系密切的有3个属，毛虱属(*Trichodectes*)、猫毛虱属(*Felicola*)和牛毛虱属(*Bovicola*)。

短角羽虱科(Menoponidae) 触角分为4节，多藏于触角窝内，具有触须。与兽医学关系密切的有3个属，鸭虱属(*Trinoton*)、体虱属(*Menacanthus*)和鸡虱属(*Menopon*)。

长角羽虱科(Philopteridae) 触角5节，细长而伸出头外，无触须。与兽医学关系密切的有5个属，啮羽虱属(*Esthiopterum*)、鹅鸭虱属(*Anatoecus*)、长羽虱属(*Lipeurus*)、圆羽虱属(*Goniocotes*)和角羽虱属(*Goniodes*)。

(4)蚤目

无翅。体左右扁平。刺吸式口器。足粗长。完全变态。

蠕形蚤科(Vermipsyllidae) 体型较大，深棕色，3对足发达。雌蚤体内虫卵成熟时，腹部会迅速膨大，形似有条纹的蠕虫。下唇须节数特别多，其长度超过前足胫节末端，雌雄蚤均有发达的节间膜。与兽医学关系密切的有2个属，蠕形蚤属(*Vermipsylla*)和羚蚤属(*Dorcadia*)。

蚤科(Pulicidae) 眼完整。眼后有触角沟，触角斜卧于沟中。腹部末端有臀板和毛。与兽医学关系密切的有2个属，蚤属(*Pulex*)和栉首蚤属(*Ctenocephalides*)。

第二节　外寄生虫病的危害及防治

一、外寄生虫病对动物的危害

节肢动物与畜禽疾病的关系十分密切，其危害畜禽的方式可归纳为以下两个方面。

1. 直接危害　指节肢动物本身对宿主所引起的危害。节肢动物暂时或永久地寄生于畜禽的体内或体表，一方面通过吸血或叮咬引起畜禽不能正常休息和采食，降低生产能力和产品质量。

另一方面,作为病原体的节肢动物寄生于畜禽体内或体表能使畜禽发生特异疾病,如疥螨能引起疥螨病;羊鼻蝇幼虫寄生于羊的鼻腔及其附近的腔窦内能引起羊鼻蝇蛆病。这些特异疾病同样造成宿主生长缓慢,发育不良,甚至死亡,给畜牧业造成相当大的损失。

2.间接危害　节肢动物是许多种病毒、细菌、立克次氏体、螺旋体、原虫和蠕虫的传播媒介,其传播方式有两种:

(1)机械性传播　病原体在传播者体内既不发育也不繁殖,传播者仅起携带传递的作用。如虻、厩螫蝇传播伊氏锥虫病就采用这种方式。

(2)生物性传播　病原体在传播者体内有发育或繁殖过程。对病原体来说这种发育或繁殖过程是必要的,因为它构成了病原体生活史的一环。因此,在大多数情况下,传播者取得了这些病原体之后必须经过一定的时间,待病原体在传播者体内发育或繁殖的循环完成后才具有传染能力。生物性的传播是具有特殊性的,即仅某些种类的传播者才适合于某些病原体的发育和繁殖。

二、外寄生虫病的防治措施

由于外寄生虫的种类繁多,分布广泛,所以应在充分调查外寄生虫的生活习性的基础上,因地制宜地采取综合性防治措施,才能取得良好的效果。

1.消灭畜禽体上的寄生虫　如捕捉、液剂喷涂、药浴、药物注射等方法均可有效驱杀畜禽体表的寄生虫。

2.消灭畜禽舍内的寄生虫　可用有关杀虫剂如除虫菊酯类等对圈舍内墙面、门窗、柱子等喷雾杀虫。

3.消灭自然界的寄生虫　改变环境,使之不利于外寄生虫的生长,如翻耕牧地、清除杂草、在严格监督下进行烧荒等。有条件时,还可以对寄生虫的滋生场所进行喷雾杀虫。

【本章小结】

1.节肢动物是雌雄异体,通过卵生来繁殖后代,大多数节肢动物在发育过程中都有蜕皮和变态现象;

2. 外寄生虫病对动物的危害有直接危害和间接危害(机械性传播病原、生物性传播病原)。

【思考题】

1. 节肢动物的发育类型有哪些?

2.如何防治外寄生虫病?

第十三章　蜱螨病

【学习目标】

1. 掌握蜱螨的形态特征和发育特点；
2. 了解重要的动物蜱螨病；
3. 掌握蜱螨病的诊断、治疗与预防。

第一节　蜱　病

一、硬蜱

硬蜱科(Ixodidae)的蜱是家畜体表的一种重要的外寄生虫，通常称为硬蜱(Hard ticks)，又称壁虱、扁虱、草爬子等。硬蜱除直接危害外，还可传播焦虫病，对畜牧业的危害极大。

(一)病原形态

成虫呈长椭圆形，背腹较平，头、胸、腹融合为一体。虫体前端为假头，后部为躯体。

1. 假头(Capitulum)　平伸于虫体前端，由1对须肢(palp)、1对螯肢(chelicera)、1个口下板(hypostome)和1个假头基(basis capituli)组成(图13-1)。假头基部的形状因种属而异。雌虫的假头基部背面有一个多孔区，呈圆形或近似三角形。

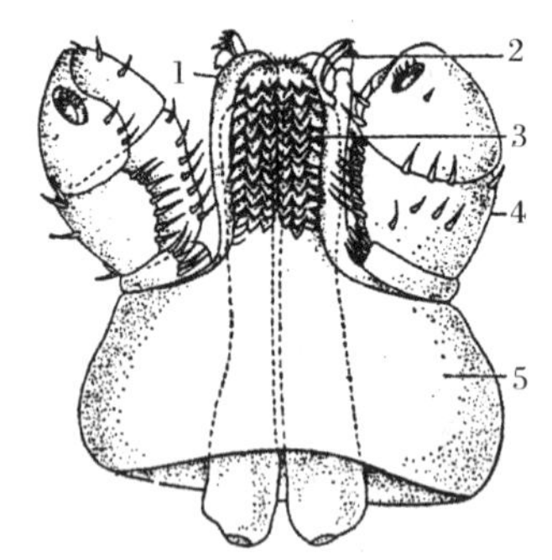

图13-1　硬蜱的假头(引自孔繁瑶，2010)
1. 螯肢鞘　2. 内、外趾　3. 口下板　4. 须肢　5. 假头基

2. 躯体(Idiosoma)　由盾板(scutum)、眼、缘垛、足、生殖孔、气孔板、肛沟、腹板等组成。盾板在虫体背面，雄虫的盾板覆盖整个背部，雌虫的盾板只覆盖前1/3部分(图13-2)。眼为小的圆形突起，有的蜱无眼。腹面有4对分节的足。每足均由6节组成，分为基节、转节、股节、胫节、前跗节和跗节。在第1对足的跗节上有哈氏器(Haller's organ)，为嗅觉器官。生殖孔位于腹面第二、三对足之间的中线上。肛门位于腹面中后部，并有肛沟围绕前方或后方。有的雄蜱腹面有角质的腹板，根据位置分别称为生殖前板、中板、肛板、肛侧板和侧板等。在幼虫期和成虫期之间有一个若虫期。成虫和若虫均为4对足，幼虫有

3 对足。硬蜱的种类很多，我国家畜常见的硬蜱种类有微小牛蜱、草原革蜱、残缘璃眼蜱、长角血蜱、镰形扇头蜱等。

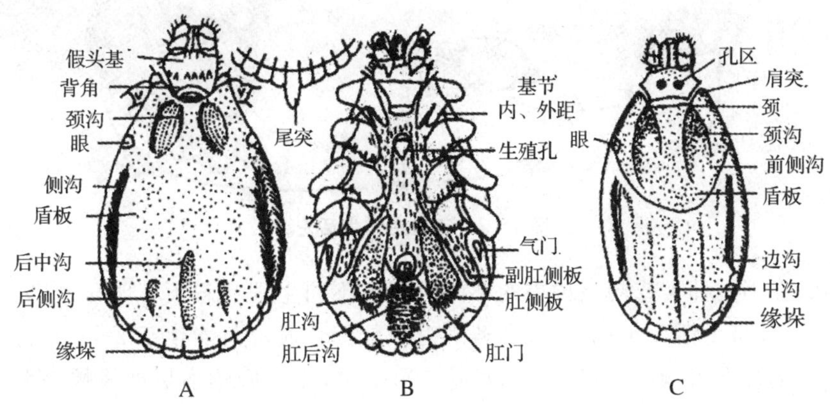

图 13-2　硬蜱的外部构造图(引自孔繁瑶，2010)
A.雄蜱背面观　B. 雄蜱腹面观　C. 雌蜱背面观

(二)生活史

硬蜱的发育属于不完全变态，包括虫卵、幼虫、若虫和成虫 4 个阶段。大多数硬蜱在宿主身体上交配，交配后雌蜱吸饱血落地，在墙缝等阴暗处产卵，而后死亡。卵经一定时间孵出幼虫，幼虫爬到宿主身上吸血，吸饱血后蜕皮变成若虫，若虫吸饱血后蜕变为成虫。成虫又在宿主体表吸血、交配。硬蜱的整个发育过程包括 2 次蜕皮，3 个活跃期。根据硬蜱的发育过程和采食方式可将其分为 3 类：

图 13-3　一宿主蜱生活史

一宿主蜱(One host ticks)：其幼虫、若虫和成虫都在同一个宿主身体上发育，成虫吸饱血后才落地离开宿主。如微小牛蜱(图 13-3)。

二宿主蜱(Two host ticks)：在全部发育过程中需要更换两个宿主，即幼虫在宿主体表吸血并蜕皮变为若虫，若虫吸饱血后落地，蜕皮变为成虫后再侵袭另外一个宿主，在第二个宿主体上吸血，交配后落地产卵。如残缘璃眼蜱(图 13-4)。

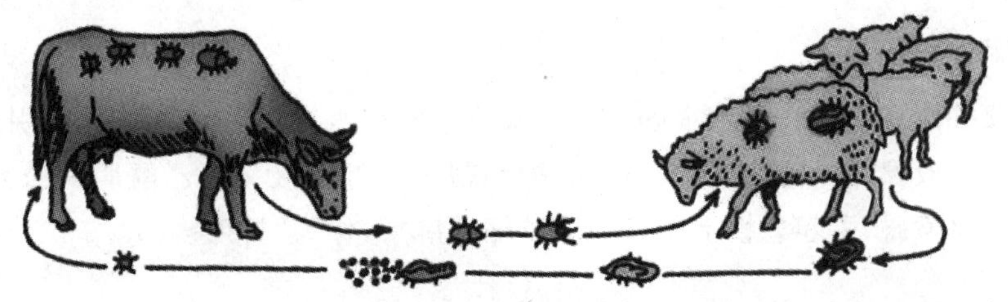

图 13-4　二宿主蜱生活史

三宿主蜱(Three host ticks)：全部发育过程需要更换三个宿主。幼虫侵袭一个宿主，蜕皮变成若虫后再侵袭第二个宿主，若虫落地蜕皮后又侵袭第三个宿主。如长角血蜱等(图 13-5)。

图 13-5　三宿主蜱生活史

硬蜱的寿命在不同种类或同一种类的不同时期或不同生理状态下有明显差别。在饥饿状态下蜱寿命最长，一般可生活 1 年；而幼蜱和若蜱寿命较短。通常只能生活 2～4 个月。吸饱血后，蜱体可胀大几倍到几十倍，雌蜱最为显著，可达 100～200 倍。吸饱血后的成蜱寿命较短，雄蜱一般可活 1 个月左右，而雌蜱在产完卵以后 1～2 周就死亡。

（三）流行病学

蜱的分布与气候、地势、土壤、植被和宿主等有关。各种蜱均有一定的地理分布区，有的种类分布于森林地带，如全沟硬蜱；有的种类分布于草原，如草原革蜱；有的种类分布于荒漠地带，如亚洲璃眼蜱；有的种类分布于农耕地区，如微小牛蜱。蜱的活动有明显的季节性，在季节变化明显的地区，蜱类通常都在一年中的温暖季节活动。在同一地区，不同种类的蜱其活动季节各不相同；而同一种蜱在不同地区，由于气候和环境的不同，其活动时间的长短也有差别。

微小牛蜱除东北、西北少数几个省区外，分布于全国各地，为常见种。已证实它是我国双芽巴贝斯虫、牛巴贝斯虫的传播媒介，也能自然感染 Q 热立克次氏体。草原革蜱分布于东北、华北、西北等省区。该蜱在我国是驽巴贝斯虫、马巴贝斯虫、布氏杆菌的传播媒介。残缘璃眼蜱主要分布于东北、华北、西北及华中一些省区。在我国已被证实是环形泰勒虫病的传播媒介。长角血蜱主要生活于次生林或山地，分布于我国大多数省区。已被证实可传播瑟氏泰勒虫、卵形巴贝斯虫及吉氏巴贝斯虫。青海血蜱主要生活于山区草原和灌木丛，是我国西北地区常见种。已被证实是羊泰勒虫及牦牛瑟氏泰勒虫的传播媒介。血红扇头蜱生活于农区或野地，我国大多数省区都可发现，该蜱是犬巴贝斯虫和吉氏巴贝斯虫的传播媒介。镰形扇头蜱常见于我国南方农区或山地。被确定为水牛巴贝斯虫、马巴贝斯虫、吉氏巴贝斯虫的传播媒介。

（四）致病作用和病变

硬蜱的叮咬可使宿主皮肤产生水肿、出血、胶原纤维溶解和中性粒细胞浸润引起的急性炎症反应。某些雌蜱唾液腺可分泌一种神经毒素，抑制宿主肌神经接头处乙酰胆碱的释放活动，造成运动性纤维的传导障碍，引起急性上行性的肌萎缩性麻痹，称为“蜱瘫痪”。

（五）症状

硬蜱大量寄生时可引起宿主贫血、消瘦、发育不良，皮毛质量降低以及乳产品质量下降。一些家畜会产生轻度的厌食、体重减轻和代谢障碍。

(六)诊断

蜱的个体较大,通过肉眼观察即可发现。在检查发现后用手或小镊子捏取,或将附有虫体的羽或毛剪下,置于培养皿中,再仔细收集。寄生在畜体上的蜱类,常将假头深刺入皮肤,如不小心拔下,则可将其口器折断而留于皮肤中,致使标本不完整,且留在皮下的假头还会引起局部炎症。拔取时应使虫体与皮肤垂直,慢慢地拔出假头,或以煤油、乙醚或氯仿抹在蜱身上和被叮咬处,而后拔取。

(七)防治

由于蜱类寄生的宿主种类多,分布区域广,所以应在充分调查研究蜱的生活习性(消长规律、滋生场所、宿主范围、寄生部位等)的基础上,发动群众,因地制宜地采取综合性防治措施才能取得良好的效果。

1.消灭畜体上的蜱　在畜少、人力充足的条件下,可以采用人工捕捉。拔出蜱时,应使蜱体与患病动物的皮肤垂直再慢慢地往上拔,以免蜱虫口器断落在家畜体内,引起局部炎症。捉到的蜱,应立即杀灭。另外也可用药物灭蜱:1%的伊维菌素注射液,一次皮下注射;0.1%辛硫磷、0.05%蝇毒磷、1%敌百虫、0.5%毒杀芬、0.5%马拉硫磷或0.05%地亚农等药液进行喷洒、药浴或洗刷,均能杀死家畜身上的蜱类。喷涂后应在被毛稍干后再饮水喂食,防止药物滴入饲料、饲养用具中,引起中毒。

2. 消灭畜舍内的硬蜱　有些蜱类如残缘璃眼蜱通常生活在畜舍的墙壁、地面、饲槽的裂缝内。为了消灭这些地方的蜱类,应堵塞畜舍内所有缝隙和小孔,堵塞前先向裂缝内撒杀蜱药物,然后以水泥、石灰、黄泥堵塞,并用新鲜石灰乳粉刷厩舍。用杀蜱药液对圈舍内墙面、门窗、柱子做滞留喷洒。璃眼蜱能耐饥7~10个月,故在必要和可能的条件下,停止使用(隔离封锁)有蜱的畜舍或畜栏10个多月。

3.消灭外界环境的蜱　改变自然环境,使之不利于蜱的生长,如翻耕牧地,清除杂草灌木丛,在严格监督下进行烧荒等,以消灭蜱的滋生地。捕杀啮齿类等野生动物对消灭硬蜱也有重要意义。

二、软蜱

【案例】 某羊场300只羊,发现多数羊感染软蜱,每只羊身上软蜱数量不等,少的几十个,最多的在一只羊身上捉到280个软蜱,由于软蜱吸食血液,使羊机体消瘦,生产能力下降,引起羊困倦和麻痹,感染严重的羔羊甚至死亡。该羊场采用砖混结构、圈顶有草。

【问题】 软蜱的流行特点是什么?除自身危害外还可传播哪些疾病?防治软蜱有哪些措施?

软蜱(soft ticks)在分类上属于软蜱科(Argasidae),主要有2个属,即锐缘蜱属(*Argas*)和钝缘蜱属(*Ornithodoros*)与畜禽关系密切。软蜱生活在畜禽舍的缝隙、巢窝和洞穴等处,当畜禽夜间休息时,即侵袭畜禽并叮咬吸血,大量寄生时可使畜禽消瘦、生产力降低甚至造成死亡。

(一)病原形态

虫体扁平,卵圆形或长卵圆形,虫体前端较窄。软蜱最显著的特征是:躯体无盾板,全由弹性的革状表皮组成。雄蜱较厚而雌蜱较薄,故称软蜱。假头从背面看不到,居于前部腹侧的头窝内,头窝两侧有 1 对叶片称为颊叶。假头的头基小,近方形,没有孔区,须肢是游离的不紧贴于口器两侧,共分 4 节,可自由转动,各节为圆柱形,末节不缩入而向下后弯曲。口下板不发达,齿亦小。

躯体背腹均无几丁质板,表皮上或有乳突或有圆的凹陷,腹面前端有时突出称为顶突。背腹侧也有各种沟,但与硬蜱不同。在腹侧的沟有生殖沟(在生殖孔之后)、肛前沟(在肛孔之前)及肛后横沟。生殖孔与肛孔的位置与硬蜱相同。气门小,气门板也小,居体之两侧在第 4 对足基节之前外侧。沿基节内外侧有褶突,内侧为基节褶,外侧为基节外褶。多无眼,如有则在第 1、2 对足之间。足的结构与硬蜱相似。但基节无距;附节和后附节背缘有瘤突,一般比较明显,其数目和大小是分类依据。爪垫退化或无(图 13-6、表 13-1)。

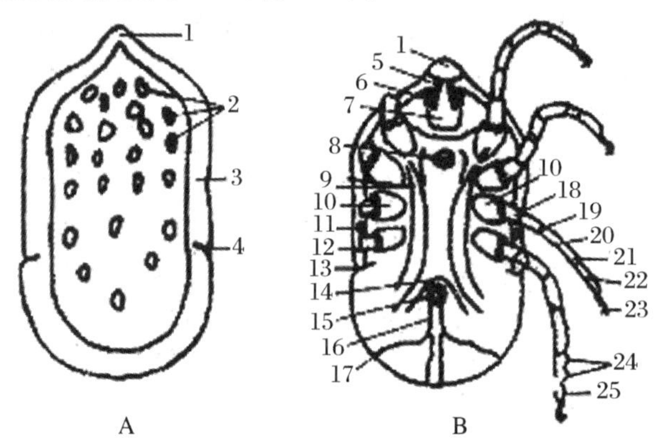

图 13-6　钝缘蜱形态结构(引自邓国藩,1989)

A.雌虫侧面观　B.雄虫腹面观

1.顶突　2.盘窝　3.缘褶　4、13.背腹沟　5.须肢　6.颊叶　7.假头基　8.生殖孔　9.基节褶　10.基节　11.气门板　12.基节外褶　14.肛前沟　15.肛门　16.肛后中沟　17.肛后横沟　18.转节　19.股节　20.胫节　21.前跗节　22.跗节　23.爪　24.瘤突　25.亚端瘤突

(二)生活史

软蜱的发育也需要经过卵、幼虫、若虫和成虫 4 个阶段。软蜱一生产卵数次,每次吸血后产卵,每次产卵数个至数十个,一生产卵不超过 1000 个。由卵孵出的幼虫,经吸血后蜕皮变为若虫,若虫蜕皮的次数随种类不同而异,在最后一个若虫期变为成虫。从卵发育到成蜱需要 4 个月到 1 年的时间。软蜱寿命可长达 7 年,甚至 15～25 年。

表 13-1 硬蜱与软蜱形态特征的鉴别与比较

	硬蜱	软蜱
颚体	在躯体前端,从背面能见	在躯体前部腹面,从背面不能见
颚基背面	有 1 对孔区	无孔区
须肢	较短,第 4 节嵌在第 3 节上,各节运动不灵活	较长,各节运动很灵活
躯体背面	有盾板,雄者大,雌者小	无盾板。体表有许多小疣,或具皱纹、盘状凹陷
基节腺	退化或不发达	发达。足基节Ⅰ、Ⅱ之间,通常有 1 对基节腺开口
雌雄蜱区别	雄蜱体小盾板大,遮盖整个虫体背面;雌蜱体大盾板小,仅遮盖背部前面	区别不明显

(三)流行病学

我国软蜱科常见的种类主要有波斯锐缘蜱(*Argas persicus*)和拉合尔钝缘蜱(*Ornithodoros lahorensis*)。波斯锐缘蜱主要寄生于鸡,其他家禽和鸟类亦有寄生,常侵袭人,有时在牛、羊身上也有发现。成虫、若虫有群聚性。白天隐伏,夜间爬出活动,叮咬在鸡的腿趾部无毛部分吸血。成虫活动季节为 3~11 月份,以 8~10 月份最多。幼虫于 5 月份大量出现活动。分布于全国,华北、西北最为常见。波斯锐缘蜱是鸡埃及立克次氏体和鸡螺旋体的传播媒介。拉合尔钝缘蜱主要生活在羊圈或其他牲畜棚内。幼蜱至前两期若蜱冬季在宿主身上连续停留,第 3 期若蜱在春季吸饱血后离开。成蜱也在冬季活动,白天隐伏在棚圈的缝隙里或木柱树皮下或石块下,夜间爬出叮咬吸血。主要寄生在绵羊或其他牲畜,有时也侵袭人。分布于新疆、甘肃、西藏等地。拉合尔钝缘蜱可携带布氏杆菌和 Q 热立克次氏体。

(四)致病与症状

蜱在叮咬吸血时多无痛感,叮咬部位可造成局部充血、水肿,还可引起继发性感染。大量软蜱寄生时,可引起畜禽消瘦,贫血,产奶或产蛋能力下降,软蜱性麻痹,甚至死亡。

(五)诊断

根据临床症状和从动物体表获取的虫体的形态特征可以确诊。

(六)防治

参阅消灭畜舍内和畜体上硬蜱的方法。

第二节 螨 病

一、疥螨病

【案例】 某公猪场内公猪长期患有严重的皮肤病，具体表现为：皮肤发炎瘙痒，食欲减退，躁动不安，生长缓慢，皮肤上有红点、脓包、结痂、龟裂等病变，耳廓特别严重。采集病料镜检，发现大量疥螨。治疗：先将病猪体表痂皮剥去，用肥皂水及清水洗净后，用 0.5%～1%敌百虫水溶液直接涂擦患处，然后用阿维菌素按照 0.3 mg/kg 体重皮下注射，间隔 5～7 d 后重复使用一次，疾病很快得到缓解。

【问题】 进行猪疥螨病诊断时应如何采集病料？常用的诊断方法有哪些？

疥螨病是由疥螨科(Sarcoptidae)的各种疥螨寄生于宿主皮肤内而引起的一种外寄生虫病。疥螨病多发生于山羊和猪，分布很广，呈世界性流行，危害极大。人也可以受到家畜疥螨病的侵害，如饲养人员、屠宰人员等常因接触疥螨病患畜而感染。国外有不少犬疥螨感染人的报道。

(一)病原形态

体近圆形，背面隆起，腹面扁平，乳白或浅黄色。盾板有或无，口器短，螯肢和须肢粗短。假头背面后方有 1 对粗短的垂直刚毛或刺。足粗短，第 4 对足几乎全部被遮于腹下。雌螨在第 1、2 对足，雄螨在第 1、2、4 对足有吸盘，呈钟形，吸盘的柄不分节。雄螨无性吸盘和尾突(图 13-7)。雌螨大小为(0.3～0.5)mm×(0.25～0.4)mm；雄螨为(0.2～0.3)mm×(0.15～0.2)mm。

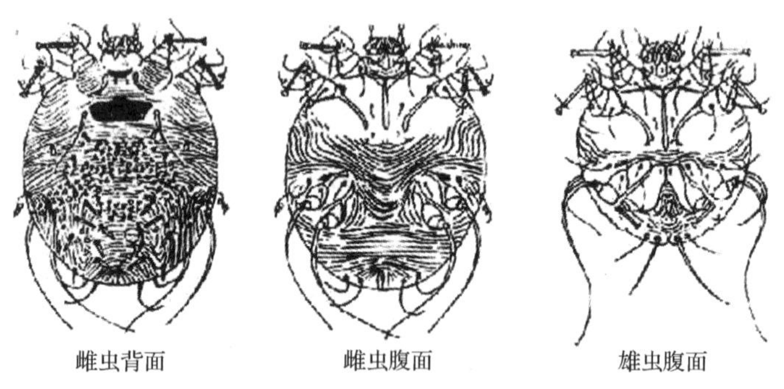

图 13-7 疥螨成虫形态(引自孔繁瑶，2010)

(二)生活史

疥螨的发育属于不完全变态。一生包括卵、幼螨、若螨和成螨 4 个发育阶段。其中雄螨有 1 个若虫期，雌螨为 2 个若虫期。疥螨寄生在宿主皮肤表皮角质层间，啮食角质组织，并以其螯肢和足跗节末端的爪在皮下开凿一条与体表平行而迂曲的隧道，雌虫就在此隧道产卵。卵呈圆形或椭圆形，淡黄色，壳薄，大小约 180 μm×80 μm，产出后经 3～5 d 孵化为幼虫。幼虫足 3 对，2 对在体前部，1 对近体后端。幼虫仍生活在原隧道中，或另凿隧道，经 3～4 d 蜕皮为前若虫。若虫似成虫，有足4对，前若虫生殖器尚未显现，约经2 d后蜕皮成后若虫。雌性后若虫产卵孔尚未发育完全，但阴道孔已形成，可行交配。后若虫再经3～4 d蜕皮而为成虫。完成一代生活史需时8～22 d，平均15 d。

疥螨交配一般是晚间在宿主皮肤表面进行，由雄性成虫和雌性后若虫完成。雄虫大多在交配后不久即死亡；雌后若虫在交配后20～30 min内钻入宿主皮内，蜕皮为雌虫，2～3 d后即在隧道内产卵。每日可产2～4个卵，雌螨寿命为5～6周(图13-8、13-9)。

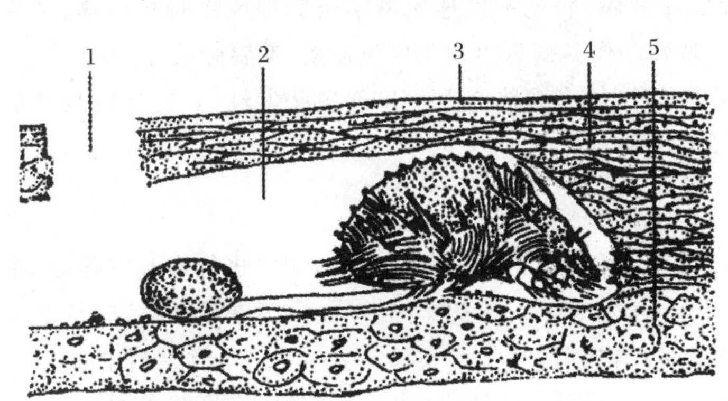

图13-8 疥螨在皮肤隧道内挖凿隧道(引自孔繁瑶，2010)

1.隧道口 2.隧道 3.皮肤表面 4.角质层 5.细胞

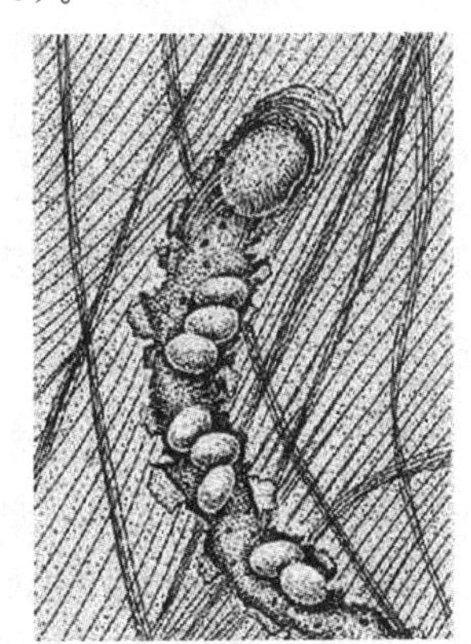

图13-9 皮内隧道中的雌疥螨及其卵

(引自孔繁瑶，2010)

(三)流行病学

疥螨分布广泛，遍及世界各地。除寄生于哺乳动物，如牛、马、骆驼、羊、犬和兔等宿主外，还可寄生于人体。疥螨病是由病畜和健康畜直接接触而发生感染，也可由与被疥螨及其卵污染的墙壁、垫草、厩舍、用具等间接接触而感染。主要发生于冬季、秋末和春初，因为这些季节，日光照射不足，畜体毛长而密，湿度大，最适合其生长和繁殖。幼畜往往易患疥螨病，发病也较严重。螨在幼畜体上繁殖速度比在成年畜体上快。随着年龄的增长，抗螨免疫性增强。免疫力的强弱，主要取决于家畜的营养健康状况和有无其他疾病等。

(四)致病与症状

疥螨寄生于角质层深处，采食时直接刺激和分泌有毒物质，使皮肤发生剧烈瘙痒和炎症。由于皮肤乳头层的渗出作用，使皮肤出现小丘疹和水泡，水泡被细菌侵入后变为小脓疱，患畜擦痒引起脓疱和水泡破溃，流出渗出液和脓汁，以后形成黄色结痂。临床主要表现剧痒、脱毛、皮肤发炎，形成痂皮和脱屑。病畜烦躁不安，影响采食和休息，逐渐消瘦，严重者衰竭而死亡。

各种动物疥螨病的特征：

绵羊疥螨病　主要在头部明显，发生于嘴唇周围、口角两侧、鼻子边缘和耳根下面。发病后期病变部形成白色坚硬胶皮样痂皮。

山羊疥螨病　主要发生于嘴唇四周、眼圈、鼻背和耳根部，可蔓延到腋下、腹下和四肢曲面等无毛及少毛部位。严重时口唇皮肤皲裂，采食困难。

牛疥螨病　开始于牛的面部、颈部、背部、尾根等被毛较短的部位，严重时可波及全身。

马疥螨病　先由头部、体侧、躯干及颈部开始，然后蔓延肩部、鬐甲及全身。痂皮硬固不易剥离，勉强剥落时，创面凹凸不平，易出血。

猪疥螨病　仔猪多发，病初从眼周、颊部和耳根开始，以后蔓延到背部、体侧和股内侧。剧痒，脱毛，结痂，皮肤生皱褶或龟裂。

骆驼疥螨病　开始于头部、颈部和体侧皮薄的部位，随后波及全身。痂皮硬厚，不易脱落，患部皮肤往往还形成龟裂和脓包。

兔疥螨病　先由嘴、鼻孔周围和脚爪部发病，病兔不停地用嘴啃咬脚部或用脚搔抓嘴、鼻等处解痒，严重发痒时呈现前、后脚抓地等特殊动作。病爪出现灰白色痂皮，嘴唇肿胀，影响采食。

犬疥螨病　先发生于头部，后扩散至全身，幼犬尤为严重。患部皮肤发红，有红色或脓性疱疹，上有黄色痂皮；奇痒，脱毛，皮肤变厚而出现皱纹。

（五）诊断

根据流行病学资料和明显的临床症状可以确诊。当症状不明显时，则需进行实验室诊断，采取健康与患病部位交界部的皮肤病料，检查有无虫体。在夏季，对带虫病猪做诊断时，应从耳壳内采取病料，则较易找到虫体。检查方法是：将病料浸入 40～50 ℃温水里，置恒温箱中 1～2 h 后，将其倾入培养皿上，置显微镜下检查。活螨在温热作用下，由皮屑内爬出，集结成团，若见沉于水底部的疥螨即可确诊。

（六）防治

1.治疗

治疗疥螨的药物种类和用药方法很多，包括有机磷类、有机氯类、拟除虫菊酯类和脒类化合物及硫黄，烟草浸液等天然杀虫药，对疥螨均有很好的杀灭效果。常用的药物有：

（1）敌百虫。2%～5%敌百虫水溶液或 1%～2%敌百虫废机油合剂，患部涂擦。注意用敌百虫治疗时，不可用碱性水洗刷，以免引起中毒。

（2）蝇毒磷。0.025%～0.05%蝇毒磷水乳剂喷淋、涂擦或药浴。

（3）杀虫脒（氯苯脒）。0.1%～0.2%水乳剂喷淋、涂擦或药浴。

（4）双甲脒。12.5%双甲脒乳油剂（特敌克），用水 200～500 倍稀释，涂擦或喷淋患部。

（5）1%伊维菌素（害获灭）或阿维菌素（虫克星）。按 0.3 mg/kg 体重皮下注射，或用浇泼剂沿背部皮肤浇泼。

2.预防

（1）畜舍要保持干燥、透光，通风良好。畜群密度不要过大。畜舍要经常清扫，定期消毒。彻底消毒猪舍和用具，以消灭散落的虫体。粪便和排泄物等采用堆积发酵杀灭虫体。

（2）经常观察畜群中有无发痒和掉毛现象，发现可疑病畜，要及时进行隔离饲养和治疗，以免互相传染。

（3）羊每年夏季剪毛后，应及时进行药浴。可用 0.025%～0.03%林丹乳油水乳剂，0.05%辛硫磷乳油水剂或 0.05%蝇毒磷水乳剂。在药浴前应先做小群安全试验。

二、痒螨病

【案例】 某羊场患皮肤病，患病的羊只瘙痒摩擦，被毛零乱，严重者羊毛大块脱落，露出病部皮肤。发热、发红、有血清渗出。细菌感染后，发生化脓，不久结成淡黄色疮痂。起初痂皮不大，到虫体侵入健康部位时疮痂扩大。除脱毛外，皮肤变厚皱缩。病羊奇痒，疯狂地摩擦，致使淋巴液渗出；患部潮湿，在冬季早晨可见到患部有一片白霜。

【问题】 该羊场的病羊患的是什么皮肤病？如何诊断？

痒螨病是由痒螨科(Psoroptidae)的各种痒螨寄生于家畜体表的一类永久性寄生虫病。多寄生于绵羊、牛、马、水牛、山羊和兔等家畜，以绵羊、牛、兔最为常见。痒螨对绵羊的危害性最大，给养羊业造成巨大损失。

(一)病原形态

虫体呈长圆形，体长 0.5～0.9 mm，肉眼可见。口器长，呈圆锥形；螯肢细长，两趾上有三角形齿；须肢细长。躯体背面表皮有细皱纹。肛门位于躯体末端。足较长，特别是前两对。雌虫的第 1、2、4 对足和雄虫的前 3 对足都有吸盘，吸盘长在一个分三节的柄上。雌虫的第 3 对足上各有两根长刚毛。雄虫第 4 对足特别短，没有吸盘和刚毛。雄虫躯体末端有两个大结节，上各有长毛数根，腹面后部有两个性吸盘；生殖器居于第 4 基节之间。雌虫躯体腹面前部有一个宽阔的生殖孔，后端有纵裂的阴道，阴道背侧为肛门(图 13-10)。

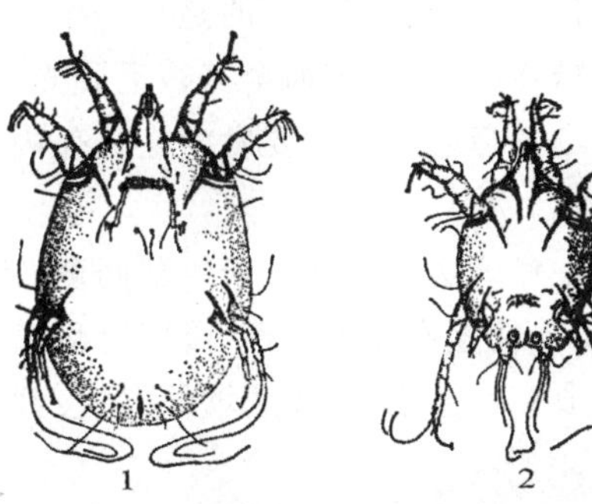

图 13-10　痒螨(引自李国清，1999)
1.雌虫　2.雄虫

(二)生活史

痒螨的发育为不完全变态，需经卵、幼虫、若虫和成虫 4 个时期的发育。痒螨的口器为刺吸式，寄生于皮肤表面，吸取渗出液为食。雌螨多在皮肤上产卵，约经 3 d 孵化为幼螨，采食 24～36 h 进入静止期后蜕皮成为第一若螨，采食 24 h，经过静止期蜕皮成为雄螨或第二若螨。雄螨通常以其肛吸盘与第二若螨躯体后部的 1 对瘤状突起相接，抓住第二若螨，这一接触约需 48 h。第二若螨蜕变为雌螨，雌雄进行交配。雌螨采食 1～2 d 后开始产卵，一生可产卵约 40 个，寿命约 42 d。痒螨整个发育过程 10～12 d。

(三)流行病学

痒螨可寄生于多种哺乳动物体上，其中以绵羊、牛、马、兔的痒螨最常见，次为水牛和山羊等各类家畜。此外尚可寄生于麋、猴、猩猩、熊猫、贫齿类和有袋类野生动物体上。痒螨具有坚韧的角质表皮，对不利因素的抵抗力超过疥螨，如 6～8 ℃和 85%～100%空气湿度条件下在畜舍能存活 2 个月，在牧场能存活 35 d，在－12～－2 ℃经 4 d 死亡，在－25 ℃时约 6 h 死亡。主要发生于冬季、秋末和春初，因为这些季节，日光照射不足，畜体毛长而密，湿度大，最适合其生长和繁殖，但夏季有潜伏性的痒螨病。

（四）致病作用和病变

痒螨寄生时以口器刺吸组织液和炎性渗出物。首先皮肤奇痒，出现针头大到米粒大的结节，然后形成水疱和脓疱，由于擦痒而引起表皮损伤，引起继发感染。患部脱毛，渗出液增多，逐渐形成浅黄色痂皮。痂皮柔软，黄色脂肪样，且易脱落。各种家畜体表寄生的痒螨虽形态相似，但有宿主特异性，不相互传染。

（五）症状

病畜表现为剧痒、皮肤增厚和皲裂、脱毛、消瘦等，严重时可导致死亡。

各种动物痒螨病的特征：

马痒螨病　最常发生的部位是鬃、鬣、尾、颌间、股内面及腹股沟。乘马、挽马则常发于鞍具、颈轭、鞍褥部位。皮肤皱褶不明显。痂皮柔软，黄色脂肪样，易剥离。

绵羊痒螨病　危害绵羊特别严重，多发生于密毛的部位，如背部、臀部，然后波及全身。该病在羊群中首先引起注意的是羊毛结成束和躯体下部泥泞不洁，而后看到零散的毛丛悬垂于羊体，好像披着棉絮样，继而全身被毛脱光。患部皮肤湿润，形成浅黄色痂皮。

山羊痒螨病　主要发生在耳壳内面，在耳内生成黄色痂，将耳道堵塞，使羊变聋，食欲不振甚至死亡。

牛痒螨病　初期见于颈部两侧、垂肉和肩胛两侧，严重时蔓延到全身。病牛表现奇痒，常在墙头、木柱等物体上摩擦，或以舌舐患部，被舐湿部位的毛呈波浪状。以后被毛逐渐脱落，淋巴渗出形成棕褐色痂皮，皮肤增厚，失去弹性。严重感染时病牛精神萎靡，食欲大减，卧地不起，最终死亡。

水牛痒螨病　多发于角根、背部、腹侧及臀部。严重时头部、颈部、腹下及四肢内侧也有发生。体表形成很薄的“油漆起爆”状的痂皮，此种痂皮薄似纸，干燥，表面平整，一端稍微翘起，另一端则与皮肤紧贴，若轻轻揭开，则在与皮肤相连端痂皮下，可见许多黄白色痒螨在爬动。

（六）诊断

诊断方法同疥螨病。注意疥螨与痒螨的区别（表 13-2）。

表 13-2　疥螨与痒螨的鉴别要点

项目	疥螨	痒螨
寄生部位	表皮隧道	皮肤表面
采食方式	咀嚼式	刺吸式
形态	口器短，基部背面有 2 根刺或刚毛；肢短圆锥形，后两对肢全部或几乎全部被遮于腹面下，无性吸盘和尾突。	体长圆形，口器长，基部背面无刺或刚毛；肢长圆锥形，前两对肢粗大，后两对细长突出体缘；体后缘有性吸盘（生殖吸盘）和尾突各一对；痒螨一般较大，肉眼可见。
寄生时间	终生寄生	终生寄生
发育时间	8～22 d	10～12 d

(七)防治

参阅疥螨病治疗和预防方法。

三、蠕形螨病

【案例】 山东某市待屠宰的猪300头，发现有部分猪只患有体外寄生虫病。患病猪全身被毛粗乱，长短疏密不一，分泌物增多，皮肤多皱痒裂，患猪喜摩擦。打毛后患猪全身皮肤颜色灰暗不洁，鲶鱼皮状，猪皮比正常猪皮增厚0.5倍。划破皮脂腺、毛囊和皮下结缔组织的结节及脓包涂片镜检，发现蠕动的蠕形螨虫体，确诊为猪蠕形螨病。

【问题】 猪蠕形螨病的临床症状有哪些？和猪疥螨病有什么不同？

蠕形螨又称脂螨或毛囊虫，属于蠕形螨科(Demodicidae)蠕形螨属(*Demodex*)。多寄生于犬、猫、牛、猪、羊、马等动物及人类。虫体寄生于皮肤的毛囊和皮脂腺内。各种蠕形螨各有其专一宿主，彼此互不感染。其中以犬最多发，马则少见。

(一)病原形态

成螨体小而长，呈蠕虫状，半透明乳白色，体表有明显的环纹(图13-11)。一般体长0.17～0.44 mm，宽约0.045～0.065 mm，全体分为颚体、足体和末体三个部分。颚体(假头)呈不规则四边形，由一对细针状的螯肢，一对分3节的须肢及一个延伸为膜状构造的口下板组成，为短喙状的刺吸式口器。足体(胸)有4对短粗的足，呈乳突状，基部较粗，位于躯体前部，基节与躯体腹壁愈合成扁平的基节片，不能活动，第4对足基节片的形状为分类的特征；其余3节呈套筒状，能活动、伸缩。末体(腹)长，表面具有明显的环形皮纹。雄性的雄茎自胸部的背面突出，雌性的阴门为一狭长裂口，位于腹面第4对基节片之间的后方。

图13-11　蠕形螨
(引自李国清，1999)

(二)生活史

蠕形螨全部发育过程在宿主的毛囊或皮脂腺内进行，包括卵、幼虫、两期若虫和成虫。雌虫在毛囊内产卵，卵在适宜的温度下，一般经过2～3 d孵出3对足的幼虫，以皮脂为食。幼虫经1～2 d蜕化为4对足的若虫。经1个或多个若虫期蜕皮变为成虫。完成一个生活周期大概需要18～24 d，雌虫一生可产卵20～24枚。成螨在体内可存活4个月以上。

(三)流行病学

当宿主机体抵抗力下降时，寄生在宿主皮肤的蠕形螨会大量繁殖，引发疾病。其传播方式还不完全清楚，动物之间的直接接触可能是传播方式之一。虫体具有很强的抵抗力，离开宿主后，在潮湿环境中可以生活数日。

(四)致病作用与症状

蠕形螨钻入毛囊、皮脂腺内，以针状的口器吸取宿主细胞内含物，由于虫体的机械刺激和排泄物的化学刺激使组织出现炎症反应，虫体在毛囊内不断繁殖，逐渐引起毛囊和皮脂腺的袋状扩大和延伸，甚至增生肥大，引起毛干脱落。此外由于腺口扩大，虫体进出活动，易使化脓性细菌侵入而继发皮脂腺炎、脓疱。

各种动物蠕形螨病的特征：

犬蠕形螨病　多发生于5～6个月龄的幼犬，成年犬常见于发情期及产后的雌犬。应激状态及免疫功能低下常是引起本病发生的诱因。部分犬的发病有明显的家族病史。轻症多发生于眼眶、口唇周围以及肘部、脚趾间或体躯其他部位。患部脱毛，逐渐形成与周围界限明显的圆形秃斑，皮肤轻度潮红，附有银白色粘黏性皮屑，痒感不强烈。严重时，身体大面积脱毛，浮肿，出现红斑、皮脂溢出和脓性皮炎，瘙痒。时常可以发生体表淋巴结的病变。

山羊蠕形螨病　成年羊较幼年羊症状明显，主要发生在肩胛、四肢、颈、腹等处，皮下可触摸到黄豆至蚕豆大，圆形或近圆形，高出于皮肤的结节，有时结节处皮肤稍显红色，部分结节中央可见小孔，可挤压出干酪样内容物。重度感染时呈现消瘦，被毛粗乱。

猪蠕形螨病　一般先发生于眼周围、鼻部和耳基部，然后逐渐向其他部位蔓延。痒觉轻微或没有痒觉。病变部呈现小米大的泡囊，个别有大米大，囊内含有很多蠕形螨、表皮屑及脓细胞，细菌感染严重时，成为单个小脓肿。有的患猪皮肤增厚，不洁，凹凸不平而盖以皮屑，并发生皱裂。猪蠕形螨感染时应与疥螨感染相区别，猪蠕形螨病毛根处皮肤肿起，皮表不红肿，皮下组织不增厚，脱毛不严重，银白色皮屑具黏性，痒觉不严重。感染疥螨病时，毛根处皮肤不肿起，脱毛严重，表皮红而有疹状突起，皮下组织不增厚，无白鳞皮屑，但有小黄痂，奇痒。

牛蠕形螨病　一般初发于头部、颈部、肩部、背部或臀部。形成针尖至核桃大的白色的小囊瘤，常见的为黄豆大，内含粉状物或脓状稠液，并有各发育阶段的蠕形螨。也有只呈现鳞屑而无疮疖的。

(五)诊断

蠕形螨寄生在毛囊内，检查时先在动物四肢的外侧和腹部两侧、背部、眼眶四周、颊部和鼻部的皮肤上按、摸是否有砂粒样或黄豆大的结节。如有，用小刀切开挤压，看到有脓性分泌物或淡黄色干酪样团块时，则可将其挑在载玻片上，滴加生理盐水1～2滴，均匀涂成薄片，上覆盖玻片，在显微镜下进行观察。

(六)防治

1.治疗

(1)14%碘酊。涂擦患部6～8次即可。

(2)5%福尔马林。浸润5 min，间隔3 d一次，共5～6次。

(3)伊维菌素。剂量为0.2～0.3 mg/kg体重，皮下注射，间隔7～10 d重复用药。对脓疱型重症病例还应同时选用高效抗菌药物，对体质虚弱病畜应补给营养，以增强体质及体抗力。

2.预防

平时注意畜舍清洁卫生，发现病畜，隔离治疗，彻底消毒污染场地和用具，同时加强对病畜的护理。

四、鸡皮刺螨病

【案例】 甘肃省某养鸡场发生了育成鸡生长缓慢，体重不达标，严重者极度消瘦死亡，产蛋鸡开产推迟，或产蛋高峰上不去，或产蛋率持续下降的疾病。开始时，误诊为鸡虱，采用伊维菌素皮下注射和灭虱精对鸡体表喷雾杀虫，但效果不佳。经观察，发现鸡的翅下有小红点爬行，鸡舍的边角处、料槽附近均有虫体爬行。该虫体还会叮咬工人，瘙痒难忍。患鸡日渐衰弱，贫血，出现奇痒症状，个别感染严重的衰竭死亡。患病鸡的尾部、腹部羽毛有迅速移动的黑色和红色小点。

【问题】 如何确诊案例中鸡群感染了何种寄生虫？如何防治该病？

鸡皮刺螨(*Dermanyssus gallinae*)属于皮刺螨科(Dermanyssidae)皮刺螨属(*Dermanyssus*)，也称红螨、鸡螨。是蛋鸡养殖中最常见、危害最严重的外寄生虫病，呈世界性分布，广泛流行于亚热带和温带地区的蛋鸡场。鸡皮刺螨还可传播禽霍乱和螺旋体病。

(一)病原形态

虫体呈长椭圆形，后部略宽，体表密布短细绒毛，根据吸血多少呈淡红色、红色或红褐色。雄螨大小为0.6 mm×3.2 mm。背面有盾板1块，前部较宽，后部较窄，后缘平直。雌螨大小为(0.72～1.5) mm×0.4 mm。腹面的胸板非常扁，前缘呈弓形，后缘浅凹(图13-12)。

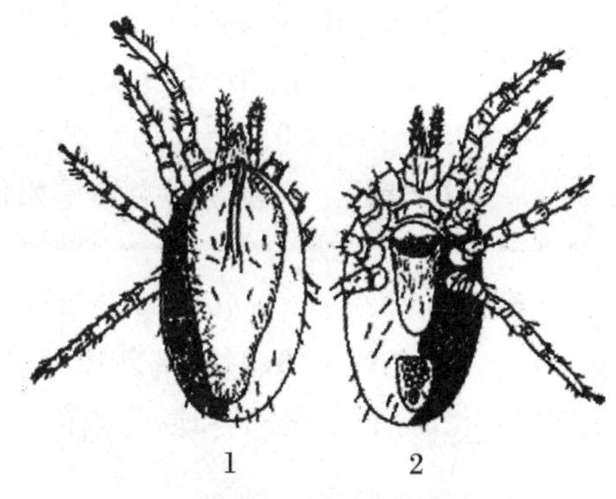

图13-12 鸡皮刺螨(引自李国清，1999)
1.雌螨背面 2.雌螨腹面

(二)生活史

皮刺螨属不完全变态的节肢动物，其发育过程包括卵、幼虫、2个若虫期和成虫4个阶段。侵袭鸡只的雌螨在每次吸饱血后12～24 h内在鸡窝的缝隙、灰尘或碎屑中产卵，每次产10多枚。在20～25 ℃的情况下，卵经2～3 d孵化为3对足的幼虫；幼虫可以不吸血，2～3 d后，蜕化变为4对足的第1期若虫；第1期若虫经吸血后，隔3～4 d蜕化变为第2期若虫；第2期若虫再经半天至4 d后蜕化变为成虫。皮刺螨是鸡、鸽或麻雀巢窝及其附近缝隙中的主要螨类之一，也是鸡、鸽的重要害虫；爬行较快，也能侵袭人和其他家畜。主要在夜间侵袭吸血，但鸡在白天留居舍内或母鸡孵卵时，亦能遭受侵袭。皮刺螨还能在鸡窝附近爬行活动。

(三)致病作用和症状

鸡皮刺螨寄生于体表，夜间活动，刺吸血液为食，尤以雏鸡和老年鸡最为严重。鸡只受皮刺螨严重侵袭时，会日渐衰弱，贫血，产蛋量下降，甚至引起死亡。侵袭人体时，皮肤上会出现针尖至指头大小的红色丘疹，中央有一小孔。鸡皮刺螨还是鸡脑炎病毒的传播者和保毒宿主。

(四)诊断

根据鸡感染皮刺螨的临床症状先进行初步诊断。实验室诊断采集虫体样本，在显微镜下检查，见到本虫即可确诊。

(五)防治

治疗可用杀螨药，如蝇毒磷或溴氰菊酯等杀灭鸡体上的螨。

预防措施包括搞好环境卫生，定期清理粪便，集中堆肥发酵，清除杂草、污物。避免在潮湿的草地上放养鸡，以防感染。定期在运动场、鸡舍用蝇毒磷或溴氰菊酯的水乳剂对鸡舍进行消毒，对栖架、墙壁和缝隙等尤应做得彻底。房舍消毒，可用石灰水粉刷。产蛋箱要清洗干净，用沸水浇烫后，再在阳光下暴晒，以彻底杀灭虫体。鸡群出栏后使用辛硫磷对圈舍和运动场地全面喷洒，间隔 10 d 左右再作喷洒杀虫。鸡舍进苗前 10 d，用溴氰菊酯喷洒。

五、鸡新勋恙螨病

【案例】 湖北省某鸡场发生了一种鸡的皮肤性传染病，主要表现在皮肤的细嫩、湿润之处，尤其在大腿内侧根部或胸腹部皮肤发现有痘疹状隆起病灶，病灶周围隆起、中央点状凹陷，凹陷处可见一小红点。少数病灶有化脓现象。病鸡表现疼痛、不安、垂头、不食、贫血。用小镊子取出病灶中央的小红点，在显微镜下观察，可见呈橘黄色，大小约 0.4 mm×0.3 mm 的新勋恙螨幼虫。

【问题】 鸡新勋恙螨病是如何传播的？该病如何进行治疗和预防？

鸡新勋恙螨（*Neoschongastia gallinarum*）属恙螨科（Trombiculidae）新勋恙螨属（*Neoschongastia*）。又名鸡奇棒恙螨、鸡新棒恙螨。幼虫寄生于鸡及其他鸟类的翅内侧、胸肌两侧和腿的内侧皮肤上。分布于全国各地，为鸡的重要外寄生虫之一，尤其多见于放饲后的雏鸡。

(一)病原形态

幼虫较小，不易发现，饱食后呈橘黄色，大小为 0.4 mm×0.3 mm。有 3 对足，背面盾板呈梯形，盾板上有刚毛 5 根，中央有感觉毛 1 对，其远端部膨大呈球拍形(图 13-13)。

图 13-13 鸡新勋恙螨
（引自张西臣，李建华，2010）

(二)生活史

鸡新勋恙螨的发育为不完全变态发育，包括卵、幼虫、若虫和成虫 4 个阶段。仅幼虫营寄生生活，刺吸鸡或其他鸟类的体液和血液。幼虫吸饱后落地，数日后发育为若虫，再经过一定时间发育为成虫。雌螨受精后，产卵于泥土上，约需 2 周孵化出幼虫。从卵发育为成虫，需 1～3 个月。

（三）致病作用和症状

新勋恙螨寄生于鸡及其他鸟类翅内侧、胸两侧和腿内侧体表，幼虫成群附在鸡的皮肤上。患部奇痒，出现痘疹状病灶，周围隆起，中间凹陷，呈豆脐形，中央可见一小红点，即恙虫幼虫。患病鸡严重时会表现消瘦、贫血、不食，如不及时治疗会引起死亡。

（四）诊断

在鸡体表或鸡舍等处发现虫体即可确诊。

（五）防治

治疗参阅鸡皮刺螨病。也可在鸡体患部涂擦 70％乙醇、2％～5％碘酊或 5％硫黄软膏治疗鸡新勋恙螨病，效果良好。涂擦一次，即可杀死虫体，病灶逐渐消失，数日后痊愈。

预防同鸡皮刺螨病。

六、膝螨病

【案例】 丹阳市某蛋鸡场饲养 800 只蛋鸡，180 日龄时有数只鸡有自啄脚趾现象，而周围鸡见血后则群起而啄之，以至伤趾，鲜血淋漓。产蛋率下降。病鸡行走困难，受伤部位肿胀，外覆结痂，鳞片上翘、松动，呈不典型“石灰脚”样，内嵌灰尘，色泽发白。用小刀蘸上甘油，轻刮病变与健康交界部位，至出现局部轻微出血为止。将刮下的皮屑置于玻片上，镜检，可见呈球形，短腿、皮表上有明显条纹的螨虫。

【问题】 该鸡场感染了何种螨虫病？如何治疗？

膝螨病是由疥螨科膝螨属（*Cnemidocoptes*）的突变膝螨（*Cnemidocoptes mutans*）和鸡膝螨（*C. gallinae*）寄生于鸡体及其他鸟类皮肤表层所引起的疾病。引起患禽消瘦、贫血、产蛋率下降等。其中，突变膝螨主要寄生于鸡的脚上，形成“石灰脚”；鸡膝螨则寄生在羽毛根部的皮肤上，导致“脱羽症”。

（一）病原形态

突变膝螨，俗称鳞足或鸡腿疥螨。躯体背面无鳞片和棒状刺，仅有皱纹，呈间断状。雄螨（0.195～0.20）mm×（0.12～0.13）mm，卵圆形，足较长，呈圆锥状，各足端均有带柄的吸盘。雌螨（0.408～0.44）mm×（0.33～0.38）mm，近圆形，足极短，不突出体缘，足端全无吸盘。鸡膝螨比突变膝螨小，雌螨体长约为 0.3 mm，躯体较圆，后端有 1 对长刚毛。其他特征似突变膝螨（图 13-14）。

（二）生活史

膝螨生活史与疥螨相似。全部发育过程都在动物体上进行，包括卵、幼虫、若虫、成虫 4 个阶段，其中雄螨为 1 个若虫期，雌螨为 2 个若虫期。突变膝螨寄生于鸡腿上的无毛处及爪趾部，开始从胫部的大鳞片上感染，钻入后，在坑道中产卵，孵出的幼螨经蜕化后发育为成螨。

(三)流行病学

本病分布广泛，鸡感染膝螨病的概率和严重程度与鸡的日龄有较大关系，多发生于较大日龄和将要被淘汰的鸡，主要发生在一些设备简单、场地潮湿、密集饲养、陈旧污秽的鸡舍；任何品种和年龄的鸡都可感染。足部无羽毛者易感。夏季比冬季易感，且症状明显，发病率高。

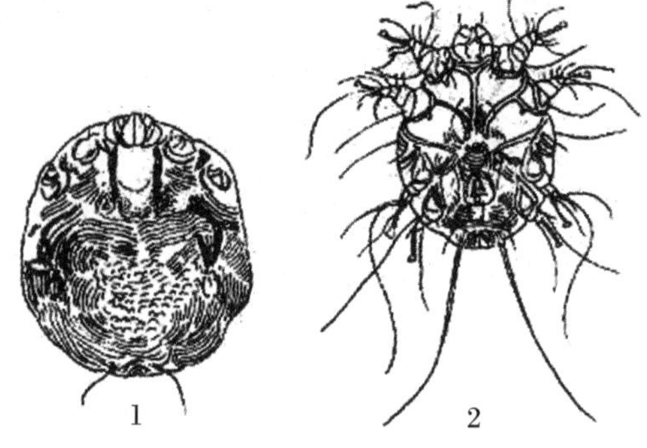

图 13-14 膝螨成虫(引自李国清，1999)
1.鸡膝螨 2. 突变膝螨

(四)致病作用和病变

突变膝螨寄生于鸡胫部、趾部无羽毛处的鳞片下，引起皮肤发炎，渗出液干涸后形成灰白色痂皮，外观似涂了一层石灰，故有“石灰脚”之称。鸡膝螨病寄生于背部、翅膀、臀部、腹部等处的羽毛根部，羽毛变脆、脱落，皮肤发红，上覆鳞片，抚摸时感觉有脓包。

(五)症状

感染突变膝螨病和鸡膝螨病均表现为剧痒，突变膝螨常致继发患部的搔伤而引发关节炎、趾骨坏死，甚至死亡。鸡膝螨因其寄生部位剧痒，病鸡啄拔羽毛，使羽毛脱落，通常称“脱羽痒症”。

(六)诊断

检查突变膝螨可用小刀蘸上甘油后刮取病灶部皮屑，置载玻片上用显微镜观察是否有螨存在。鸡膝螨病的诊断是拔下病灶部的羽毛，检查病灶周围有否螨存在。

(七)防治

1.治疗

治疗鸡突变膝螨病，可将病鸡的爪浸于温水或肥皂水中，使其痂皮逐渐变软，然后刷去痂皮，干后涂上外用杀螨药物。亦可用 10%硫黄软膏涂擦患部或用 500mg/L 双甲脒溶液浸浴患部。此外，用 0.5%氟化钠溶液浸浴患爪，每周一次，亦有一定疗效。

治疗鸡膝螨可在背、颈和翅膀等部用松焦油擦剂(松焦油 1 份，硫黄 1 份，肥皂 2 份，95%的酒精 2 份，混合后调匀)和滴滴涕乳剂(纯滴滴涕 1 份，煤油 9 份为第一液；水 9 份，来苏儿 1 份为第二液，两液混合振荡成乳白色)涂擦。

2.预防

注意鸡场的环境卫生，不引进患鳞脚病的鸡。鸡群中发现病鸡时，应当隔离治疗，鸡舍彻底消毒。场地栏舍要清扫栖架，产蛋箱或其他可能存在虫体的地方要喷药进行杀虫。

【本章小结】

1.硬蜱和软蜱除直接危害外，还可传播多种疾病，对畜牧业的危害极大；

2.螨病特征为剧痒、湿疹性皮炎、患部逐渐向周围扩展、具有高度的传染性。

【思考题】

1.如何进行硬蜱的诊断？微小牛蜱除传播牛巴贝斯虫病外，还会传播哪些疾病？

2.软蜱的流行特点是什么？除自身危害外还可传播哪些疾病？防治软蜱有哪些措施？

3.进行猪疥螨病诊断时应如何采集病料？诊断方法包括哪些？

4.猪蠕形螨的临床症状有哪些？和猪疥螨病有什么不同？

第十四章　昆虫病学

【学习目标】

1.了解昆虫的形态结构、发育和分类；
2.掌握各类蝇蛆病的防治措施；
3.了解虱、蚤和媒介昆虫的形态特征。

第一节　蝇蛆病

【案例】 某养羊户饲养的羊群中，有部分羊狂躁不安，时常摇头，打喷嚏和流脓性鼻涕，甚至有时鼻液混有血液，且出现呼吸困难，食欲减退，日渐消瘦的症状。剖检死亡羊只，发现羊鼻黏膜发炎、肿胀、出血，分泌出脓性鼻液；且在鼻腔内发现3条幼虫，长约25～30 mm，呈深棕色，前端尖，有2个黑色口钩，虫体分节，虫体后端齐平，有2个黑色气孔板。

【问题】 该羊群最有可能感染的是什么寄生虫病？如何预防该病？

蝇类属于双翅目(Diptera)、环裂亚目(Cyclorrhapha)的昆虫，其种群十分复杂。蝇类的幼虫俗称为蝇蛆；蝇蛆可寄生于动物体内或体表，所引起的寄生虫病称为蝇蛆病(Myiasis)。本节主要介绍牛皮蝇蛆病、羊狂蝇蛆病及马胃蝇蛆病。

一、牛皮蝇蛆病

牛皮蝇蛆病(Hypodermiasis)是由皮蝇科(Hypodermatidae)皮蝇属(*Hypoderma*)的纹皮蝇(*Hypoderma lineatum*)和牛皮蝇(*H. bovis*)的幼虫寄生于牛背部皮下组织所引起的一种慢性寄生虫病，偶尔也能寄生于马、驴和其他野生动物及人。

(一)病原形态

皮蝇较大，形似蜜蜂，体表被有长绒毛；有3对足及1对翅，复眼不大，有3个单眼；触角芒简单，不分支；口器退化，不能采食，也不叮咬牛只。

1.牛皮蝇　成蝇长约15 mm；头部被有浅黄色绒毛；胸部的前、后部绒毛淡黄色，中间部分为黑色；腹部绒毛前端为白色，中间为黑色，末端为橙黄色。卵长圆形，约(0.76～0.80)mm×(0.22～0.29)mm，一端有柄，以柄附着在牛毛上，每根牛毛上仅黏附1枚虫卵。

第1期幼虫淡黄色，半透明，约0.5 mm×0.2 mm，体分20节，各节密生小刺，后端有2个黑色圆点状后气门；第2期幼虫较第1期幼虫大，长约3～13 mm；第3期幼虫体粗壮，色泽随虫体成熟由淡黄、黄褐变为棕褐色，长可达28 mm，体分11节，无口前钩，体表有较多结节和小刺，但最后2节腹面无刺。有2个漏斗状的后气门板，上有许多气孔(图14-1)。

2.纹皮蝇 成蝇长12～15 mm，体黑色，全身覆细长绒毛，绒毛较牛皮蝇稍短；头部被有淡黄色绒毛；胸部中胸黑色，被有棕红色绒毛，毛端淡灰色，胸部两侧的毛呈赤黄色且较长，并有4条黑色纵纹；中胸2个侧面有淡黄色绒毛并夹杂赤黄色绒毛；腹部黑色，腹部绒毛前端灰白色，中间黑色，末端橙黄色。卵形态与纹皮蝇相似，但一根牛毛上可黏附一列虫卵。

第1期和第2期幼虫形态与牛皮蝇基本相似，第3期幼虫长约26 mm，无口前钩，体表有较多结节和小刺，与牛皮蝇蛆不同的是，仅最后1节腹面无刺。有2个较平的后气门板，上有许多气孔。

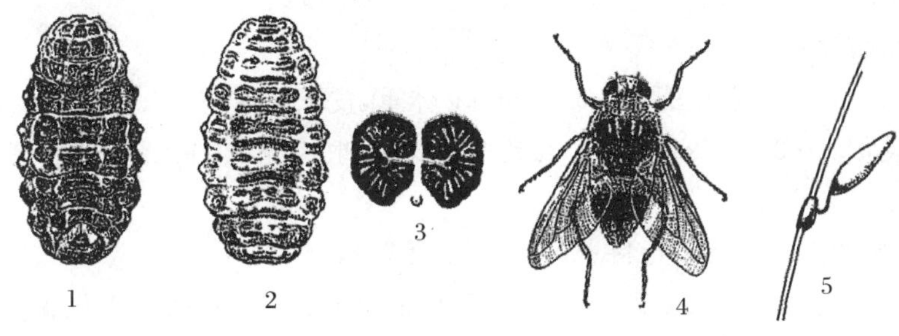

图14-1 牛皮蝇(引自杨光友，2009)

1.第3期幼虫腹面 2.第3期幼虫背面 3.第3期幼虫后气门板 4.成蝇 5.产于牛毛上的卵

(二)生活史

牛皮蝇和纹皮蝇生活史基本相似，均属于完全变态。成蝇于夏季晴朗的白天飞翔交配后，飞向牛只产卵，而雄蝇于交配后死亡。雌性纹皮蝇常在牛的后肢球节附近和前胸及前腿部产卵，而雌性牛皮蝇则在牛体的四肢上部、腹部、乳房和体侧产卵。每只雌蝇一生约产卵400～800枚，存活5～6 d，产卵后雌蝇死亡。卵经4～7 d孵出第1期幼虫，幼虫由毛囊钻入皮下。

纹皮蝇的幼虫钻入皮下后，逐渐移行到背部前端皮下，而牛皮蝇的幼虫钻入皮下后逐渐爬出移行到腰背部皮下。皮蝇幼虫到达背部皮下后，寄生部位的皮肤呈现瘤状隆起，隆起中央有一0.1～0.2 mm的小孔，并逐渐增大。经几个月后，幼虫成熟由皮孔蹦出，落入地面土壤中化蛹，蛹期1～2个月后，羽化为成蝇。整个发育期为1年。

(三)流行病学

皮蝇蛆病主要流行于我国甘肃、西藏、青海、内蒙古等五大牧区。皮蝇出现的季节，随各地气候条件和皮蝇种类的不同而有差异。纹皮蝇一般在4～6月份出现，而牛皮蝇则出现于6～8月份。

(四)致病作用与症状

雌蝇追逐牛只产卵引起牛恐惧不安,严重影响牛休息采食,甚至引起摔伤、流产等。幼虫钻入皮肤移行,引起皮肤痛痒,造成移行部位组织损伤及炎症,特别是第3期幼虫引起背部皮下局部结缔组织增生和蜂窝组织炎,有时可继发细菌感染,化脓形成瘘管。幼虫分泌的毒素对血液和血管壁造成损伤。背部大片皮肤穿孔,造成皮革的经济损失。牛只不安,狂跑;严重感染时,患畜出现消瘦,生长缓慢,泌乳量下降。个别患畜,因幼虫误入延脑或大脑脚寄生,可引起神经症状,甚至造成死亡。

(五)诊断

幼虫于背部皮下出现时最易诊断。挤压隆起部位,可挤出虫体,即可确诊。此外,流行病学资料,包括当地流行情况和病畜来源等,有重要的参考价值。

(六)防治

1.治疗

可选用的治疗药物如下:

(1)伊维菌素或阿维菌素类药物。0.2 mg/kg 体重,皮下注射。

(2)倍硫磷乳剂。0.3 mL/kg 体重,3%乳剂,肌肉注射或浇注(牛)。

2.预防

根据牛皮蝇蛆的生活史及流行特点,可采用的预防措施如下:

(1)消灭牛体的幼虫。4～11 月份用化学药物消灭幼虫,或采用人工机械方法除去牛体的幼虫。

(2)消灭成蝇。在流行区,于皮蝇活动季节用1%～2%敌百虫或拟除虫菊酯类药物喷洒牛体表,间隔10 d 喷洒1次。

二、羊狂蝇蛆病

羊狂蝇蛆病(Oestriasis)是由狂蝇科(Oestridae)狂蝇属(*Oestrus*)的羊狂蝇(*Oestrus ovis*)幼虫寄生于羊的鼻腔及其附近部位所引起的一类寄生性蝇蛆病。羊狂蝇蛆主要危害绵羊,人的眼、鼻也有被侵袭的报道。

(一)病原形态

成蝇形似蜜蜂,长约10～12 mm,淡灰色,略带金属光泽,全身被有短绒毛;头大呈半环形,黄色;口器退化;胸部有4条断续而不明显的黑色纵纹;腹部有褐色及银白色斑点。

第3期幼虫长约28～30 mm,背面隆起,各节上有深棕色的横带;腹面扁平,各节前缘有小刺;虫体前端尖,有两个黑色口前钩;虫体后端齐平,有2个明显后气门板,且呈黑色(图14-2)。

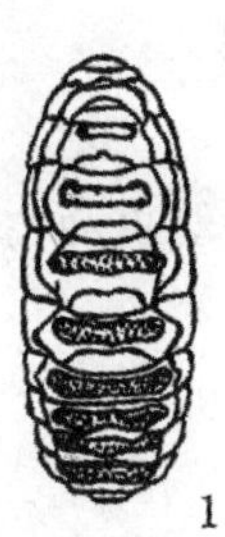
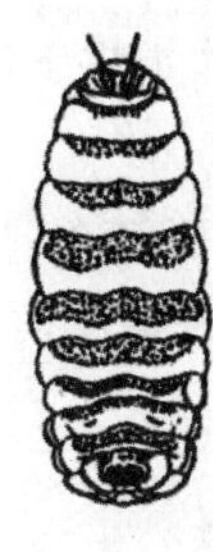

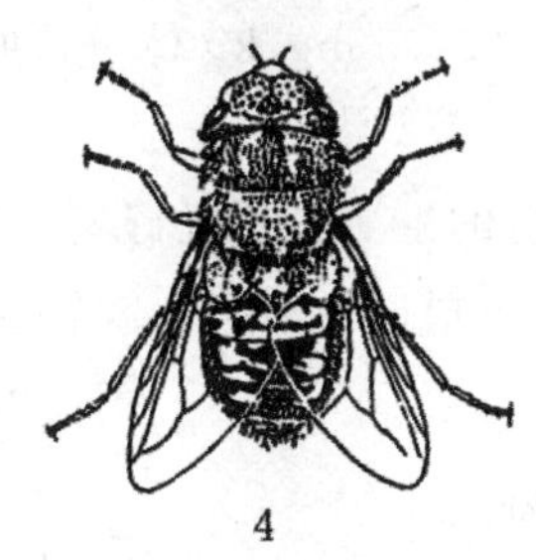

图 14-2　羊狂蝇(引自杨光友,2009)

1.第 3 期幼虫背面　2.第 3 期幼虫腹面　3.后气门板　4.雌性成蝇

(二)生活史

羊狂蝇为胎生,发育过程包括幼虫、蛹和成虫 3 个阶段,属于完全变态发育。雌雄交配后,雄蝇很快死亡,雌蝇于晴朗无风的天气,突然飞向羊鼻,将体内幼虫产于羊鼻孔内或周围,一只雌蝇数日内可产幼虫 500～600 条,产完幼虫后雌蝇很快死亡。而幼虫则爬入鼻腔及其附近的腔窦内,经两次蜕化发育为第 3 期幼虫。第二年春天第 3 期幼虫成熟,当病羊打喷嚏时,将 3 期幼虫喷出鼻孔,落入地面,钻入土中化蛹,蛹经 1～2 个月羽化为成蝇。

(三)流行病学

羊狂蝇蛆病多为地方性流行,多在夏、秋季出现,以夏季最多,且幼龄羊感染高于成年羊。蛹和成虫阶段生存于外界环境中,因而易受外界环境因素的影响。在温暖地区,羊狂蝇的蛹期为 27～28 d,一年可繁殖 2 代;而在寒冷的地区,羊鼻蝇的蛹期约为 49～66 d,每年仅可繁殖 1 代。

(四)致病作用和症状

雌性成蝇飞向羊群产幼虫时,引起羊群惊慌不安,互相拥挤,严重扰乱羊只的正常采食和休息。狂蝇幼虫在鼻腔或腔窦内固着或移行时,损伤固着或移行部位的黏膜组织,引起鼻黏膜肿胀、发炎和出血。患羊出现频频摇头,打喷嚏,流脓性鼻涕,堵塞鼻孔,呼吸困难;食欲减退,日渐消瘦,甚至死亡。个别羊只表现运动失调,做旋转运动。

(五)诊断

结合临床症状、流行病学和尸体剖检,可做出诊断。早期诊断可采用药物驱虫诊断,即用药液喷入鼻腔,收集用药后的鼻腔喷出物,发现死亡幼虫,即可确诊。当病羊出现神经症状时,应注意与脑多头蚴病、莫尼茨绦虫病相鉴别。

(六)防治

1.治疗

可采用的治疗药物如下:

(1)伊维菌素或阿维菌素类药物。0.2 mg/kg 体重,1%溶液皮下注射。

(2)敌百虫。75 mg/kg 体重,口服;或 5%溶液肌注;或 2%溶液喷入鼻腔或采用气雾法(在密室中)给药。

(3) 氯氰碘柳胺。5 mg/kg 体重口服,或 2.5 mg/kg 体重皮下注射。

2.预防

结合羊狂蝇蛆的生活史及流行病学特点,预防该病以消灭第 1 期幼虫为主要预防措施。各地预防用药时间,可根据各地不同气候条件和羊鼻蝇的发育情况而定。

三、马胃蝇蛆病

马胃蝇蛆病(Gastric myiasis)是由胃蝇科(Gasterophilidae)胃蝇属(*Gasterophilus*)的各种胃蝇幼虫寄生于马属动物的胃肠道内引起的一种慢性消耗性和中毒性疾病。马胃蝇蛆偶尔也寄生于兔、犬、猪和人胃内。

(一)病原形态

我国常见的胃蝇有 4 种:肠胃蝇(*Gasterophilus intestinalis*,又称马胃蝇)、红尾胃蝇(*G. haemorrhoidalis*,又称痔胃蝇)、兽胃蝇(*G. pecorum*,又称东方胃蝇)、鼻胃蝇(*G. nasalis*,又称烦扰胃蝇)。这四种胃蝇外形均似蜜蜂,全身被覆绒毛,口器退化。雌蝇尾端向腹下弯曲,雄蝇尾端钝圆;成熟的第 3 期幼虫呈红色或淡黄色,分节明显,共分 11 节,每节环绕有 1 或 2 圈小刺。幼虫前端尖,有 1 对黑色的口前钩;后端平钝,有 1 对后气门板,上有气缝。根据色彩和小刺的分布情况而区分四种胃蝇的第 3 期幼虫(图 14-3)。

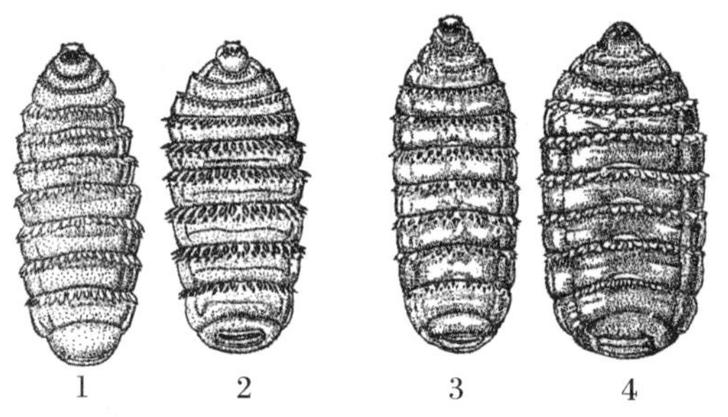

图 14-3　四种马胃蝇第 3 期幼虫腹面(引自杨光友,2009)

1.鼻胃蝇　2.肠胃蝇　3.红尾胃蝇　4.兽胃蝇

(二)生活史

胃蝇的发育属于完全变态,包括虫卵、幼虫、蛹和成虫 4 个阶段。四种胃蝇的生活史大致相同,以肠胃蝇为例,雌雄蝇交配后,雄蝇很快死亡,雌蝇于炎热的白天飞向马群,产卵于马的毛上,雌蝇产卵后死亡。一个雌蝇约产卵 600～700 个。卵经 1～2 周发育,孵出 1 期幼虫,1 期幼虫爬行时引发痒觉,此时马啃咬发痒部位而将幼虫食入,此后 1 期幼虫于口黏膜和舌黏膜下发育,并逐步移行入胃内,以口前钩固定于胃和肠道,并逐渐发育为 3 期幼虫。到第二年春季,3 期幼虫发育成熟后自动脱落,随粪便排出体外,落地化为蛹,经 1～2 个月羽化为成蝇。

(三)流行病学

我国普遍存在,流行于西北、东北等地。干旱、炎热和管理不良及消瘦有利于本病流行。成蝇多出现在5～9月份，以8～9月份出现最多。

(四)致病作用和症状

成蝇飞向马群产卵时，影响马匹休息与采食；幼虫移行引起口、舌和咽部等部位水肿、炎症；幼虫移行经过胃、肠道时，造成胃肠壁水肿、发炎和溃疡，引起慢性或出血性胃肠炎；虫体分泌的毒素引起宿主营养障碍。患病马匹出现食欲减退、贫血、逐渐消瘦；咀嚼、吞咽困难、流涎；若幼虫堵塞胃部和肠道，可引起胃或十二指肠穿孔，引起动物死亡。

(五)诊断

根据流行病学和临床症状，检查口腔、舌和咽喉等部位有无虫体寄生。亦可采用药物驱虫诊断，发现死亡幼虫，即可确诊。

(六)防治

可选用下列药物：伊维菌素或阿维菌素类药物，0.2 mg/kg体重，皮下注射。敌百虫，30～40 mg/kg体重，口服。在流行严重的地区，每年秋冬季节定期驱虫；各地预防用药时间，可根据各地不同气候条件和胃蝇的发育情况而定。

第二节 虱 病

虱属于昆虫纲(Insecta)虱目(Anoplura)，是哺乳动物和鸟类体表的永久性寄生虫，常具有严格的宿主特异性。

(一)病原形态

根据食性不同，分为吸血虱和食毛虱。家畜及家禽体表常见的吸血虱和食毛虱有：

牛血虱(*Haematopinus eurysternus*)、水牛血虱(*H. tuberculatus*)、猪血虱(*H. suis*)、绵羊颚虱(*Linognathus ovillus*)、犬棘颚虱(*L. setosus*)；牛毛虱(*Damalinia bovis*)、绵羊毛虱(*D. ovis*)、犬毛虱(*Trichodectes canis*)；广幅长羽虱(*Lipeurus heterographus*)、鸡圆羽虱(*Goniocotes gallinae*)、鸡羽虱(*Menopon gallinae*)等。

虱体白色或灰黑色，呈扁平，无翅。虱体分为头、胸、腹三部分，各部分明显分界。头部复眼退化，触角3～5节，刺吸式或咀嚼式口器；胸部有3对足。雄虱末端圆形，雌虱末端分叉，且雄虱个体较雌虱小。吸血虱和食毛虱的口器构造和采食方式不同。

(二)生活史

吸血虱和食毛虱均属于不完全变态发育，发育过程包括虫卵、若虫和成虫3个阶段。两种虱类均主要通过直接接触感染，也可以通过混用的管理用具和褥草等传播(图14-4)。

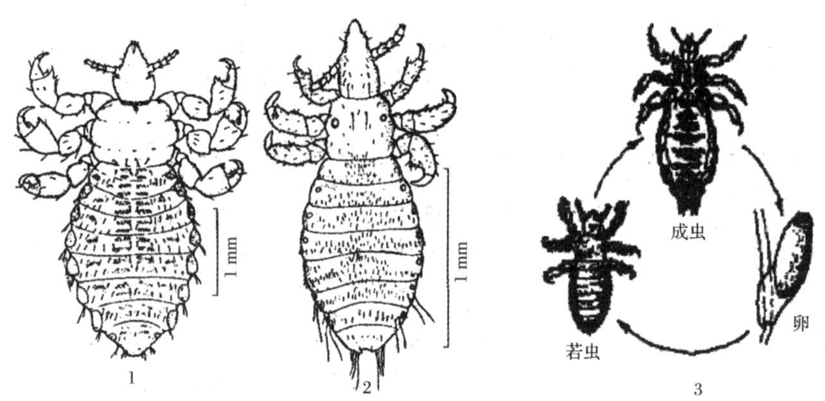

图 14-4 **吸血虱**(引自杨光友,2009)
1.牛血虱 2.牛颚虱 3.虱各发育阶段

(三)致病作用及临床症状

血虱终生吸取宿主血液,导致宿主贫血,引起宿主生长发育不良,消瘦;血虱吸血时分泌毒素,刺激宿主神经末梢,引起皮肤发痒。病畜表现不安、啃痒或不停在圈舍墙壁等处擦痒,造成皮肤损伤,甚至继发细菌感染。毛虱寄生时虽不吸取宿主血液,但仍可引起宿主发痒、不安;禽类则因啄食毛虱寄生处,引起羽毛脱落,食欲减退,生产力下降。

(四)诊断

在畜禽体表发现虱或虱卵即可确诊。

(五)防治

可采用溴氰菊酯、氰戊菊酯、敌百虫、蝇毒磷以及伊维菌素等治疗。虱病的预防主要需要加强动物的饲养管理和注意畜体、圈舍等卫生。

第三节 蚤 病

蚤俗称跳蚤,属于蚤目(Siphonaptera)的完全变态类昆虫。蚤病(Pulicosis)是由蚤及其排泄物所引起的一类皮肤性疾病。蚤种类近千种,归类于 17 个科,在我国已发现有 480 种以上。蚤常叮刺吸血而危害动物及人,还可作为多种寄生虫病和传染病的传播媒介或中间宿主。

(一)病原形态

动物体表常见的蚤类有:蠕形蚤属(*Vermipsylla*)的花蠕形蚤(*Vermipsylla alacurt*);羚蚤属(*Dorcadia*)的尤氏羚蚤(*Dorcadia ioffi*);栉首蚤属(*Ctenocephalides*)的犬栉首蚤(*Ctenocephalides canis*)、猫栉首蚤(*C. felis*)。

蚤呈深褐色或黄褐色,长约 1～3 mm,体表有较厚而坚韧的几丁质外骨骼;蚤体呈左右扁平,无翅,具刺吸式口器;头部呈三角形,胸部分 3 节,腹部分 10 节。

(二)生活史及流行病学

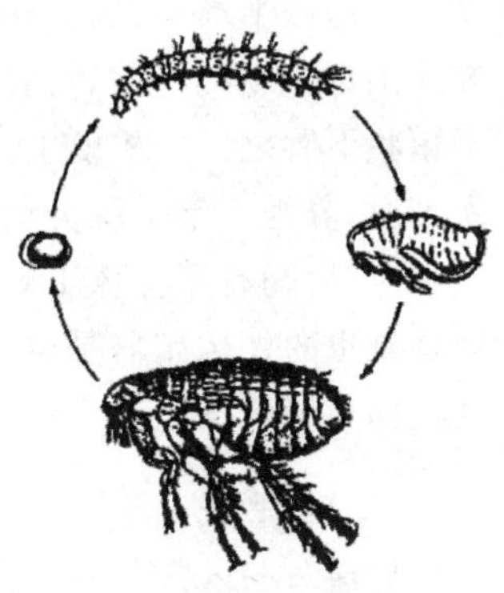
图 14-5　蚤各发育阶段
(引自杨光友,2009)

蚤的发育过程属于完全变态发育,包括虫卵、幼虫、蛹、成虫 4 个阶段,成虫大部分时间在宿主体表吸血、产卵(图 14-5)。跳蚤的寿命一般约 2～3 个月,最长能达 1～2 年。蠕形蚤不能跳跃,为典型的毛寄生蚤类。蠕形蚤属的蚤类在我国甘肃、青海、宁夏、西藏和新疆等地区普遍存在,主要寄生在马、驴、牦牛、牛、绵羊及某些野生动物的体表。

(三)致病作用及临床症状

成年蚤在宿主体表吸取宿主血液,其排泄物和分泌毒素引发宿主出现皮肤炎症和痒觉,造成宿主寄生部位出现急性散在性皮炎和慢性非特异性皮炎。蚤寄生的宿主出现不安、瘙痒、贫血、消瘦、虚弱,甚至死亡。另外,蚤类还可作为某些病原的传播媒介或中间宿主,如蚤为犬复孔绦虫的中间宿主。

(四)诊断

在畜禽体表发现蚤或蚤卵即可确诊。

(五)防治

可采用溴氰菊酯、氰戊菊酯及伊维菌素等治疗。蚤病的预防需要加强动物的饲养管理和注意畜体、圈舍等卫生。

第四节　媒介昆虫

昆虫种类较多,仅有少数昆虫种类能作为疾病的传播媒介,这样的昆虫即为媒介昆虫。媒介昆虫所引起的虫媒病具有明显的地区性、季节性和生物源性等特点。与兽医学相关的常见病媒昆虫主要有:蚊、蝇、蠓、蚋、虻等。

一、蚊

蚊(Mosquito)分类上属于双翅目(Diptera)蚊科(Culicidae),是最重要的医学昆虫类。蚊种类较多,全世界已记载的蚊共有 3 个亚科、35 个属,仅我国已记载的蚊类就有 360 余种。危害人、畜的主要有伊蚊属(*Aedes*)、按蚊属(*Anopheles*)、库蚊属(*Culex*)的蚊类,这 3 个属的蚊数量约占蚊总数的半数以上。

(一)病原形态

我国常见的蚊种类:中华按蚊(*Anopheles sinensis*)、日月潭按蚊(*A. jeyporiensis*)、微小按蚊(*A. minimus*)、三带喙库蚊(*Culex tritaeniorhynchus*)、淡色库蚊(*C. pipiens pallens*)、背点伊蚊(*Aedes dorsalis*)等。

蚊多数为小型昆虫，大小因种类不同，通常体长约 5～9 mm。整个虫体分头、胸、腹 3 个部分。头部似半球形，头部两侧有发达的复眼 1 对。刺吸式的口器特化为细长的喙，喙从头部前下方伸出，由上唇、下唇、舌各 1 片以及上、下颚各 1 对共同组成细长的针状结构，此针状结构包藏于鞘状下唇之下。雄蚊上、下颚退化或消失，不能刺入皮肤，因而不能吸血。在喙的两侧有下颚须 1 对，分为 5 节。胸分前、中、后胸，每胸节有足 1 对，一般前、后胸多退化，仅中胸发达，中胸有翅 1 对，后胸有平衡棒 1 对。腹部分 11 节，第 1 节常不可见，腹部第 8～11 节特化为外生殖器，特别是雄虫的外生殖器是鉴别蚊种的重要依据。蚊体表被有形状和颜色不同的鳞片，这亦是鉴别蚊类的重要依据之一。

(二)生活史

蚊属于完全变态类型的昆虫，生活史包括虫卵、幼虫、蛹及成蚊 4 个阶段。前 3 个阶段在水中发育，成虫呈自由生活。雌蚊于水中产卵，卵在适宜温度和湿度下孵出幼虫；幼虫常分 4 龄，需经 3 次蜕皮，发育为四龄幼虫，在适宜温度、湿度下，发育为蛹；蛹常不食但能动，在适宜条件下，羽化为成蚊(图 14-6)。

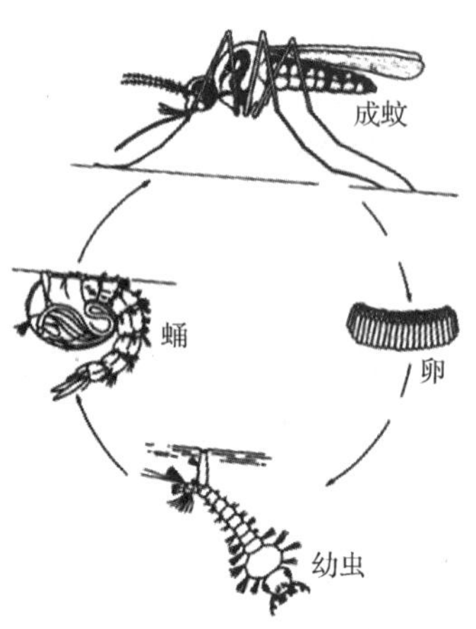

图 14-6　蚊的生活史
(引自杨光友，2009)

(三)流行病学

雌蚊滋生的环境因种类而异，常包括湖泊、沼泽、稻田、水塘、沟渠、水井、水坑、缸罐，甚至树洞、捕虫植物囊袋的积水等处。雄蚊不吸血，常以花蜜和植物汁液为食，而雌蚊吸血，吸血对象种类较多，但因蚊种类不同而有所偏好，常包括人和哺乳类、鸟类、爬行类、两栖类动物。如中华按蚊嗜吸畜血，兼吸人血；日月潭按蚊嗜吸牛血，兼吸人血；微小按蚊嗜吸人、畜血；三带喙库蚊嗜吸牛、人血；淡色库蚊嗜吸人、畜血；背点伊蚊嗜吸人、畜血。

(四)致病作用与临床症状

成蚊叮咬动物时，影响动物休息与采食，引起动物消瘦、贫血，甚至引起幼年动物死亡。吸血时分泌有毒唾液，引起动物皮肤发痒、红肿，动物不停于圈舍的物体上擦痒，而致皮肤损伤，造成皮炎或脓疮。另外，蚊子还能传播多种疾病，如疟疾、登革热、马丝状线虫病、犬恶丝虫病等。

(五)防治

在防治蚊虫的过程中，要注意与环境保护相统一，因而需要采取综合的防治措施。

1.防蚊驱蚊　利用各种方法防止蚊虫叮咬及驱赶蚊子。如圈舍外采用烧艾草等方式驱走蚊子；圈舍内利用烧蚊香等方法；圈舍安装纱窗等；喷各种蚊虫驱避剂等。

2.杀灭蚊幼虫　采用化学杀虫剂、生物学灭虫等方法。目前常用的药物有敌百虫、双硫磷、倍硫磷等有机磷类杀虫剂，以双硫磷的效果最好。

3.杀灭成蚊　采用化学杀虫剂灭成蚊。目前常用的低毒高效的杀虫剂主要有氨基甲酸酯类杀虫剂(如残杀威)、有机磷杀虫剂(如倍硫磷、马拉硫磷)、拟除虫菊酯类杀虫剂(如溴氰菊酯、氰戊菊酯)。

二、蝇

蝇(Flies)为双翅目蝇科(Muscidae)昆虫的总称,其种类繁多。我国与兽医学关系密切的有3个属:螯蝇属(*Stomoxys*)、角蝇属(*Lyperosia*)及血蝇属(*Haematobia*)。

(一)病原形态

蝇类分为头、胸、腹3个部分;成年蝇类体中型至大型。胸部有足3对,翅膀1对;腹部含有消化系统和生殖器官。与兽医学密切相关的蝇类特征如下:

1.螯蝇 体型中等,体长5～8 mm,灰色或暗灰色。下颚须1节,长度不到中喙的一半。触角芒仅背侧具长纤毛。胸部背板具黑条斑,第四纵脉向上呈轻度的弧状弯曲。前胸基腹片向前扩展,两侧具刚毛;前胸侧片中央凹陷处有纤毛。

2.血蝇 外形与螯蝇很相似。

3.角蝇 体型较螯蝇小,体长2～5 mm,灰黑色。触角芒仅上侧具纤毛。中胸背板具黑纵条,其两侧纵条较宽,在盾沟前面略呈三角形。前胸基腹片较狭,前胸侧板中央凹陷处和下侧片无毛。

(二)生活史

蝇类属于完全变态的昆虫,其发育过程包括卵、幼虫、蛹和成虫4个阶段。雌雄蝇交配后数日,雌蝇产卵,产卵多发生在黄昏。卵在适宜条件下发育为幼虫,幼虫需经历3个龄期,待3龄幼虫发育成熟后,爬至土层发育为蛹,蛹期一般需6～9 d羽化为成蝇(图14-7)。

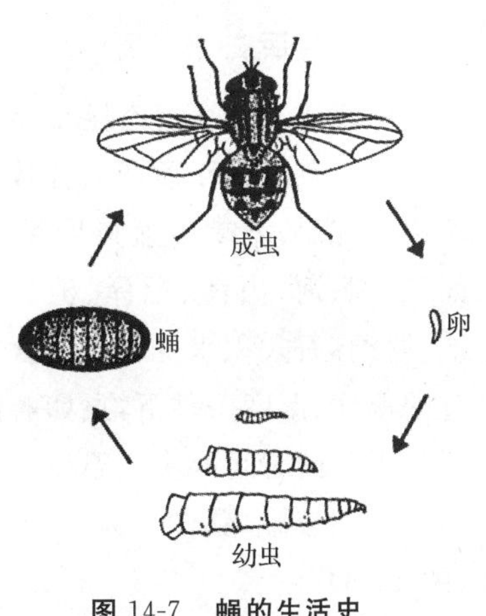

图14-7 蝇的生活史

(引自Urquhart,1996)

(三)流行病学

成蝇白天活动频繁,具有明显的趋光性。雌、雄蝇均能刺吸温血动物的血液为食,且雌蝇吸血3次以上体内虫卵才能发育成熟。蝇类的滋生能力非常强,其滋生物大致可分为:人粪类、畜粪类、腐败动物类、腐败植物类、垃圾类、污水类。蝇类的活动和栖息场所因蝇种类不同而异。

螯蝇主要刺吸牛、马、羊、猪以及野生哺乳动物的血液,偶尔吸人血,有些种类还能作为家畜某些线虫的中间宿主。角蝇主要吸刺牛、马的血液,有的角蝇可作为马副丝虫的中间宿主。血蝇的习性与螯蝇类似。以上3种蝇类均可机械性传播牛、马伊氏锥虫病和炭疽等疾病。

(四)防治

防治蝇类的重点在于搞好环境卫生,清除蝇类的滋生条件。

1.搞好环境卫生 及时清除垃圾、人畜粪便,限制蝇类的滋生。

2.化学防治 采用拟除虫菊酯类(如溴氰菊酯、氰戊菊酯)、有机磷类(如倍硫磷、马拉硫磷)和氨基甲酸酯类的杀虫剂(如残杀威)在蝇滋生场所喷洒。

3.物理防治　安装纱窗纱门等防蝇飞入室内;用直接拍打、粘蝇纸粘捕等方法灭蝇。

三、蠓

蠓(Midges)俗称墨蚊、小咬、小黑虫,属双翅目蠓科(Ceratopogonidae)。蠓种类繁多,全世界已知4000种左右,我国已记载320种。蠓约有90个属,其中有6个属的蠓能吸食温血动物和人的血液,与兽医学关系密切的有3个属:库蠓属(*Culicoides*)、拉蠓属(*Lasiohelea*)及细蠓属(*Leptoconops*),其中以库蠓属最为常见。库蠓属均是吸血蠓,是蠓科中最大的属。

(一)病原形态

常见的蠓种类有:虚库蠓(*Culicoides schultzei*)、哮库蠓(*C. arakawai*)、原野库蠓(*C. homotomus*)、云斑库蠓(*C. nubeculosus*)和异域库蠓(*C. peregrinus*)。

蠓体长约1~3 mm,呈黑色或灰褐色。头部呈半球形,有1对发达的复眼,呈肾状。触角细丝状,分15节。触角基部之后有1对单眼。刺吸式口器。中胸发达,前、后胸退化。翅短而宽,前翅发达,后翅为平衡棒;翅上有细毛及粗毛,有些种类的翅上有暗斑与白斑。足3对,细长,后足较粗。腹部10节,各节表面生有鬃或毛。

(二)生活史

库蠓属于完全变态昆虫,生活史包括卵、幼虫、蛹和成虫4个阶段。雌蠓一年所产的代数,因气候、环境而有差异。雌雄库蠓交配后,雌蠓吸血待卵巢发育后,将卵产于潮湿的场所,如江、湖、河、山溪、沼泽、池塘、稻田、菜田、污水沟、水坑、洼地、树洞、石穴积水处以及富含有机质的潮湿土壤等处。在适宜的温度、湿度条件下,虫卵孵出幼虫,幼虫共有4龄,幼虫发育所需要的时间取决于温度和食物。幼虫经一段时间后化为蛹。蛹期较短,夏季常为3~5 d。蛹经一段时间羽化为成蠓(图14-8)。

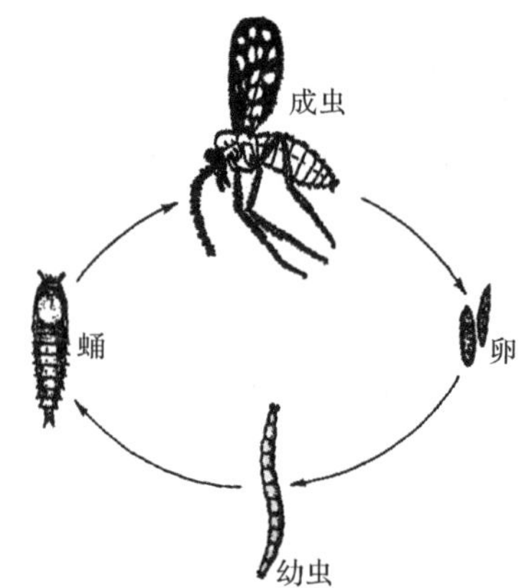

图14-8　库蠓各发育阶段及形态特征
(引自汪明,2003)

(三)流行病学

雌蠓吸血,雄蠓以植物汁液为食。成蠓多于4~5月开始出现,7~8月出现的数量较多,10月后逐渐减少或消失,而热带地区可全年出现。成蠓平时多隐蔽于洞穴、草丛等避光、无风的场所。雌蠓对吸血对象有一定的选择性,如虚库蠓嗜食马、牛、猪血;雪翅库蠓、华库蠓和光胸库蠓嗜人血等。

库蠓还可作为某些病原的中间宿主与传播媒介。如荒川库蠓、环斑库蠓(*C. circumscriptus*)、恶敌库蠓(*C. odibilis*)可作为鸡卡氏住白虫病的传播媒介。

(四)致病作用与临床症状

雌蠓叮咬动物,影响动物采食和休息,造成动物不安、烦躁,叮咬部位的皮肤红肿痛痒;当动物在圈舍等处擦痒时，引起皮肤感染形成溃疡。被叮咬动物表现为消瘦、生产能力下降。

(五)防治

防治的重点在于消灭成蠓，清除滋生场所。

1.消灭成蠓 采用有机磷类(马拉硫磷等)、拟除虫菊酯类(氰戊菊酯等)和氨基甲酸酯类(残杀威等)的杀虫剂喷洒动物体表、圈舍内外及其他滋生环境。

2.清除蠓的滋生场所 在吸血蠓大量出现季节，保持圈舍周围的环境卫生，清除积水、填平洼地等以清除蠓的滋生场所。

3.驱蠓防蠓 黎明和黄昏时，在畜禽舍外用艾叶、蒿草混合一些除虫菊酯点燃烟熏，或涂擦或喷洒氯苯脒等驱避剂，可驱走或杀灭成蠓。

四、蚋

蚋(Blackflies)属于双翅目蚋科(Simuliidae)。因其成虫形似蝇，但较蝇小，且为黑色，俗称黑蝇。蚋种类繁多，世界已知有1200余种，大部分的物种均属于蚋属(*Simulium*)。某些种类的蚋除叮咬动物和人外，还能传播多种疾病，具有重要的兽医学意义。

(一)病原形态

成蚋体较蝇小，黑色或褐色。喙短。头部呈半球形；触角1对，短、硬，有11节；刺吸式口器；复眼1对，雌蚋两复眼分离，雄蚋两复眼几乎相接；前、后胸小，但中胸特别发达，背面隆起似驼背；腹部卵圆形，有11节；翅宽阔，翅膜透明，有发达的纵脉；足短，共3对。

(二)生活史

蚋属于完全变态的昆虫，生活史包括卵、幼虫、蛹和成虫4个阶段。前3个阶段在水中发育，成虫自由生活。雌雄蚋交配后，雌蚋吸饱血后，待体内卵发育成熟后飞往清洁流水地产卵，卵成堆或排列成鳞片状；卵孵出幼虫后，幼虫经历5～6次蜕皮，最后发育为蛹；蛹进一步发育羽化为成虫。蚋繁殖的代数随种类和水温而异，一年可产生1～6代。从卵发育到成虫约需2～4个月(图14-9)。

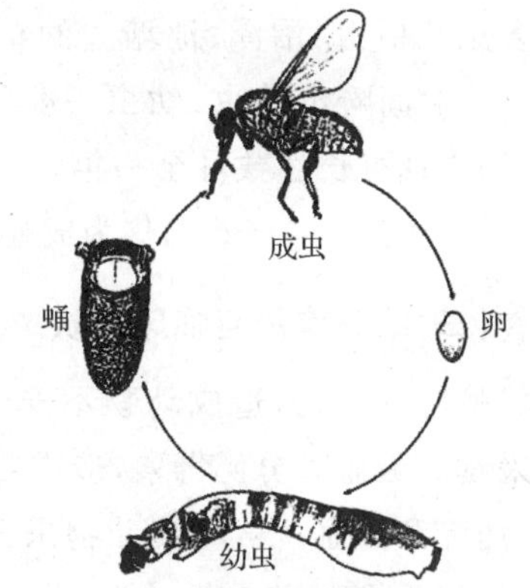

图14-9 蚋各发育阶段及形态特征

(引自杨光友，2009)

(三)流行病学

蚋于每年春末、夏、秋季出现，以6～9月数量最多，我国南方因比较暖和，一年四季均有蚋出现。蚋常在白天吸血，在日出和日落出现两次刺吸高峰。蚋在12～27 ℃的气温时最活跃，5～10 ℃时仍能侵袭动物，当温度达到30～35 ℃时活动能力显著下降。

(四)致病作用与临床症状

蚋叮咬动物或人，影响人和动物休息和饮食；且叮咬时分泌毒素，造成叮咬部位皮肤出现红斑、肿胀、剧痒，产生化脓性或坏死性皮炎；有时叮咬部位出现继发感染。被叮咬动物不安、烦躁、食欲降低、消瘦、贫血，甚至出现死亡。蚋还可作为某些疾病的传播媒介，如后宽绳蚋传播鸡的沙氏住白细胞虫等。

（五）防治

参照蠓的防治措施。

五、虻

虻(Gadfly)俗称牛虻或瞎虻，属于双翅目虻科(Tabanidae)，以吸食家畜和野生动物的血液为主，偶吸人血液。虻种类繁多，全球已知有3700余种，我国已记载的虻类有280余种，共11个属。与兽医学密切相关的属有：虻属(*Tabanus*)、麻虻属(*Haematopota*)和斑虻属(*Chrysops*)。

（一）病原形态

虻为大型吸血昆虫，体长为6～30 mm，常呈灰黑色、黄绿色、棕褐色等，大多有较鲜艳的色斑。虫体分头、胸、腹3个部分。头部大，呈半球形，复眼1对且明显，其中雌虻两复眼分离，雄虻两复眼相邻。刮舔式口器。触角1对，有3节。胸部共有3节，翅1对，翅膀透明或有斑点，翅膀中央有一似六角形的中室。足3对。腹部宽，有毛，共7节，末端为外生殖器。

（二）生活史

虻为完全变态类型的昆虫，生活史包括卵、幼虫、蛹和成虫4个阶段。雌虻吸血，雄虻不吸血；雌虻常白天活动，以中午时刻最为活跃；吸血后多见于稻田、沼泽、池塘边的植被上产卵。卵经一段时间孵出幼虫，幼虫一般需经7～8次蜕皮，幼虫期可长达数月至一年以上。幼虫成熟后化为蛹，蛹经7～15 d羽化为成虻(图14-10)。

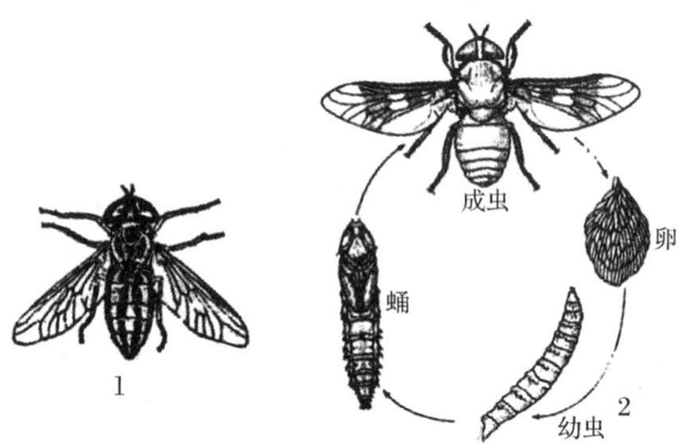

图14-10　虻的成虫及生活史(引自杨光友，2009)
1.成虫背面观　2.生活史

（三）致病作用与临床症状

虻叮咬动物，造成动物不安，影响动物休息和采食。吸血时分泌毒素，造成叮咬部位皮肤肿胀、痛痒和出血。被叮咬动物采食不安、消瘦、生产能力降低。另外，虻还可机械性传播其他疾病，如伊氏锥虫病、弓形虫病、炭疽和野兔热等。

（四）防治

目前尚无有效防治虻的方法。仅能采取如下措施，减少虻的数量。

1.清除虻的滋生环境　填平泥潭洼地、清理积水等，消除虻的滋生地。

2.科学放牧　避开虻活动旺盛的时间而放牧：中午烈日时，将动物驱入树荫下，或阴雨天放牧。

3.采用化学和生物方法消灭虻　可选用的化学药物，如二乙基甲苯甲酸胺、氰戊菊酯等。亦可利用虻的天敌——黄胸黑卵蜂、赤眼蜂来消灭虻。

【本章小结】

1.各类蝇蛆病的预防措施主要在于定期预防用药，且用药时间根据各地气候不同及成蝇的发育情况而不同；

2.虱的发育属于不完全变态发育，包括虫卵、若虫和成虫 3 个阶段；

3.蚤的发育属于完全变态发育，包括虫卵、幼虫、蛹和成虫 4 个阶；

4.媒介昆虫的防治重点在于消灭媒介昆虫和清除媒介昆虫的滋生场所。

【思考题】

1.家畜蝇蛆病的发育和传播特点是什么？

2.如何进行家畜蝇蛆病的诊断和防治？

3.媒介昆虫对畜禽的危害有哪些？

第四篇 兽医原虫病

第十五章 原虫病

【学习目标】

1.了解原虫的形态、发育和分类；
2.掌握原虫的繁殖方式及生活史类型；
3.认识原虫对宿主的危害；
4.熟悉寄生于畜禽的常见原虫种类。

第一节 原虫概述

原虫属原生动物亚界(Protozoa)，是一类单细胞真核动物，代表着动物进化的原始状态。若作为一种动物，原虫的结构是最简单和最原始的，若作为一种细胞，其又是非常复杂的，能完成摄食、代谢、呼吸、排泄、运动及生殖等全部生命活动。

自然界中原虫的种类很多，已经命名的种类超过 65 000 种，广泛分布于地球表面的各类生态环境中，如海洋、土壤、水体和腐败物中。大多数原虫营自由生活或腐生生活，少数营寄生生活。后者寄生于动植物宿主的体内或体表。其中，一部分营共生生活，给宿主带来益处(如牛、羊瘤胃里的纤毛虫)，少数引起人和动物的原虫病，对人类健康和畜牧业生产造成严重危害。

一、原虫的形态

(一)细胞结构

原虫体积甚小，大小由 2～3 μm 至 100～200 μm 不等，多数在 50 μm 以下，必须在显微镜下观察。原虫的形态因种而异(图 15-1)，每一个虫体在生活史的不同阶段，形态也可发生很大变化。原虫由表膜(pellicle)、胞质(cytoplasm)和胞核(nucleus)三部分组成。

1.表膜 包被于原虫体表,电镜观察胞膜由一层或一层以上的单位膜构成。其结构与其他的生物膜一样,是一种具有可塑性、流动性和不对称性的、嵌有蛋白质的脂质双分子层结构。蛋白质和脂质双分子层与多糖分子结合形成细胞被或糖萼。表膜的蛋白质分子中具有配体、受体、酶类和其他抗原等成分,是寄生性原虫与宿主细胞和其他寄生环境直接接触的部位。表膜参与原虫的营养吸收、排泄、感觉、运动、侵袭以及逃避宿主免疫效应的多种生物学功能,对研究寄生虫与宿主相互关系具有重要意义。

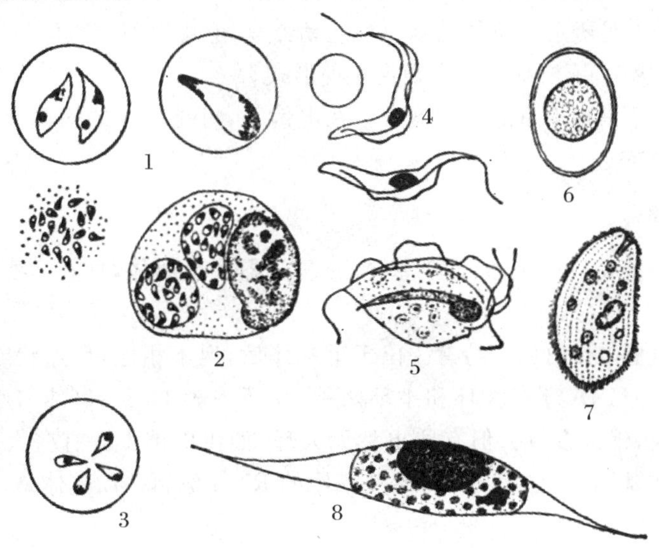

图 15-1 原虫的基本形态(引自李国清,1999)

1.双芽巴贝斯虫 2.泰勒虫石榴体 3.马巴贝斯虫 4.伊氏锥虫 5.毛滴虫 6.球虫卵囊 7.结肠小袋纤毛虫 8.沙氏住白细胞虫

2.胞质 由基质(stroma)和细胞器(organelles)组成。胞质是原虫代谢和营养储存的主要场所。基质的主要成分是蛋白质,基质内有许多分别由肌动蛋白和微管组成的微丝和微管,两者在维持细胞的形状和原虫运动中起重要作用。原虫的胞质有外、内质之分。外质透明,呈凝胶状,有些种类的原虫外质可衍生出伪足、鞭毛、纤毛等运动器官和胞口、胞咽、胞肛等营养器官。内质呈溶胶状,内有各种细胞器(如线粒体、内质网、核蛋白体、高尔基体、溶酶体、动基体、顶质体等)和内含物(如食物泡、糖原泡、伸缩泡和拟染色体等),参与原虫的能量合成代谢和执行各种生理机能,如食物泡具有暂时储存营养的作用,伸缩泡具有调节原虫内外渗透压的功能。

3.胞核 细胞核是维持原虫生命和繁殖的重要结构。细胞核由核膜、核质、核仁和染色质组成。核膜为双层单位膜,上面有微孔,是核内外物质交换的通道。核仁内富含 RNA,染色质含 DNA、蛋白质和少量 RNA。由于各种核糖核酸均属酸性,可被碱性染料深染,从而使得核仁的特征得以辨认。大多数原虫有一个核,有些原虫有两个或多个核。

(二)运动器官

原虫的运动器官有 4 种,分别为鞭毛、纤毛、伪足和波动嵴。

1.鞭毛 鞭毛很细,呈鞭子状,由中央的轴丝和外鞘构成,外鞘是细胞膜的延伸,轴丝由 9 个外周微管和 2 个中央微管组成,中央微管也有鞘。两根中央微管左右排列,鞭毛波动的平面由此决定。鞭毛的大部分可能包埋在虫体一侧延伸出来的细胞膜中，从而形成鳍状波动膜。鞭毛可以做多种形式的运动，快与慢，前进与后退，侧向或螺旋运动。拍打动作起始于鞭毛的基部或末端。整个鞭毛基部包在一个长形的盲囊中，称鞭毛囊。轴丝起始于细胞质中的一个小颗粒，称为毛基体。

2.纤毛　纤毛的结构与鞭毛类似，但纤毛较短，密布于虫体表面。另外，纤毛运动时的波动方式不同于鞭毛，纤毛平行于细胞表面推动液体，而鞭毛平行于鞭毛长轴推动液体。

3.伪足　伪足是肉足鞭毛门虫体的临时性运动器官，它可以引起虫体运动以捕获食物。通常伪足有叶状伪足、线状伪足、根状伪足和轴足 4 种形式。

4.波动嵴　波动嵴是孢子虫的定位器官。在电镜下，可见虫体的表面存在纵向隆嵴，呈波浪状向后推移而使虫体前进。

(三)特殊细胞器

一些原虫还有一些特殊细胞器，即动基体、顶复合器和顶质体，具有重要的生理功能，是重要的分类依据。

1.动基体　为动基体目原虫所特有。位于毛基体后，但不相连，呈点状或杆状。动基体嗜碱性，内含环状 kDNA，kDNA 环有大环和小环两种，大环一般 14.3～39 kb，小环为 0.5～2.5 kb。大环数目极少，小环占绝大多数。但有些虫种无大环，如伊氏锥虫。有些大环有结构基因，而小环目前尚未发现结构基因，但它参与大环某些基因的 RNA 编辑。动基体是一个重要的生命活动器官，是重要的分类依据。

2.顶复合器　是顶复门原虫在生活发育某些阶段所具有的特殊结构，只有在电镜下方可观察到。典型的顶复合器一般含有一个极环、一个类锥体、多个微线体、多个棒状体、多个表膜下微管、一个或多个微孔。

顶复合器参与虫体识别、黏附、入侵宿主细胞以及纳虫空泡的形成。子孢子一旦进入细胞内，顶复合器除微孔外的各种结构均消失，直到形成裂殖子后顶复合器重新出现。该结构也是原虫的一个重要分类依据。

3.顶质体　是顶复门原虫所具有的一种类似植物叶绿体和藻类质体的多重膜包裹的细胞器，含环状 DNA 基因组，它参与了顶复门原虫的脂肪酸、血红素和类异戊二烯等物质的生物合成。

二、原虫的发育

原虫的生殖方式包括无性生殖和有性生殖两种方式。

(一)无性生殖(Asexual reproduction)

无性生殖有二分裂、复分裂和出芽生殖。

1.二分裂(Binary fission)　细胞核先分裂为 2 个核，然后胞质分裂，最后形成 2 个虫体。按分裂的方向有纵二分裂(如伊氏锥虫)和横二分裂(如纤毛虫)两类。

2.复分裂或裂殖生殖(Multiple fission or Schizogony)　细胞核先行多次分裂，分成若干小核，然后每个核周围的细胞质紧缩而形成数个新个体。处于分裂中的母细胞称为裂殖体(schizont)，而分裂后的子代称为裂殖子(merozoites)。核的分裂是有丝分裂，间或无丝分裂。孢子虫纲的原虫常以这种方式繁殖。

3.出芽生殖(Budding reproduction) 母体的细胞先经过不均等细胞分裂产生一个或多个芽体,再分化发育成新个体,即为出芽生殖。可分为外出芽和内出芽生殖,寄生原虫仅见内出芽生殖,内出芽生殖又根据母细胞中芽体的数量分为内芽生和多元内芽生。前者一个母细胞中形成两个芽体,而后母细胞崩解,两个芽体突出,成为新个体,梨形虫常以这种方式繁殖;后者母体产生的芽体有两个以上。

(二)有性生殖(Sexual reproduction)

许多原虫的有性生殖过程是个体正常生活史中的一个阶段,往往与无性生殖阶段交替进行。有性生殖分为较低级的接合生殖和较高级的配子生殖两种方式。

1.接合生殖(Conjugation) 两个同种虫体相遇结合在一起,互相交换核质,然后再分开,各自成为独立的新个体。如结肠小袋纤毛虫。

2.配子生殖(Gametogony) 原虫在分裂过程中出现性的分化,一部分裂殖子形成雄性配子体(microgametes,小配子体),一部分形成雌性配子体(macrogametes,大配子体),雌、雄配子体发育成熟后形成雌、雄配子(gametes),雄性配子钻入雌性配子体内结合形成合子(zygote),称为配子生殖。有些合子具有运动性,称为动合子;有些合子外被以较厚的有抵抗力的外膜则称为卵囊。合子形成以后,动合子或卵囊内的合子以复分裂方式首先变成孢子体,孢子体再分裂发育为子孢子;或形成孢子囊,这个过程称为孢子生殖。孢子化后的卵囊才具有感染性。孢子虫纲的很多原虫都是这种生殖方式。

三、原虫的分类

原生动物的分类系统不断地发展和完善,到 1980 年,国际原生动物学家协会分类与进化委员会公布了修改的五界分类系统,该分类系统将原生动物看作原生生物界的一个亚界,并将 Levine 建立的顶复合器亚门提升为门。这一分类系统被多数学者所接受。以下仅列出与兽医学有关的原虫分类:

(一)肉足鞭毛门(Sarcomastigophora)

除有孔目(Foraminiferida)外,均为单核。如进行有性生殖,基本上为配子生殖。运动器官为鞭毛或伪足,或两者兼有。

鞭毛亚门(Mastigophora)

滋养体时期有一根或多根鞭毛。无性繁殖呈纵二分裂。一些类群行有性繁殖。

动鞭毛纲(Zoomastigophorea)

无叶绿体,一根或多根鞭毛。一些类群为阿米巴形,有或无鞭毛。几个类群有性别区分,为多元类群。

(1)动基体目(Kinetoplastida)

一根或两根鞭毛。典型的鞭毛除轴丝外有轴旁杆。一个线粒体沿身体延伸,呈管状、环状或由管分支形成网状,通常含有 Feulgen 反应明显阳性(含 DNA)的动基体,位于毛基体附近。高尔基体位于鞭毛陷窝处,不与毛基体和鞭毛相联。已知的种类多为寄生,也有自由生活的。

锥体科(Trypanosomatidae)

典型虫体为叶状,但也有可能为圆形。

该科虫体中一些寄生于昆虫,另一些为异宿主型;生活史的一部分在脊椎动物中完成,另一部分在无脊椎动物中完成。在整个生活史中,可发生形态改变,主要变化为虫体形状、毛基体和动基体的位置以及鞭毛的发育程度。有利什曼属(*Leishmania*)和锥虫属(*Trypanosoma*)。

(2)双滴虫目(Diplomonadida)

一个或两个核鞭毛体。两个核鞭毛体的呈双旋转式对称。一个核鞭毛体的基本为镜像对称。每个核鞭毛体有1～4根鞭毛,典型的一根返回,并与胞口联合;或在一些高级种与细胞器构成细胞轴,没有线粒体和高尔基体。有包囊阶段。自由生活或寄生。

六鞭科(Hexamitidae)

两侧对称,有6根或8根鞭毛,双核。有贾第属(*Giardia*)。

(3)毛滴虫目(Trichomonadida)

有0～6根鞭毛,典型的有4～6根,由高尔基体形成一个副基体,没有线粒体。核外纵分裂,通常没有包囊阶段,有性繁殖不明。

毛滴虫科(Trichomonadidae)

4～6根鞭毛,一根向后与波动膜相连。有肋和轴干。毛基体由一个小体和一根或多根纤维联合组成。有毛滴虫属(*Trichomonas*)和三毛滴虫属(*Tritrichomonas*)。

单毛滴虫科(Monocercomonadidae)

3～5根前鞭毛,向后的鞭毛全部游离或在近端有一段黏附于背部的体表。没有肋,有盾。副基体为杆形、盘形或V形。有组织滴虫属(*Histomonas*)。

(二)顶复门(Apicomplexa)

在一些阶段有顶复合器。顶复合器一般包括极环、棒状体、微丝体、类锥体和膜下微管。一些阶段通常有微孔。无纤毛。有性生殖为配子生殖。全部寄生。

孢子虫纲(Sporozoa)

如有类锥体则为完整的椎体。通常有无性生殖和有性生殖。卵囊含有由孢子生殖产生的感染性子孢子。成熟虫体运动方式为身体弯曲、滑动和纵脊波动。鞭毛只出现于某些种类的小配子阶段。一般无伪足,如有则用于摄食,而不是运动。单宿主或异宿主寄生。

1.球虫亚纲(Coccidia)

通常有配子母细胞。成熟的配子母细胞小,典型的位于细胞外,无端结和外节。通常无融合体,如果有,通常涉及显著不同的异形配子,生活时通常有裂殖生殖、配子生殖和孢子生殖。多寄生于脊椎动物。

真球虫目(Eucoccida)　有裂殖生殖。

①艾美耳亚目(Eimeriina)

大配子和小配子各自独立发育,无融合体。小配子母细胞典型的产生许多小配子。合子不运动。子孢子通常位于卵囊内的孢子囊中。单宿主或异宿主寄生。

艾美耳科(Eimeriidae)

本科虫体为单宿主寄生。裂殖生殖和配子生殖在宿主细胞内进行,孢子生殖通常在宿主体外进行。卵囊和裂殖体缺乏附着器官，卵囊含有1、2、4或更多孢子囊，每个孢子囊含1个或多个子孢子。小配子含有2或3根鞭毛。往往根据每个卵囊内的孢子囊数目和每个孢子囊内子孢子数目分属。有艾美耳属（*Eimeria*）、等孢属（*Isospora*）、温扬属（*Wenyonella*）、泰泽属（*Tyzzeria*）。

隐孢子虫科（Cryptosporidiidae）

该科虫体为单宿主寄生，与艾美耳科的不同点在于虫体寄生于宿主上皮细胞的细胞膜内和细胞浆膜外。此外，电镜下可见其裂殖体有一球形附着器官，也称营养器。小配子缺鞭毛，卵囊含4个裸露的子孢子，不含孢子囊。有隐孢子虫属（*Cryptosporidium*）。

肉孢子虫科（Sarcocystidae）

根据种的不同，肉孢子虫宿主可以是哺乳动物、鸟类或蛇。就目前所知，该科虫体卵囊内含2个孢子囊，每个孢子囊含有4个子孢子。卵囊产生于捕食动物的肠上皮细胞，裂殖体、裂殖子则出现于捕食动物的组织中。有肉孢子虫属（*Sarcocystis*）、弓形虫属（*Toxoplasma*）、新孢子虫属（*Neospora*）、贝诺孢子虫属（*Besnoitia*）。

②血孢子虫亚目（Haemosporina）

大配子和小配子母细胞独立发育，无融合体。通常无类锥体。小配子母细胞产生带8根鞭毛的小配子。合子可运动，称动合子。子孢子裸露，表面为单位膜。异宿主寄生。裂殖生殖在脊椎动物宿主体内，孢子生殖在无脊椎动物宿主体内。由吸血昆虫传播。

疟原虫科（Plasmodiidae）

该科只有疟原虫属（*Plasmodium*）。

血变原虫科（Haemoproteidae）

主要为鸟类寄生虫。有性阶段出现于除蚊子外的昆虫中，红细胞外裂殖体发生于内皮细胞，所产生的裂殖体进入红细胞，在循环血液中变为色素性配子体。有血变原虫属（*Haemoproteus*）。

住白细胞虫科（Leucocytozoidae）

主要为鸟类寄生虫。裂殖生殖出现于肝、心、肾和其他器官的实质细胞中。大配子和小配子母细胞出现于白细胞和未成熟红细胞中。孢子生殖出现于除蚊子外的昆虫中。在整个生活史中不形成色素。有住白细胞虫属（*Leucocytozoon*）。

2.梨形虫亚纲（Piroplasmia）

梨形、圆形、杆状或阿米巴样。无类锥体、鞭毛，有极环和棒状体。无性和有性繁殖。寄生于红细胞，有时也寄生于其他细胞。异宿主寄生，在脊椎动物宿主体内进行裂殖生殖，在无脊椎动物宿主体内进行孢子生殖。传播媒介为硬蜱。

梨形虫目（Piroplasmida）

巴贝斯科（Babesiidae）

梨形、圆形或卵圆形，寄生于哺乳动物红细胞、淋巴细胞、巨噬细胞和其他细胞中，也发现于蜱的各种组织细胞中，顶复合器退化为极环、棒状体、微线体和膜下微管。有巴贝斯属（*Babesia*）。

泰勒科（Theileriidae）

小型虫体，圆点状、环状、卵圆状、不规则形或杆状。出现于红细胞内，也出现于其他细胞内。裂殖生殖在淋巴细胞、组织细胞、成红细胞或其他细胞里，后侵入红细胞。红细胞内虫体不分裂。顶复合器缺类锥体，其他结构出现于不同的发育阶段。有泰勒属（*Theileria*）。

(三)微孢子虫门(Microspora)

孢子具有无孔的壁,含有一个单核或双核的孢原质。无线粒体。寄生于各主要动物类群的细胞内,主要是无脊椎动物。

该门只有微孢子虫纲(Microsporea)、微孢子虫目(Microsporida)、微粒子虫科(Nosematidae),有脑炎微孢子虫属(*Encephalitozoon*)。

(四)纤毛虫门(Ciliphora)

有表膜下纤维系统。有大核和小核。横二分裂。有性生殖包括接合生殖或自体受精和细胞受精。

动基裂纲(Kinetofragminophorea)

口区的表膜下纤维系统与体表膜下的纤维系统略有不同。

前庭亚纲(Vestibuliferia)

通常有前庭阶段。

毛口目(Trichostomatida)

在前庭区运动系不变

毛口亚目(Trichostomatina)

体纤毛没有退化。

小袋科(Balantidiidae)

胞口在前庭的基部。有小袋属(*Balantidium*)。

第二节 家禽原虫病

一、鸡球虫病

【案例】 江苏省某肉鸡场存栏5000余只20日龄雏鸡,地面平养。初期个别雏鸡出现精神萎靡,采食量下降,而后明显拉血便,12 h后出现死鸡,然后整群鸡采食量下降,饮水量增加,扎堆,羽毛蓬乱,严重血便,死亡成倍增加,死亡率高达35%。对多只病死鸡剖检发现,盲肠高度肿大、出血,呈紫红色。另外,小肠中段也有明显出血点和肿大。刮取病变肠黏膜组织压片镜检,发现大量的球虫卵囊、裂殖体和裂殖子等。鸡场兽医综合诊断为鸡球虫病暴发。然后用托曲珠利混入饮水连续治疗3 d,同时用磺胺氯丙嗪钠连续拌料4 d。另外,清扫鸡舍,更换垫料,器具消毒。最后有效控制了病情。

【问题】 为什么地面平养容易发生鸡球虫病?该病例是鸡球虫混合感染还是单种球虫感染?如何预防鸡场球虫病的暴发?

鸡球虫病(Coccidiosis)是一种全球性的原虫病,是养鸡业危害最严重的疾病之一。该病是由艾美耳科(Eimeriidae)艾美耳属(*Eimeria*)的多种球虫寄生于鸡肠道引起的疾病。其分布很广，多危害15～50日龄的雏鸡，发病率高达70%，死亡率为20%～30%，严重者高达80%。病鸡生长发育严重受阻。成年鸡多为带虫者，对增重和产蛋有一定的影响。全球养禽业因为球虫病造成的损失每年高达数十亿美元。

(一)病原形态

球虫卵囊的外形呈椭圆形、圆形等不同形状，多数卵囊无色或灰白色，个别种呈黄色、棕色。卵囊有厚的囊壁，一般为内、外两层，卵囊中含有一圆形的原生质团块，经过孢子化发育后，形成孢子囊等特殊的结构。球虫孢子化卵囊内有富有折光性的极粒，卵束残体为一个颗粒状的团块和数量不等的孢子囊(有的种类无孢子囊)。孢子囊呈椭圆形或梨形，一端有一突起，称为斯氏体，其内含一定数量的子孢子，子孢子呈香蕉状或逗点状，中央有核，在一端可见强折光性的球状体的折光体，有的种类在孢子囊内有颗粒状的残体(图15-2)。刚随粪便排出的卵囊为未孢子化卵囊，内部为一团浓缩的原生质团。在外界20～30 ℃环境下发育为孢子化卵囊，内含4个孢子囊，每个孢子囊内有2个子孢子。世界公认的鸡艾美耳球虫有7种，在我国均有发现。

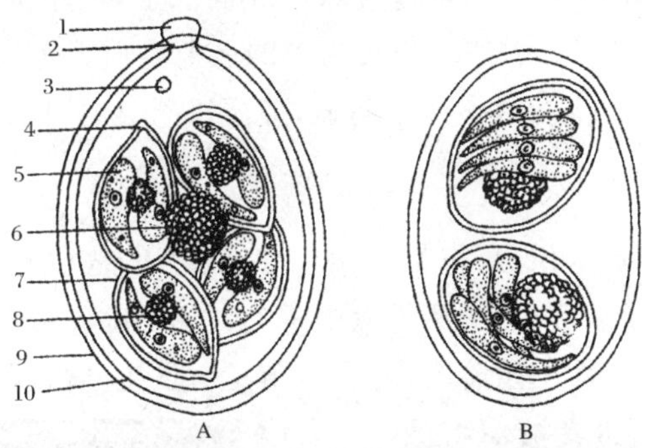

图15-2 艾美耳属球虫卵囊(A)和等孢属球虫卵囊(B)(引自李国清，1999)

1.极帽 2.卵膜孔 3.极粒 4.斯氏体 5.子孢子 6.卵囊残体 7.孢子囊 8.孢子囊残体 9.卵囊壁外层 10.卵囊壁内层

1.柔嫩艾美耳球虫(*Eimeria tenella*) 多为宽卵圆形，少数为椭圆形，大小为(19.5～26.0)μm×(16.5～22.8)μm，平均为22.0 μm×19.0 μm，卵囊指数(oocyst index)为1.16。原生质呈淡黄绿色，最短孢子化时间是18 h，最短潜隐期是115 h。主要寄生于盲肠及其附近区域，是致病力最强的一种球虫，常在感染后的第3～6 d引起盲肠严重出血和高度肿胀，后期出现干酪样肠芯，因此柔嫩艾美耳球虫又称盲肠球虫。

2.毒害艾美耳球虫(*E. necatrix*) 卵囊为卵圆形，大小为(13.2～22.7)μm×(11.3～18.3)μm，平均为20.4 μm×17.2 μm，卵囊指数为1.19。卵囊壁光滑、无色。最短孢子化时间为18 h。其裂殖生殖阶段主要寄生于小肠中段，以卵黄蒂前后最为常见，严重时可扩展到整个小肠，其致病性强，仅次于盲肠球虫。第2代裂殖子向小肠后部移动，在盲肠的上皮细胞内进行配子生殖。

3.堆形艾美耳球虫(*E. acervulina*) 卵囊为卵圆形，大小为(17.7～20.2)μm×(13.7～16.3)μm，平均为18.3 μm×14.6 μm，卵囊指数为1.25。卵囊壁淡黄绿色。最短孢子化时间为

17 h。主要寄生于十二指肠和空肠前段，具有较强的致病性。

4.巨型艾美耳球虫(*E. maxima*)　卵囊为卵圆形，是最大的鸡球虫，大小为(21.75～40.5)μm×(17.5～33.0)μm，平均为 30.76 μm×23.9 μm，卵囊指数为 1.47。卵囊黄褐色，囊壁浅黄色。最短孢子化时间为 30 h。寄生于小肠，以中段为主，致病力中等。

5.布氏艾美耳球虫(*E. brunetti*)　卵囊呈卵圆形，大小仅次于巨型艾美耳球虫，为(20.7～30.3)μm×(18.1～24.2)μm，平均为 24.6 μm×18.8 μm，卵囊指数为 1.31。最短孢子化时间为 18 h。寄生于小肠后段、回肠和盲肠，第 1 代和第 2 代裂殖生殖主要在十二指肠后 1/5 处。第 3 代裂殖生殖和卵囊形成主要在空肠、回肠和盲肠近端进行，其中以回肠和盲肠居多，具有较强致病性。

6.和缓艾美耳球虫(*E. mitis*)　小型卵囊，近球形，大小为(11.7～18.7)μm×(11.0～18.0)μm，平均为 15.6 μm×14.2 μm，卵囊指数为 1.09。卵囊壁为淡黄绿色，初排出时的卵囊，原生质团呈球形，几乎充满卵囊。最短孢子化时间是 15 h。寄生于小肠前半段，病变一般不明显，但现已证明，该虫种对增重具有潜在的致病作用，致病性较轻。

7.早熟艾美耳球虫(*E. praecox*)　卵囊呈球形或椭圆形，大小为(19.8～24.7)μm×(15.7～19.8)μm，平均为 21.3 μm×17.1 μm，卵囊指数为 1.24。原生质无色，囊壁呈浅绿色。最短潜隐期为 83 h。寄生于小肠前 1/3 部位。致病性不明显，但严重感染时可引起饲料转化率的降低。

(二)生活史

艾美耳科球虫的生活史基本相似，包括裂殖生殖、配子生殖和孢子生殖三个阶段(图 15-3)。在这三个发育阶段中，除孢子生殖在外界环境中进行之外，其余两个发育阶段均在动物体内进行。孢子生殖和裂殖生殖是无性生殖阶段，配子生殖是有性生殖阶段。

1.裂殖生殖　当孢子化卵囊被动物摄入后，在鸡胃的机械性作用、胃酸和十二指肠部位的胆汁和胰酶等因素作用下，子孢子脱囊而出，子孢子不断地进行曲屈、滑行或弓张运动，入侵肠上皮细胞，在细胞质内逐渐形成纳虫空泡，内含圆形的滋养体。滋养体不断分裂变大，形成第一代裂殖体，每个成熟的第一代裂殖体内含近 900 个裂殖子。随着裂殖体体积增大和大量裂殖子的活跃运动，导致纳虫空泡破裂释放出大量裂殖子，然后释放出的第一代裂殖子又重新入侵新的肠上皮细胞，形成第二代裂殖体，每个成熟的第二代裂殖体含 200～350 个裂殖子。不同虫种的裂殖生殖的代数不同，有些种经历两代裂殖生殖后即转入配子生殖阶段，有的种需要进行三代裂殖生殖。球虫裂殖子的形成有两种方式，即外裂殖生殖

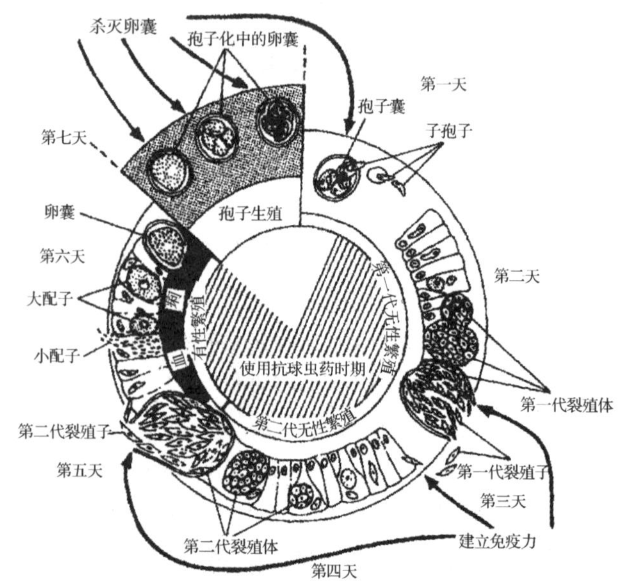

图 15-3　**柔嫩艾美耳球虫生活史**(引自孔繁瑶，1997)

和内裂殖生殖。外裂殖生殖是指在裂殖体的表面形成裂殖子，内裂殖生殖是指在裂殖体的内部形成裂殖子。大多数球虫行外裂殖生殖。裂殖生殖阶段是球虫致病性最强的阶段，也是刺激机体建立免疫力的关键时期。

2.配子生殖　经过一定代数的裂殖生殖以后，第二代或第三代裂殖子入侵新的肠上皮细胞，一部分发育为大配子体，成熟后形成一个大配子(雌性细胞)；另一部分发育为小配子体，成熟的小配子体将释放出大量的小配子(雄性细胞)。释放出来的小配子主动钻入大配子，与大配子融合形成合子，称为受精。然后合子开始形成卵囊壁，卵囊壁外层变为均匀的电子致密层，内层则为电子透明层。卵囊形成后，宿主细胞破裂，卵囊进入肠腔，随粪便排出。从感染到粪便中排卵囊的时间称潜隐期。

3.孢子生殖　当卵囊在肠道刚形成时，其合子充满卵囊的整个空间，然后逐渐浓缩为球状，与卵囊壁之间留有空隙。卵囊形成后随粪便排出体外，刚排出的未孢子化卵囊在体外必须经过一个孢子化过程，才具有感染性，含有成熟的子孢子的卵囊称为孢子化卵囊，又称感染性卵囊。艾美耳科四属孢子化卵束特征为：艾美耳属卵囊内含 4 个孢子囊，每个孢子囊内有 2 个子孢子。等孢属卵囊内含 2 个孢子囊，每个孢子囊内有 4 个子孢子(图 15-2)。温扬属卵囊内含 4 个孢子囊，每个孢子囊内有 4 个子孢子。泰泽属卵囊内无孢子囊，有8 个子孢子直接裸露在卵囊内。在不同温度条件下，孢子化过程所需的最短时间不同，如柔嫩艾美耳球虫在 29 ℃下为 18 h；26～28 ℃为 21 h；20 ℃以下为 24 h，但大部分球虫卵囊孢子化过程在29 ℃下需要 22～24 h，若温度低于 8 ℃或高于 35 ℃及低氧情况下，孢子化过程不能完成。

(三)流行病学

鸡球虫是宿主特异性和寄生部位特异性都很强的原虫，鸡是各种鸡球虫的唯一宿主。各种球虫的致病性不同，以柔嫩艾美耳球虫的致病性最强，其次是毒害艾美耳球虫，但养鸡生产中一般为多种球虫混合感染。所有日龄和品种的鸡对球虫均有易感性，康复鸡可以建立有效的免疫力，并能限制其再感染。球虫病一般暴发于 3～6 周龄的雏鸡，2 周龄以内的雏鸡很少发病，毒害艾美耳球虫常危害 8～18 周龄的雏鸡。

病鸡排出卵囊达数月之久，因而是主要传染源。鸡通过摄入有活力的孢子化卵囊遭受感染，被粪便污染过的饲料、饮水、土壤和器具等都有卵囊的存在，其他动物、尘埃和管理人员，都可成为球虫的机械传播者。

卵囊对恶劣的外界环境条件和常规消毒剂具有很强的抵抗力。在土壤中可存活 4～9 个月，在有树荫的运动场可存活 15～18 个月。温暖潮湿的地区有利于卵囊的发育，在合适的温度(20～30 ℃)、湿度和氧气条件下，经过 18～30 h 发育为孢子化卵囊。卵囊对低温、高温和干燥的抵抗力较弱，55 ℃和冰冻的条件下能很快杀死卵囊。火焰消毒和氨水熏蒸能有效杀灭球虫卵囊。

饲养管理条件不良和营养缺乏能促使本病的发生。拥挤、潮湿或卫生条件恶劣的鸡舍最易发病。本病多在温暖潮湿的季节流行。在我国南方大约从 3 月份开始到 11 月末为流行季节，3～5 月份最严重；而北方，4～9 月份为流行季节，以 7～8 月份最为严重。

(四)致病作用

柔嫩艾美耳球虫的致病性最强；毒害艾美耳球虫致病性仅次于柔嫩艾美耳球虫；堆形艾美耳

球虫和布氏艾美耳球虫具有较强的致病性；巨型美艾耳球虫具有中等程度的致病力；早熟艾美耳球虫与和缓艾美耳球虫的致病性较轻微。球虫致病性除了与虫种毒力有关外，还与活性卵囊的感染剂量有密切关系。

球虫致病是一个非常复杂的过程。裂殖生殖是球虫致病最强的阶段。大量裂殖体增殖时，入侵和破坏大量肠上皮细胞，导致肠上皮细胞崩解和毛细血管破裂，影响肠黏膜的完整性，失去屏障作用，引起脱水和电解质流失等消化机能紊乱，营养物质不能吸收，同时容易继发感染，加重肠炎病情。血管破裂引起严重出血和贫血。大量破坏的肠上皮在微生物的作用下腐败分解，产生有毒物质，以及虫体产生大量有毒物质被机体吸收，导致自体中毒。

（五）临床症状

急性型：雏鸡感染往往呈急性发病，出现精神不振，采食量下降或废绝，但饮水量增加，羽毛蓬乱，闭目呆立，喜欢扎堆，拉血便。可视黏膜、冠、髯苍白，呈贫血症状，死亡率达 20%～80%。慢性型：感染强度较低的雏鸡或日龄较大的鸡感染后，往往症状不明显，表现为厌食、消瘦、生长缓慢，偶有间歇性下痢，蛋鸡产蛋量下降。

（六）病理变化

鸡球虫病的典型病理变化主要集中在各种球虫的寄生部位。

柔嫩艾美耳球虫：病变主要在盲肠，病理变化与虫体在体内的发育过程一致。感染后第 4～5 d，对肠壁组织的破坏逐渐加剧，盲肠高度肿大，肠腔中充满血凝块和脱落的黏膜碎片。到感染后第 6～7 d，盲肠中的血液和脱落黏膜逐渐变硬，形成红色或红、白相间的肠芯，在感染后第8 d从黏膜上脱落下来。轻度感染时，病变较轻，黏膜肿胀，或仅有少量出血点，从浆膜面可见脑回样结构，在感染后第 10 d 左右黏膜再生慢慢恢复。而严重感染者黏膜的损伤难以完全恢复。

毒害艾美耳球虫：小肠中部高度肿胀或气胀，有时可达正常时的 2 倍以上，这是本病的重要特征。肠壁充血、出血和坏死，黏膜肿胀增厚，肠内容物中含有大量的血液、血凝块和坏死脱落的上皮细胞。感染后第 5 d 出现死亡，第 7 d 达高峰，死亡率仅次于盲肠球虫。

堆形艾美耳球虫：病变主要集中于十二指肠。轻度感染时，病变局限于十二指肠袢，呈散在局灶性灰白色病灶，横向排列呈梯状。严重感染时可引起肠壁增厚和病灶融合成片。病变可从浆膜面观察到，病初黏膜变薄，覆以横纹状白斑，外观呈梯状，肠内含水样液体。

布氏艾美耳球虫：病变主要发生于小肠后段至直肠部位，浆膜面可见肠系膜血管和肠壁充血，肠道变薄，呈粉红色至暗红色，肠黏膜出血，肠内容物以黏液和少量血液为主。感染后第 5～7 d，整个小肠呈现干酪样的侵蚀，粪便中有凝固的血液和黏膜碎片。

巨型艾美耳球虫：剖检可见肠腔胀气，肠壁增厚，肠道内有黄色至橙色的黏液和血液。无性繁殖阶段虫体寄生于小肠上皮细胞的浅层，对组织的损伤较轻微；在感染后第 5～8 d，有性繁殖阶段在肠壁深部进行，引起肠壁充血、水肿，形成瘀斑，严重者肠黏膜大量崩解。

和缓艾美耳球虫：剖检病鸡时，可见小肠下段苍白。做黏膜涂片，在显微镜下可见大量小型卵囊，根据其卵囊的形态特点即可与其他球虫相区别。但缺乏特征型病变，故往往被忽略或误诊。

早熟艾美耳球虫：肉眼可见肠道内有水样内容物，有时有黏液，病变多集中在十二指肠袢，在感染后第 4～5 d，可在黏膜表面见针尖大的出血点。

(七)诊断

由于鸡的带虫现象非常普遍，所以仅在粪便和肠壁刮取物中检到卵囊，不足以作为鸡球虫病的诊断依据。正确的诊断必须根据临床症状、流行病学调查、剖检和粪便检查等多方面加以综合判断。

粪便检查多用饱和盐水漂浮法检查粪便中的球虫卵囊，饱和氯化钠溶液漂浮法最常用。用麦克马斯特虫卵计数板可以对粪便球虫卵囊进行定性和定量检测，可以提前评估鸡场暴发球虫病的风险以及鸡场球虫耐药性发展程度。

(八)防治

1.治疗

鸡球虫病一旦出现明显症状，再去用药物治疗往往无济于事。因此，目前鸡场控制球虫病主要采取药物预防和疫苗接种。抗球虫药物根据药物杀球虫能力和作用峰期，分为治疗性药物和预防性药物。

鸡场一旦发生球虫病，应及早给药，全面消毒。晚于感染后 96 h 给药，治疗效果大大降低。常用的治疗性药物有：

(1)百球清(Baycox)。2.5%溶液，按 0.0025%混入饮水，连用 3 d。

(2)磺胺二甲氧嘧啶。按 0.1%饮水给药，连用 2 d，休药期为 10 d。

(3)磺胺氯吡嗪(Sulfaclozine)。按 0.03%混入饮水，连用 3 d，无休药期。

(4)磺胺喹噁啉。按 0.1%拌料，连用 3 d，停药 3 d 后，再按 0.05%拌料，连用 2 d，无休药期。

(5)氨丙啉(Amprolium)。按 0.012%～0.024%混入饮水，连用 3 d。

磺胺类药物长期服用，对肝、肾毒性较大，一般连续服用不能超过 5 d。

2.预防

肉鸡场整个生长期全程用药预防，常用的预防性药物有很多种类，主要有：氨丙啉，按 0.0125%混入饲料，鸡的整个生长期都用药；尼卡巴嗪(Nicarbazinum)，按 0.0125%混入饲料，休药期 4 d；马杜拉霉素(Maduramycin)，按 0.005%～0.007%混入饲料，无休药期；莫能菌素(Monensin)，按 0.0001%混入饲料，无休药期；盐霉素(Salinomycin)：按 0.005%～0.006%混入饲料，无休药期；常山酮(Halofuginone)：按 0.0003%混入饲料，休药期 5 d；地克珠利(Diclazuril)，按 0.0001%拌料，无休药期；氯苯胍(Robenidine)，按 0.0033%拌料，休药期 5 d。其中马杜拉霉素、盐霉素和莫能菌素安全范围较窄，使用时严格控制药物浓度，以免中毒。

各种抗球虫药连续使用一定时间后，都会产生不同程度的耐药性。为了提高抗球虫药的预防效果，减缓耐药性的产生，延长其使用寿命，对肉鸡常采用穿梭用药和轮换用药两种方案。

化学药物预防球虫病自 20 世纪 20 年代至今，为养鸡业的发展做出了很大贡献，但由于球虫耐药性的不断产生和肉蛋产品的药物残留问题，造成预防失败及对消费者健康的影响，许多国家对药物残留都有明确规定，使得药物预防越来越受到限制。因此，免疫预防愈来愈受到重视。目前已有数种球虫疫苗，主要分为两种：活毒虫苗和早熟弱毒虫苗。其中国际上已有 4 种商品化疫苗大量使用，Coccicox（美国）和 Immucox（加拿大）是由未致弱的活卵囊制成的虫苗，Paracox（英国）是由早熟虫株制成的弱毒虫苗，Livacox（捷克）是活卵囊和弱毒卵囊混合制成的虫苗。目前生产中已经取得较好的免疫效果。国内也有多家教学和科研单位研制了球虫疫苗，其效果与进口球虫疫苗相当。另外，近年来国内外对中草药预防鸡球虫病进行了大量研究，发现青蒿、常山、白头翁和大蒜等对球虫具有较好的抑制作用。

二、住白细胞虫病

【案例】 福建省福州市某蛋鸡场 250 日龄的产蛋鸡出现采食量下降，拉绿色粪便，产蛋量下降且蛋壳质量变差，部分病鸡鸡冠苍白贫血，每天死亡 8～12 只。该鸡场位于山边，周围杂草丛生，鸡舍开放。剖检后，肌肉苍白有出血点，血液稀薄，肝脏、脾脏、心脏等脏器肿大，有出血点。血涂片瑞氏染色镜检，发现白细胞和红细胞内有长条形浅蓝色的住白细胞配子体，细胞核被挤压到一侧。兽医人员根据发病情况、症状、病变和实验室检测结果，综合诊断为鸡住白细胞虫病。然后用磺胺间甲氧嘧啶拌料连用 4 d，同时每天用 20%氰戊菊酯溶液对鸡舍内外进行喷洒杀虫，经过 4 d 治疗后，鸡群病情趋于稳定。

【问题】 住白细胞虫病是如何感染鸡群的？致病性如何？如何控制该病？

鸡住白细胞虫病（Leucocytozoonosis），又名白冠病，是由疟原虫科（Plasmodiidae）住白细胞虫属（*Leucocytozoon*）的多种住白细胞虫寄生于鸡的白细胞和红细胞内所引起的一种急性血液原虫病。在我国，感染鸡的住白细胞虫有卡氏住白细胞虫（*Leucocytozoon caulleryi*）和沙氏住白细胞虫（*L. sabrazesi*）2 种。本病在我国南方比较严重，常呈地方性流行，近年来北方地区也陆续发生。本病对雏鸡和青年鸡危害严重，发病率高，症状明显，常引起大批死亡。

（一）病原形态

卡氏住白细胞虫成熟的配子体呈圆形或椭圆形，大配子体大小为 13.05 μm×11.6 μm；细胞质丰富，呈深蓝色，核居中，较透明，呈肾形、菱形、梨形或椭圆形，大小为 5.8 μm×2.9 μm；核仁为圆点状。小配子体大小为 10.9 μm×9.42 μm；细胞质少，呈浅蓝色，核几乎占去虫体的全部体积，大小为 9.35 μm×8.9 μm，较透明，呈哑铃状、梨状；核仁紫红色，呈杆状或圆点状。被寄生的宿主细胞也随之增大，其大小为 17.1 μm×20.9 μm，呈圆形，细胞核被挤压成深色的狭带，围绕虫体。

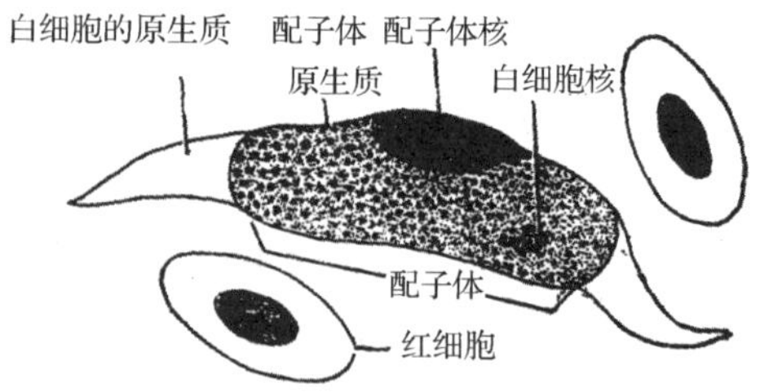

图 15-4 沙氏住白细胞虫配子体

（引自聂奎，2007）

沙氏住白细胞虫成熟的配子体为长形，宿主细胞呈纺锤形，细胞核呈深色狭长的带状，围绕着虫体的一侧（图 15-4）。大配子体的大小为 22 μm×6.5 μm，呈深蓝色，色素颗粒密集，褐红色的核仁明显；小配子体的大小为 20 μm×6 μm，呈淡蓝色，色素颗粒稀疏，核仁不明显。

(二)生活史

住白细胞虫的生活史包括裂殖生殖、配子生殖和孢子生殖3个阶段，其中裂殖生殖和配子生殖的前期在鸡体内进行，配子生殖的后期和孢子生殖在传播媒介——吸血昆虫体内完成。卡氏住白细胞虫的传播媒介为库蠓，沙氏住白细胞虫的传播媒介为蚋。

当带有住白细胞虫子孢子的媒介昆虫(库蠓或蚋)吸血时，子孢子随昆虫唾液进入鸡体内，随即经血液循环到达肝脏，入侵肝实质细胞。子孢子在肝实质细胞内发育成裂殖体，称为肝裂殖体。成熟的肝裂殖体内含多个裂殖子，裂殖体破裂后，一部分裂殖子重新入侵新的肝细胞，另一部分随血液循环到达各脏器，被吞噬细胞吞噬，然后发育为大裂殖体，肝裂殖体和大裂殖体可重复繁殖2～3代。成熟的大裂殖体破裂后释放出大量的大裂殖子，大裂殖子入侵白细胞或红细胞，并发育为配子体。当昆虫吸食病鸡血液时，配子体随血液进入昆虫的消化管，大、小配子体在昆虫的消化液作用下释放出大、小配子，带有鞭毛的小配子主动与大配子结合形成合子，逐渐增长为21.1 μm× 6.87 μm的动合子，动合子移行到昆虫的消化道壁上形成卵囊，发育成熟的卵囊形成许多子孢子，子孢子从卵囊逸出后进入唾液腺。当媒介昆虫吸食健康鸡的血液时，子孢子随昆虫唾液注入鸡体内，开始下一轮循环。

(三)流行病学

本病的发病季节与蠓、蚋等吸血昆虫活动的季节相一致。在山东，6～11月为发病季节，7～9月及10月中旬为发病高峰期。广州和福建多在4～10月份，严重发病见于4～6月份，发病高峰季节在5月份。河南多发生于6～8月份。

已报道的卡氏住白细胞虫的传播媒介有荒川库蠓、环斑库蠓、尖喙库蠓、恶敌库蠓等，前3种库蠓在我国各地广泛存在。沙氏住白细胞虫的传播媒介为蚋。气温一般在20 ℃以上时，库蠓和蚋繁殖快，活动力强，住白细胞虫病的流行也严重。

各种年龄的鸡均可感染发病，雏鸡和青年鸡易感性最高，病情最为严重。鸡的年龄与住白细胞虫病的感染率成正比，与发病率成反比。一般2～7月龄的鸡，感染率低，发病率较高，而8～12月龄的成年鸡或1年以上的种鸡，虽感染率高，但发病率不高，血液里的虫体也较少，大多数为带虫者。土鸡对住白细胞虫病的抵抗力较强。

(四)致病作用与临床症状

住白细胞虫的裂殖生殖和配子生殖阶段的虫体寄生于肝、肾、脾等不同脏器组织和血细胞内，破坏大量脏器组织和细胞，引起严重病变和症状。自然感染时的潜伏期为6～10 d。雏鸡和青年鸡的症状明显，死亡率高。病初体温升高，食欲不振，精神沉郁，流口涎，下痢，粪便呈绿色，贫血，鸡冠和肉垂苍白，生长发育迟缓，两肢轻瘫，活动困难。感染12～14 d，病鸡突然因咯血、呼吸困难而死亡。中鸡和成年鸡感染后病情较轻，死亡率也较低，病鸡鸡冠苍白，消瘦，拉水样的白色或绿色稀粪，中鸡发育受阻，成年鸡产蛋率下降，甚至停止产蛋。

死后剖检的主要特征是：全身性出血，肝脾肿大，血液稀薄，消瘦，鸡冠苍白。肾、肺等脏器和皮下出血，肌肉尤其是胸肌、腿肌、心肌有大小不等的出血点；各内脏器官上有灰白色或稍带黄色的、针尖至粟粒大的、与周围组织有明显界限的白色小结节，将这些小结节挑出并压片，染色后可见到许多裂殖子。

(五)诊断

根据流行病学资料、临诊症状和病原学检查即可确诊。病原学诊断采用血片检查法。取病鸡外周血 1 滴，涂片，姬氏或瑞氏染色、镜检，可见几乎占据白细胞或红细胞的配子体。挑取肌肉或内脏器官上的白色结节置载玻片上，加数滴甘油，将结节压碎后，覆以盖玻片镜检，可发现裂殖体和裂殖子。取病变部肌肉或从肺、肝、脾、肾等内脏器官取材、切片，镜检，可发现大型球状、内含大量裂殖子的裂殖体。

(六)防治

1.治疗

当使用药物进行治疗时，要及时用药，治疗越早越好。目前常用的治疗药物有下列几种：

(1)磺胺间甲氧嘧啶。商品名为泰灭净，为治疗住白细胞虫病的特效药。预防剂量为 25～75 mg/kg体重，拌料连用 5 d，停 2 d 为一个疗程。治疗剂量为 100 mg/kg 体重，拌料连用 2 周。

(2)磺胺二甲氧嘧啶。预防用量为 25～75 mg/kg 体重，混于饲料或饮水。治疗用0.05%，混饮，连用 2 d，然后再用 0.03%饮水 2 d。

(3)磺胺喹噁啉。预防用量为 50 mg/kg 体重，拌料或饮水。

(4)克球粉(Clopidol)。预防用量为 125 mg/kg 体重，混于饲料，治疗用量为 250 mg/kg 体重，拌料。

磺胺类药物连续服用时，往往会发生中毒现象。为了防止药物中毒，可连续用药 5 d，后停药 2～3 d，然后再重复使用。

2.预防

鸡住白细胞虫的传播与库蠓和蚋的活动密切相关，因此消灭这些昆虫媒介是防治本病的重要环节。鸡舍应建在高燥地带，远离垃圾场、污水沟和荒草坡；流行季节，鸡舍门窗装上 100 目以上窗纱，防止库蠓和蚋进入鸡舍；每隔 6～7 d 用杀虫剂如敌百虫、菊酯类对鸡舍和周围环境进行喷雾，可起到很好的预防效果。另外，在流行季节到来之前对鸡群预防用药，也具有很好的预防效果。注意轮换用药，防止耐药性产生。住白细胞虫需要在鸡体组织中以裂殖体形式越冬，故可在冬季对当年患病鸡群予以彻底淘汰，以免来年再次发病，扩散病原。

三、组织滴虫病

【案例】 河南省驻马店市某养鸡户饲养的4000多只鸡，地面放养，在8月份部分60日龄雏鸡出现精神沉郁，不食，拉黄绿色稀便，有的拉血便，鸡冠和髯淤血发暗，消瘦，并有病鸡死亡。当地兽医人员剖检发现肝脏和盲肠病变明显，盲肠高度肿大、出血，内容物多呈干酪样肠芯，有的在盲肠内发现1 cm左右线虫；肝脏肿大，表面有多个大小不等的车轮状病灶。采集盲肠内容物制片镜检，发现大量卵圆形能活动的组织滴虫和灰褐色椭圆形的异刺线虫虫卵。综合诊断为组织滴虫和异刺线虫混合感染。最后用甲硝唑、左旋咪唑辅以环丙沙星饮水或拌料给药，及时控制了病情。

【问题】 为什么放养的鸡场容易发生组织滴虫病？鸡异刺线虫在组织滴虫感染过程充当什么角色？如何控制鸡的组织滴虫病？

组织滴虫病（Histomoniasis）也叫盲肠肝炎或黑头病，是由单尾滴虫科（Monocercomonadidae）组织滴虫属（*Histomonas*）的火鸡组织滴虫（*Histomonas meleagridis*）寄生于禽类的盲肠和肝脏引起的疾病。主要感染鸡和火鸡，在孔雀、珍珠鸡、鹌鹑、野鸭等野禽中也有本病流行。

（一）病原形态

组织滴虫为多形性虫体，在盲肠腔和培养基中的虫体是一种鞭毛虫，虫体近似球形，直径为3～16 μm，有一粗壮的鞭毛，长6～11 μm，虫体内有一个大的盾和一个轴索。核的前方有一个呈"V"形的副基体，细胞核呈球形、椭圆形或卵圆形，平均大小为2.2 μm×1.7 μm（图15-5）。

肝脏组织内的火鸡组织滴虫没有鞭毛，以3种不同的阶段存在：侵袭阶段的虫体存在于病灶的边缘区，大小为8～17 μm，呈阿米巴形，可形成伪足；生长期的虫体存在于变性组织的空泡中，较大，大小为12～21 μm，数目较多，成堆存在；静止期的虫体存在于陈旧病变组织中，呈嗜伊红性，虫体较小，可能是一种变性状态的虫体。

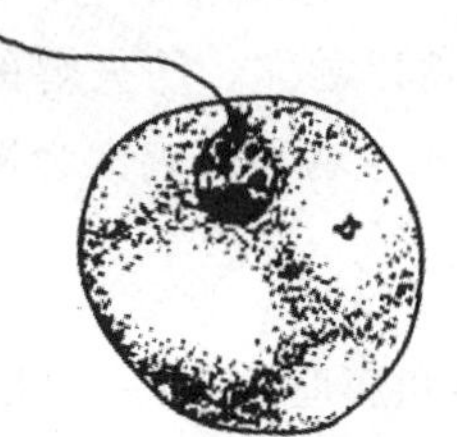
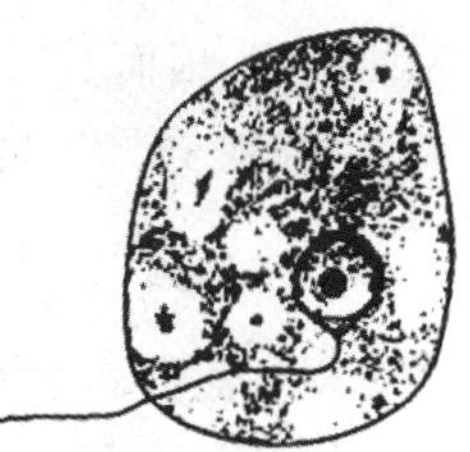

图15-5 火鸡组织滴虫（引自孔繁瑶，1997）

（二）生活史

组织滴虫在宿主体内进行二分裂增殖，寄生于盲肠中的组织滴虫可进入鸡的异刺线虫体内，在其卵巢中繁殖，并进入异刺线虫的卵内。因受卵壳的保护，随异刺线虫虫卵排到外界的虫体可存活较长时间，成为重要的传染源。在自然条件下没有虫卵庇护的虫体会很快死亡。本病为消化道感染，禽类吞食含组织滴虫的异刺线虫虫卵后，虫卵在禽类肠道内孵化时，组织滴虫逸出而侵入盲肠黏膜，从而引起感染的发生。

(三)流行病学

自然条件下,除火鸡和鸡外,孔雀、珍珠鸡、鹌鹑、鹧鸪、山雉、野鸭等都是火鸡组织滴虫的宿主。但禽类的易感性因品种和年龄的不同而变化,雏火鸡最易感,尤其是3～12周龄的雏火鸡。4～6周龄的鸡易感性最强,成鸡多为带虫者。

本病经消化道感染。陈静等(2010)调查发现,组织滴虫和异刺线虫混合感染比例高达52.8%,在二者的共同寄生部位——盲肠内,组织滴虫进入异刺线虫成虫的卵巢,进而进入虫卵,随粪便排到外界,污染环境、饲料或饮水。鸡往往通过食入含有组织滴虫的异刺线虫感染性虫卵而被感染。由于蚯蚓为异刺线虫的贮藏宿主,蚯蚓吞食土壤中异刺线虫虫卵后,组织滴虫可随虫卵进入蚯蚓体内,鸡吃到这样的蚯蚓时,也可以感染本病。

在放养或地面平养的老鸡场感染率比较高,笼养和网上平养的鸡场少发。该病多发于温暖、潮湿和多雨的夏秋季节。

(四)致病作用与临床症状

病变主要局限于盲肠和肝脏,引起盲肠炎和肝炎,其他脏器无明显异常。盲肠呈双侧或单侧肿大、充血和出血,从黏膜渗出的浆液性和出血性渗出物充满肠腔,使肠管扩张,后期形成干酪样的盲肠肠芯。肠芯的横断面中央为黑色的凝血块,周围为灰白色的干酪样坏死物,呈同心圆排列。急性病例见单侧盲肠呈出血性肠炎变化。肝脏肿大,表面出现黄色或黄绿色的、局限性圆形或不规则形、中央凹陷边缘稍隆起的坏死性病灶,直径可达1 cm,可单独存在,亦可相互融合成片状。

本病的潜伏期为7～21 d,最短者5 d,通常为11 d。雏鸡和青年鸡患病症状明显,精神沉郁,停止采食,缩头垂翅,排黄绿色或硫黄色稀便,部分病鸡拉血便,有的病鸡因血液循环障碍而头部发绀变黑,因而有“黑头病”之称。幼火鸡的发病率和死亡率很高,可达100%;雏鸡的死亡率较低,一般在10%以内。成年鸡和火鸡常为慢性经过,呈进行性消瘦。

(五)诊断

根据流行病学资料和病理变化,特别是肝脏的特征性病变,再结合观察盲肠病变,可做出确诊。注意与鸡盲肠球虫病进行鉴别,鸡盲肠球虫病病变主要集中在盲肠,肝脏病变不明显。病原学检查时取病鸡的新鲜盲肠内容物,以温生理盐水(40℃左右)稀释,做悬滴压片检查,在显微镜下可发现活动的虫体呈钟摆式运动。

(六)防治

1.治疗

甲硝哒唑(Metronidazole,又称灭滴灵)。按250 mg/kg体重混于饲料中,有良好的治疗效果。预防可以200 mg/kg体重混入饲料中,连用3 d为一个疗程,停药3 d,再用下一个疗程,连续5个疗程。另外也有报道,痢特灵(Furazolidone)、硝苯胂酸(Nitarsone)对组织滴虫病也有明显的疗效。由于鸡组织滴虫和异刺线虫混合感染概率很高,因此,往往同时用左旋咪唑或丙硫咪唑进行驱虫,方可有效控制组织滴虫病。

2.预防

由于本病主要由异刺线虫传播，因此，定期驱虫是控制本病的根本措施。鸡和火鸡隔离饲养。成年鸡与幼年鸡分群饲养，对常发病的鸡场应在2周龄起进行药物预防。

四、隐孢子虫病

【案例】 赤峰某家禽场500多只15～20日龄雏鸡中有十几只雏鸡精神沉郁，缩头呆立，眼半闭，被毛粗乱，两翅下垂，食欲减退或废绝，张口呼吸，咳嗽，严重的呼吸困难、咳嗽、打喷嚏、有湿性啰音，发出“咯咯”的呼吸音，眼结膜水肿，眼流泪、有浆液性分泌物，腹泻，便血。用干扰素加头孢饮水2 d，鸡群病情加重，共死亡14只鸡。剖检病死鸡发现：眼结膜充血，鼻窦肿大；鼻腔、喉头出血并充满泡沫；泄殖腔、法氏囊及呼吸道黏膜上皮水肿，气管和支气管上皮细胞微绒毛肿胀、脱落、萎缩性变性和炎性渗出，黏膜表面有大量黏液和细胞碎片；肺腹侧坏死，气囊增厚，混浊，呈云雾状外观。双侧眶下窦内含黄色液体；法氏囊水肿内部有黄色栓塞物。肌肉及其他实质性器官无明显变化。

【问题】 该病如何进行确诊？该病是如何感染的？该病对宿主的危害主要是什么？如何进行防治？

隐孢子虫病(Cryptosporidiosis)是一种世界性的人兽共患寄生虫病，隐孢子虫在分类上隶属于隐孢子虫科(Cryptosporidiidae)隐孢子虫属(*Cryptosporidium*)。寄生于禽类的主要种类为火鸡隐孢子虫(*Cryptosporidium meleagridis*)和贝氏隐孢子虫(*C. baileyi*)。火鸡隐孢子虫寄生于禽类肠道，贝氏隐孢子虫寄生于禽类的法氏囊、泄殖腔和呼吸道。寄生于哺乳动物(主要是牛、羊和人)的隐孢子虫有2种：微小隐孢子虫(*C. parvum*)，寄生于小肠黏膜上皮细胞；鼠隐孢子虫(*C. muris*)，寄生于胃黏膜上皮细胞。

自1907年Tyzzer首先报道小鼠胃中的鼠隐孢子虫以来，相继从哺乳动物、鸟类、爬虫类和鱼类报道了20多种隐孢子虫。特别是20世纪80年代以来发现隐孢子虫常在艾滋病人体内大量感染繁殖，是艾滋病人死亡的一个重要因素。为此，WHO(世界卫生组织，World Health Organization)将人体隐孢子虫感染作为艾滋病常规检查的一个重要项目。该病已被列入世界最常见的6种腹泻病之一。因其具有重要的公共卫生学意义，同时也给畜牧业造成严重的经济损失，所以成为世界性的研究热点。

(一)病原形态

隐孢子虫卵囊呈球形或卵圆形，内含4个裸露的子孢子，卵囊残体由许多颗粒组成球状，其内可见一大的折光球，卵囊无卵膜孔和极粒，囊壁光滑，无色并有纵缝，子孢子呈新月状，前端稍尖，后端钝圆且呈平行排列(图15-6)。

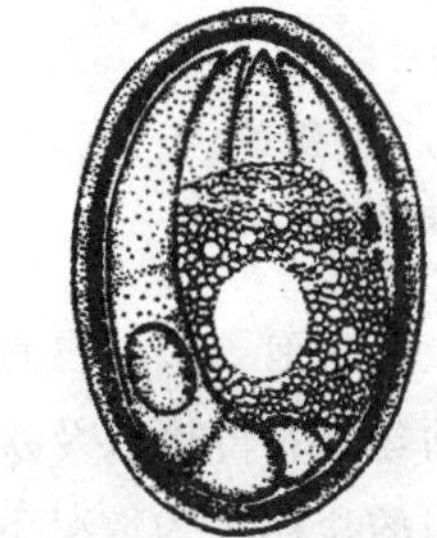

图15-6 隐孢子虫卵囊模式图

(引自孔繁瑶，2010)

贝氏隐孢子虫卵囊大小为6.3 μm×5.1 μm；火鸡隐孢子虫卵囊

大小为 5.0 μm×4.4 μm；微小隐孢子虫大小为 4.5 μm×4.5 μm；鼠隐孢子虫大小为 7.5 μm×6.5 μm。

(二)生活史

隐孢子虫的生活史是直接和单宿主性的，其发育过程与其他肠道艾美耳球虫相似：包括裂殖生殖、配子生殖和孢子生殖三个阶段。卵囊被易感动物经口摄入或经呼吸道吸入后，在胃肠道或呼吸道脱囊，释放出感染性子孢子，侵入上皮细胞中发育为球形的滋养体。滋养体经过 2～3 次核分裂后产生 3 代裂殖体。其中第 1、3 代裂殖体内含 8 个裂殖子，第 2 代裂殖体内含 4 个裂殖子。鸡贝氏隐孢子虫的生活史与其他感染哺乳动物的隐孢子虫稍有不同。贝氏隐孢子虫的成熟Ⅰ型裂殖体释放出的裂殖子可再次发育为Ⅰ型裂殖体，如此循环多次后再发育为含有 4 个裂殖子的Ⅱ型裂殖体，然后，再进一步发育为Ⅲ型裂殖体。裂殖子随后进入有性生殖阶段，分化为大、小配子体。小配子体含有 16 个小配子，释放出的小配子与大配子结合形成合子，再进一步发育为卵囊。隐孢子虫在发育过程中产生薄壁和厚壁两种类型的卵囊，两者的比例为 1∶4，均在宿主体内即可孢子化，孢子化卵囊含有 4 个子孢子(图 15-7)。薄壁卵囊仅由一层膜包围，它们可在原位脱囊并发生自身感染，因此，动物即使摄入少量卵囊也可发生严重感染。厚壁卵囊由多层膜包围，随粪便排出或从呼吸道中咳出，对环境有较强的抵抗力。

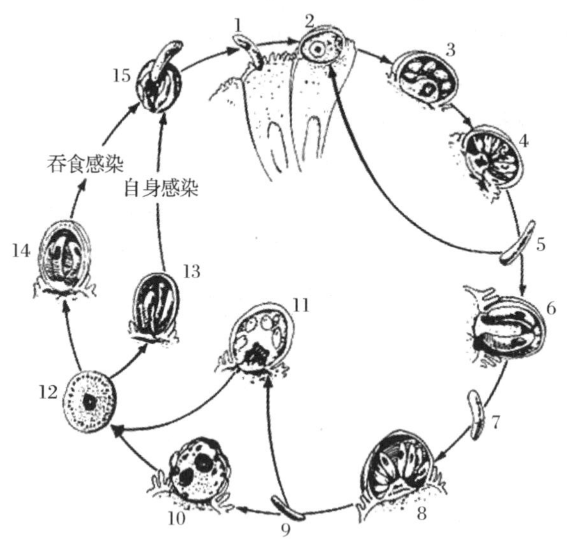

图 15-7　贝氏隐孢子虫生活史(引自孔繁瑶，1997)

1.子孢子　2.滋养体　3.Ⅰ型裂殖体早期　4.Ⅰ型裂殖体成熟期　5.Ⅰ型裂殖子　6.Ⅱ型裂殖体　7.Ⅱ型裂殖子　8.Ⅲ型裂殖体　9.Ⅲ型裂殖子　10.大配子　11.小配子　12.合子　13.薄壁卵囊　14.厚壁卵囊　15.子孢子自卵囊中脱出

虽然隐孢子虫的发育过程与艾美耳球虫相似，但隐孢子虫具有许多独特之处，其中有一些对感染的建立和传播以及疾病的防治具有十分重要的意义。首先，隐孢子虫与其他球虫一样，在胰酶和胆酸盐存在的情况下，脱囊率相当高，然而，在温暖潮湿环境中隐孢子虫卵囊不需要任何特殊刺激就可以释放出子孢子，这种自动脱囊能力使它可以在一些肠道以外的组织中建立感染，如：眼结膜和呼吸道等；其次，隐孢子虫在消化道和呼吸道上皮细胞中发育，各期虫体位于宿主细胞的边缘并通过营养器膜与细胞质隔开，这种细胞膜内细胞质外的寄生位置相对于球虫来说是非常独特的，这可能是许多药物不能抑制隐孢子虫发育的重要原因；第三，隐孢子虫在发育过程中，有两个阶段可以引起自身感染，即：I型裂殖体和薄壁卵囊。在缺乏有效免疫力保护的情况下，即使宿主不再感染外界的卵囊，也可以发生持续性感染；最后，厚壁卵囊在随粪便排出或从呼吸道中咳出到体外时就已经完全孢子化，它们可以随时感染易感动物，还可随水流长距离迁移并存活相当长的时间，由于它们对许多动物都具有感染性，这些动物均有可能成为新的传染源。由此可见，隐孢子虫具有超强的繁殖能力和传播能力。

(三)流行病学

隐孢子虫病是家禽和野生鸟类最为常见的一种寄生虫病，在雁形目、鸻形目、鸽形目、鸡形目、雀形目、鹦形目和鸵形目的30多种鸟类中发现了隐孢子虫，几乎存在于世界上所有有禽类存在的地区，许多国家和地区都有禽隐孢子虫病的报道。在欧洲、美国和亚洲，血清学试验证实鸡隐孢子虫的感染率为22％～88％。美国佐治亚州鸡群贝氏隐孢子虫感染率为10％～60％，41％的肉鸡群有贝氏隐孢子虫性气管炎。贝氏隐孢子虫与鸡气管炎的严重程度高度相关，但与平均体重无关，与气囊炎和胴体废弃率相关。欧洲鸭和鹅的感染率为50％～59％，野鸡为20％～60％，鸥为22％～100％。在我国，河南鸡的总感染率为18.8％，2周龄鸡达42.5％，鸭为9.8％，鸽为21.4％。陕西鸡的感染率为21.5％，麻雀为7.5％。北京鸭为29.5％～64.3％，鸡为37.8％。广东鸭的感染率为85.7％～100％，鸡为82.3％～100％。安徽鸡的感染率为33.6％。总的来看，贝氏隐孢子虫流行较为广泛，尤其是肉鸡感染更为普遍。有关贝氏隐孢子虫及其他未命名虫种的报道比较多，火鸡隐孢子虫的报道较少。

家禽摄入或吸入环境中(垫料、粪、水、配种工具、灰尘等)的卵囊而感染。卵囊对外界环境有较强的抵抗力，并在污水和饮水中沉降速度低，饮水可能是卵囊在鸡群间传播的主要途径。隐孢子虫缺乏严格的宿主特异性或特异性较小，贝氏隐孢子虫和火鸡隐孢子虫可感染多种禽类宿主，野生鸟类在疾病的传播上起着十分重要的作用。火鸡隐孢子虫对啮齿动物具有感染性，鼠类可成为禽隐孢子虫的传播媒介。低等脊椎动物对禽隐孢子虫无感染性，但可机械地传播卵囊。

禽舍卫生状况和饲养管理水平对隐孢子虫病的流行和发生有很大的影响。卫生条件差的鸡群，本病较普遍。集约化饲养程度的提高也使鸡感染隐孢子虫的机会大大增加。另外，隐孢子虫病的发生似乎与气候也有关系，冬季的病例数较其他季节要少。

免疫功能正常的禽隐孢子虫感染是自限性的。两周龄的鸡经口感染贝氏隐孢子虫卵囊后，产生的免疫反应可将体内的虫体清除，而且几乎完全可以抵抗再次感染。鸡感染贝氏隐孢子虫后第7 d即可在血清中检测到抗体，然而，鸡抗隐孢子虫感染主要是细胞免疫，抗体的作用很小。另外，鸡对隐孢子虫的抵抗力具有年龄依赖性，大龄鸡对贝氏隐孢子虫的易感性较小，表现为潜隐期延长，显露期缩短，症状较轻，饲料转化率和增重也不受影响。事实上，隐孢子虫病仅发生于11周龄以下的鸡，成年鸡一般不会发生。遗憾的是，在自然情况下隐孢子虫常常是与其他病原共感染的，如与免疫抑制性病毒(如：反转录病毒等)、呼肠孤病毒及大肠杆菌等病原共感染时，疾病的严重程度将会大大增加。已证实贝氏隐孢子虫与这些病原具有协同致病作用。而且，贝氏隐孢子虫引起的机体免疫抑制也大大增加了鸡继发其他疾病的机会。

由于隐孢子虫建立感染的剂量较小(100 个卵囊即可引起肠道或呼吸道感染),而且卵囊对许多消毒剂有较强的抵抗力,至今还没有找到一种有效的治疗方法,因此,鸡群一旦感染就很难根除。

(四)致病作用和病变

自然条件下禽隐孢子虫主要引起呼吸道疾病,偶尔引起肠道、肾脏等疾病,但每次暴发一般只以一种疾病为主。呼吸道感染剖检可见鼻腔、鼻窦、气管有过量黏性分泌物,结膜水肿、充血,鼻窦肿胀,肺呈灰红色斑纹状,气囊浑浊,肺泡萎缩,脾肿大。显微镜下可见眼鼻和呼吸道器官上皮中有大量的隐孢子虫寄生,黏膜表面有大量黏液和细胞碎片,上皮充血、坏死和有化脓性炎症反应,黏液腺扩张或增生。胃肠道感染后可见小肠和大肠黏膜苍白或充血,肠内充满大量气体和液体,法氏囊出血、萎缩。显微变化包括肠上皮细胞脱落,肠绒毛萎缩,肠腺增生,法氏囊上皮细胞增生、淋巴滤泡萎缩、有化脓性炎症反应和坏死。鸡、雀类和一些原鸡的肾中也有隐孢子虫寄生,死后剖检可见肾肿大、苍白,镜检可见输尿管上皮增生,化脓性肾炎仅见于雀类。在鸵鸟中,未定名的隐孢子虫可感染泄殖腔和法氏囊,严重时会引起阴茎和泄殖腔脱出。火鸡隐孢子虫感染可导致病禽小肠苍白、肿胀,充满云雾状的黏性液体和气泡。

(五)症状

呼吸道和眼、鼻感染贝氏隐孢子虫的病禽表现为精神沉郁、嗜睡、厌食、体重减轻、咳嗽、喷嚏、“咯咯”叫和呼吸困难。胃肠道感染的患禽,死亡率升高,嗜睡,体重减轻,下痢是最常见的症状。火鸡隐孢子虫致病性不强,但可引起雏鸡的腹泻、消瘦和中等程度的死亡率。鸵鸟严重感染会出现顽固性腹泻、脱水、消瘦、泄殖腔脱出等症状,尤其是幼鸵鸟的泄殖腔脱出更为严重。

(六)诊断

常用的诊断方法仍然是虫体检查法,免疫学和分子生物学技术等也有了初步应用。

1.虫体检查

(1)卵囊。隐孢子虫卵囊很小,且其大小和形态与酵母细胞相近,直接镜检时难以分辨出粪便和消化道或呼吸道黏膜涂片中的卵囊,通过染色分辨率可大大提高。文献介绍的染色方法很多,常用的主要有金胺－酚染色法、齐尔－尼尔森(Ziehl－Neelsen)抗酸染色法和改良抗酸染色法等。在改良抗酸染色的涂片中,在蓝色背景下卵囊呈大小为 4.0～7.5 μm 的亮粉红到鲜红色的圆形小体,有的囊内有一些暗棕色的颗粒。如有相差或微分干涉显微镜,可直接进行卵囊检查,并可将它们与酵母细胞区分开来。用相差显微镜检查时,卵囊呈含有 1～4 个黑色颗粒的明亮物体,而酵母细胞不亮,且不含有黑色颗粒。

利用沉淀或漂浮法对粪样中的卵囊进行聚集浓缩后检查,可显著提高卵囊检出率。目前,Sheather's 蔗糖漂浮法已广泛应用于粪样中卵囊的收集和检查,也是流行病学调查中最常用的方法。其离心速度和时间要比其他大多数粪检技术快或长(>500 g,10 min 以上),样品制备好后应尽快(10 min 以内)检查,因卵囊长时间置于蔗糖溶液中会变形或塌陷。光镜下卵囊外观呈球形淡红色小体，内部略带红色，较易辨认。Varga 等(1995)根据隐孢子虫卵囊沉降速度慢的特点，建立了一种定量检测粪样中卵囊数量的方法。

(2)内生殖阶段。取相应的组织器官进行固定、切片和 HE 染色，光镜下可见隐孢子虫位于宿主上皮细胞的刷状缘，呈大小为 2.0～7.5 μm 嗜碱性小体。借助于电镜可观察到位于上皮细胞微绒毛中带虫空泡中的内生殖阶段虫体。

2.免疫学技术

主要有免疫荧光试验、ELISA 测定和单抗体技术等。免疫学试验具有较高的敏感性、特异性和稳定性，适用于诊断、虫体定位和鉴定、抗原和抗体分析及流行病学调查。目前已有一些商品化的试剂盒出售。

3.分子生物学技术

目前报道的有 PCR、RT(Reverse transcription)-PCR、RFLP(Restriction Fragment Length Polymorphism)和免疫磁性分离与 PCR 结合的技术等。考虑到粪检法的敏感性低[5 000～50 000 卵囊/g(粪)]和隐孢子虫间的形态相似性，分子生物学技术不失为一种高度敏感的隐孢子虫病检测方法。但由于样品制备及费用上的问题，目前主要是用于虫种的鉴定、人医和公共卫生方面，真正用于畜禽隐孢子病诊断和分子流行病学调查的还比较少。将 PCR 和 RFLP 结合起来可以检测和区分贝氏隐孢子虫、鼠隐孢子虫和微小隐孢子虫。

需要注意的是，隐孢子虫感染临床上多呈隐性经过，它可在宿主体内繁殖，而不引起任何症状，即使有也是非特异性的。因此，即使在病例中检查到虫体，只能作为参考，因为在自然条件下动物常伴有其他病原感染，需要做进一步的检查后确诊。

(七)防治

1.治疗

到目前为止，治疗隐孢子虫病尚无有效药物。巴龙霉素(Paromomycin)喂服，鸡贝氏隐孢子虫的卵囊排出量下降 68%～82%，显露期也缩短了 12%～23%，是一种潜在的抗禽隐孢子虫药物。

2.预防

主要从加强卫生管理和提高免疫力两方面着手，良好的环境卫生和饲养管理条件对防治该病极为重要。常用的消毒药物中只有少数几种对禽隐孢子虫卵囊有杀灭作用。采用 50%氨水 5 min、30%过氧化氢 30 min、10%福尔马林 120 min、蒸汽消毒和氨气熏蒸等方法对所有物体及其表面进行消毒，结合严格的卫生管理措施和药物预防在一定程度上可以预防隐孢子虫病的发生，但这些措施仅适用于小型禽场，而且甲虫及其他一些昆虫可成为其传播媒介，因此，禽隐孢子虫的控制问题仍未真正得到解决。

第三节　牛、羊原虫病

一、伊氏锥虫病

【案例】 某个体户在山西省引进奶牛 13 头，到九月上旬部分奶牛出现食欲减退，精神萎靡，体温升高等症状。户主疑为感冒，经用青霉素、链霉素和磺胺类药物治疗，不见好转，到九月中旬，有一只较高产的奶牛发病症状严重，后腿无力，倒地不起，阵发性咳嗽，最后衰竭而死。

【问题】 根据临床表现，该病可能是什么病？如何进行诊断及防治？

伊氏锥虫病(Trypanosomosis)，又名苏拉病，是由吸血昆虫传播引起的马、牛、骆驼等家畜的一种血液原虫病。病原体为锥体科(Trypanosomatidae)锥虫属(*Trypanosoma*)的伊氏锥虫(*Trypanosoma evansi*)。马、骡一般呈急性经过，不进行治疗，几乎可全部死亡。黄牛、水牛、骆驼感染后，虽也有急性经过而死亡的病例，但多数是慢性经过，有时呈带虫现象。本虫宿主范围很广，除上述动物外，犬、鹿、象、虎、兔、豚鼠、大鼠、小鼠均能感染。

(一)病原形态

伊氏锥虫呈细长的柳叶状，前端尖，后端钝，虫体长 18～34 μm，宽 1～2 μm，平均 24 μm×2 μm，不同宿主和不同地理区域的虫株平均长度有所不同。虫体中央有 1 个椭圆形的核(或称主核)，虫体后端有一点状的动基体，靠近动基体为生毛体，由生毛体长出鞭毛 1 根，沿虫体表面螺旋式地向前伸延并借助膜与虫体相连，鞭毛远端游离(图 15-8)。当虫体运动时鞭毛旋转，膜也随之波动，所以称为波动膜。虫体胞质中有时可见到空泡和染色质颗粒，在姬姆萨染色的血片中，虫体的核和动基体呈深红紫色，鞭毛呈红色，波动膜呈粉红色，原生质呈天蓝色。

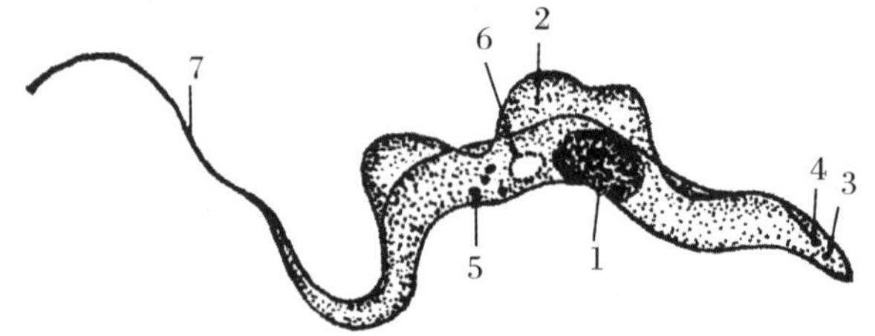

图 15-8　伊氏锥虫模式图(引自李国清，1999)

1.核　2.波动膜　3.动基体　4.生毛体　5.颗粒　6.空泡　7.游离的鞭毛

(二)生活史

伊氏锥虫由虻和螫蝇等吸血昆虫机械性传播，在媒介昆虫体内不进行循环发育，锥虫滞留在昆虫的喙中。常见的媒介是虻属(*Tabanus*)的昆虫，麻虻属(*Haematopota*)、螫蝇属(*Stomoxys*)、角蝇属(*Lyperosia*)和血蝇属(*Haematobia*)的昆虫也可传播伊氏锥虫。虫体寄生在宿主血液(包括淋巴液)和造血器官中,以纵二分裂方式进行繁殖。媒介昆虫的传播纯粹是机械性的,即虻等在吸血后,锥虫进入虻体内并不进行任何发育,生存时间亦较短暂。当虻等再吸食其他动物血液时,即将虫体传入后者体内。人工抽取病畜的带虫血液,注射入健畜体内,能成功地将病原传播给健畜。

(三)流行病学

1. 伊氏锥虫的分布　在所有致病的锥虫当中,伊氏锥虫分布最为广泛,主要分布于非洲、亚洲、中东地区,美洲中部、南美洲和欧洲的部分地区。在亚洲,东南亚一带是伊氏锥虫流行的主要地区。中国也是伊氏锥虫的流行区,主要分布于长江中下游、华南、西南和西北等地的 17 个省、自治区和直辖市(内蒙古、河北、北京、宁夏、新疆、湖北、河南、浙江、安徽、江西、广东、广西、云南等均有报道),大致分为南方和北方两个疫区。一个在新疆、甘肃、宁夏、内蒙古和河北北部一带,主要以感染骆驼为主。另一个在秦岭—淮河一线以南,主要以感染黄牛、水牛、奶牛、马属动物和其他动物为主。两疫区虫株致病力的比较研究表明,北方疫区虫株的致病力显著低于南方疫区虫株。

2. 伊氏锥虫病的传播　伊氏锥虫病主要是由吸血昆虫传播,螫蝇和牛虻是传播伊氏锥虫的重要媒介。在中国,则主要靠虻、螫蝇和虱蝇等吸血昆虫在家畜中作机械传播。在美洲,还发现伊氏锥虫可以通过吸血蝙蝠传播。正是由于吸血昆虫每年不同季节的出没,吸血的频繁,造成伊氏锥虫病的广泛流行。伊氏锥虫病除了通过吸血昆虫和吸血蝙蝠传播外,还可以通过胎盘、乳液和注射器等传播。肉食性动物(犬、狼、虎等)可以通过吞食患病动物而被感染。

(四)致病作用和病变

锥虫在血液中寄生,迅速增殖,产生大量有毒代谢产物,宿主亦产生溶解锥虫的抗体,使锥虫溶解死亡,释放出毒素。伊氏锥虫体表的表面可变蛋白具有极强的抗原变异性。虫体在血液中增殖的同时,宿主的抗体亦相应产生,在虫体被消灭时,有一部分可变蛋白发生变异的虫体,逃避了抗体的作用,重新增殖,从而出现新的虫血症高峰,如此反复致使疾病出现周期性的高峰。病畜消瘦,皮下水肿呈胶冻样浸润,水肿多发生于胸前、腹下、公畜的阴茎部分。体表淋巴结充血、肿大,切面呈髓样浸润。血液稀薄,凝固不良,胸腔、腹腔有大量浆液性和纤维素性液体。肝、脾肿大,或有出血。反刍兽第三、第四胃黏膜有出血斑。小肠有出血性炎症。心脏肥大,心肌炎的病变明显,切面呈煮肉样,心内、外膜有密发的出血点。有神经症状的病畜,胸腔积液,软脑膜下充血或出血,侧脑室扩大,室壁有出血点或出血斑。腰背部脊髓出现脊髓灰质炎。

(五)症状

伊氏锥虫主要由锥虫毒素引起发病。虫体毒素作用引起体温升高(间歇热型)。对造血器官的损伤则引起贫血,同时红细胞溶解,出现贫血与黄疸等症状。对血管壁渗透作用的损伤,导致皮下水肿,肝脏损伤。虫体大量消耗糖,出现低血糖症和酸中毒现象。同时,感染伊氏锥虫后的动物机体常常产生免疫抑制的现象。急性感染个体会在数周至数月内死亡,而慢性感染的个体则可以存活数年。感染伊氏锥虫的水牛和黄牛多呈慢性经过,在高传播率的季节某些个体因为机体抵抗力下降即发展成为急性病,但绝大部分感染后可存活三年以上。慢性病牛感染后,逐渐消瘦，皮肤皲裂、脱毛，精神沉郁，四肢无力，走路摇晃，伏卧昏睡。结膜有出血点或出血斑，体表淋巴结肿胀，耳、尾有干性坏死，严重时，尾根和耳朵边缘坏死后脱落。怀孕的个体还会出现流产。

（六）诊断

可根据临床症状（主要看牛有无反复发热，肿脚和耳、尾干枯等）、流行病学、病原学检查和血清学诊断资料，进行综合性判断，其中以病原学检查发现伊氏锥虫为最后确诊的依据。由于虫体在末梢血液中出现有周期性，初诊病畜时，应反复采血检查，必要时做动物接种试验，直至确诊。

1.血液病原学检查

（1）悬摘标本检查。耳静脉或其他部位采血 1 滴置于洁净的载玻片上，加等量生理盐水，做成压滴标本，用高倍显微镜检查。如在血细胞间看到活动的虫体，即可判为阳性。本方法的优点是快速、简便，缺点是病畜体温不升高或慢性过程则很难查到虫体。

（2）涂片标本检查。病畜发热时采集末梢静脉血制作血膜片，自然干燥后用甲醇固定，经姬姆萨或瑞氏染色后镜检。

（3）集虫法。当采用悬滴标本和涂片标本都没有检出虫体时，可取抗凝血 5～10 mL，以 1500 r/min离心 10 min，然后用吸管吸取红细胞沉淀层的表面做悬滴标本或涂片标本染色镜检。

2.动物接种

接种动物可选用小鼠、大鼠和犬等，常用小白鼠。采集可疑病畜的血液 0.2～0.5 mL，接种于小白鼠的腹腔，从接种后第三天起，每天采集尾尖血液，进行虫体检查。若为阳性动物，一般半个月内可以查到虫体。

3. 血清学诊断

检查伊氏锥虫的血清学诊断方法很多，如乳胶凝集试验、酶联免疫吸附测定、琼脂扩散反应等，我国已研制了反向间接血凝试验诊断试剂盒。血清学试验虽有诊断价值，但不能有效区分动物是现正感染还是既往感染。

4.分子生物学诊断　采用 PCR 或 DNA 探针技术进行诊断。

（七）防治

1.治疗

目前比较常用而疗效较高的治疗药物有下列几种：

（1）萘磺苯酰脲。商品名为纳加诺、拜耳 205 或苏拉灭，以生理盐水配成 10％的溶液，静脉注射。必要时一周后可再用药一次。本品对马属动物敏感，特别是病重的马易出现不良反应，如体温升高、荨麻疹、跛行、食欲减退、肌震颤、步行困难甚至倒地等副作用，静脉注射下列药物可缓解：$CaCl_2$ 10.0 g，苯甲酸钠咖啡因 5.0 g，葡萄糖 30.0 g，生理盐水 1000.0 mL，混合后注射。

（2）贝尼尔（Berenil）。亦称三氮脒（Diminazene aceturate），国产名为血虫净，牛 3.5～5 mg/kg体重，用灭菌蒸馏水配成 7％溶液，深部肌肉注射，每天 1 次，连用 1～3 d。

（3）锥净。是我国自行研制出的特效药，黄牛的剂量为 0.5 mg/kg 体重，水牛的剂量为 1.5 mg/kg体重，配成 0.5％～1％的水溶液进行肌肉注射。

(4)喹嘧胺(Quinapyramine)。商品名为安锥赛(Antrycide)。3～5 mg/kg 体重,以注射用水配成 10%溶液,皮下或肌肉注射。

对动物的伊氏锥虫病,应做到早发现、早治疗,治疗药量要足,观察时间要长。一般用两种以上的药物配合使用疗效好,且不易产生抗药性。病畜还应给予必要的对症治疗,如使用强心剂、补血剂和利尿剂等,并注意加强饲养管理和适当运动。

2.预防

根据伊氏锥虫的生活史和本病的流行病学特点,采取综合性的防治措施。

(1)严格检疫。在疫区,要经常注意观察家畜采食和精神状况,发现异常时应及时进行系统检查,以尽早发现病畜,尽快治疗控制病情。从疫区调入的家畜要隔离观察 20 d,确认健康后,方能混群饲养。

(2)防止吸血昆虫传播病原。在吸血昆虫出现季节,经常用杀虫药喷洒畜体或厩舍,加强饲养管理,搞好环境和畜舍卫生。

(3)药物预防。临床上较实用的措施是药物预防。由于锥虫的抗原变异频繁,迄今尚无可靠的疫苗用于临床,因此本病的预防主要靠药物预防。应根据本地区的疾病流行规律,确定预防用药的时机。

二、巴贝斯虫病

【案例】 某规模牛场的牛出现了高热、食欲废绝、反刍迟缓、精神沉郁、喜卧、结膜苍白等症状。曾用青霉素、链霉素等治疗,出现了体温的反复,疗效不佳。先后出现 13 头牛发病,治疗期间 1 头体弱病牛死亡,死亡牛只全身布满了硬蜱。病牛典型症状有高热、贫血、黄疸和血红蛋白尿。采集病牛体表的硬蜱进行观察,初步诊断为微小牛蜱,采集病牛的耳静脉血涂片,用姬姆萨染色法镜检,发现大量牛巴贝斯虫。

【问题】 如何进行该病的诊断? 微小牛蜱除传播牛巴贝斯虫病外,还会传播哪些疾病?

牛、羊的巴贝斯虫病(Babesiosis)是由巴贝斯科(Babesiidae)巴贝斯属(*Babesia*)的多种虫体寄生于牛、羊的红细胞内所引起的呈急性发作的血液原虫病。我国已报道的牛巴贝斯虫有 4 种:双芽巴贝斯虫(*Babesia bigemina*)、牛巴贝斯虫(*B. bovis*)、卵形巴贝斯虫(*B. ovata*)和东方巴贝斯虫(*B. orientalis*)。前两者流行广泛,危害较大。在我国报道的羊巴贝斯虫有 2 种:莫氏巴贝斯虫(*B. motasi*)和羊巴贝斯虫(*B. ovis*)。

牛、羊的巴贝斯虫病在热带和亚热带地区常呈地方性流行。临床上常出现血红蛋白尿,又因最早出现于美国的得克萨斯州,故又称得克萨斯热,该病由蜱传播,故又称蜱热。该病对牛的危害很大,各种牛均易感染,尤其是从非疫区引入的易感牛,如果得不到及时治疗,死亡率很高。

(一)病原形态

寄生在哺乳动物的红细胞内,呈梨形,圆形或卵圆形。巴贝斯虫种类很多,我国已报道牛有

4 种，羊有 2 种。均具有多形性的特点，有梨籽形、圆形、卵圆形及不规则形等多种形态。虫体大小也存在很大差异，长度大于红细胞半径的称为大型虫体，长度小于红细胞半径的称为小型虫体。

1.双芽巴贝斯虫　寄生于牛红细胞中，为大型虫体，大小为 4.5 μm×2.0 μm，虫体长度大于红细胞半径；典型虫体为成双的梨籽形，尖端以锐角相连。每个虫体内有两团染色质块。虫体多位于红细胞中央，每个红细胞内多有 1～2 个虫体(图 15-9)。姬姆萨氏染色后，胞质呈淡蓝色，染色质呈紫红色。红细胞染虫率为 2%～15%。虫体形态随病程的发展而变化，初期以单个虫体为主，随后双梨籽形虫体所占比例逐渐增多。

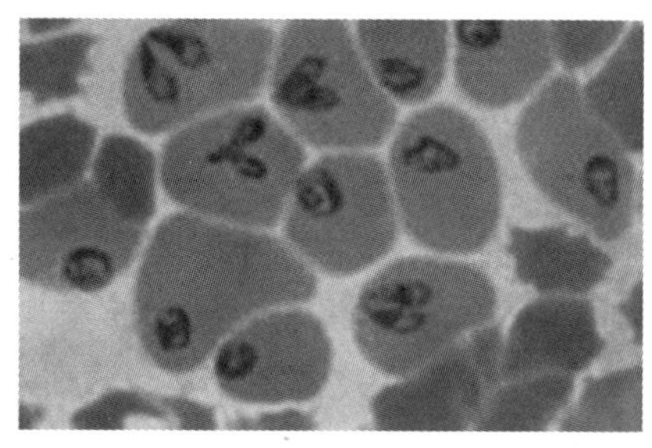

图 15-9　红细胞内的双芽巴贝斯虫
(引自李国清，2006)

2.牛巴贝斯虫　虫体大小为 2.0 μm×1.5 μm，为小型虫体，有 1 团染色质块。每个红细胞内有 1～3 个虫体，多位于红细胞边缘。红细胞染虫率一般不超过 1%。典型虫体为成双的梨籽形以尖端相连成钝角。

3.卵形巴贝斯虫　为大型虫体，虫体多为卵形，中央往往不着色，形成空泡。虫体多数位于红细胞中央。典型虫体为双梨籽形，较宽大，两尖端成锐角相连或不相连。

4.东方巴贝斯虫　虫体在红细胞内的形态呈梨籽形、环形、卵圆形、变形虫形及杆状。双梨籽形虫体尖端相连成钝角，虫体大小为(2.0～2.6)μm×(1.2～1.5)μm，位于红细胞近中央处。

5.莫氏巴贝斯虫　为大型虫体，有 1～2 团染色质，虫体多数位于红细胞中央，大多为双梨籽形(占 60%以上)。典型虫体为双梨籽形，以锐角相连。

6.羊巴贝斯虫　为小型虫体，典型的双梨籽形虫体大小为(1.8～2.4)μm×(1.3～1.8)μm，虫体小于红细胞半径，大部分虫体的两尖端相连，两虫体之间的夹角为钝角或平角。

(二)生活史

牛、羊巴贝斯虫的发育过程基本相似，需要转换两个宿主才能完成其发育，一个是牛或羊，另一个是硬蜱。现以牛双芽巴贝斯虫为例：带有子孢子的蜱吸食牛血液时，子孢子进入红细胞中，以裂殖生殖的方式进行繁殖，产生裂殖子。当红细胞破裂后，释放出的虫体再侵入新的红细胞，重复上述发育，最后形成配子体。蜱吸食带虫牛或病牛血液后，虫体在硬蜱的肠内进行配子生殖，然后在蜱的唾液腺等处进行孢子生殖，产生许多子孢子。

(三)流行病学

本病主要经媒介感染。双芽巴贝斯虫可经卵传播。

双芽巴贝斯虫的传播者为牛蜱属、扇头蜱属和血蜱属的蜱，我国证实为微小牛蜱。牛巴贝斯虫的传播者为硬蜱属、扇头蜱属的蜱等，我国为微小牛蜱。卵形巴贝斯虫的传播者为长角血蜱。传播莫氏巴贝斯虫的蜱尚未定种。双芽巴贝斯虫以经卵传播方式，由次代若蜱和成蜱阶段传播，幼蜱阶段无传播能力。牛巴贝斯虫以经卵传播方式，由次代幼蜱传播，而次代若蜱和成蜱阶段无传播能力。卵形巴贝斯虫以经卵传播方式，由次代幼蜱、若蜱及成蜱阶段均可传播。莫氏巴贝斯虫的蜱传阶段尚无定论。

本病的流行有一定的地区性和季节性。我国南方多在7～9月发生和流行。放牧牛群易发生，舍饲牛发病较少。在一般情况下，2岁以内的犊牛发病率高，但症状轻，死亡率低；成年牛发病率低，但症状较重，死亡率高。当地牛对本病有抵抗力，良种牛和外地引入牛易感性较高，症状严重，病死率高。

(四)致病作用和病变

虫体在红细胞内繁殖的过程中，因机械性损伤作用和掠夺营养，可造成动物红细胞大量破坏，发生溶血性贫血，致使病畜结膜苍白和黄染；染虫红细胞和非染虫红细胞大量发生凝集及附着毛细血管内皮细胞，致使循环血液中红细胞数和血红蛋白量显著降低，血液稀薄，血内胆红素增多而导致黄疸。红细胞数目减少、血红蛋白量的降低，会引起动物机体组织供氧不足，正常的氧化－还原过程被破坏，全身代谢障碍和酸碱平衡失调，因而出现实质细胞如肝细胞、心肌细胞、肾小管上皮细胞变性，甚至坏死，某些组织淤血、水肿；加之虫体毒素和代谢产物在体内蓄积，可作用于中枢神经系统和植物神经系统，引起动物体温中枢的调节功能障碍及植物神经机能紊乱，动物出现高热、昏迷。上述病变和症状随高温的持续和虫体的进一步增殖而加重，最后因严重贫血、缺氧、全身中毒和肺水肿而死亡。

剖检可见尸体消瘦，血液稀薄如水。皮下组织、肌间结缔组织和脂肪均呈黄色胶样水肿状。各内脏器官被膜均黄染。皱胃和肠黏膜潮红并有点状出血。脾脏肿大，脾髓软化呈暗红色，白髓肿大呈颗粒状突出于表面。肝脏肿大，黄褐色，切面呈豆蔻状花纹。胆囊扩张，充满浓稠胆汁。肾脏肿大，淡红黄色.有点状出血。膀胱膨大，存有大量红色尿液，黏膜有出血点。肺淤血、水肿。心肌柔软，黄红色；心内外膜有出血斑。

(五)症状

潜伏期约为1～2周。病牛最初的表现为高热稽留，体温可升高到42 ℃，脉搏和呼吸加快，精神沉郁，喜卧地。食欲大减或废绝，反刍迟缓或停止，便秘或腹泻，有的病牛还排出黑褐色、恶臭带有黏液的粪便。乳牛泌乳减少或停止，怀孕母牛常可发生流产。病牛迅速消瘦、贫血，黏膜苍白和黄染。最明显的症状是由于红细胞大量被破坏，血红蛋白从肾脏排出而出现血红蛋白尿，尿的颜色由淡红变为棕红色至黑红色。血液稀薄，红细胞数下降，血红蛋白量减少，血沉加快。红细胞大小不均，着色淡，有时还可见到幼稚型红细胞。白细胞在病初数量正常或减少，以后增到正常的3～4倍；淋巴细胞数量增加；中性粒细胞数量减少；嗜酸性细胞数量下降或消失。重症时如不治疗可在4～8 d内死亡，死亡率可达80%。慢性病例，体温波动于40 ℃上下持续数周，食欲减退，渐进性贫血和消瘦，需经数周或数月才能康复。

(六)诊断

巴贝斯虫病的诊断须根据当地流行病学因素、临床症状与病理变化的特点以及实验室检查等综合进行。

主要因素应考虑该病的地区性和季节性，有无传播该病的蜱，病牛是否为纯种牛或是否从非疫区引入等。临床症状包括高热稽留，严重贫血、黄疸和血红蛋白尿等。病理变化包括血液稀薄，皮下组织、脂肪和内脏被膜黄染，膀胱积有红色尿液等。确诊有赖于实验室的检查。体温升高后 1～2 d，耳尖采血涂片检查，可发现少量圆形和变形虫样虫体；有血红蛋白尿出现时，在血涂片中可发现大量的梨籽形虫体。在病牛体上采集到蜱时，应对其鉴定，确定是否为该病的传播媒介，在传播媒介体内可以发现病原。免疫学方法诊断，如 ELISA、IHA、补体结合反应（CF）、间接荧光抗体试验（IFAT）等。其中 ELISA 和 IFAT 可供常规使用，主要用于染虫率较低的带虫牛的检出和疫区的流行病学调查。

（七）防治

1.治疗

要及时确诊，尽早治疗，方能取得良好的效果。同时，还应结合对症疗法，如强心、健胃、补液等。常用的杀虫药物有以下几种。

（1）咪唑苯脲（Imidocarb）。对各种巴贝斯虫均有较好的治疗效果。治疗剂量为 1～3 mg/kg 体重，配成 10%溶液肌肉注射。该药安全性较好，增大剂量至 8 mg/kg 体重，仅出现一过性的呼吸困难，流涎，肌肉颤抖，腹痛和排出稀便等副反应，约经 30 min 后消失。

（2）三氮脒。剂量为 3.5～3.8 mg/kg 体重，配成 5%～7%溶液，深部肌肉注射。黄牛偶尔出现起卧不安，肌肉震颤等副作用，但很快消失。水牛对本药较敏感，一般用药一次较安全，连续使用易出现毒性反应，甚至死亡。

（3）吖啶黄（Acriflavine）。又名锥黄素。剂量为 3～4 mg/kg 体重，配成 0.5%～1%溶液静脉注射，症状未减轻时，24 h 后再注射一次，病牛在治疗后的数日内，避免烈日照射。

（4）硫酸喹啉脲（Quinuronium Metilsulfate）。又名阿卡普林。剂量为 0.6～1 mg/kg 体重，配成 5%溶液皮下注射。有时注射后数分钟出现起卧不安，肌肉震颤，流涎，出汗，呼吸困难等副作用（妊娠牛可能流产），一般于 1～4 h 后自行消失，严重者可皮下注射阿托品，剂量为 10 mg/kg 体重。

2.预防

关键在于灭蜱。因此要了解当地蜱的活动规律，有计划地采取一些有效措施，消灭牛体上及牛舍内的蜱。巴贝斯虫病的传播媒介多为野外蜱，牛群应避免到大量滋生蜱的草场放牧，必要时可改为舍饲。也应杜绝随饲草和用具将蜱带入牛舍。牛只的调动最好选择无蜱活动的季节进行，调动前应用药物灭蜱。当牛群中出现个别病例或向疫区引入敏感牛时，可先进行药物预防，对双芽巴贝斯虫和牛巴贝斯虫可分别产生 60 d 和 21 d 的保护作用。

三、泰勒虫病

【**案例**】 某养殖户饲养40只羊，其中山羊35只，小尾寒羊5只。5月中旬羊群中的5中小尾寒羊发病并突然死亡2只，其间兽医采取退烧、消炎等对症疗法治疗，但效果不明显。随后另一只小尾寒羊病情较重且于傍晚前后死亡。经询问调查畜主得知5只小尾寒羊是去年11月从定州市购入的羊只，从未驱虫。

【**问题**】 该羊群有必要提前驱虫吗？该病对羊的主要危害是什么？

泰勒虫病(Theileriosis)是由泰勒科(Theileriidae)泰勒属(*Theileria*)的多个种类的虫体寄生于牛、羊和其他野生动物的巨噬细胞、淋巴细胞和红细胞内所引起的疾病的总称。我国已报道的牛、羊泰勒虫主要有3种，分别是：环形泰勒虫(*Theileria annulata*)、瑟氏泰勒虫(*T. sergenti*)和山羊泰勒虫(*T. hirci*)。

寄生于牛的有环形泰勒虫和瑟氏泰勒虫。环形泰勒虫在我国，尤其北方广泛流行，危害较大，传播媒介是璃眼蜱属的残缘璃眼蜱。瑟氏泰勒虫的传播媒介是血蜱属的蜱，我国已发现的为长角血蜱和青海血蜱(青海牦牛瑟氏泰勒虫病的传播者)。瑟氏泰勒虫病发病较少，其症状与环形泰勒虫病相似，但症状缓和，病程较长，死亡率较低。寄生于羊的为山羊泰勒虫，在我国四川、甘肃和青海等地呈地方性流行，对绵羊和山羊有较强的致病力，其传播媒介为青海血蜱。

(一)病原形态

1. 环形泰勒虫 寄生于红细胞内的虫体称为血液型虫体，虫体很小，形态多样。有圆环形、杆形、卵圆形、梨籽形、逗点形、圆点形、十字形、三叶形等各种形状(图15-10)，其中以圆环形和卵圆形为主，占总数的70%～80%，染虫率达高峰时，所占比例最高，上升期和带虫期所占比例降低。杆形的比例为1%～9%；梨籽形的为4%～21%；其他形态所占比例很小，最高不超过10%，一般维持在5%左右，甚至更小。

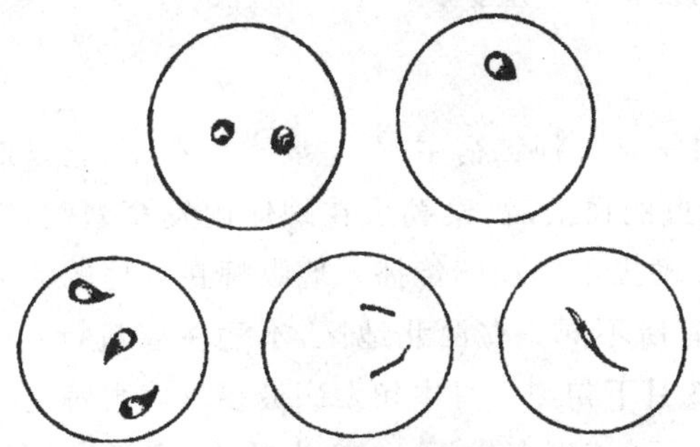

图15-10 环形泰勒虫血液型虫体

(引自李国清，2006)

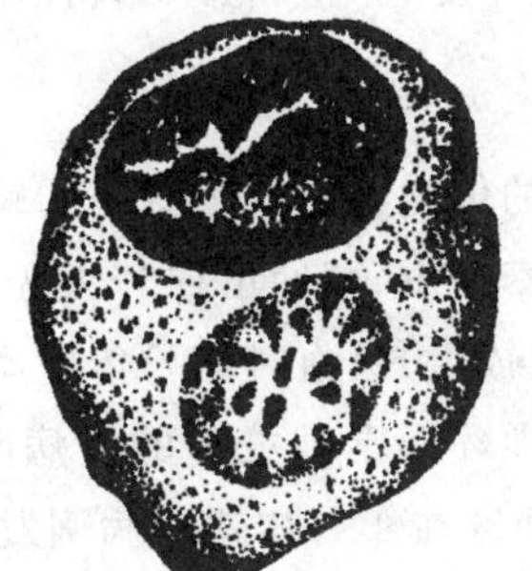

图15-11 环形泰勒虫裂殖体

(引自李国清，1999)

寄生于巨噬细胞和淋巴细胞内进行裂体增殖所形成的多核虫体称为裂殖体(或称石榴体、柯赫氏蓝体)。裂殖体呈圆形、椭圆形或肾形，位于淋巴细胞或巨噬细胞胞浆内或散在于细胞外(图

15-11)。用姬氏法染色，虫体胞质呈淡蓝色，其中包含许多红紫色颗粒状的核。裂殖体有两种类型，一种为大裂殖体(无性生殖体)，体内含有直径为 0.4～1.9 μm 的染色质颗粒，并产生直径为 2～2.5 μm的大裂殖子；另一种为小裂殖体(有性生殖体)，含有直径为 0.3～0.8 μm 的染色质颗粒，并产生直径为 0.7～1.0 μm 的小裂殖子。

2. 瑟氏泰勒虫　寄生于红细胞内的虫体，除有特别长的杆状形外，其他的形态和大小与环形泰勒虫相似，也具有多形性，有杆形、梨籽形、圆环形、卵圆形、逗点形、圆点形、十字形和三叶形等各种形状。它与环形泰勒虫的主要区别点为各种形态中以杆形和梨籽形为主，占 67%～90%；但随着病程不同这两种形态的虫体比例也有变化。在上升期，杆形占 60%～70%，梨籽形为 15%～20%。圆环形和卵圆形虫体在染虫率高峰期略高，但最高不超过 15%。其余形态的虫体在下降期和带虫期稍有增加，但所占比例较小。

3.山羊泰勒虫　形态与牛环形泰勒虫相似，有环形、椭圆形、短杆形、逗点形、钉子形、圆点形等各种形态，以圆形最多见。一个红细胞内一般只有一个虫体，有时可见到 2～3 个。红细胞染虫率 0.5%～30%，最高超过 90%。裂殖体的形态与牛环形泰勒虫相似，可在淋巴结、脾、肝等组织的涂片中查到。

(二)生活史

感染泰勒虫的蜱在牛体吸血时，子孢子随蜱的唾液进入牛体，首先侵入局部单核巨噬系统的细胞(如巨噬细胞、淋巴细胞等)内进行裂体生殖，形成大裂殖体。大裂殖体发育成熟后，产生许多大裂殖子，又侵入其他巨噬细胞和淋巴细胞内。重复上述的裂体生殖过程。在这一过程中，虫体随淋巴和血液循环向全身扩散，并侵入其他脏器的巨噬细胞和淋巴细胞再进行裂体生殖。裂体生殖进行数代后，可形成小裂殖体，小裂殖体发育成熟后，释放出许多小裂殖子，进入红细胞内发育为配子体。

幼蜱或若蜱在病牛身上吸血时，把带有配子体的红细胞吸入胃内，配子体由红细胞退出并变为大小配子。二者结合形成合子，进而发育成为杆状的能动的动合子。当蜱完成其蜕化时，动合子进入蜱唾腺的腺细胞内变为圆形的合孢体，开始孢子生殖，分裂产生许多子孢子。在蜱吸血时，子孢子被接种到牛体内，重新开始其在牛体内的发育和繁殖。

(三)流行病学

环形泰勒虫病的传播者是璃眼蜱属的蜱。璃眼蜱是一种二宿主蜱，主要寄生在牛，它以期间传播方式传播环形泰勒虫，即幼虫或若虫吸食了带虫的血液后，泰勒虫在蜱体内发育繁殖，当蜱的下一个发育阶段(成虫)吸血时即可传播本病。泰勒虫不能经卵传播。璃眼蜱在各地的活动时间有差异，因此，各地环形泰勒虫病的发病时间亦有所不同。在西北地区，本病主要流行在 5～8 月份。陕西关中地区在 4 月初就有病例发现，以 6 月下旬到 7 月中旬发病最多。璃眼蜱是一种圈舍蜱，因此，该病主要在舍饲条件下发生。在流行区，该病多发于 1～3 岁的牛，患过本病的牛可获得很强的免疫力，一般很少发病，免疫力可持续 2.5～6 年。从非疫区引入的牛，不论年龄、体质，都易发病，而且病情严重。纯种牛和改良杂种牛，即使红细胞的染虫率很低(2%)，亦可出现明显的临床症状。由于虫体在单核巨噬细胞内的反复裂体生殖和虫体的毒素作用，病牛出现较为严重的症状和病理变化。

(四)致病作用和病变

环形泰勒虫子孢子进入牛体后，侵入局部淋巴结的巨噬细胞和淋巴细胞内反复进行裂殖生殖，形成大量的裂殖子，在虫体的直接破坏和虫体毒素的刺激下，使局部淋巴结巨噬细胞增生与坏死崩解，引起充血、出血等病理过程。临床上出现局部淋巴结肿胀、疼痛等急性炎性症状。

泰勒虫在局部淋巴结大量繁殖时，部分虫体随淋巴和血液散播至全身各器官的巨噬细胞和淋巴细胞中进行同样的裂殖生殖，并引起与前述相同的病理过程，在脾、肝、肾、皱胃等一些器官出现相应的病变，临床上呈现体温升高，精神不振，食欲减退等前期症状。

剖检可见全身皮下、肌间、黏膜和浆腹上均有大量的出血点和出血斑。全身淋巴结肿大，切面多汁，有暗红色和灰白色大小不一的结节。皱胃黏膜肿胀，有许多针头至黄豆大、暗红色或黄白色的结节，结节部上皮细胞坏死后形成中央凹陷、边缘不整稍隆起的溃疡病灶，黏膜脱落是该病的特征性病理变化，具有诊断意义。小肠和膀胱黏膜有时也可见到结节和溃疡。脾脏明显肿大，被膜上有出血点，脾脆质软呈黑色泥糊状。肾脏肿大、质软，有粟粒大的暗红色病灶，外膜易剥离。肝脏肿大，质脆，色泽灰红，被膜有大量出血点或出血斑，肝门淋巴结肿大。肺脏有水肿和气肿，被膜上有大量出血点，肺门淋巴结肿大。

(五)症状

呈急性经过，潜伏期 14～20 d。初期病牛的第一个表现为高热稽留，体温上升到 40～42 ℃，精神沉郁。接着出现体表淋巴结(肩前和腹股沟浅淋巴结)肿大，有痛感。淋巴结穿刺涂片镜检，可在淋巴细胞和巨噬细胞内发现裂殖体，即柯赫氏蓝体，或称石榴体。食欲大减或废绝，可视黏膜、肛门周围、尾根、阴囊等皮肤薄处出现出血点或出血斑。有的在颌下、胸前或腹下发生水肿。病牛迅速消瘦，严重贫血，血沉加快，红细胞染虫率随病情发展而增高，红细胞大小不均，出现异形红细胞。可视黏膜轻微黄染。病牛磨牙、流涎，排少量干黑的粪便，常带黏液或血丝。最后卧地不起，多在发病后 1～2 周死亡，牛成为带虫者。

(六)诊断

该病的诊断与牛的巴贝斯虫病的诊断相似，在分析流行病学资料(发病季节和传播媒介)、考虑临床症状与病理变化(高热稽留、贫血、消瘦、全身性出血、全身性淋巴结肿大、皱胃黏膜有溃疡斑等)的基础上，早期进行淋巴结穿刺涂片镜检，以发现石榴体。之后对耳静脉采血涂片镜检，可在红细胞内找到虫体以确诊。

另外，红细胞染虫率的计算对该病的发展和转归很有诊断意义。如染虫率不断上升，临床症状日益加剧，则预后不良；如染虫率不断下降，食欲恢复，则预示治疗效果好，转归良好。

(七)防治

1.治疗

在治疗病牛的同时，如输血或注射时，要防止人为传播病原。治疗可用下列药物：

(1)磷酸伯氨喹啉(Primaquine，PMQ)。剂量为 0.75～1.5 mg/kg 体重，每日口服一次，连用 3 d。该药对环形泰勒虫的配子体有较好的杀灭作用，在疗程结束后 2～3 d，可使红细胞染虫率明显下降。

(2)三氮脒(贝尼尔)。剂量为7 mg/kg体重,配成7%的溶液肌肉注射,每日1次,连用3 d,如红细胞染虫率不降,还可再用药2次。

(3)新鲜黄花青蒿。每日每牛用2～3kg,分2次口服。

对症治疗和支持疗法包括强心、补液、止血、健胃、缓泻等,还应考虑应用抗生素以防继发感染,对严重贫血的病例可进行输血。由于目前尚无治疗该病的特效药,因此,精心护理,对症治疗和支持疗法就显得比较重要。

2.预防

该病和其他梨形虫病一样,关键在灭蜱。残缘璃眼蜱是一种圈舍蜱,在每年的9～11月份和3～4月份向圈舍内的墙缝喷洒药液,或用水泥等将圈舍内离地面1米高范围内的缝隙堵死,将蜱封闭在洞穴内;在蜱的活动季节,消灭牛体上的蜱,如人工捉蜱或在牛体上喷洒药液灭蜱。还应采取措施防止蜱接触牛体。在引入牛时,防止将蜱带入无蜱的非疫区,以免传播病原。

在该病的流行区,可应用环形泰勒虫裂殖体胶冻细胞苗对牛进行预防接种。接种后20 d可产生免疫力,免疫持续时间为1年以上。

四、球虫病

【案例】 广东某牛场发病初期,病牛表现精神沉郁、被毛松乱、体温略升高或正常、腹泻、便中稍带血液,约1周后,症状加剧,病牛食欲废绝、消瘦、精神萎靡、躺卧不起,反刍停止,粪中带血,其中混有纤维性假膜,味恶臭,体温升至40～41 ℃。病末期,粪呈黑色,几乎都是血液,体温下降,由于极度贫血和衰弱而死亡。呈慢性经过的牛只,病程可达数月,主要表现为下痢和贫血,如不及时治疗,亦可发生死亡。剖检发现,牛肠道均出现不同程度的病变,其中以直肠出血性肠炎、溃疡病变最为显著,直肠黏膜肥厚,有出血性炎症变化。淋巴滤泡肿大,有白色或灰色小溃疡。

【问题】 该病的致病性如何?如何诊断和防治该病?

牛、羊球虫病由艾美耳科艾美耳属或等孢属(*Isospora*)的各种球虫引起。球虫为细胞内寄生虫,不同种类对宿主和寄生部位有严格的选择性。球虫是否引起发病,取决于球虫的种类、感染程度、宿主年龄及抵抗力、饲养管理条件及其他外界环境因素。严重的球虫病对牛、羊养殖业危害比较大。

一、牛球虫病

牛球虫病以出血性肠炎为主,6月龄以内的犊牛发病率高,死亡率也高,老龄牛多系带虫感染,流行呈地方散发性。病原主要是邱氏艾美耳球虫(*Eimeria zuernii*)和牛艾美耳球虫(*E.bovis*)。

(一)病原形态

寄生在牛体内的球虫有10多种。奥尔洛夫等人认为只有6种,其他数种均不可靠。这6种牛球虫中以邱氏艾美耳球虫和牛艾美耳球虫致病力最强和常见。

1.邱氏艾美耳球虫 卵囊为圆形或椭圆形，在低倍显微镜下观察为无色，在高倍显微镜下呈淡玫瑰色。原生质团几乎充满卵囊腔(图 15-12)。卵囊壁为两层，光滑，厚 0.8～1.6 μm，外壁无色，内壁为淡绿色。无卵膜孔，无内、外残体。卵囊的大小(17～20)μm×(14～17)μm。孢子形成所需时间是 2～3 d。主要寄生于直肠，有时在盲肠和结肠下段也能发现。

2. 牛艾美耳球虫 卵囊呈椭圆形，在低倍显微镜下呈淡黄玫瑰色。卵囊壁两层，光滑，内壁为淡褐色，厚约 0.4 μm，外壁无色，厚 1.3 μm。卵膜孔不明显，有内残体，无外残体(图 15-13)。卵囊的大小为(27～29)μm×(20～21)μm。孢子形成所需时间为 2～3 d。寄生于小肠、盲肠和结肠。

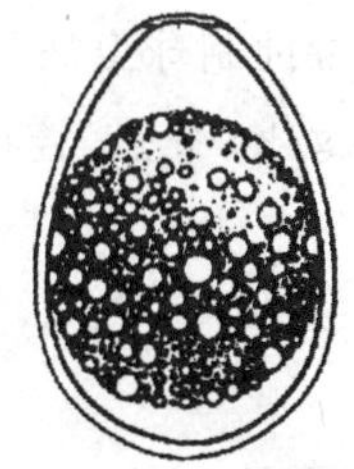
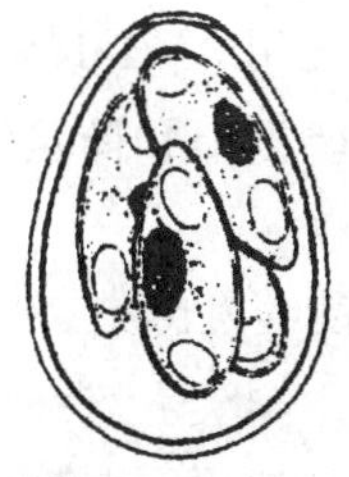

图 15-12 **邱氏艾美耳球虫**(引自孔繁瑶，2010)

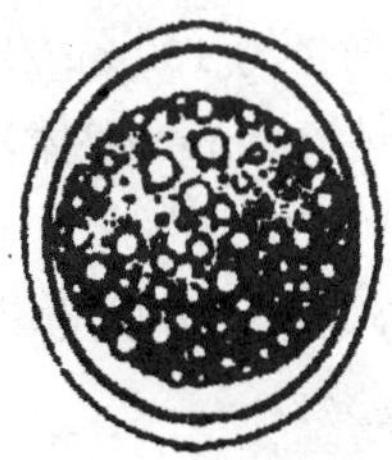

图 15-13 **牛艾美耳球虫**(引自孔繁瑶，2010)

(二)生活史

发育史与鸡艾美耳球虫相似。各种牛球虫在寄生的肠管上皮细胞内首先反复进行无性的裂体增殖，继而进行有性的配子生殖(内生性发育)。当卵囊形成后随粪便排出体外，约经 48～72 h 的孢子生殖过程，卵囊发育成熟(外生性发育)。如牛只吞食了孢子化的卵囊后即发生感染，重复上述发育。

(三)流行病学

各种品种的牛均有感染性，但以 2 岁以内的犊牛患病严重，死亡率也高。成年牛多半是带虫者。本病一般多发生在 4～9 月份。在潮湿多沼泽的草场放牧的牛群，很容易发生感染。冬季舍饲期间亦可能发病，主要由于饲料、垫草、母牛的乳房被粪污染，使犊牛易受感染。

(四)致病作用和病变

牛球虫寄生的肠道均可出现不同程度的病变，其中以直肠出血性肠炎和溃疡病变最为显著，可见黏膜上散布有点状或索状出血点和大小不同的白点或灰白点，并常有直径 4～15 mm 的溃疡。直肠内容物呈褐色，有纤维性薄膜和黏膜碎片。邱氏艾美耳球虫病尸体消瘦，可视黏膜苍白。后肢和肛门周围污秽。直肠黏膜肥厚，有出血性炎症变化。淋巴滤泡肿大，有白色或灰色小溃疡，其表面覆有凝乳样薄膜。直肠内容物呈褐色，恶臭，含有纤维素性假膜和黏膜碎片。

(五)症状

本病多见于 2 岁以内犊牛，常为急性发作。病初主要表现为精神不振、粪便稀薄且混有血液。继而反刍停止、食欲废绝，粪中带血且具恶臭味，体温升至 40～41 ℃。随着疾病的不断发展，病情恶化，出现几乎全是血液的黑粪，体温下降，极度消瘦，贫血，最终可因衰竭导致死亡。呈慢性经过的牛只，病程可长达数月，主要表现为下痢和贫血，如不及时治疗，亦可发生死亡。病程多半是急性，但也有慢性的。急性的病期通常为 10～15 d，也有在发病后 1～2 d 犊牛即发生死亡的。

（六）诊断

在综合性诊断的基础上，镜检粪便或直肠刮取物，发现大量卵囊即可做出确诊。

（七）防治

1.治疗

(1)磺胺二甲嘧啶。犊牛剂量为 100 mg/kg 体重，连用 3～4 d，灌服。可抑制球虫病的发展。

(2)氨丙啉。治疗量为 20～25 mg/kg 体重，连用 4～5 d；预防量为 5 mg/kg 体重，连用 21 d，灌服。可抑制球虫病的繁殖和发育。

同时对症治疗，止泻、强心、补液，并防止其他病原菌继发感染。

2.防治措施

成年牛与犊牛应及时隔离饲养；饲养场地及时清扫；地面、饲槽及用具可用 3%～5%的热碱水或 1%克辽林溶液进行消毒；必要时进行药物预防。在流行地区，应当采取隔离、治疗、消毒等综合性措施。发现病牛后应立即隔离治疗。牛圈要保持干燥，粪便要勤清除，粪便和垫草等污秽物集中进行生物热发酵处理。要保持饲料和饮水的清洁卫生。

五、羊球虫病

球虫是羊消化道疾病的重要病原之一，引起羊只下痢，消瘦，贫血，发育不良，甚至发生死亡，尤其对羔羊危害较大。羊球虫病呈世界性分布，全世界报道的绵羊球虫有 14 种，山羊球虫有 15 种。各种品种的绵羊、山羊均有易感性；羔羊极易感染，时有死亡，成年羊一般为带虫者。

（一）病原

山羊球虫病的病原体系艾美耳科艾美耳属的原虫。由于山羊和绵羊的某些艾美耳球虫卵囊在形态学上较为相似，早期曾被人们视为相同的种，其种名在山羊和绵羊间相互通用。近来，学者通过大量的卵囊交叉传递试验证明，羊球虫具有宿主特异性，寄生于山羊和绵羊的一些球虫是形态相似的不同的种，分别冠以不同的种名，以免出现混淆。到目前为止，基本上已得到公认的山羊球虫为艾美耳属的 13 种。

（二）生活史

山羊艾美耳球虫属直接发育型，不需要中间宿主，需经过无性生殖、有性生殖和孢子生殖3 个阶段。孢子化卵囊被羊吞食后，在胃液的作用下，子孢子逸出，迅速侵入肠道上皮细胞，进行多世代的无性生殖，形成裂殖体和裂殖子。在山羊球虫的发育过程中，有两种类型的裂殖体存在，即大裂殖体和小裂殖体。子孢子首先侵入小肠绒毛中央乳糜管的内皮细胞，在其内发育为大裂殖体。大裂殖体很大，直径可达 300 μm，内有成千上万个裂殖子，大裂殖体成熟后释放出的裂殖子再侵入上皮细胞，又形成大裂殖体或小裂殖体。小裂殖体主要寄生于小肠腺上皮细胞中，少数寄生于小肠绒毛上皮细胞中。小裂殖体较小，直径只有 10 μm 左右，内有十几或几十个裂殖子，成熟后释放出的裂殖子侵入上皮细胞，再形成小裂殖体或进入有性生殖阶段，形成大、小配子体。大、小配子体寄生于肠腺和肠绒毛上皮细胞中，发育成熟后，后者分裂生成许多小配子，小配子与大配子结合形成合子，再形成卵囊。卵囊随宿主粪便排出体外，在适宜条件下，进行孢子生殖。经数日发育成感染性卵囊，被羊吞食后，重新开始其在宿主体内的无性生殖和有性生殖。

（三）流行病学

各种品种的绵羊、山羊对球虫均有易感性，但山羊感染率高于绵羊；1 岁以下的感染率高于 1 岁以上的，成年羊一般都是带虫者。据调查，1～2 月龄春羔的粪便中，常发现大量的球虫卵囊。流行季节多为春、夏、秋三季；感染率和强度依不同球虫种类及各地的气候条件而异。冬季气温低，不利于卵囊发育，很少发生感染。

本病的传染源是病羊和带虫山羊，卵囊随山羊粪便排至外界，污染牧草、饲料、饮水、用具和环境，经消化道使健康山羊获得感染。所有品种的各种年龄的山羊对球虫均有易感性，但 1～3 月龄的羔羊发病率和死亡率较高，发病率几乎为 100%，死亡率可达 60%以上。成年山羊感染率也相当高，也不乏每克粪便卵囊数很高的例子，但不发病或很少发病，这可能是一种年龄免疫现象，仅为带虫者，成为病原的主要传染来源。饲料和环境的突然改变，长途运输，断乳和恶劣的天气和饲养条件差都可引起山羊的抵抗力下降，导致球虫病的突然发生。

（四）致病作用和病变

主要病变发生在肠道、肠系膜淋巴结、肝脏和胆囊等组织器官。小肠壁可见白色小点、平斑、突起斑和息肉，以及小肠壁增厚、充血、出血，局部有炎症，有大量的炎性细胞浸润，肠腺和肠绒毛上皮细胞坏死，绒毛断裂，黏膜脱落等。肠系膜淋巴结水肿，被膜下和小梁周围的淋巴窦和淋巴管的内皮细胞中有球虫的内生殖阶段的虫体寄生，局部有炎性细胞浸润，淋巴管扩张，伴有淋巴细胞和浆细胞渗出现象。肝脏可见轻度肿大、淤血，肝表面和实质有针尖大或粟粒大的黄白色斑点，胆管扩张，胆汁浓厚呈红褐色，内有大量块状物。胆囊壁水肿、增厚，整个胆囊壁有单核细胞浸润，固有层有小出血点，绒毛短粗，腺和绒毛上皮细胞有局部性坏死，有小裂殖体和配子体寄生。值得注意的是，胆汁中有球虫卵囊的病羊，多数的肝脏和胆囊无明显的病变。胆汁中卵囊数量也不一致，有的胆汁直接涂片检查即可见到，有的则要离心后检查沉淀物才可见到，因此以往病羊胆汁中可能也有卵囊，只是被人们忽视了。

（五）症状

本病可能依感染的种类、感染强度、羊只的年龄、抵抗力及饲养管理条件等不同而发生急性或慢性过程。潜伏期为 11～17 d。急性经过的病程为 2～7 d，慢性经过的病程可长达数周。病羊精神不振，食欲减退或消失，体重下降，可视黏膜苍白，腹泻，粪便中常含有大量卵囊。体温上升到 41 ℃，严重者可导致死亡，死亡率常达 10%～25%，有时可达 80%以上。病初山羊出现软便，粪不成形，但精神、食欲正常。3～5 d 后开始下痢，粪便由粥样到水样，黄褐色或黑色，混有坏死黏液、血液及大量的球虫卵囊，食欲减退或废绝，渴欲增加。随之精神委顿，被毛粗乱，迅速消瘦，可视黏膜苍白，体温正常或稍高，急性经过1周左右，慢性病程长达数周，严重感染的最后衰竭而死，耐过的则长期生长发育不良。成年山羊多为隐性感染，临床上无异常表现。

(六)诊断

根据临床症状和常规粪便检查可对本病做出初步诊断。确诊必须通过剖检，观察到球虫性的病理变化，在病变组织中检查到各发育阶段的虫体。另外，在粪便中只有少量卵囊，羊无任何症状，可能是隐性感染。生前诊断必须查到大量球虫卵囊，并伴有相应的临床症状，才能诊断为球虫病。

(七)防治

1.治疗

据报道，氨丙啉和磺胺对本病有一定的治疗效果。用药后，可迅速降低卵囊排出量，减轻症状。

(1)氨丙啉。50 mg/kg 体重，每日1次，连服4 d。

(2)氯苯胍。20 mg/kg 体重，每日1次，连服7 d。

(3)磺胺二甲嘧啶或磺胺-6-甲氧嘧啶。每日100 mg/kg 体重，连用3～4 d，效果好。

2.预防

较好的饲养管理条件可大大降低球虫病的发病率，圈舍应保持清洁和干燥，注意饮水和饲料卫生，尽量减少各种应激因素。放牧的羊群应定期更换草场，由于成年羊常常是球虫病的病源，因此最好能将羔羊和成年羊分开饲养。

六、毛滴虫病

【案例】 桂平市某村养殖户的6头5岁母水牛，连续2年发生不孕和流产。母牛交配后几天内发病，先是阴道黏膜肿胀，有出血点，在其侧壁和下壁有小疹样结节，触之粗糙，经常有带絮状物的白色清稀分泌物自阴道内流出，特别是在排尿及卧下时流出较多；有时喜接近公牛，但又拒配；继而上行感染引起子宫内膜炎，流脓性分泌物，腥臭难闻，抗生素治疗无效。怀孕则很快胎儿死亡并流产，流产后发情间隔期延长。调查了解到该农户的母牛曾与邻居散养公牛交配。

【问题】 该病是如何感染的？应从何处采集病料检验？从流行病学角度，说明预防该病应该注重哪些环节？

牛胎儿毛滴虫病（Trichomoniasis）是由毛滴虫科（Trichomonadidae）三毛滴虫属（*Tritrichomonas*）的胎儿毛滴虫（*Tritrichomonas foetus*）寄生于牛生殖器官引起的一种原虫病。本病呈世界性分布，我国也有发生。本病以生殖器官发炎、早期流产和不孕为特征，给牛群的繁殖造成严重的威胁。世界动物卫生组织(OIE)将本病列为B类动物疫病，我国把其列为三类动物疫病。

(一)病原形态

牛胎儿毛滴虫见于病畜的阴道分泌物中，虫体一般多呈西瓜子形，或长卵圆形、短纺锤形、梨形等各种形状，在白细胞与上皮细胞之间进行蛇行活动。大小为(9～25)μm×(3～10)μm。细胞核近似圆形，位于虫体的前半部，一簇动基体位于细胞核的前方。由动基体伸出4根鞭毛，3根向虫体前端游离延伸，即前鞭毛；另一根则沿波动膜边缘向后延伸为后鞭毛。波动膜有3～6个弯曲(图15-14)。虫体中央有一条纵向的轴柱，起始于虫体的前端部，沿虫体中线向后，其末端突出于虫体后缘之外。原生质常呈一种泡状结构。虫体前端与波动膜相对的一侧有半月状的胞口。主要以纵二分裂方式繁殖。

虫体抵抗力很弱，干燥时很快死亡，一般消毒药均能杀死虫体。在室温下的病料中，能存活3～8 d，在粪、尿中能存活18 d。

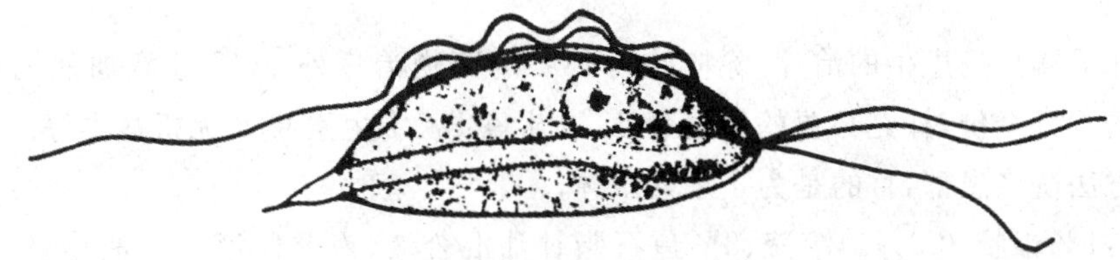

图15-14 胎儿毛滴虫(引自孔繁瑶，1997)

(二)流行病学

牛最易感，猪、山羊亦有感染性，鸽则无感染性。发病和带虫动物是主要的传染源，一般在健康畜与患畜交配时感染，虫体在阴道分泌物中增殖，并能生存数月至1年以上；在人工授精时，则因精液中带虫或人工授精器械的污染而造成传染。也可能由病畜生殖器官分泌物污染的褥草、护理用具以及经蝇类而传播。本病一年四季均可发生，以配种旺季和产犊季节发病率较高。在放牧以及全价饲料饲养的条件下，牛体对牛胎儿毛滴虫的抵抗力很强；但在营养不良和管理不善时抵抗力下降。交配或护理不当，以及使用被污染了的用具等而被感染时，虫体即在生殖器官黏膜等处，迅速地发育和繁殖。

(三)致病作用和病变

由于胎毛滴虫的寄生，使患病母畜发生特异性的结节性阴道炎、子宫颈炎、子宫内膜炎，同时又往往有各种化脓菌混合感染而引起化脓性的生殖器官疾患；对已妊娠的患畜，则引起胎儿死亡或流产等；公畜易引起包皮炎、阴茎黏膜炎、输精管炎等炎性疾患。

(四)症状

母牛在发病初期，阴道黏膜红肿，继而排出混有絮状物的黏性分泌物，并于阴道黏膜上出现小丘疹，然后变为粟粒大的结节，即所谓毛滴虫性阴道炎。随着病程的进展，母牛不按期发情，或不妊娠，尤以成群不发情、不妊娠为本病的特征，或妊娠后1～3个月母牛发生流产或死胎。流产特征为早期流产，其流产时间比因流产杆菌病引起的流产发生早。发生流产时无任何前驱症状，突然流出大量分泌液，这种流产又是成群发生(主要是由于同种公牛交配时感染的结果)，有时发现死胎及胎盘停滞等。患有化脓性子宫内膜炎时，有体温增高、泌乳量显著下降、长期不发情等症状。公牛在交配后 12 d，包皮显著肿胀，并有痛感，有流脓性分泌物，继而在阴茎黏膜面出现红色小结节，包皮内层边缘覆有坏死性溃疡，两周后症状减轻。但由于虫体已侵袭到输精管、睾丸或前列腺等处，公牛因发生强烈的局部刺激，交配不射精。

（五）诊断

根据临床症状、流行病学资料和病原体检查进行确诊。对临床上可疑的病畜应采集阴道排出物、包皮分泌物等做压滴标本检查活虫体。也可制成涂片，用姬氏或瑞氏液染色后油镜下检查。

（六）防治

1.治疗

对牛胎儿毛滴虫病患牛的治疗，除应施行必要的药物治疗外，还要注意加强饲养管理工作。如注意饲料的营养全价，补充必要的维生素 A、维生素 B_1、维生素 C 及无机盐类等。药物治疗，一般采取下述方法洗涤患部，目的是为了杀死虫体。

(1)母牛：1%银胶、0.2%碘溶液、8%鱼石脂甘油混合液、卢戈氏液与甘油等量混合液、0.1%黄色素液、1%血虫净等冲洗阴道，在 30 min 内可杀死脓液中的胎儿毛滴虫。在 5～6 d 内冲洗 2～3 次。根据患牛阴道炎症程度的轻重，可间隔 5 d 进行 2～3 个疗程。或 10%甲硝哒唑(灭滴灵)冲洗，隔日 1 次，连续冲洗 3 次为一个疗程，有良好的疗效。

(2)公牛应用上述药品向包皮囊内注入，设法使药液停留在囊内一定时间，并按摩包皮囊。隔日治疗 1 次，应持续 2～3 周。

(3)在治疗过程中，应禁止交配，以免影响治疗效果及传播本病。对患畜的用具及被其所污染的周围环境，应严格消毒。

2.预防

此病在我国已基本得到控制，引种时应加强检疫，发现新病例应及时无害化处理。在本病流行地区，配种前应对所有牛进行检疫。对患牛、疑似患牛及健康牛应分类加以适当的处置，以免疾病扩大蔓延。

(1)患牛指具有明显症状，并已检出虫体的母牛。经治疗后症状完全消失时，可以使用健康的公牛精液，进行人工授精。

(2)疑似患牛虽无明显症状，但曾与病公牛配种过，这样的母牛也应治疗。治疗后以健康的公牛精液，进行人工授精。

(3)疑似感染牛既无症状，又未曾与病公牛接触过，但曾与病公牛交配过的母畜常常接触。这些牛应经过 6 个月的隔离观察，如分娩正常，阴道分泌物的镜检结果呈阴性时，方能使其与健康牛混养在一起。

(4)已感染胎儿毛滴虫的公牛不得再行配种，必须立即治疗。治疗后 5～7 d，检查精液和包皮冲洗液 2 次，如为阴性时，使之与 5～10 头健康母牛进行交配，然后通过 15 d 的观察(隔日镜检一次阴道分泌物)，来确定母牛是否治愈。

(5)在安全地区内,必须对新引入的公牛和用作繁殖的牛群进行检疫。在放牧期间,禁止与来自疫情不明地区的牛只接触。

第四节 猪原虫病

一、弓形虫病

【案例】 某养猪专业户孙某饲养的60头约20kg的仔猪出现了一种以体温升高(40~41.5 ℃)、共济失调和瘫痪为主要症状的疾病,发现症状后的第2 d开始出现死亡,起初误当水肿病治疗,效果不明显,陆续死亡仔猪14头。发病的仔猪病初体温升高呈稽留热,后期一般无发热反应。主要症状表现为运动失调。患病猪下肢、股内侧、下腹、耳朵相继出现一些出血点或出血斑,腹式呼吸。便秘与下痢交替发生。曾用抗生素治疗无效,经3~5 d死亡。据了解,畜主的猪场采取立体养殖,栏舍建于一水库旁,为防鼠害,在存放饲料的房间中饲养了猫。

【问题】 该猪场的仔猪可能患有何种疾病?该疾病是通过何种途径传播感染的?从流行病学的角度阐述猫在该病流行中的作用?

弓形虫病(Toxoplasmosis)是由肉孢子虫科(Sarcocystidae)弓形虫属(*Toxoplasma*)的刚第弓形虫(*Toxoplasma gondii*)引起的一种人兽共患寄生虫病,呈世界性分布,不受气候和地理位置的限制,可感染大部分哺乳动物(包括人类)和鸟类,感染状况各地不同。据统计,全球人群弓形虫感染率在25%~50%,我国人群弓形虫感染率为0.09%~34%,少数民族地区可能更高,可能与饮食习惯有关。报道的数据表明,我国人群弓形虫感染率低于世界平均水平,但呈现逐年上升趋势。家畜中,我国以猪的感染较多,感染率为3.32%~66.39%,且猪是我国人群感染此病的重要传染源之一。20世纪70~80年代,弓形虫病曾在我国养猪场中大规模暴发流行,死亡率可达60%以上,给养猪生产造成巨大经济损失。

(一)病原形态

刚第弓形虫为专性细胞内寄生原虫,其发育阶段不同而具有不同的形态:速殖子、包囊、裂殖体、配子体和卵囊(见图15-15)。在中间宿主的组织细胞中有速殖子和包囊两种形态,在终末宿主体内除了具有以上两种形态,还有裂殖体、配子体和卵囊三种形态。其中速殖子、包囊和卵囊与传播和致病有关。

1.速殖子　又称滋养体,是寄生在中间宿主有核细胞内营分裂繁殖的虫体。游离的速殖子呈新月形、香蕉形或弓形,一端较尖,一端钝圆,大小为(4~7)μm×(2~4)μm。活的游离虫体在光镜下呈淡亮绿色,能观察到螺旋式转动,经姬姆萨或瑞氏染色后可见胞质呈蓝色,有颗粒,胞核位于虫体中央,呈紫红色。电镜下可观察到虫体的极环、棒状体、微丝体、类锥体和膜下微管等结构。滋养体主要出现在急性病例的腹腔液中,常可见游离在细胞外的单个虫体。滋养体在有核细胞内以内出芽生殖、二分裂及裂体增殖等方式不断增殖,一般分裂到十多个虫体,便充满整个细胞质,此时有核细胞膜包绕虫体集合体,整个个体称为假包囊。

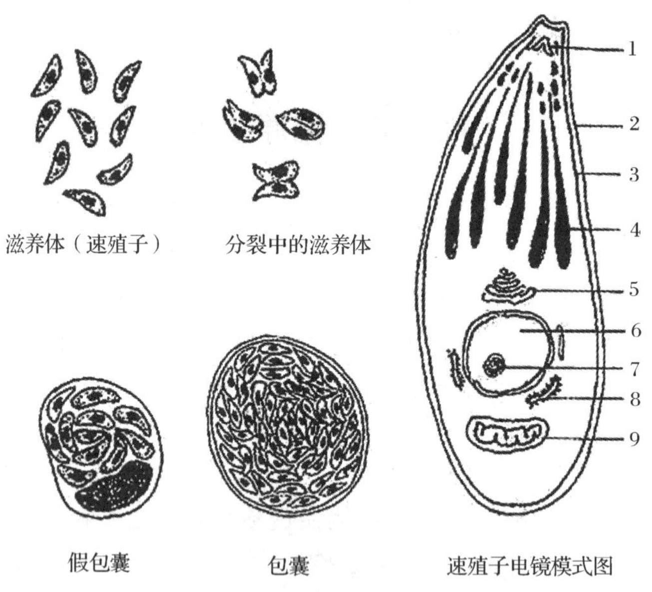

图 15-15　弓形虫形态(引自李国清,2006)

1.类锥体　2.外膜　3.内膜　4.棒状体　5.高尔基体　6.核　7.核仁　8.内质网　9.线粒体

2.包囊　呈圆形或椭圆形,直径为 8～100 μm,但多数在 50～60 μm 之间。包囊具有一层富有弹性的坚韧囊壁,囊内的虫体称为缓殖子,数目可由数十个增殖至数千个。囊壁在一定条件下可破裂,缓殖子可重新进入新的细胞增殖,形成新的包囊,并长期在脑、骨骼肌、心、肝、肺、肾等组织内生存。缓殖子因含有更多的微线体、淀粉颗粒以及阶段特异性抗原而有别于速殖子,但在宿主抵抗力低下时,缓殖子可转变为速殖子而引起急性发作。此包囊为弓形虫慢性致病阶段,也为感染和传播时期。

3.裂殖体　见于猫科动物的肠上皮细胞内。裂殖体未成熟时可见内含多个细胞核,成熟后呈圆形,内含有 4～20 个裂殖子,裂殖子前端尖,后端钝圆,形态与速殖子相似,但较速殖子小。

4.配子体　由游离的裂殖子侵入另一个肠上皮细胞发育形成配子母细胞,进而发育为配子体,有雌雄之分。雌性大配子体呈圆形,可变大,并储存营养,导致宿主细胞的细胞质和细胞核随之膨胀,发育成熟时就叫作大配子或雌性生殖细胞,核可染成深红色,较大,胞质深蓝色;雄性小配子体则经过多次核分裂后形成多核细胞,每个核最终组装成一个双鞭毛的小配子或雄性生殖细胞。由小配子体形成的许多小配子中,只有小部分能找到大配子并与之受精形成受精卵。然后在其周围通过透明颗粒的结合形成一层囊壁,最后形成卵囊。

5.卵囊　刚从终末宿主排出的卵囊为圆形或椭圆形,大小为 10～12 μm。卵囊具有两层透明的囊壁,早期囊内充满均匀的颗粒,成熟后含有 2 个孢子囊,每个孢子囊有 4 个子孢子,相互交错在一起,呈新月形。此为感染和传播阶段的虫体。

(二)生活史

弓形虫的生活史非常复杂,直到 1970 年才由国外学者阐明了弓形虫在中间宿主和终末宿主内发育过程(图 15-16)。弓形虫的全部发育过程需要两个宿主,在终末宿主的肠内进行球虫型发育,在中间宿主体内进行肠外期发育。

1.在中间宿主内的发育 当终末宿主粪内的卵囊或动物肉类中的包囊或假包囊被中间宿主如人、猪、牛和羊等吞食后,在肠内逸出的子孢子、缓殖子或速殖子,随即侵入肠壁经淋巴进入单核吞噬细胞系统寄生,并扩散至全身各器官组织,如脑、心、肝、肺、淋巴结和肌肉等细胞内寄生并进行无性增殖,形成一个有十多个或更多虫体的假包囊(无囊壁)。被寄生的细胞破裂,速殖子散入血流或淋巴又再侵犯其他组织细胞。如果感染的虫株的毒力很强,而且宿主未能有足够的抵抗力,即可发生急性弓形虫病;若虫株毒力比较弱或宿主可产生一定的免疫力,使速殖子繁殖减慢,形成缓殖子,并发育为外被囊壁的包囊,则宿主成为无症状的隐性感染者。包囊最常见于肌肉、淋巴结、脑与骨骼肌等组织器官内,能存活数月至数年或更长。当机体免疫功能低下时,组织内的包囊可破裂,释出缓殖子,进入血流和其他新的组织细胞形成包囊或假包囊继续发育繁殖。包囊也可在中间宿主之间或终末宿主之间互相传播。

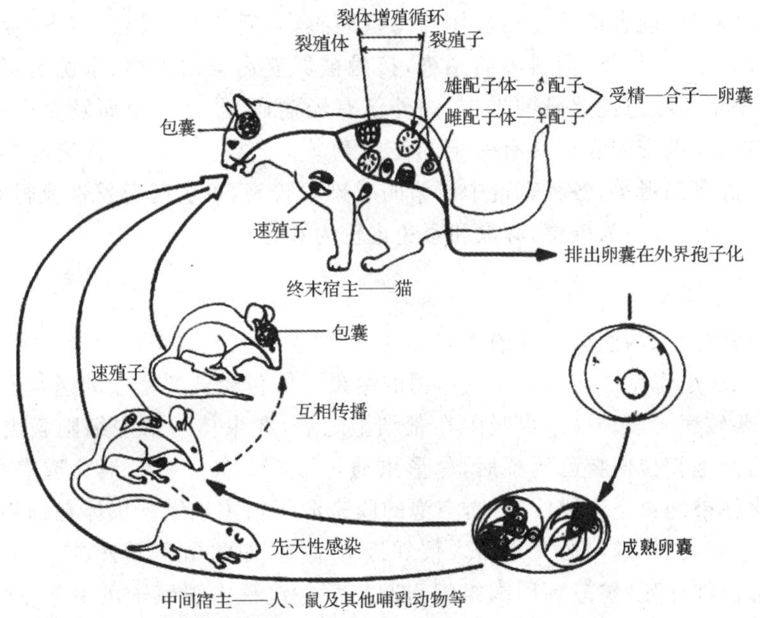

图 15-16 **刚第弓形虫生活史**(引自李国清,1999)

2.在终末宿主内的发育 猫科动物摄入了带有弓形虫卵囊、包囊或假包囊的动物内脏、肉类、饲料和饮水而发生感染。卵囊内的子孢子、包囊内的缓殖子和假包囊内的速殖子在肠腔逸出,侵入小肠上皮细胞并发育繁殖,经 3～7 d,上皮细胞内的虫体形成多核的裂殖体,裂殖体经裂体增殖后释放出裂殖子,再侵入新的肠上皮细胞形成第 2 代裂殖体,经数代增殖后,部分裂殖子发育为雌、雄配子体,继续发育为雌、雄配子,雌、雄配子受精成为合子,最后发育为卵囊。卵囊从破裂的上皮细胞逸出,进入肠腔,随终末宿主粪便排出体外。在适宜湿度环境条件下经 2～4 d 即发育为具有感染性的内含两个孢子囊,每个孢子囊内含有 4 个子孢子的成熟卵囊,即可感染中间宿主,也可自身重复感染。通常吞食包囊后 4～10 d 就能排出卵囊,而吞食假包囊或卵囊后需 20 d 以上。患猫一般每天排出 10 万～100 万个卵囊,排卵囊可持续 10～20 d,这是传播的重要阶段。

(三)流行病学

刚第弓形虫呈世界性分布，广泛存在于多种哺乳动物，人群感染也相当普遍。弓形虫病与气候、地理等自然条件关系不大，但常与职业的种类、生活习惯、生活条件及食品来源等因素有关。家畜的阳性率可达10%～50%，主要在猪、牛和羊等动物间传播，国内不少地区都有报道猪弓形虫病的流行，因其感染率高，短时间内可造成局部暴发流行，严重影响畜牧业发展和威胁人类健康。

造成弓形虫病广泛流行的原因很多：其生活史各阶段皆有感染性。中间宿主广泛，可感染140余种哺乳动物。除终末宿主与中间宿主互相交替进行感染传播外，也可在中间宿主之间、终末宿主之间交叉传播。包囊可长期生存在中间宿主组织内。终末宿主卵囊排放量大，且卵囊对外环境抵抗力也较大，对酸、碱、消毒剂均有相当强的抵抗力，据报道，卵囊室温下可生存3～18个月，在自然界常温常湿条件下可存活1～1.5年等。

患病动物是本病的主要传染源，患病的猫科动物为最主要的传染源。弓形虫病的传播途径有先天性和获得性两种，前者指胎儿在母体经胎盘而感染；后者主要经口感染，食入未煮熟的含有弓形虫的肉制品、蛋品、奶类、饲料等而感染，接触被卵囊污染的土壤、水源也可感染。曾有因生吃鸡蛋和喝生羊奶而致急性感染的报告；国外已有经输血、器官移植而发生弓形虫病的报道；有研究报道，节肢动物携带卵囊也具有一定的传播意义。人类对弓形虫普遍易感，尤其是胎儿、婴幼儿、肿瘤和艾滋病患者等；各种家畜中以猪的感染率较高，可引起暴发性流行和大批死亡；实验动物中以小白鼠和地鼠最为敏感，豚鼠和家兔也较为敏感。

(四)致病作用和病变

弓形虫的致病作用除与感染虫株的毒力有关外，宿主的免疫状态也起着重要作用，因此弓形虫病的严重程度取决于寄生虫与宿主相互作用的结果。假包囊破裂释放的速殖子和游离的滋养体是弓形虫的主要致病阶段。弓形虫吸附在靶细胞之后，在虫体与宿主细胞膜之间形成环状的交叉点，当虫体将细胞膜拉向自己周围后，弓形虫通过形成交叉点强制地穿透宿主细胞，并进入宿主细胞，最后虫体被纳虫空泡膜所容纳，空泡的膜来源于宿主细胞。虫体在细胞内寄生、发育、增殖和损坏宿主细胞，虫体逸出后又重新入侵邻近的细胞，如此循环下去，导致宿主局部组织急性炎症、水肿和弥漫性坏死，扩散到周围组织引起疾病。包囊内缓殖子可引起慢性感染和致病，包囊因缓殖子的增殖而体积增大，挤压器官导致功能发生障碍，包囊增大到一定程度，可因多种因素而破裂，游离的虫体可刺激机体产生迟发性变态反应，并形成肉芽肿病变，多见于脑、眼等处。

弓形虫引起的宿主细胞或组织损伤有三种情况。首先，速殖子在宿主细胞内增殖所引起的病理变化；其次，包囊形成和包囊破裂引起的病理变化；最后，继发性病变。弓形虫病的特征病变主要出现在肺、淋巴结、肝脏和脾脏。肺脏有不同程度的水肿，小叶间质增宽并充满炎性渗出物，气管和支气管内充满淡红色分泌物。全身淋巴结，特别是肠系膜淋巴结、肺门、肝门及胃门淋巴结肿大，呈灰白色，绳索状，切面外翻且多汁，多数有针尖到米粒大、白色或灰黄色的坏死灶。肝脏呈灰红色，可见散在针尖大至米粒大的坏死灶。脾脏肿大，呈棕红色。肾脏呈土黄色，有散在的小点状出血或坏死灶。心包、胸腹腔内有积液。体表有出血点，在腹下、耳根、四肢内侧等部位发绀。隐性感染的病变主要在中枢神经系统，可见神经胶质增生性和肉芽肿性脑炎。

(五)症状

猪感染弓形虫后，是否发病取决于虫株的数量、毒力，感染途径及宿主的抵抗力。一般症状为气喘，呼吸加快，肺部听诊有湿性啰音，肺泡呼吸音减弱。呼吸困难，有浆液性鼻液流出。体温40.5～42 ℃，呈稽留热型。精神萎靡，食欲下降或废绝。部分猪卧地不起，后腿麻痹，股内侧、腹下皮肤发红或发绀，腹股沟浅淋巴结肿大，大便干硬或拉稀，少数猪有呕吐现象。

急性弓形虫病可引起母猪死胎、流产或产弱仔，仔猪发热、呼吸困难、衰竭；急性腹泻型弓形虫病多发于30日龄左右的仔猪，患病仔猪水样腹泻，病程短促，多在1～2 d内死亡。在实际生产中，猪弓形虫常与其他病原体混合感染，全国各地相继出现猪弓形虫与附红细胞体、巴氏杆菌、伪狂犬病毒以及猪瘟病毒混合感染的病例报道。

(六)诊断

弓形虫病的症状、病理变化虽然具有一定的特征，但还不能作为确诊的依据，必须做实验室诊断，查出病原体或其特异性抗体、循环抗原方可确诊。

1.病原学诊断

(1)直接涂片或组织切片染色。取病料(肺、脾、肝、淋巴结、腹水、骨髓液、脑脊髓液、淋巴液等)作涂片或抹片，自然干燥后甲醇固定，姬姆萨液染色，镜检，检测到弓形虫滋养体即可确诊，一般肺脏的检出率较高。组织染色有过氧化物酶—抗过氧化酶染色法染色速殖子、银染法检测包囊壁、免疫组织化学染色法等。由于弓形虫出现虫血症时间较为短暂，一般不主张做血检。

(2) 动物接种。将受检材料接种于小白鼠或豚鼠腹腔，一周后剖杀取腹腔液检查，阴性需盲传2～3次，然后在腹腔液中镜检滋养体。

(3) 细胞培养法。将样品接种于离体培养的单层有核细胞，在细胞内观察到速殖子即可确诊。动物接种和细胞培养是目前常用的病原查诊方法。

2.血清学诊断

由于弓形虫病原学检查比较困难且阳性率不高，所以血清学实验仍是目前广泛应用的重要诊断参考依据。血清学诊断方法具有敏感性高、特异性强、操作简便、快速等优点，是弓形虫病诊断和流行病学调查的常用方法。主要有：间接血凝试验、间接免疫荧光抗体试验和酶联免疫吸附测定等方法检测抗体或循环抗原。血清 IgM 抗体阳性说明猪只急性感染弓形虫。

3.分子生物学诊断

近年来将 PCR 及 DNA 探针技术应用于检测弓形虫感染，更具有灵敏、特异、早期诊断的意义。目前也开始试用于临床，限于实验条件，国内尚不能推广应用。

(七)防治

1.治疗

目前对猪弓形虫病的治疗仍以磺胺类药物和抗菌增效剂联合使用的疗效最好。常用的配方是：(1)磺胺嘧啶(70 mg/kg)＋甲氧苄氨嘧啶(14 mg/kg)，每天2次，连用3～4 d。(2)磺胺-6-甲氧嘧啶(60～80 mg/kg)＋甲氧苄氨嘧啶(14 mg/kg)，每天1次，口服，连用4 d。(3)磺胺甲氧吡嗪(30 mg/kg)＋甲氧苄氨嘧啶(10 mg/kg)，每天1次，口服，连用3 d。

一些新的化疗药物对治疗实验弓形虫病具有良好的效果，但目前治疗药物的研究主要针对人弓形虫病及小鼠弓形虫病的模型，在猪弓形虫病的治疗方法上进展不大，应尽快评价这些药物治疗猪弓形虫病的效果。

2.预防

猫在弓形虫的生活史循环中起着关键作用，因此，在畜舍内严禁养猫，并防止猫进入饲舍，加强饲草、饲料和饮水的保管，严禁猫粪污染。扑灭圈舍内老鼠。应将血清学检查为阴性的家畜作为种畜。流产的胎儿及母畜排泄物和死于本病的可疑病尸应该严格处理。肉类食品在饲喂猪只前应该加工成熟食等。有研究表明，与动物接触密切的人群弓形虫血清阳性率很高，因而推断动物在弓形虫病的流行上起着重要的作用，动物可能是人弓形虫病的贮藏宿主。人们对此应有足够的重视。

二、肉孢子虫病

【案例】 某养殖户 12 头猪近几个月普遍表现食欲不佳，体温升高，贫血，有 3 头症状较严重还表现腰无力，后肢僵硬。有 1 头症状最严重的猪死后进行剖检发现在后肢、侧腹、腰肌、食道、心脏、膈肌等处，可见顺着肌纤维方向有大量包囊状物，为灰白色或乳白色，有两层膜，囊内有很多小室。

【问题】 如果已排除旋毛虫病与猪囊虫病的可能，该病为何种寄生虫病？该病的预防控制应从哪些方面进行？

猪肉孢子虫病是由肉孢子虫科（Sarcocystidae）肉孢子虫属（*Sarcocystis*）的原虫寄生于猪肌纤维内和各脏器毛细血管内皮细胞内所引起的一类人兽共患原虫病。本病呈全球性分布，目前其病原报道的有 3 种：米氏肉孢子虫（*Sarcocystis miescheriana*）、猪人肉孢子虫（*S. suihominis*）和猪猫肉孢子虫（*S. porcifelis*），前两种在德国、美国、印度、日本、马来西亚、伊朗等地均有广泛报道，而猪猫肉孢子虫仅在俄罗斯和中国云南等局部地区报道。

（一）病原形态

光学显微镜下，米氏肉孢子虫的包囊（又叫米氏囊）呈圆管状，两端略尖，与肌纤维平行，包囊大小为 0.53～1.25 mm，肉眼不易辨别；猪人肉孢子虫包囊呈长梭形或柳叶状，两端稍尖，包囊较长，肉眼可见（图 15-17）。在透射电镜下，包囊壁由 2 层组成，米氏肉孢子虫包囊外壁向外表面凸出，形成许多栅栏状突起，囊壁较厚。猪人肉孢子虫包囊壁在其表面向外折叠形成绒毛突起，较薄。囊壁厚度和突起形态因种而异，成为虫种鉴别的重要依据。内壁向囊内延伸，将囊腔分成若干隔室，内层隔室含有在母细胞内分裂产生的肾形或香蕉形缓殖子，又称为南雷氏小体，其大小为（10～12）μm×（4～9）μm，一端稍尖，一端偏钝。卵囊见于终末宿主的小肠上皮细胞内或肠内容物中。呈椭圆形，壁薄，内含 2 个孢子囊，每个孢子囊内有 4 个子孢子和 1 个残体，孢子囊大小为（13.6～16.4）μm×（8.3～10.6）μm。

(二)生活史

肉孢子虫需要两个不同的宿主才能完成其生活史，裂殖生殖阶段通常在中间宿主——猪体内，配子生殖和孢子生殖阶段在终末宿主体内完成。米氏肉孢子虫的终末宿主是犬；猪猫肉孢子虫的终末宿主是猫；猪人肉孢子虫的终末宿主是人和灵长类动物。

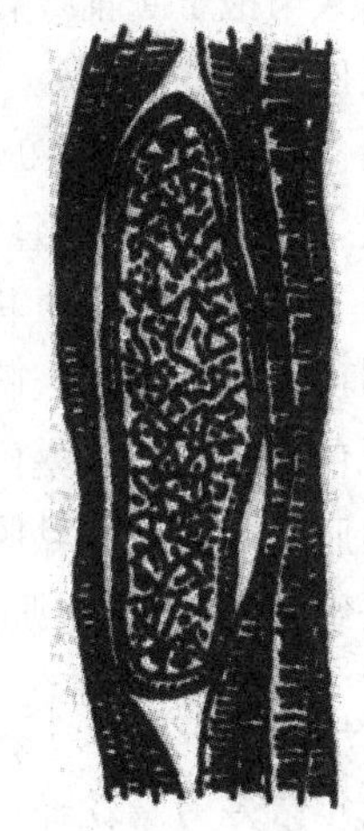

图 15-17　肌肉中肉孢子虫包囊
(引自孔繁瑶，2003)

肉孢子虫在自然界的传播方式主要分两种情况，食肉类和杂食类动物主要是吃了含有肉孢子虫的肉而感染，也可吞食卵囊而感染；草食动物则是吞食了卵囊而感染。

终末宿主在吞食了中间宿主的包囊之后，囊壁被消化，缓殖子逸出。缓殖子钻入小肠黏膜的固有层，直接发育为大配子体(雌性配子体)和小配子体(雄性配子体)。小配子体又分裂成许多小配子，然后大配子和小配子结合为合子。卵囊壁薄而脆弱，常在肠道内自行破裂，因此，在粪便中常见到的虫体为含子孢子的孢子囊。孢子囊或卵囊被中间宿主猪吞食后，子孢子经血液循环到达各脏器(如肝等)，在脏器血管的内皮细胞内进行 2～3 代裂殖生殖，产生大量裂殖子，然后裂殖子进入血流在单核细胞内增殖，最后转入心肌或骨骼肌细胞内发育为包囊。再经 1 个月或数月发育成熟。

(三)流行病学

终末宿主粪便中的孢子囊和卵囊是猪肉孢子虫病的感染来源。终末宿主一次感染，可持续排出孢子囊和卵囊十几天至数月。各地猪肉孢子虫感染情况与人们的生活方式和动物的饲养管理模式有关。另外，感染率也随年龄增长而有上升的趋势，成年动物的感染率明显高于幼龄动物。

终末宿主和中间宿主均经口感染。猪随污染的饲料、饲草、饮水吞食孢子囊后感染，人感染肉孢子虫是由于进食了未经煮熟或生的带有肉孢子虫包囊的猪肉等所致。

孢子囊对外界环境的抵抗力强，适宜温度条件下可存活 1 个月以上。但对高温和冷冻敏感，60～70 ℃经 100 min，冷冻 1 周或－20 ℃存放 3 d 均可灭活。终末宿主粪便中的孢子囊可以通过鸟类、蝇和食粪甲虫等而散播。

(四)致病作用和病变

米氏肉孢子虫和猪人肉孢子虫对猪具有不同程度的致病性，而猪猫肉孢子虫对猪的致病性不明确，米氏肉孢子虫对犬等终末宿主无明显致病性。猪人肉孢子虫对狒狒和猩猩不表现明显致病性，而对人表现一定的致病性。

米氏肉孢子虫的前 2 代裂殖生殖阶段为主要致病阶段，在猪肝脏和全身其他脏器小动脉、毛细血管和小静脉内皮细胞内完成；包囊主要寄生于猪的膈肌、肋间肌、咬肌、颈背侧肌、腰肌和心肌等部位，其中膈肌和肋间肌包囊感染强度较大，多为屠宰检疫的首选部位。肉孢子虫两次裂殖生殖阶段的大量裂殖子损伤全身各脏器毛细血管内皮细胞，并释放毒素，引起全身性出血和剧烈的免疫炎症反应。感染后期，寄生于肌纤维内的包囊机械性压迫周围肌肉组织，同时包囊内缓殖子释放内毒素类物质，肌纤维变性、萎缩，包囊周围出现巨噬细胞、淋巴细胞浸润，引起肌炎。

猪人肉孢子虫前2代裂殖生殖阶段主要在肝脏血管内皮细胞内完成，其包囊阶段主要寄生于横纹肌、心肌和脑部。在猪体内，主要致病阶段集中在肝脏血管内皮细胞内的裂殖生殖阶段。急性病例在感染后5～9 d和11～15 d出现两次发热，第二次发热伴随精神沉郁、呼吸困难、贫血和黄疸，后期出现肌肉痉挛、过度兴奋和卧地不起，母猪有时会出现流产。猪人肉孢子虫对猪致病机制与米氏肉孢子虫相似。

剖检在后肢、侧腹、腰肌、食道、心脏、膈肌等处发现顺着肌纤维方向有大量包囊状物，灰白色或乳白色，有两层膜，囊内有很多小室，小室内有许多香蕉形、活动的滋养体。在心脏时可导致严重的心肌炎。胃及肠黏膜充血，胸腹水增加，肌肉水样，褪色，含有小白点，陈旧的已经钙化，小囊周围有细胞浸润，有时肌肉萎缩，只见结晶颗粒，并无幼虫存在。

（五）症状

成年猪多为隐性经过，或表现食欲不佳，体温升高（人工感染10～15 d可达41.5 ℃），贫血及体重减轻等。仔猪感染后，经20～30 d可能出现症状。仔猪表现精神沉郁、腹泻、发育不良，由于肉孢子虫可分泌肉孢子虫毒素，能引起肌细胞变性及肌束膜的反应性炎症，当猪严重感染时（每千克猪膈肌有40个以上虫体）则表现不安，腰无力，出现肌肉僵硬和后肢短期瘫痪，并有呼吸困难等现象。猫、犬等肉食动物感染后症状不明显。

人作为中间宿主时症状不明显，少数病人发热，肌肉疼痛。人作为终末宿主时，在感染后9～10 d从粪便中排出卵囊，并有厌食、恶心、腹痛和腹泻症状。

（六）诊断

猪肉孢子虫的生前诊断主要采用血清学方法。目前已建立的方法有间接血凝、酶联免疫吸附测定、间接荧光抗体试验等。宰后剖检发现包囊即可确诊。猪最常寄生的部位为心肌和膈肌。取病变肌肉压片，检查香蕉形的缓殖子，也可用姬姆萨染色后观察。注意与弓形虫区别，肉孢子虫染色质少，着色不均，弓形虫染色质多，着色均匀。人常用硫酸锌漂浮法检查粪便中卵囊和活组织检查肌肉包囊。

（七）防治

1.治疗

对肉孢子虫病的治疗目前仍处于探索阶段。有报道认为，采用抗球虫药如盐霉素、氨丙啉、莫能菌素、常山酮等预防本病可收到一定的效果。

2.预防

由于目前尚无特效的治疗药物，该病的预防就显得尤为重要。关键在于切断肉孢子虫病的传播途径。

(1)加强肉品检验工作，对严重感染的肉类应工业用或销毁，轻度感染者应做无害化处理后方可出厂。

(2)加强猪场管理 猪场不要让犬、猫等进入，避免粪便污染饲料、饮水，以防止猪吃到肌肉中的米氏囊和终末宿主粪便中的卵囊而感染，对粪便进行堆积发酵处理。

(3)犬、猫可以作为家畜多种肉孢子虫的终末宿主,平时应以熟肉喂养。对犬、猫或人等终末宿主的粪便须进行无害化处理。

(4)人应注意个人的饮食卫生,不吃生的或未煮熟的肉食。

三、结肠小袋纤毛虫病

【案例】 河南省数个县的一些中小型养猪场断奶仔猪发生了以顽固性腹泻为临床特征的疾病。断奶仔猪常在采食和饮水正常、健康活泼的情况下突然发病,急性型2～3 d内死亡;不死者转为慢性,慢性病猪的病程多在6～8周,顽固性腹泻、消瘦,粪便中常带有肠黏膜碎片和血液,并有恶臭味。用硫酸庆大霉素、盐酸多西环素、磺胺类和喹诺酮类等治疗腹泻的药物治疗均无效果。剖检可见盲肠、结肠和直肠血管扩张充血,肠黏膜表面散在分布有大量小米粒大的白色结节,并有许多溃疡斑。实验室粪便检查发现大量特征明显的结肠小袋纤毛虫。

【问题】 临床上症状有顽固性腹泻的疾病有哪些?其病原都分别是什么?要怎样进行快速鉴别诊断?

猪结肠小袋纤毛虫病(Balantidiasis)是由小袋虫科(Balantidiidae)小袋虫属(*Balantidium*)的结肠小袋纤毛虫(*Balantidium coli*)寄生于猪和人的大肠(主要是结肠)内引起的一种寄生虫病。该病多见于猪,尤其是以仔猪发病多见,引起下痢、衰弱、消瘦等症状,严重者可导致死亡。猪是人体结肠小袋纤毛虫病的重要保虫宿主。除猪以外,还见于灵长类、猫、鼠等30多种动物。该病呈世界性分布,但主要流行于热带及亚热带地区。中国十余个省有散发的病例报告。

(一)病原形态

结肠小袋纤毛虫有滋养体和包囊2个发育阶段(图15-18)。活动期的虫体(滋养体)在腹泻的粪便中运动活泼,虫体透明或绿灰色,外形近似椭圆形,大小约为(30～180)μm×(25～120)μm。虫体外被表膜,表膜下为透明的外质,外质上有许多斜纵行的纤毛,纤毛摆动可使虫体快速旋转前移。虫体富弹性,极易改变其外形。前端有一凹陷的胞口,下接漏斗状胞咽,颗粒食物借胞口纤毛的运动进入虫体。胞质内含食物泡,消化后的残渣经胞肛排出体外。经染色的滋养体,胞质内可看到一个肾形的大核,在其凹陷处还有一个圆形的小核。虫体中部、后部各有一个伸缩泡,对调节虫体的渗透压有一定作用。非活动期的虫体(包囊体)为球形或卵圆形,直径约40～60 μm,活时呈淡黄色或淡绿色,囊壁较厚、透明,共两层,染色后可见到胞核。囊内包藏着1个虫体,有时有两个处于接合过程的虫体。当少量粪便与空气接触1～2 h,其中的小袋纤毛虫滋养体逐渐停止活动转变成包囊。当虫体通过直肠后段,由于粪便成形的失水影响,刺激虫体结囊形成包囊。滋养体随粪便

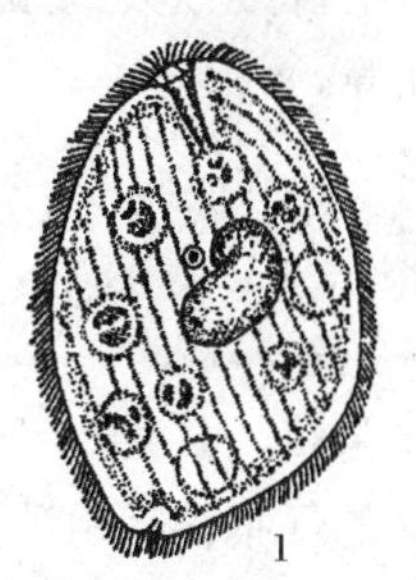

图15-18　结肠小袋纤毛虫

(引自李国清,1999)

1.滋养体　2.包囊

排出后也刺激虫体结囊形成包囊。

(二)生活史

在外界环境中,包囊可污染食物、饮水等,经口进入猪体内,在肠内脱囊,成为滋养体。滋养体以淀粉颗粒、细胞或细菌为食,然后进行横二分裂法繁殖,即小核分裂,随之大核分裂,最后胞质分开,形成两个新个体,在进行一定时期的无性繁殖后,虫体进行接合生殖,继后又进行二分裂繁殖,在遇到不良环境时,虫体变圆,坚韧的囊壁包围虫体成为包囊,随粪便排出。滋养体也可随粪便排出后在外界形成包囊。包囊对外界环境和消毒液有较强的抵抗力,猪只等宿主的感染是因吃入包囊及其污染的食物。

(三)致病作用和症状

一般认为,结肠小袋纤毛虫与宿主为共生,不发生损伤,但在某些条件发生改变时,如营养不均衡,特别是碳水化合物含量过高,小袋纤毛虫极易侵入肠黏膜,大量繁殖,并能产生一种毒素,引起肠壁的炎症。

小袋纤毛虫主要寄生于大肠,盲肠与结肠是常见的严重的病变部位,病变很像溶组织阿米巴病,可见黏膜有数毫米的火山口状溃疡,逐渐融合扩大并向深层发展,临床上出现猪只极度消瘦,下痢和带血、恶臭,常因脱水而死。如出现慢性病,主要表现为长期周期性腹泻,呈粥样或水样,粪便中有黏液,但无血和脓,腹泻与便秘交替出现。

(四)诊断

根据临床上水样或黏液性带血下痢,病变主要见于盲肠和结肠,有炎症与坏死、溃疡并结合粪便检查出其包囊而得出诊断。

(五)防治

本病以预防为主,特别是处理粪便和对圈舍的消毒,注意饲料和饮水卫生以及治疗病猪,治疗药物可选甲硝唑等。

四、猪球虫病

【案例】 某猪场共有30日龄以下仔猪25窝,每窝都有腹泻病仔猪,并已经有10头死亡。发病的仔猪被毛粗乱、脱水、消瘦、腹泻,粪便呈黄色或灰色,有些病情严重病猪的粪便呈液状,带有血,发出腐败乳汁样的酸臭味。发病仔猪体温在39～40.5 ℃。对其中4头病死猪进行了解剖,结果发现:病死仔猪的心、肝、肾、脾等重要器官无其他传染病的特征性病变,主要的病变部位在空肠和回肠,肠浆膜面有出血斑,肠黏膜糜烂、出血、坏死。其中2头肠内容物充满暗红色糊状恶臭物,并有纤维素性坏死异物覆盖,肠上皮坏死脱落。为了确诊,刮取空肠和回肠的黏膜,制成抹片,观察到了球虫卵囊。

【问题】 该猪场发生该病的病因是什么?如何对该疾病进行诊断及防治?

猪球虫病(Coccidiosis)是由艾美耳科艾美耳属(*Eimeria*)和等孢属(*Isospora*)的多种球虫寄生于哺乳期及新近断奶仔猪的肠道上皮细胞引起的,以腹泻为主要临床症状的原虫病。成年猪尤其是母猪感染球虫后,一般不表现临床症状,多呈带虫状态,成为本病的重要传染源。仔猪球虫病的发病日龄主要集中于8～15日龄,感染日龄越小,病情越严重。该病一年四季均可发生。随着养猪集约化生产的发展,临床球虫病的发生越来越常见,并有逐年上升的趋势,给养猪业造成巨大的经济损失,必须给予足够的重视。

(一)病原形态

猪球虫病的病原主要为猪艾美耳属球虫和等孢属球虫。全世界报道的猪球虫有17个种,其中有争议的种有5个。我国报道的猪球虫病的病原主要有7种艾美耳属球虫和1种等孢属球虫(图15-19),即粗糙艾美耳球虫(*Eimeria scabra*)、蠕孢艾美耳球虫(*E. cerdonis*)、蒂氏艾美耳球虫(*E. debliecki*)、猪艾美耳球虫(*E. suis*)、有刺艾美耳球虫(*E. spinosa*)、极细艾美耳球虫(*E. perminuta*)、豚艾美耳球虫(*E. porci*)和猪等孢球虫(*Isospora suis*)。其中以猪等孢球虫致病力最强,其次是粗糙艾美耳球虫、蒂氏艾美耳球虫和有刺艾美耳球虫。

1.猪等孢球虫　卵囊呈圆形或近圆形,囊壁光滑、无色、无卵膜孔,大小为(18.7～23.9)μm×(16.9～20.1)μm,平均为22.2 μm×18.4 μm。囊内有2个孢子囊,孢子囊呈椭圆形,大小为(16.2～23.0)μm×(14.8～19.0)μm,平均大小为18.5 μm×17.5 μm。孢子囊内有4个子孢子,子孢子呈腊肠形或香蕉形。孢子形成后,囊壁皱裂,无胚孔,无极粒,无卵囊残体。

2.粗糙艾美耳球虫　卵囊为卵圆形,卵囊壁呈黄褐色较厚,有两层,无极帽,无卵囊残体,有极粒。孢子囊呈卵圆形,有斯氏体,大小为(22.2～35.6)μm× (16.7～25.3)μm,平均为31.3 μm×19.5 μm。孢子囊呈卵圆形,大小为(16.5～21.0)μm×(5.0～7.5)μm,平均为17.5 μm×7.0 μm。辨别特征:其卵囊是猪球虫卵囊中最大的一种,囊壁较厚,大部分卵囊形状不对称,有辐射状条纹,粗糙,胚孔端明显变薄。

3. 蒂氏艾美耳球虫　卵囊为椭圆形或卵圆形,具有两层卵囊壁,囊壁光滑无色,无胚孔和卵囊残体,有极粒。孢子囊呈卵圆形,不对称,孢子残体颗粒粗,数量较多。卵囊大小为(23.4～29)μm×(17.8～19.6)μm,平均为24.3 μm×17.5 μm。孢子囊呈长卵圆形,不对称,有斯氏体,大小为(7.5～17.5)μm×(3.7～10.0)μm,平均为13.0 μm×7.2 μm。辨别特征:在光滑卵囊壁的艾美耳球虫中卵囊较大,孢子囊不对称,一侧平直一侧弧形,孢子囊残体颗粒粗,数量较多。

4. 有刺艾美耳球虫　卵囊呈椭圆形,囊壁粗糙且黄褐色,有明显的针刺,无卵膜孔和极帽。有内残体和斯氏体,有极粒。卵囊大小为(17.5～32.5)μm×(12.5～24.5)μm,平均为26.75 μm×17.94 μm。孢子囊呈长圆形,大小为(10.0～22.5)μm×(4.5～10.0)μm,平均为15.6 μm×7.0 μm。

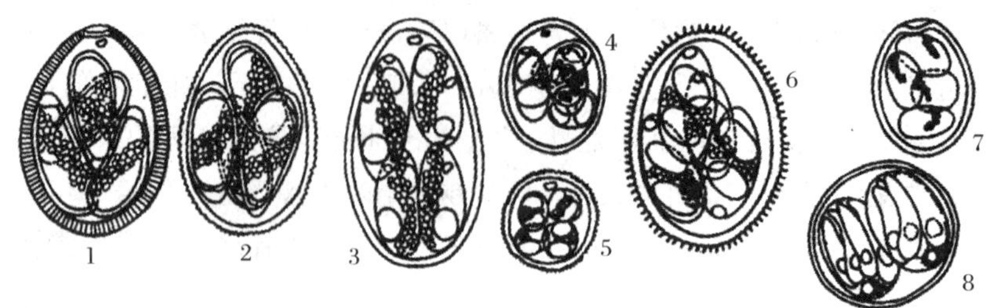

图 15-19 猪的各种球虫孢子化卵囊(引自李国清,1999)

1.粗糙艾美耳球虫 2.蠕孢艾美耳球虫 3.蒂氏艾美耳球虫 4.猪艾美耳球虫 5.有刺艾美耳球虫 6.极细艾美耳球虫 7.豚艾美耳球虫 8.猪等孢球虫

(二)流行病学

猪球虫病呈世界性分布,一年四季均可发病,但春末和夏季多发生,常见于规模化的猪场,导致仔猪腹泻性疾病。猪球虫感染高峰与仔猪日龄因地域不同而差异较大,在英国和加拿大,主要发生于7～10日龄仔猪,在丹麦主要发生于7～14日龄仔猪;而在巴西主要发生于10～19日龄的仔猪。在我国,感染仔猪为7～21日龄。随着年龄增长,猪只对猪球虫病抵抗力逐渐增强,因此对哺乳期仔猪危害最大。

在炎热季节、高温高湿天气及高密度饲养,栏舍卫生条件差,连续生产而不清栏,都会促使本病发生及流行。患病仔猪和隐性带虫的成年猪均为重要的传染源。各品种的猪都有易感性,哺乳仔猪发病率高,易继发其他疾病,死亡率高。成年猪多为带虫隐性感染。饲料、垫草和母猪乳房被粪便污染后常引起仔猪感染。

(三)致病作用和病变

球虫主要在宿主体内(肠组织)进行裂殖生殖和配子生殖时,其相应阶段的虫体进行大量的增殖,导致宿主细胞崩溃裂解,造成肠上皮细胞破裂、出血,从而引起病变。

患病仔猪的主要病变见于小肠、空肠及回肠。肠浆膜有出血斑和溃疡面,严重的肠黏膜糜烂、出血、坏死;常有异物覆盖,肠上皮坏死脱落,肠绒毛变短或消失;肠系膜淋巴结肿大,淋巴滤泡肿大突出,有白色和灰色的小病灶,这些部位常常出现直径4～15 mm的溃疡,其表面覆有凝乳样薄膜;肠内容物呈褐色,带恶臭,有纤维性薄膜和黏膜碎片。仔猪球虫病的特征性病变是空肠和回肠黏膜出现纤维素性坏死,但只在严重感染的仔猪中才出现。

(四)症状

该病主要危害仔猪,成年猪多呈隐性感染。病猪排黄色或黄白色粪便,病初有黏性,1～2日后排水样稀粪。腹泻可持续4～8 d,病猪常因脱水而虚弱或死亡,消瘦,生长迟缓。

(五)诊断

仔猪食欲下降、消瘦、发育迟缓和下痢(粪便呈液状或糊状、黄白色,偶见血便),剖检发现空肠和回肠的结节病变,呈黏膜坏死性炎症,检出球虫卵囊,可做出诊断。抗生素药物对该病无治疗效果,可作为辅助诊断。

与仔猪大肠杆菌病(黄痢、白痢)相区别:仔猪黄痢常发生在 7 日龄内的仔猪,以 1～3 日龄的仔猪最多见;仔猪白痢是发生于 10～30 日龄的仔猪,且多见于 10～20 日龄的仔猪。

(六)防治

1.治疗

据报道,拜耳公司生产的抗球虫病药百球清对各种猪球虫病均有效,特别是对引起仔猪球虫病的球虫效果最佳,使用后可降低球虫卵囊的排出,阻止球虫病流行,还可以使仔猪下痢症状得到缓解。使用剂量为 20～30 mg/kg 体重,一次口服。

到目前为止,虽然百球清及磺胺类药物等对猪球虫病具有较好的防治效果,但是球虫病发展较快且球虫易产生耐药性,因此此病不能得到很好的控制,应以预防为主。

2.预防

(1)严格消毒。对猪舍要经常清扫,并及时收集猪粪进行堆积发酵处理,以杀灭猪球虫卵囊,并对各种用具进行定期消毒。这样,可明显降低猪球虫病的发生。

(2)药物预防。定期添加抗球虫药物并注意定期更换药物种类。在污染的猪场,在产前和产后 15 日内的母猪饲料中,用剂量为 25～65 mg/kg 体重的氨丙啉拌料,可预防仔猪感染。

第五节　马原虫病

一、马媾疫

【案例】 某地 48 匹马属动物发生了一种小范围的传染病,患病马属动物 14 匹,临床表现为公马阴囊、包皮、阴茎水肿,母马阴户、乳房肿胀。用抗生素治疗,病情未见好转。此病只在马属动物之间互相传染,其他家畜猪、牛、羊未见发病。

【问题】 该病是如何感染的? 该病对马属动物的主要危害是什么? 如何进行诊断及防治?

马媾疫(Dourine)是由锥虫属(*Trypanosoma*)的马媾疫锥虫(*Trypanosoma equiperdum*)寄生于马属动物生殖器官引起的一种慢性接触性原虫病。该病主要通过马属动物交配进行传播,因此该病又名交配疹。早年曾广泛流行于美洲、东欧、亚洲和非洲。目前该病已经很少发生,但马属动物的死亡率平均达到 50%。

(一)病原形态

马媾疫锥虫的形态与伊氏锥虫无明显区别,但生物学特性则有很大差异。

(二)生活史

病畜与健康家畜交配时,虫体侵入健康公畜的尿道或者母畜的阴道黏膜,在入侵部位发育繁殖,引起原发性的局部炎症。马媾疫锥虫主要存在于组织中,血液中很少被检测到。

（三）流行病学

马媾疫在世界养马国家和地区均有流行，我国西北、东北地区均有报道，但现在已很少发生。该病传播不需要中间宿主，主要通过病马与健康马的交配传染，易感动物是马属动物。带虫马是主要的感染源。马媾疫潜伏期一般为 8～28 d，最长达到 6 个月。在南非，该病最长能持续至 2 年。不同个体潜伏期、发病严重程度和病程有很大不同。骡、驴的耐受性比马强。

（四）致病作用和病变

剖检可见皮下胶冻状渗出物。公马的阴囊、包皮、睾丸被膜增厚和浸润。母马的阴户、阴道黏膜、子宫、膀胱和乳腺由于胶样浸润而增厚。淋巴结特别是腹腔淋巴结肿大、质软、出血。

（五）症状

临床表现一般分为三个时期：

1.水肿期　公畜感染后开始为阴茎水肿，局部触诊无热、无痛，呈面团状。生殖器处皮肤相继出现豌豆大小的黄色结节、水疱、溃疡和白斑。性欲亢进，精液品质降低。母畜生殖器肿胀，可蔓延到乳房、下腹部和股内侧。病畜屡配不孕，或妊娠后容易流产。

2.皮肤丘疹期　在生殖器官发生病变后一个月，病畜在颈、胸、背部及臀部和腹下的皮肤反复出现圆形或椭圆形的扁平丘疹，直径 5～15 cm，其特点是中央稍凹陷，周边隆起，界限明显，学界称之为“银元疹”。突然出现，数小时或数天后自行消失。消失后在身体其他部位重新出现。

3.神经症状期　主要特征是某些运动神经呈现不同程度的麻痹。比较常见的是颜面神经麻痹，患畜表现鼻唇歪斜，耳、眼睑或下唇下垂。当腰部和后肢的神经发生麻痹时，可见到后躯无力，臀部及后肢肌肉萎缩，步态不稳，出现跛行。

全身症状：病初，体温稍升高，精神、食欲无明显变化。随病势增重，反复出现短期发热，逐渐贫血、消瘦、精神沉郁，食欲减退。最后为后躯麻痹不能起立，可因极度衰竭而死亡。

（六）诊断

根据临床症状和病理变化可以做出初步诊断，确诊需进一步做实验室诊断。

病原检查：采取尿道或阴道黏膜刮取物做压滴标本和涂片标本进行镜检，找到锥虫即可确诊。动物接种试验，将上述病料注射于兔睾丸实质内，家兔接种后出现阴囊和阴茎浮肿、发炎及睾丸实质炎和眼结膜炎。如果从睾丸穿刺液、浮肿液和眼泪中发现锥虫则可确诊。

血清学检查：补体结合试验、间接荧光抗体试验和酶联免疫测定试验。

（七）防治

1.治疗

治疗伊氏锥虫的药物可以用于本病。

2.预防

该病必须进行综合防治。在疫区，配种季节前，应对公马和繁殖母马进行检疫。对健康公马和采精用的种马，在配种前用安锥赛进行预防注射。在未发生过本病的马场，对新调入的种公马和母马，要严格进行隔离检疫。加强人工授精器械的消毒等。

二、巴贝斯虫病

【案例】 5月份某养殖户养马72匹，陆续出现体温升高，精神不振，食欲减退现象。检查发现眼睑水肿，贫血，黄疸，有血红蛋白尿和肢体下部水肿现象。有的马匹头部、腿部和腹部出现水肿。有便秘发生，排出干硬的粪球，表面附有黏液。病畜迅速消瘦，十分虚弱。问诊得知这些马匹在靠近江边的草地上放牧，在马体上发现有大量的蜱寄生。

【问题】 该病的流行有无季节性？实验室如何诊断？

马巴贝斯虫病（Babesiosis）是由巴贝斯科巴贝斯属（*Babesia*）的驽巴贝斯虫（*Babesia caballi*）和马巴贝斯虫（*B. equi*）寄生在马的红细胞内引起的一种急性、季节性的血液原虫病。本病主要流行于非洲、亚洲、中东地区、南美洲、欧洲和大洋洲等。我国主要分布在新疆、内蒙古西部地区及南方各省。目前，全球马巴贝斯虫病有逐年上升的趋势。

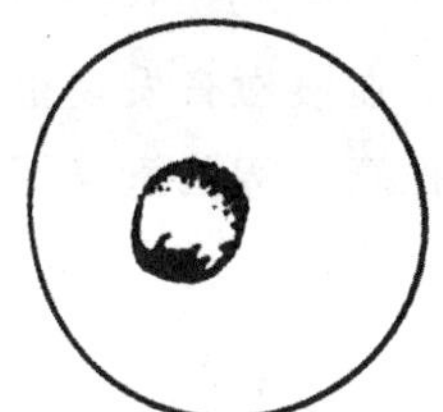
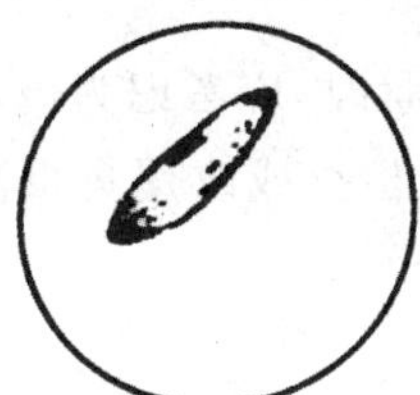

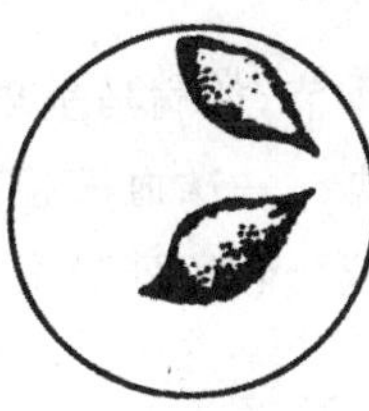

图15-20　驽巴贝斯虫（引自汪明，2003）

（一）病原形态

1.驽巴贝斯虫　虫体呈梨形，为大型虫体，长度大于红细胞半径，长2～5 μm，尖端连成锐角（图15-20），成对，红细胞的感染率为0.5%～10%。

2.马巴贝斯虫　虫体为小型虫体，长度小于红细胞半径，长2～3 μm，呈圆形、椭圆形、单梨籽形，以圆形和椭圆形虫体为主。典型的形态为4个梨形虫体尖端相连而构成十字形，对红细胞的感染率严重时可达50%以上。

（二）生活史

与双芽巴贝斯虫生活史相似。成蜱吸血时，把含有巴贝斯虫的红细胞吸入肠内，在体内发育后侵入唾液腺，继续复分裂产生大量卵圆形或梨形虫体。驽巴贝斯虫的子孢子随革蜱唾液进入宿主红细胞发育成滋养体，滋养体在红细胞内生长分裂成两个圆形、椭圆形或梨形的裂殖子。裂殖子成熟后具备感染力，继续增殖。

（三）流行病学

本病呈季节性流行，一般在2月下旬出现，3～4月达流行高峰，5月下旬以后逐渐停止流行。文献记载有3个属17种蜱可传播马巴贝斯虫，主要传播者为硬蜱科革蜱属的媒介蜱。易感动物包括马、骡、斑马和骆驼。幼畜更易感。如诊治不及时，死亡率很高。

本病主要流行于非洲、亚洲、中东地区、南美洲、欧洲和大洋洲等。我国主要分布在新疆、内蒙古等地区。

（四）致病作用和病变

虫体的代谢产物是一种剧烈的毒性物质，它使内脏及整个机体活动的中枢神经系统和植物性神经系统紊乱。首先表现为体温升高，抑郁和昏迷。黏膜、腱膜及皮下蜂窝组织黄染。黄染的程度决定于溶血情况，也决定于肝脏和肾脏的健康状况。小循环的淤血现象通常导致发绀和呼吸困难，大循环的淤血影响肝脏的解毒机能和糖代谢功能。肾脏由于血循环障碍、缺氧和中毒引起肾小管上皮的原发性退行性变化，表现为少尿和蛋白尿。

（五）症状

特征是马属动物的发热、贫血、黄疸、呼吸困难和血红蛋白尿等。发病的后期，病马消瘦，步样不稳，黏膜苍白黄染，心力衰竭，鼻腔流出大量黄色带泡沫的液体。

（六）诊断

在疫区的流行季节，如病马呈现高热、贫血、黄疸等症状时，应考虑为该病。血液检查发现虫体是确诊的主要依据。一次血液检查未发现虫体，应反复检查或改用集虫法检查。实验室采用间接免疫荧光试验或酶联免疫吸附测定可以确诊。

（七）防治

1.治疗

目前比较常用而疗效较高的治疗药物有下列四种：

(1)咪唑苯脲。对各种巴贝斯虫都有较好的治疗效果。剂量为 2 mg/kg 体重，配成 10%注射液肌肉注射。间隔 24 h 再用 1 次。

(2)贝尼尔。剂量为 3.2～3.5 mg/kg 体重，配成 5%～7%溶液深部肌肉注射。

(3)锥黄素。剂量为 3～4 mg/kg 体重，配成 0.5%～1%溶液静脉注射。

(4)阿卡普林。剂量为 0.6～1 mg/kg 体重，配成 5%溶液皮下注射。

2.预防

根据巴贝斯虫的生活史和本病的流行病学特点，采取综合性的防治措施。预防的关键在于灭蜱。可以根据流行地区蜱的活动规律，实施有计划的灭蜱措施。选择无蜱活动季节进行马匹调动，在调入、调出前，应做药物灭蜱处理。

第六节 犬、猫原虫病

一、等孢球虫病

【案例】 长春市某牧场 2 月龄的土种犬发病，病犬表现为被毛不整，消瘦，排暗红色有黏液的腥臭粪便。取粪便镜检，发现大量卵囊。用磺胺-6-甲氧嘧啶治疗 1 周，犬精神状态好转，食欲大增，粪便再检查，已查不到卵囊。

【问题】 该病的病原种类有哪些？如何诊断？怎样预防和治疗？

等孢球虫病(Isosporiasis)是由艾美耳科等孢属的多种球虫寄生于犬和猫的小肠和大肠的黏膜上皮细胞内引起的原虫病。该病呈世界性分布，临床上以出血性肠炎为主，严重可导致死亡。

(一)病原形态

犬和猫粪便中的球虫(图 15-21)，按照其孢子化卵囊的大小可以分为三种类型：大型等孢球虫、中型等孢球虫和小型等孢球虫。

1.犬等孢球虫(*Isospora canis*) 卵囊呈椭圆形或卵圆形，大小为(32～42)μm×(27～33)μm，是犬粪便中排出的最大球虫卵囊。孢子化的卵囊含 2 个孢子囊，每个孢子囊含有 4 个香蕉形的子孢子。寄生于犬的大肠和小肠，具有轻度至中度致病力。

2.猫等孢球虫(*I. felis*) 卵囊呈卵圆形，大小为(38～51)μm×(27～39)μm，是猫粪便中排出的最大球虫卵囊。寄生于猫的小肠，有时在盲肠，具有轻微的致病力。

3.俄亥俄等孢球虫(*I. ohioensis*) 卵囊呈椭圆形或卵圆形，大小为(20～27)μm×(15～24)μm，是中型等孢球虫。寄生于犬的小肠，通常无致病力。

4.芮氏等孢球虫(*I. rivolta*) 卵囊呈椭圆形或卵圆形，大小为(21～28)μm×(18～23)μm，是中型等孢球虫。寄生于猫的大肠和小肠，具有轻微致病力。

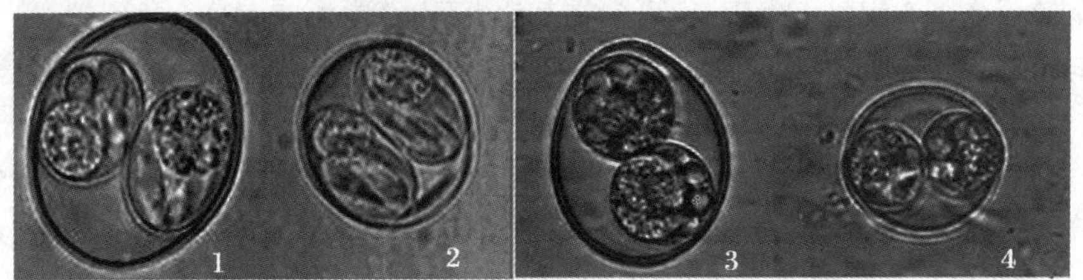

图 15-21 犬和猫等孢球虫(引自孟余，2010)

1.犬等孢球虫卵囊 2.俄亥俄等孢球虫卵囊 3. 猫等孢球虫卵囊 4. 芮氏等孢球虫

(二)流行病学

等孢球虫病呈世界性分布，1～6 月龄的幼犬发病率较高，危害较大。等孢球虫一般是单宿主寄生，其终末宿主具有种的特异性，不同终末宿主的种类不能交叉感染。病犬和带虫成年犬是本病的主要传染源，主要通过粪便传染。在环境卫生条件差和饲养密度较大的养殖场可发生严重流行。

(三)致病作用和症状

小肠出现卡他性肠炎或出血性肠炎,多见于回肠段,尤其在回肠下段最为严重,肠黏膜肥厚,黏膜上皮脱落。临床上以肠炎、血便、贫血和食欲减退为特征,导致犬和猫消瘦、腹泻,严重可导致死亡。发病初期表现为轻度发热、精神沉郁、食欲不振、消化不良、消瘦、贫血。严重感染时,病畜出现水泻或排出泥状粪便,有时排带黏液的血便。

(四)诊断

根据临床症状及剖检,采用饱和盐水浮集法,在粪便中发现大量卵囊即可确诊。

(五)防治

1.治疗　通常采用综合疗法:对症治疗,全身给予补糖、补液、补碱,止血疗法等。

(1)磺胺-6-甲氧嘧啶。每天 50 mg/kg 体重,连用 7 d。

(2)磺胺二甲氧嘧啶。首日剂量为 55 mg/kg 体重口服,随后按每天 27.5 mg/kg 体重,连用2～4 d。

(3)氨丙啉。犬按 110～220 mg/kg 体重混入食物,连用 7～12 d。当出现呕吐等副作用时,应停止使用。

2.预防

根据球虫的生活史和本病的流行病学特点,采取综合性的防治措施。保持环境卫生,加强粪便处理,防止感染。加强饲养管理,不要给犬、猫饲喂生肉。可以使用氨丙啉、磺胺类药物进行预防。

二、巴贝斯虫病

【案例】 比熊犬,雌性,3 岁。该犬 4 d 前发病,病初发热,精神差,虚弱,少食或不食,尿呈黄褐色。询问主人发现,犬只常在草地上玩,经常能在犬身上找到蜱。

【问题】 从流行病学的角度,说明蜱在该病流行中的作用?该病的主要危害是什么?如何进行确诊及防治?

犬巴贝斯虫病(Babesiasis)是由巴贝斯科巴贝斯属的原虫寄生于红细胞内所引起的一种血液原虫病。犬巴贝斯病是一种世界性分布的疾病,1885 年非洲南部首次报道犬巴贝斯虫,该病对犬的危害仅次于病毒性传染病。

(一)病原形态

1.犬巴贝斯虫(*Babesia canis*)　虫体较大,一般长 4～5 μm,最长可达 7 μm。典型虫体为双梨籽形,虫体尖端以锐角相连,每个红细胞内的虫体数目为1～16 个(图 15-22)。

2.吉氏巴贝斯虫(*B. gibsoni*)　虫体很小,多呈环形或圆形卵,呈梨籽形的很少,一个红细胞内最多可寄生 30 个虫体。

3.韦氏巴贝斯虫(*B. vogeli*) 除体形略大外,形态与犬巴贝斯虫相似。

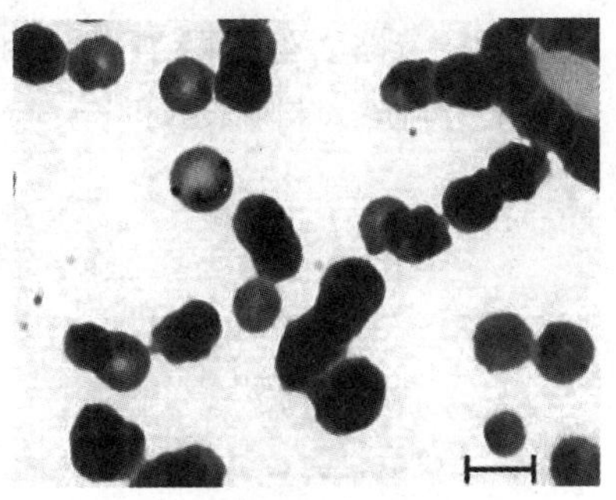

图 15-22 犬巴贝斯虫
(引自 Van de Maele,2008)

(二)生活史

犬巴贝斯虫病的传播媒介是多种硬蜱。当具有感染性的蜱叮咬犬体后,存在于蜱唾液腺中的子孢子随蜱的唾液进入宿主体内,主要是在红细胞内进行裂体生殖或二分裂生殖。当蜱吸食了含虫血后,巴贝斯虫在成年蜱的肠上皮细胞内进行有性生殖,形成合子——动合子。这些动合子在许多细胞(包括卵母细胞)内经过进一步的发育,形成具有感染性的子孢子。

(三)流行病学

犬巴贝斯虫病在国内外分布广泛,国内病原多为吉氏巴贝斯虫。该病流行与蜱的分布和活动季节密切相关,夏季感染率最高。传播媒介主要是成年雌性蜱。吉氏巴贝斯虫的传播媒介主要为长角血蜱、镰形扇头蜱和血红扇头蜱等。

(四)致病作用和病变

巴贝斯虫寄生在红细胞,造成溶血性贫血,同时出现血管内溶血和血管外溶血,导致再生性贫血、血红蛋白尿和胆红素尿。溶血性贫血可导致贫血性缺氧、无氧代谢和代谢性酸中毒。很多病例可以出现血小板减少症。破坏血红蛋白、降低血红蛋白携氧能力等造成组织缺氧,肾和肌肉是组织缺氧最常见的器官和组织。肾衰是巴贝斯虫病的重要并发症。

(五)症状

病犬表现为精神沉郁、食欲减退、虚弱无力、发热、黄疸、贫血、可视黏膜苍白、粪便带血和血红蛋白尿。溶血性贫血、血小板减少、脾肿大,甚至败血性休克。

(六)诊断

中度或高度急性病例可以采用血涂片染色,光学显微镜观察,找到虫体即可确诊。但慢性感染、无症状携带者,该方法检出率低。间接荧光抗体试验和 ELISA 诊断方法,灵敏度高。此外基因检测是诊断巴贝斯虫感染最敏感和特异的检测方法。

(七)防治

1. 治疗

目前通常采用抗梨形虫药物、抗生素和支持疗法进行综合治疗。

(1)贝尼尔。肌肉注射 3～5 mg/kg 体重。

(2)二磷酸咪唑苯脲。单剂量注射 7 mg/kg 体重或与贝尼尔同时使用。

2.预防

根据巴贝斯虫的生活史和本病的流行病学特点,采取综合性的防治措施。(1)控制蜱是最有效的预防策略。经常检查皮肤和毛发，外观检查结合局部杀虫治疗可以有效预防蜱的侵扰。(2)药物预防。咪唑苯脲进行一个周期治疗后的预防效果，可以长达6周。

第七节　实验动物原虫病

一、兔球虫病

【案例】 太和区赵某养殖存栏兔300多只，杂交品种，封闭式棚室笼养，兔舍地面潮湿，空气污浊，温度、湿度相对较高。死亡的家兔多是断乳后的幼兔。断乳初期幼兔并无异常，到2周左右陆续发病。表现为精神委顿，被毛粗乱，体温正常或略低，食欲减退，生长停滞，贫血消瘦，腹泻，粪便呈褐色，有腥臭味，排尿频繁，腹部胀大，多于10 d左右体质衰弱而亡。个别病兔后期出现神经症状，四肢痉挛，头向后仰，死前有尖叫声。也有的急性病兔不见任何症状突然死亡。病死率达36%。初期疑为细菌性肠炎所致，先后用诺氟沙星、庆大霉素等抗生素治疗，收效甚微。

【问题】 该病是如何传染的？如何进行诊断、治疗和预防？

兔球虫病(Coccidiosis)是由艾美耳科艾美耳属的一种或多种艾美耳球虫寄生于兔体内引起的一种以腹泻为主要症状的疾病。该病极易继发其他传染病，每年因球虫病造成的损失高居各种兔病之首，是目前养兔业中危害最大的疾病之一，我国把其列为二类动物疫病，与兔瘟、兔巴氏杆菌病、兔疥螨病一同被称为四大兔病。

(一)病原形态

兔球虫均为艾美耳球虫(见图15-23)。关于家兔球虫的分类曾出现同物异名等混乱状态，至少有25个种被描述和命名，但这些据卵囊形态学鉴别的球虫很多为同物异名。经单卵囊分离等纯培养和详细鉴定，以及18S rRNA基因序列分析验证，目前共有11种兔球虫被确定为有效种，其中除斯氏艾美耳球虫(*Eimeria stiedai*)寄生于胆管上皮细胞内之外，其余各种都寄生于肠黏膜上皮细胞内，一般为混合感染。

1.斯氏艾美耳球虫　寄生于胆管上皮细胞内，是兔球虫中致病力最强的一种，能引起严重的肝球虫病。卵囊较大，为长圆形，淡黄色，在卵膜孔的一端较平。大小为(26～40)μm×(16～25)μm。孢子化时间为41～51 h。潜隐期为16 d。

2.大型艾美耳球虫(*E. magna*)　寄生于小肠和大肠，致病力强。卵囊较大，为卵圆形，呈淡黄色，卵膜孔明显。大小为(26～41)μm×(17～29)μm。孢子化时间为32～48 h。潜隐期为7～8 d。

3.中型艾美耳球虫(*E. media*)　寄生于空肠和十二指肠，可引起较严重的球虫病。卵囊中等大小，短椭圆形，淡黄色，有卵膜孔。大小为(19～33)μm×21 μm。孢子化时间为42～72 h。潜隐期为6～7 d。

4.盲肠艾美耳球虫(*E. coecicola*)　寄生于小肠后段和盲肠，致病力不强。卵囊为卵圆形，呈淡黄色或淡褐色。大小为(25～39)μm×(15～21)μm。孢子化时间为72 h。潜隐期为10 d。

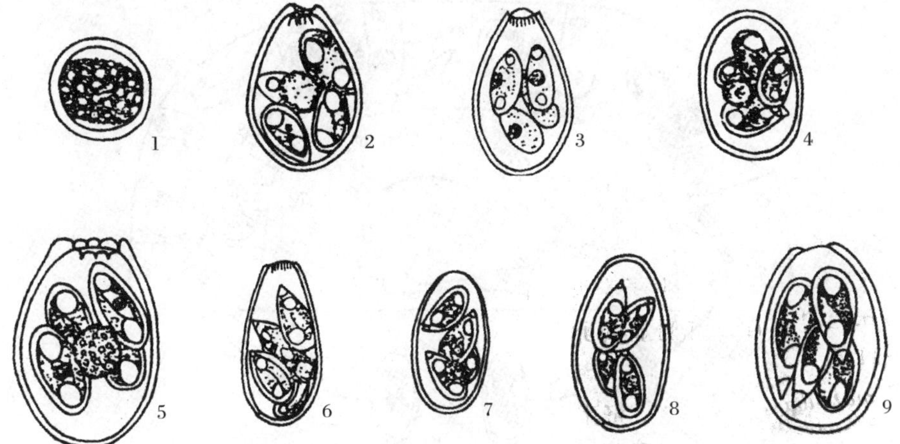

图 15-23 **各种兔球虫卵囊**(引自孔繁瑶,1997)

1.小型艾美耳球虫 2.肠艾美耳球虫 3.梨形艾美耳球虫 4.穿孔艾美耳球虫 5.大型艾美耳球虫
6.盲肠艾美耳球虫 7.中型艾美耳球虫 8.斯氏艾美耳球虫 9.无残艾美耳球虫

5.肠艾美耳球虫(*E. intestinalis*) 寄生于小肠(十二指肠除外),致病力强。卵囊为梨形,其窄端有明显的卵膜孔。孢子化卵囊内有 1 个明显的外残体。卵囊大小为(25～31)μm×(18～23)μm。孢子化时间为 24～48 h。潜隐期为 10 d。

6.穿孔艾美耳球虫(*E. perforans*) 寄生于小肠上皮细胞,致病力较弱。卵囊小,为椭圆形,无色,卵膜孔不明显。大小为(13～31)μm×(11～17)μm。孢子化时间为 35～51 h。潜隐期为 5～6 d。

7.无残艾美耳球虫(*E. irresidua*) 寄生于小肠中部,致病力较强。卵囊为长椭圆形或卵圆形,呈淡黄色,卵膜孔明显,卵囊内无外残体。大小为(25～48)μm×(16～28)μm。孢子化时间为 57 h。潜隐期为 9～10 d。

8.梨形艾美耳球虫(*E. piriformis*) 寄生于小肠和大肠,致病力轻微。卵囊为梨形,呈淡黄色或淡褐色,有明显的卵膜孔,位于卵囊的窄端。大小为(26～33)μm×(15～20)μm。孢子化时间为 57 h。潜隐期为 9～10 d。

9.黄艾美耳球虫(*E. flavescens*) 寄生于小肠后部、盲肠及大肠,致病力较强。卵囊为卵圆形,囊壁光滑,呈黄色,在宽的一端有明显的卵膜孔。大小为(25～37)μm×(14～24)μm。潜隐期为 8～11 d。

10.小型艾美耳球虫(*E. exigua*) 寄生于肠道。卵囊呈圆形或近似球形,囊壁光滑无色,卵膜孔极不明显。卵囊孢子化后无残体,大小为(9～13)μm×11 μm。致病力不清楚。

11.维氏艾美耳球虫(*E. vejdovskyi*) 寄生于小肠,致病力轻微。卵囊为长卵圆形,大小为 32 μm×19 μm,有残体。潜隐期为 10 d。

(二)生活史

兔艾美耳球虫的发育需要经过三个阶段(图 15-24):裂殖生殖、配子生殖和孢子生殖阶段。前面两个阶段是在胆管上皮细胞(斯氏艾美耳球虫)或肠上皮细胞(其他各种球虫)内进行的,后一发育阶段是在外界环境中进行。

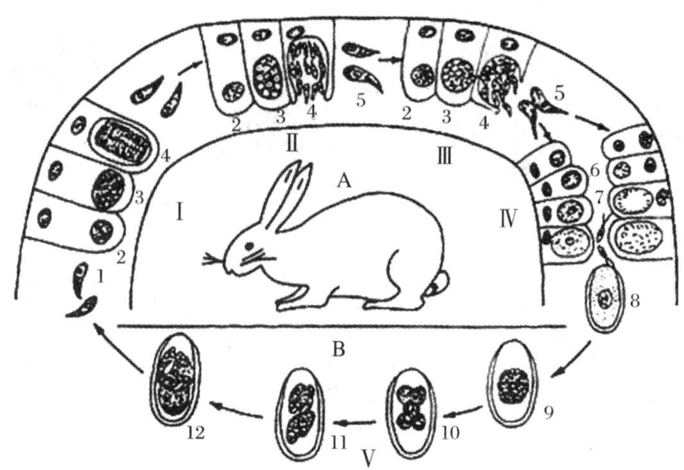

图 15-24　中型艾美耳球虫在兔肠上皮细胞内的发育(A)及在外界环境中的发育(B)(引自孔繁瑶,1997)

Ⅰ.第 1 代裂殖生殖　Ⅱ.第 2 代裂殖生殖　Ⅲ.第 3 代裂殖生殖　Ⅳ.配子生殖　Ⅴ.孢子生殖

1.子孢子　2～4.裂殖体发育的各个阶段　5.第Ⅰ代、第Ⅱ代、第Ⅲ代裂殖子　6.大配子及小配子发育的各个阶段　7.大配子和小配子正待结合　8.合子　9.未孢子化卵囊　10～11.卵囊的孢子化过程　12.孢子化卵囊,内含 4 个孢子囊,每个孢子囊内含有 2 个子孢子

家兔经食物或饮水摄入孢子化的卵囊。卵囊进入肠道后,在胆汁和胰酶等作用下,子孢子脱囊而出,侵入肠(或胆管)上皮细胞,变成圆形的滋养体。滋养体长大后细胞核经多次分裂发育成多核体,最后形成球形的裂殖体,其内部含有很多香蕉形的裂殖子,即Ⅰ型裂殖子。Ⅰ型裂殖子又侵入肠(或肝胆管)上皮细胞,进行多次裂殖生殖。此后,部分裂殖子变成大配子体或小配子体,由大配子体发育成大配子,由小配子体发育形成很多小配子。大配子和小配子结合形成合子。合子周围形成卵囊壁,即变为卵囊。卵囊侵入肠腔,并随粪便排出体外,在适宜的湿度和温度条件下进行孢子生殖,即在卵囊内形成 4 个孢子囊,每个孢子囊内形成 2 个子孢子。发育成熟的卵囊称为孢子化卵囊。从动物吃进孢子化卵囊到粪便中出现新世代卵囊所需要的时间称为潜隐期。

(三)流行病学

各品种、年龄段兔均可发生该病。其中断奶后至 3 月龄幼年兔较成年兔易感染,尤其以 20～45 日龄阶段的幼兔最易感染,且发病率和死亡率均较高;成年兔对球虫抵抗力较强,可耐过,但不能产生免疫力,耐过兔可向外界排出卵囊而成为长期带虫者或传染源。

本病的感染途径是饲喂和饮水。仔兔的感染途径主要是通过在哺乳时吃入母兔乳房上沾污的卵囊;幼兔的感染主要是通过吃草、吃料或饮水等。饲养员、器具、野鼠、苍蝇等也可机械搬运球虫卵囊而传播球虫病。兔舍卫生条件差、饲养密度大、兔营养不良等因素均可造成本病的发生和流行。兔球虫病一年四季均可发生和流行,特别是在温暖、雨水较多的春、夏季节,该病常呈地方性流行。当温度保持在 20～28 ℃,相对湿度为 55%～75%,且氧气充足时,球虫卵囊经 2～3 d 即可发育成熟并具有一定感染性。

(四)致病作用和病变

球虫破坏机体上皮细胞,产生有毒物质,加之肠道细菌的综合作用是主要致病因素。兔球虫在宿主体内发育繁殖,不断刺激宿主的中枢神经系统,导致中枢神经对各个器官系统的调节机能发生障碍,从而呈现不同的临床症状。如肠道和胆管上皮受到破坏时,正常的消化机能紊乱,机体慢性饥饿、水肿,出现稀血症、白细胞减少。肠上皮细胞大量崩解,造成腐败细菌繁殖,产生大量毒素而引发中毒。病兔表现为痉挛、虚脱、肠臌气和脑贫血等。

肝球虫病的主要病变在肝脏,表现为肝脏肿大淤血,肝表面和切面散布许多圆形白色或淡黄色结节,如粟粒至豌豆大,沿胆管分布,胆汁浓稠。取结节压片镜检,可以看到裂殖子、裂殖体、配子体和卵囊等不同发育阶段的虫体;结节内含有淡黄色的浓稠黏液,逐渐形成钙化结节。肠球虫病的病理变化主要在肠道,表现为肠壁充血,十二指肠扩张、肥厚;肠黏膜发生卡他性炎症,肠管内充满气体和大量黏液,黏膜有出血点;盲肠尤其是蚓突有白色结节,个别兔肠系膜淋巴结肿大、出血。肝、肠混合型可同时具有肝型球虫和肠型球虫的病理变化。

(五)症状

按球虫的种类和寄生部位的不同,兔球虫病可分为三型:肠型、肝型和肝肠混合型。临床上多见的为混合型。患病初期症状不明显,仅为轻度感染,与健康兔没有太大区别。随着病情的发展,患兔表现为精神沉郁、俯卧不动、食欲减退、消瘦、贫血、生长停滞、被毛杂乱、腹胀、腹泻、病兔尿频或常做排尿姿势,后肢和肛门周围被粪便污染。病兔由于肠膨胀,膀胱积尿和肝肿大而呈现腹围增大,肝区触诊有痛感。病兔虚弱消瘦,结膜苍白,可视黏膜轻度黄染。后期重度感染,患兔眼球发紫,眼结膜苍白,四肢无力,直至突然倒地;同时出现神经症状,头向后仰,四肢痉挛、划动,发出尖叫,随即死亡。急性型病例病程为1～3 d。病程稍长者,多出现顽固性腹泻,最后因脱水而死亡。患兔死亡时,多数侧卧,颈部及后肢抽搐、痉挛,口鼻有分泌液流出,肛门周围被稀粪污染,病程为4～8 d。

(六)诊断

根据季节、环境、年龄、临床症状和病理剖检后的典型病变可做出初步诊断。确诊需进行实验室检查,常用的方法是饱和盐水漂浮法检查球虫卵囊或通过剖检病死兔,采集病变的肠道或肝脏刮取物进行镜检,查到有球虫卵囊、裂殖体或裂殖子等不同阶段的虫体,即可确诊。

(七)防治

1.治疗

确诊后,迅速对发病兔进行隔离治疗,严格控制传染源。可用下列药物进行治疗。

(1)磺胺-6-甲氧嘧啶。按0.1%的浓度混入饲料中,连用3～5 d,隔1周再用一个疗程;

(2)磺胺二甲氧嘧啶。与三甲氧苄氨嘧啶,按5∶1混合后,以0.02%的浓度混入饲料中,连用3～5 d,隔1周再用一个疗程;

(3)氯苯胍。按30 mg/kg混入饲料,连用5 d,隔3 d再重复一次;

(4)杀球灵。按1 g/t混入饲料喂服,连用1～2个月,可预防兔球虫病;

(5)莫能霉素。按 40 g/t 混入饲料喂服,连用 1～2 个月,可预防兔球虫病;

(6)盐霉素。按 50 g/t 混入饲料喂服,连用 1～2 个月,可预防兔球虫病。

2.预防

加强兔场管理,成年兔和幼兔分开饲养,断乳后的幼兔要立即分群,单独饲养。保证饲料新鲜及清洁卫生,饲料应避免粪便污染,每天清扫兔笼及运动场上的粪便,定期消毒。病兔应隔离。兔笼、用具等应严格消毒,兔粪堆积发酵。消灭兔场内的鼠类,蝇类及其他昆虫。

目前,使用疫苗预防球虫病在养禽业已取得很好的效果,但针对兔球虫病,疫苗仍处于研发阶段,药物控制仍是控制兔球虫病的最有效方法。在球虫病流行的季节里,对断奶的仔兔,可在饲料中拌入药物,用以预防兔球虫病。

二、贾第虫病

贾第虫病(Giardiasis)是由六鞭科(Hexamitidae)贾第属(*Giardia*)的一些原生动物寄生于肠道引起以腹泻为主要症状的疾病。贾第虫是世界各地人类和绝大多数家畜肠道内的原虫。起初,贾第虫仅被视为一种共生性的肠道原虫。自 1976 年以来,由于世界各地相继有本病的流行,甚至暴发流行,人们才真正认识到了它的致病性。

(一)病原形态

关于贾第虫的种类,在 1920～1930 年期间曾描述过 50 余种。1952 年,Filice 根据形态学等特征对以前所描述的贾第虫种类进行重新评价,将多数种都归为十二指肠贾第虫(*Giardia duodenalis*),亦称蓝氏贾第虫(*G. lamblia*)或小肠贾第虫(*G. intestinalis*),仅保留少数几个有效种。流行病学调查和交叉感染试验表明该分类方法比较合理而得到了世界卫生组织的承认。目前,根据形态特征和宿主特性,认为贾第虫有 5 个有效种:(1) 十二指肠贾第虫,滋养体呈梨形,大小为(12～15)μm×(6～8)μm,内含半月形的中体(median body),宿主范围广,可感染人类和多种哺乳动物;(2)敏捷贾第虫(*G. agilis*),滋养体呈细长形,大小为(20～30)μm×(4～5)μm,内含棒形的中体,主要感染两栖类动物;(3)鼠贾第虫(*G. muris*),滋养体呈短小圆形,大小为(9～12)μm×(5～7)μm,内含圆形的中体,主要感染啮齿类动物;(4)苍鹭贾第虫(*G. ardeae*),滋养体呈圆形,大小为 10 μm×6.5 μm,内含椭圆形或半月形的中体,主要寄生于鸟类;(5)鹦鹉贾第虫(*G. psittaci*),滋养体呈梨形,大小为 14 μm×6 μm,内含半月形的中体,无腹侧鞭毛,主要寄生于鸟类的鹦鹉。

兽医学及医学上具有重要性的为十二指肠贾第虫。有滋养体和包囊两种形态。滋养体为肠管寄居的活动形态,其外形如对切的半个梨形,前半呈圆形,后部逐渐变尖,长 9～20 μm,宽 5～10 μm。腹面具有 2 个很大的向内凹陷的腹吸盘。有两个核,4 对鞭毛。体中部尚有 1 对中体。包囊(图 15-25)为虫体传播及在环境中存活的形态。呈卵圆形,长 9～13 μm,宽 7～9 μm。包囊含有两个没有完全分开但已形成的滋养体,在其内可见轴柱、腹盘的碎片以及 4 个核。

根据保守基因位点 16S rRNA、谷氨酸脱氢酶(glutamate dehydrogenase,GDH)、延伸因子 1-α(elongation factor 1-alpha,ef1-α)、磷酸丙糖异构酶(triosephosphate isomerase,TPI)等持家基因核苷酸序列分析,与人类疾病相关的十二指肠贾第虫可分为 7 个不同的聚群,即聚群 A～G。

其中，人兽共患的有聚群 A 和聚群 B，而主要感染动物的为聚群 C～G。

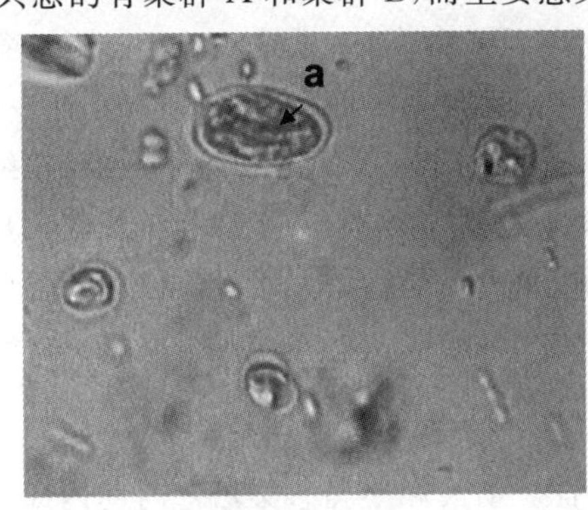

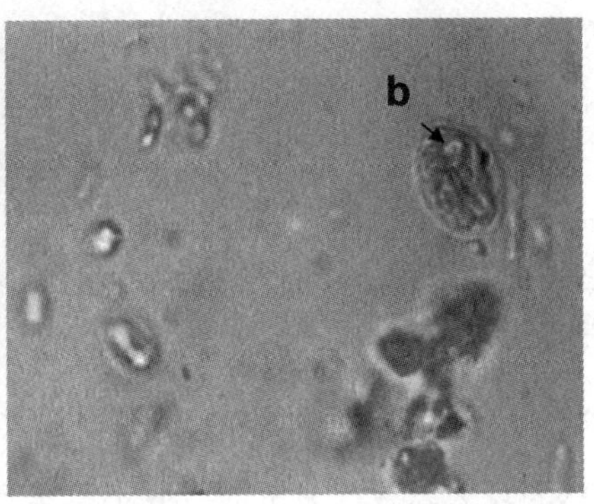

图 15-25　贾第虫包囊(伊红染色；a，轴柱；b，核；1000×)

(二)生活史

贾第虫为直接发育型。包囊随着污染食物或饮水，被宿主食入而感染。在十二指肠内脱囊变成滋养体，吸附于肠绒毛上皮细胞进行寄生，营纵二分裂法繁殖。滋养体在肠管内的分布因宿主或食物的不同而有所不同。如在犬体内，贾第虫滋养体常发现于十二指肠和空肠，而在猫体内则可发现于全部肠道。滋养体落入肠腔，随食糜到达肠后端后形成包囊，随粪便排出体外。一般在硬度正常粪便中只能找到包囊，滋养体则可在腹粪便中发现。包囊为传播阶段，在外界抵抗力较强，在冷、湿的条件下可以存活几天到数月。据估计，一次腹泻粪便中滋养体可超过 140 亿个，一次正常粪便中可有包囊 9 亿个。

(三)流行病学

贾第虫感染呈全球性分布，在温暖潮湿的地区尤为普遍。全世界各地因经济条件和卫生状况差异，贾第虫感染率为 1%～20%。经济落后、卫生状况差、缺乏清洁饮用水的地区发病率较高，为 10%～20%。在亚洲、非洲和拉丁美洲，大约有 2 亿贾第虫感染者出现临床症状，并且每年大约有 50 万新病例出现(WHO，1996)。在发达国家如美国、加拿大和澳大利亚等国本病也均有流行，发病人数呈增加趋势，是最常见的肠道寄生虫。

贾第虫在我国分布甚为广泛，凡做过调查的地方均有存在。对全国 30 个省(市、区)的人粪检调查结果，总感染率为 2.52%，其中以新疆的感染率最高(9.26%)。

在动物方面贾第虫感染的报道国外比较多。北美、澳大利亚和欧洲的奶牛贾第虫感染率为 9%～73%。造成这些差异主要是因为饲养管理水平或气候的差异，但也有学者认为可能与调查时采样数量、地点等因素有关。护理条件较好的犬贾第虫流行率大约 10%，幼犬 36%～50%，在繁殖的犬场甚至达到 100%。猫的流行率为 1.4%～11%。

(四)致病作用和病变

贾第虫的致病作用尚不完全清楚，可能与以下几个方面有关：(1)大量虫体覆盖于肠黏膜的表面，机械地阻碍了宿主营养物质的吸收，并刺激肠蠕动增强。(2)虫体寄生可以导致肠黏膜表面的完整性的破坏和肠上皮细胞刷状缘的乳糖酶、蔗糖酶、麦芽糖酶的活性下降；虫体在小肠下段大量摄取结合胆盐，使肠腔内结合胆盐的浓度大大降低，因此影响胆盐的肠一肝循环的正常进行，使得营养物质的吸收，特别是脂类物质的吸收产生障碍，因而导致消化不良综合征或称为油花样腹泻。(3)免疫因素的作用，包括细胞免疫和体液免疫两方面。

病变主要在小肠上段，滋养体附着在肠黏膜上皮细胞的微绒毛之间，偶尔可在绒毛刷状缘上。在吸附部位可见环状损害，微绒毛移位、变形、空泡形成和表层衰退等。肠腺上皮呈局灶性炎症反应，有中性粒细胞和嗜酸性粒细胞浸润。严重者可导致绒毛缩短、增厚、萎缩。固有层有大量的浆细胞浸润。

(五)症状

典型症状表现为以腹泻为主的吸收不良综合征。幼犬和小猫感染后短时间内即可出现急性腹泻。年龄比较大的犬和猫，可能呈短暂的、间歇性的急性腹泻或慢性腹泻。感染动物营养不良，体重减轻，被毛粗糙易脱，皮肤有溢脂性皮炎，皮肤干燥，伴随瘙痒；粪便恶臭、色淡和脂肪痢。

(六)诊断

实验室检测贾第虫的方法主要有形态学检测、免疫学检测和基因检测等，确诊主要依赖于形态学检测。

1.形态学检测　该方法的检测对象主要为粪便，对病人还可采集小肠引流液或小肠活组织进行检查。在进行形态学检测时，通常将待检粪样分为几部分进行检查。一部分新鲜样本用于检测滋养体和包囊。滋养体由于只存在于新鲜的水样标本中，且分解快，故检测滋养体，操作要迅速。另一部分粪样既可先保存于聚乙烯醇中，然后染色、镜检；又可保存于福尔马林中固定，浓集后再查看有无贾第虫滋养体和包囊。用于贾第虫镜检的染色法通常用三色染色或碘液染色。三色染色既可用于新鲜粪便，也可用于经聚乙烯醇固定的粪便，染色后背景呈蓝绿色，虫体呈紫红色。碘液染色通常只用于新鲜粪便，染色后包囊呈黄绿色。为提高诊断的检出率，常使用饱和硫酸锌漂浮法对粪样进行浓集。该方法主要适用于有腹泻症状且排出包囊量较大的病例。

2.免疫学检测　国内外已经建立了贾第虫的多种免疫学检测方法，包括直接免疫荧光法(Direct immuno-fluorescence assay，DFA)、间接血凝试验、酶联免疫吸附测定和对流免疫电泳(Counter immuno-electrophoresis，CIE)等方法。

目前已有商品化贾第虫 ELISA 诊断试剂盒，用于贾第虫病的诊断。但近年来在水源、食物等贾第虫的监测时，却显露出很多不足。如环境中贾第虫包囊来源广泛，要制备对应的抗体相当困难；不能确定检出贾第虫的基因型。

3.基因检测　贾第虫的基因检测方法主要有 DNA 探针检测方法和 PCR 检测方法两大类。其中，PCR 技术用于人贾第虫病的诊断目前仍处于试验阶段，无商品试剂盒，但在动物贾第虫感染调查以及环境水源中贾第虫的监测等方面应用较广。

(七)防治

1.治疗

治疗可用灭滴灵，按 25～30 mg/kg 体重，每日 3 次口服，连用 5～6 d，有较好的治疗效果。亦可用阿的平。

2.预防

保持笼舍及周围环境的干燥与卫生，定期对饲养环境进行消毒是预防本病的关键。包囊对常规氯消毒有抵抗力，饮用水宜煮沸或加热到 70 ℃保持 10 min，可达到饮用水消毒的目的。动物粪便应及时清理，用火碱消毒后深埋处理，笼具或轮换场所应该用蒸汽或四价铵化合物等清洁。

【本章小结】

1.鸡球虫病由 7 种艾美耳球虫引起，致病性最强的为寄生于盲肠的柔嫩艾美耳球虫。其生活史包括裂殖生殖、配子生殖和孢子生殖三个阶段。典型症状为血便。

2.鸡住白细胞虫病的特征性症状为死前咯血，白冠，呼吸困难，拉水样白色或绿色稀便。主要病变是肌肉、脏器和皮下广泛出血，胸肌、腿肌、心肌和肝脾等上有灰白色或淡黄色、针尖至粟粒大且与周围有明显界限的结节。

3.组织滴虫病的主要症状和病变：早期排黄绿色或硫黄色稀便，后期有的病鸡因血液循环障碍而头部发绀变黑。病变主要集中于盲肠和肝脏，盲肠肿大和出血；肝脏肿大，表面有圆形或不规则形、边缘隆起中央凹陷的溃疡病灶。

4.弓形虫的病原形态有速殖子、包囊、裂殖体、配子体和卵囊五种形态，终末宿主为猫；3～5 月龄的仔猪常表现为急性发作，症状与猪瘟相似；全身淋巴结髓样肿大，尤以肠系膜淋巴结最为显著，呈绳索状。

5.伊氏锥虫寄生于家畜的血浆，由牛虻、厩螫蝇等吸血昆虫机械性传播；以纵二分裂法进行繁殖；临床症状表现以进行性消瘦、高热、贫血、黄疸和心力衰竭等为特征。

6.双芽巴贝斯焦虫寄生牛的红细胞，由微小牛蜱传播；主要临床症状为高热、贫血、黄疸和血红蛋白尿。

【思考题】

1.试分析鸡球虫病广泛流行的原因。

2.为什么鸡异刺线虫和组织滴虫往往容易混合感染？

3.阐述巴贝斯虫病与伊氏锥虫病的防控措施有何不同？

4.简述猪弓形虫病的危害。

参考文献

[1]孔繁瑶. 家畜寄生虫学(第2版修订版)[M]. 北京:中国农业大学出版社，2010.

[2]陈心陶. 医学寄生虫学[M]. 北京:人民卫生出版社,1960.

[3]中国农业科学院兰州兽医研究所. 人和动物寄生线虫图谱[M]. 北京:中国农业科学技术出版社，2002.

[4]刘恩勇，赵俊龙. 巴贝斯虫病[M]. 武汉:湖北人民出版社，2001.

[5]李国清，谢明权. 高级寄生虫学. 北京:高等教育出版社，2007.

[6]德怀特·D.鲍曼.兽医寄生虫学(第9版)[M].李国清，译. 北京:中国农业出版社，2013.

[7]李国清. 兽医寄生虫学(双语版)[M]. 北京:中国农业大学出版社，2006.

[8]李国清. 兽医寄生虫学[M]. 广州:广东高等教育出版社，1999.

[9]杨光友. 动物寄生虫病学[M]. 成都:四川科学技术出版社，2005.

[10]汪明. 兽医寄生虫学(第3版)[M]. 北京:中国农业出版社，2003.

[11]宋铭忻，张龙现. 兽医寄生虫学[M]. 北京:科学出版社，2009.

[12]陈淑玉，汪溥钦. 禽类寄生虫学[M]. 广州:广东科技出版社，1994.

[13]索勋，李国清. 鸡球虫病学[M]. 北京:中国农业大学出版社，1998.

[14]殷国荣. 医学寄生虫学[M]. 北京:科学技术出版社，2004.

[15]唐仲璋，唐崇惕. 人畜线虫学[M]. 北京:科学出版社，1987.

[16]蒋金书. 动物原虫病学[M]. 北京:中国农业大学出版社，2000.

[17]甘孟侯. 中国禽病学[M]. 北京:中国农业出版社，1999.

[18]赵辉元. 人兽共患寄生虫病学[M]. 延边:东北朝鲜民族教育出版社，1998.

[19]陈新谦，金有豫，汤光. 新编药物学(第15版)[M]. 北京:人民卫生出版社，2003.

[20]赵辉元. 畜禽寄生虫与防制[M]. 长春:吉林科技出版社，1996.

[21]詹希美. 人体寄生虫学[M]. 北京:人民卫生出版社，2001.